清清楚楚学工程计量与计价丛书

建筑工程
计量与计价实例解析

JIANZHU GONGCHENG
JILIANG YU JIJIA SHILI JIEXI

■ 姚建顺　朱芳莉　主编

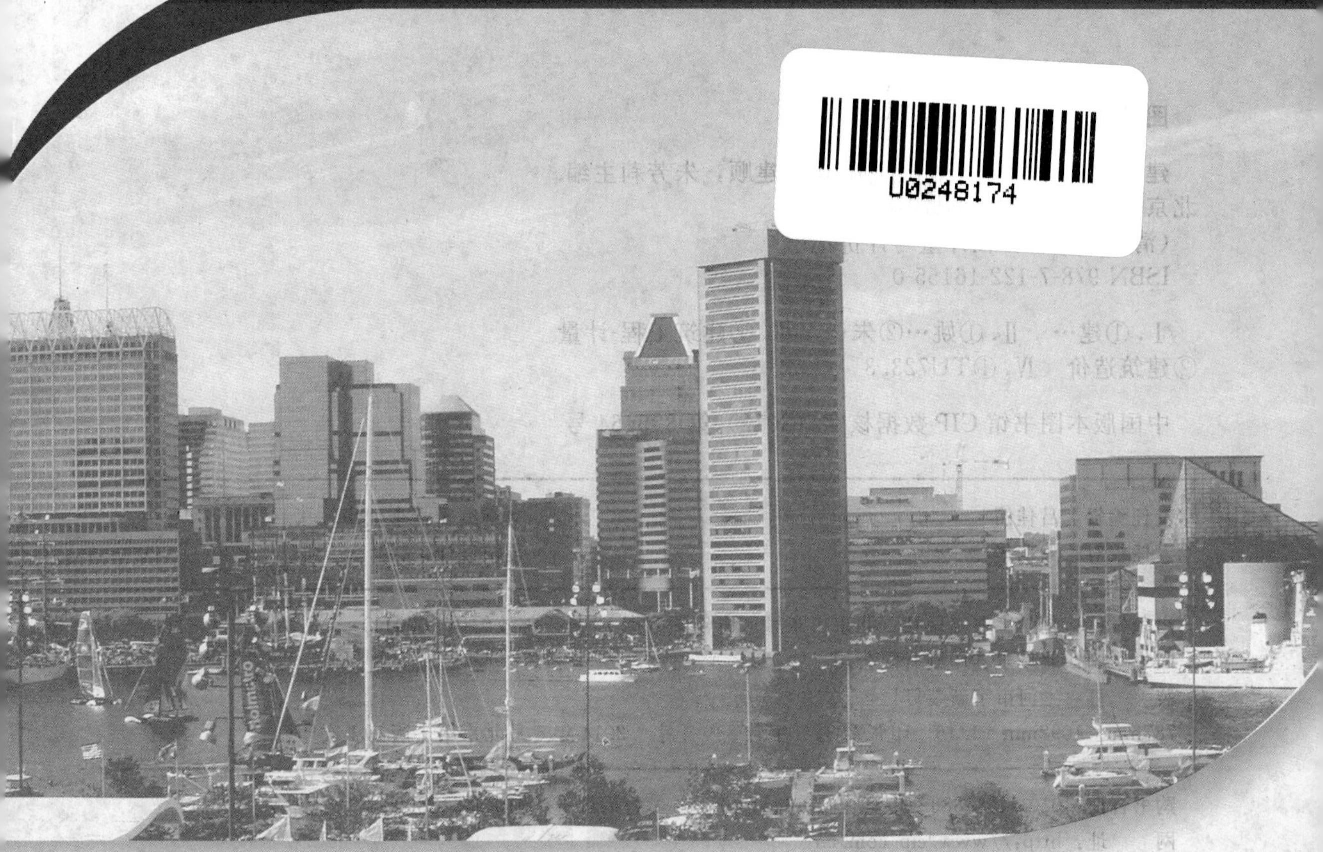

化学工业出版社
·北京·

本书共二十一章。主要内容包括概述，土石方工程，桩基础及地基加固工程，砌筑工程，混凝土及钢筋混凝土工程，木结构工程，金属结构工程，屋面及防水工程，保温隔热、耐酸防腐工程，附属工程，楼地面工程，墙柱面工程，天棚工程，门窗工程，油漆、涂料、裱糊工程，其他工程，脚手架工程，垂直运输工程，建筑物超高施工增加费，品茗软件在建筑工程造价中的应用。本书列举了完整的工程计价实例（包括施工图），完整地演示了定额计量与计价、工程量清单计量与计价的过程和具体方法。

本书特别适用于工程造价管理人员学习使用，也可作为大中专工程造价管理专业的教学参考书。

图书在版编目（CIP）数据

建筑工程计量与计价实例解析/姚建顺，朱芳莉主编.
北京：化学工业出版社，2013.1
（清清楚楚学工程计量与计价丛书）
ISBN 978-7-122-16155-0

Ⅰ.①建… Ⅱ.①姚…②朱… Ⅲ.①建筑工程-计量
②建筑造价 Ⅳ.①TU723.3

中国版本图书馆 CIP 数据核字（2012）第 315464 号

责任编辑：吕佳丽　　文字编辑：李仙华
责任校对：陶燕华　　装帧设计：韩　飞

出版发行：化学工业出版社（北京市东城区青年湖南街 13 号　邮政编码 100011）
印　　刷：北京永鑫印刷有限公司
装　　订：三河市宇新装订厂
787mm×1092mm　1/16　印张 20¾　字数 540 千字　2014 年 6 月北京第 1 版第 1 次印刷

购书咨询：010-64518888（传真：010-64519686）　售后服务：010-64518899
网　　址：http://www.cip.com.cn
凡购买本书，如有缺损质量问题，本社销售中心负责调换。

定　　价：49.00 元

丛书编审委员会

主任委员 王云江

副主任委员 吴光洪 毛晨阳 伍华星 马军胜 杨建宏

委　　员 王云江 吴光洪 毛晨阳 伍华星 马军胜
杨建宏 丛福祥 朱芳莉 应小平 张时芳
张炎良 屈　文 陈　萍 胡丹霞 钟　虹
赵淑芳 敬伯文

本书编写人员

主　　编 姚建顺 朱芳莉

副 主 编 吴福泉 诸鼎立 王清波

参编人员 吕　蓓 喻元春 施秀艳 黄春燕 王　通
施卓岷 何旭芳 蒋阳俊 潘　军

序

建筑业是国民经济的一个重要支柱行业，随着我国经济快速健康发展，建筑业的地位和作用日益彰显。工程造价的确定在工程建设中具有极为重要的地位，是规范建设市场秩序、提高投资效益的关键环节，是用经济手段管理建筑市场的基础工作。建筑工程项目需要大量的工程技术人员，然而在实际施工过程中，许多工程技术人员都缺乏工程造价方面的技能，所以对工程造价方面的学习和培训尤为重要。

工程造价具有很强的技术性、经济性，涉及多学科的专业知识。为了帮助广大工程概预算编制人员适应市场经济条件下工程造价工作的需要，本丛书编委会根据《建设工程工程量清单计价规范》（GB 50500—2013）与浙江省预算定额，结合编者丰富的实践经验，结合工程实例编写而成，分为以下八册。

《建筑工程计量与计价实例解析》

《安装工程计量与计价实例解析》

《装饰工程计量与计价实例解析》

《市政工程计量与计价实例解析》

《园林绿化工程计量与计价实例解析》

《仿古建筑工程计量与计价实例解析》

《公路工程计量与计价实例解析》

《土建·装饰·安装工程计量与计价实例解析》

本套丛书内容全面，实例新颖，图文并茂，算式详尽，以真实项目为载体，编制工程计量与计价的全过程，以应用为目的为原则，注重知识性、实用性、实践性，具有较强的实践指导性。丛书还吸收了建设工程实践的经验，做到理论与实践紧密结合，文字与图标相结合，工程量计算方法、定额应用与实例相结合，使读者既能熟悉一定深度的理论知识，又能增强实际应用能力，掌握建设工程造价的编制。

本套丛书可作为建筑工程、工程造价与管理、安装工程、装饰工程、市政工程、园林绿化工程、仿古建筑工程、公路工程等专业的学习用书，也可作为工程造价编审人员的参考书。

丛书编审委员会

2014 年 1 月

前言

FOREWORD

建筑工程计量与计价实例解析

JIANZHU GONGCHENG JILIANG YU JIJIA SHILI JIEXI

本书结合《建设工程工程量清单计价规范》（GB 50500—2013）及《浙江省建筑工程预算定额》（2010 版）进行编写，将理论和实践相结合，文字和图表相结合，工程量计算方法、定额应用与实例相结合。

本书共二十一章。主要内容包括概述，土石方工程，桩基础及地基加固工程，砌筑工程，混凝土及钢筋混凝土工程，木结构工程，金属结构工程，屋面及防水工程，保温隔热、耐酸防腐工程，附属工程，楼地面工程，墙柱面工程，天棚工程，门窗工程，油漆、涂料、裱糊工程，其他工程，脚手架工程，垂直运输工程，建筑物超高施工增加费，品茗软件在建筑工程造价中的应用。本书列举了完整的工程计价实例（包括施工图），完整地演示了定额计量与计价、工程量清单计量与计价的过程和具体方法，读者在学习后能清楚地了解计价方法的编制知识。

本书内容翔实，通俗易懂，实例具体，可操作性强。限于编者的水平，书中难免有不妥与疏漏之处，恳请读者批评指正。

编　者

2014 年 1 月

目录

CONTENTS

建筑工程计量与计价实例解析

JIANZHU GONGCHENG JILIANG YU JIJIA SHILI JIEXI

目录

CONTENTS

第二十一章 品茗软件在建筑工程造价中的应用

参考文献

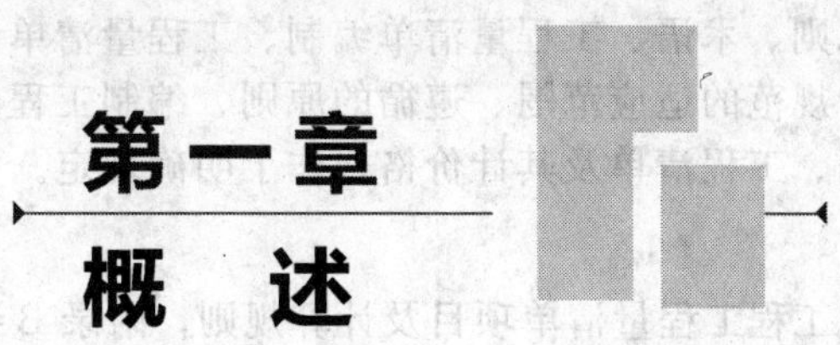

第一章 概述

第一章 概述

第一节 建设工程工程量清单计价规范

一、《建设工程工程量清单计价规范》(GB 50500—2013)编制的原则

(一)政府宏观调控、企业自主报价、市场竞争形成价格

按照政府宏观调控、企业自主报价、市场竞争形成价格的指导思想,为规范发包方与承包方计价行为,确定工程量清单计价原则、方法和必须遵循的规则,包括统一项目编码、项目名称、计量单位、工程量计算规则等。留给企业自主报价,参与市场竞争的空间,将属于企业性质的施工方法、施工措施和人工、材料、机械的消耗量水平、取费等应该由企业来确定,给企业充分的权利,促进生产力的发展。

(二)与现行定额既有机的结合又有区别的原则

由于现行预算定额是我国经过几十年长期实践总结出来的,有一定的科学性和实用性,从事工程造价管理工作的人员已经形成了运用预算定额的习惯,计价规范以现行的"全国统一工程预算定额"为基础,特别是项目划分、计量单位、工程量计算规则等方面,尽可能与定额衔接。与工程预算定额有所区别的原因:预算定额是按照计划经济的要求制定、发布贯彻执行的,其中有许多不适应"计价规范"编制指导思想的,主要表现在:

(1)定额项目按国家规定以工序为划分项目;

(2)施工工艺、施工方法是根据大多数企业的施工方法综合取定的;

(3)人工、材料、机械消耗量根据"社会平均水平"综合测定;

(4)取费标准是根据不同地区平均测算的。因此企业报价时就会表现为平均主义,企业不能结合项目具体情况、自身技术管理自主报价,不能充分调动企业加强管理的积极性。

(三)既考虑我国工程造价管理的现状,又尽可能与国际惯例接轨的原则

"计价规范"要根据我国当前工程建设市场发展的形势,逐步解决定额计价中与当前工程建设市场不相适应的因素,适应我国社会主义市场经济发展的需要,适应与国际接轨的需要,积极稳妥地推行工程量清单计价。因此,在编制中,既借鉴了世界银行、国际咨询工程师联合会(FIDIC)、英国以及我国香港地区等的一些做法和思路,同时,也结合了我国现阶段的具体情况。

二、《建设工程工程量清单计价规范》的主要内容

《建设工程工程量清单计价规范》包括正文和附录两大部分，二者具有同等效力。

（一）正文

正文共五章，包括总则、术语、工程量清单编制、工程量清单计价、工程量清单及计价格式的内容，分别就计价规范的适应范围、遵循的原则、编制工程量清单应遵循的原则、工程量清单计价活动的规则、工程清单及其计价格式作了明确规定。

（二）附录

附录包括附录A建筑工程工程量清单项目及计算规则，附录B装饰装修工程工程量清单项目及计算规则，附录C安装工程工程量清单项目及计算规则，附录D市政工程工程量清单项目及计算规则，附录E园林绿化工程工程量清单项目及计算规则。附录中包括项目编码、项目名称、项目特征、计量单位、工程量计算规则和工程内容，其中项目编码、项目名称、计量单位、工程量计算规则作为四个统一的内容，要求招标人在编制工程量清单时必须执行。

三、《建设工程工程量清单计价规范》的特点

1. 强制性

主要表现在，一是由建设行政主管部门按照强制性标准的要求批准颁发，规定全部使用国有资金或国有资金投资为主的大、中型建设工程按计价规范规定执行。二是明确工程量清单是招标文件的组成部分，并规定了招标人在编制工程量清单时必须遵守的规则，做到了四统一，即统一项目编码、统一项目名称、统一计量单位、统一工程量计算规则。

2. 实用性

附录中工程量清单项目及计算规则的项目名称表现的是工程实体项目，项目明确清晰，工程量计算规则简洁明了；特别还有项目特征和工程内容，易于编制工程量清单。

3. 竞争性

一是计价规范中的措施项目，在工程量清单中只列“措施项目”一栏，具体采用什么措施，如模板、脚手架、临时设施、施工排水等详细内容由投标人根据企业的施工组织设计，视具体情况报价，因为这些项目在各个企业间各有不同，是企业可竞争的项目，是留给企业竞争的空间。二是计价规范中人工、材料和施工机械没有具体的消耗量，投标企业可以依据企业的定额和市场价格信息，也可以参照建设行政主管部门发布的社会平均消耗量定额报价，计价规范将报价权交给企业。

4. 通用性

采用工程量清单计价将与国际惯例接轨，符合工程量清单计算方法标准化、工程量计算规则统一化、工程造价确定市场化的规定。

第二节　预算定额计量与计价（工料单价法）

一、工程量计算

（一）工程量计算的一般规则

(1) 计算工程量的项目必须与现行定额的项目一致。

（2）计算工程量的计量单位必须与现行定额的计量单位一致。

（3）工程量必须严格按照施工图纸进行计算。

（4）工程量计算规则必须与现行定额规定的计算规则一致。

（二）工程量计算

1. 施工图预算的列项

在列项时根据施工图纸与预算定额按照工程的施工程序进行。一般项目的列项与预算定额中的项目名称完全相同，可以直接将预算定额中的项目列出；有些项目和预算定额中的项目不一致时要将定额项目进行换算；如果预算定额中没有图纸上表示的项目，必须按照有关规定补充定额项目及进行定额换算。在列项时，注意不要出现重复列项或漏项。

2. 列出工程量计算式并计算

工程量是编制预算的原始数据，也是一项工作量大又细致的工作。实际上，编制市政工程施工图预算，大部分时间是花在看图和计算工程量上，工程量的计算精确程度和快慢直接影响预算编制的质量与速度。

在预算定额说明中，对工程量计算规则作出了具体规定，在编制时应严格执行。工程量计算时，必须严格按照图纸所注尺寸为依据计算，不得任意加大或减小、任意增加或丢失。工程项目列出后，根据施工图纸按照工程量计算规则和计算顺序分别列出简单明了的分项工程量计算式，并循着一定的计算顺序依次进行计算，做到准确无误。分项工程计算单位有m、m^2、m^3 等，这在预算定额中都已注明，但在计算工程量时应注意分清楚，以免由于计量单位搞错而影响工程量的准确性。对分项单位价值较高项目的工程量计算结果除钢材（以t为计量）、木材（以 m^3 为计量单位）取三位小数外，一般项目水泥、混凝土可取小数点后两位或一位，对分项价值低项如土方、人行道板等可取整数。

在计算工程量时，要注意将计算所得的工程量中的计量单位（米、平方米、立方米或千克等）按照预算定额的计算单位（100m、$100m^2$、$100m^3$ 或 10m、$10m^2$、$10m^3$ 或 t）进行调整，使其相同。

工程量计算完毕后必须进行自我检查复核，检查其列项、单位、计算式、数据等有无遗漏或错误。如发现错误，应及时更正。

3. 工程量计算顺序

一般有以下几种。

（1）按施工顺序计算　即按工程施工先后顺序计算工程量。

（2）按顺时针方向计算　即先从图纸的左上角开始，按顺时针方向依次进行计算到右上角。

（3）按“先横后直”计算　即在图纸上按先横后直、从上到下、从左到右的顺序进行计算。

二、预算定额计价的编制（施工图预算的编制）

（一）建筑工程造价组成及计算方法

建筑工程造价由直接费、间接费、利润和税金组成（表 1-1）。

1. 直接费组成及计算方法

直接费由直接工程费和措施费组成。

（1）直接工程费　是指工程施工过程中耗费的构成工程实体的各项费用，包括人工费、材料费、施工机械使用费。

直接工程费＝人工费＋材料费＋施工机械使用费

表 1-1　建设工程费用构成表

建设工程费用	直接费	直接工程费	1. 人工费	
			2. 材料费	
			3. 施工机械使用费	
		措施费	施工技术措施费	1. 大型机械设备进出场及安拆费
				2. 施工排水、降水费
				3. 地上、地下设施、建筑物的临时保护设施费
				4. 专业工程施工技术措施费
				5. 其他施工技术措施费
			施工组织措施费	1. 安全文明施工费
				2. 检验试验费
				3. 冬、雨季施工增加费
				4. 夜间施工增加费
				5. 已完工程及设备保护费
				6. 二次搬运费
				7. 行车、行人干扰增加费
				8. 提前竣工增加费
				9. 优质工程增加费
				10. 其他施工组织措施费
	间接费	规费	1. 工程排污费	
			2. 社会保障费	(1)养老保险费
				(2)失业保险费
				(3)医疗保险费
				(4)生育保险费
			3. 住房公积金	
			4. 民工工伤保险费	
			5. 危险作业意外伤害保险费	
		企业管理费	1. 管理人员工资	
			2. 办公费	
			3. 差旅交通费	
			4. 固定资产使用费	
			5. 工具用具使用费	
			6. 劳动保险费	
			7. 工会经费	
			8. 职工教育经费	
			9. 财产保险费	
			10. 财务费	
			11. 税金	
			12. 其他	
	利润			
	税金			

1）人工费　是指直接从事建设工程施工的生产工人开支的各项费用，包括基本工资、工资性补贴、辅助工资、福利费、劳动保护费。

$$人工费=\sum(各项目定额工日消耗量\times人工工日单价)$$

2）材料费　是指施工过程中耗费的构成工程实体的原材料、辅助材料、构配件、零件、半成品的费用。

$$材料费=\sum(各项目定额材料消耗量\times材料单价)$$

3）施工机械使用费　是指施工机械作业所发生的机械使用费，以及机械安拆费和场外运输费。

$$施工机械使用费=\sum(各项目定额机械台班消耗量\times机械台班单价)$$

上述关于人工、材料及施工机械使用费的计算式中的项目指工程定额项目或分部分项工程量清单项目及施工技术措施项目。在实际工程费用计算时，人工、材料、机械台班消耗量可根据现行建设工程造价管理机构编制的工程定额，或施工企业根据自身情况编制企业定额来确定项目的定额人工、材料、机械台班消耗量；而人工、材料、机械台班单价一般根据建设工程造价管理机构发布的人工、材料、机械台班市场价格信息确定，施工企业在投标报价时也可根据自身的情况结合建筑市场人工、材料、机械台班价格等因素自主决定。

（2）措施费　是指为完成市政工程项目施工，发生于该工程施工准备和施工过程中的技术、生活、安全、环境保护等方面的非工程实体项目的费用，一般可划分为施工技术措施费和施工组织措施费两项。

1）施工技术措施费

① 通用施工技术措施项目费

a. 大型机械设备进出场及安拆费　是指大型机械整体或分体自停放场地运至施工现场或由一个施工地点运至另一个施工地点所发生的机械进出场运输转移费用及机械在施工现场进行安装、拆卸所需的人工费、材料费、机械费、试运转费和安装所需的辅助设施的费用。

b. 施工排水、降水费　是指为确保工程在正常条件下施工，采取各种排水、降水措施所发生的各种费用。

c. 地上、地下设施、建筑物的临时保护设施费。

② 专业工程施工技术措施项目费　是指根据《建设工程工程量清单计价规范》和本省有关规定，列入各专业工程措施项目的属于施工技术措施项目的费用。

③ 其他施工技术措施费　是指根据各专业、地区及工程特点补充的施工技术措施项目的费用。由于市政工程所涉及的施工技术措施费种类较多，在计算该项费用时，应视实际所发生的具体项目分别对待。

对于大型机械安拆及场外运费、混凝土、钢筋混凝土模板及支架费、脚手架费、施工排水、降水费、围堰、筑岛、现场施工围栏、洞内施工的通风、供水、供气、供电、照明及通讯设施等较为具体的技术措施项目，可直接套用《浙江省市政预算定额》中各册相关子目及附录的有关规定或套用企业自行编制的施工定额。

而对于便道、便桥、驳岸块石清理等技术措施项目，应针对具体工程的施工组织设计所采取的具体技术措施方案，进行工序划分后，套用相应的工程定额。

2）施工组织措施费

① 安全文明施工费　是指按照国家现行的建筑施工安全、施工现场环境与卫生标准和有关规定，购置和更新施工安全防护用具及设施、改善安全生产条件和资源环境所需要的费用。安全文明施工费包括以下内容。

a. 环境保护费　是指施工现场为达到环保部门要求所需要的各项费用。

b. 文明施工费　是指施工现场文明施工所需要的各项费用。一般包括施工现场的标牌设置，施工现场地面硬化，现场周边设立围护设施，现场安全保卫及保持场貌、场容整洁等发生的费用。

c. 安全施工费　是指施工现场安全施工所需要的各项费用。一般包括安全防护用具和服装，施工现场的安全警示、消防设施和灭火器材，安全教育培训，安全检查及编制安全措施方案等发生的费用。

d. 临时设施费　是指施工企业为进行建筑工程施工所必须搭设的生活和生产用的临时建筑物、构筑物和其他临时设施等发生的费用。

临时设施包括临时宿舍、文化福利及公用事业房屋与构筑物、仓库、办公室、加工厂(场)，以及在规定范围内道路、水、电、管线等临时设施和小型临时设施。

临时设施费用包括：临时设施的搭设、维修、拆除费或摊销费。

② 检验试验费　是指对建筑材料、构件和建筑安装物进行一般鉴定、检查所发生的费用，包括建设工程质量见证取样检测费、建筑施工企业配合检测及自设试验室进行试验所耗用的材料和化学药品等费用。不包括新结构、新材料的试验费和建设单位对具有出厂合格证明的材料进行检验，对构件做破坏性试验及其他有特殊要求需要检验试验的费用。

③ 冬、雨季施工增加费　是指按照施工及验收规范所规定的冬季施工要求和雨季施工期间，为保证工程质量和安全生产所需增加的费用。

④ 夜间施工增加费　是指因夜间施工所发生的夜班补助费、夜间施工降效、夜间施工照明设备摊销及照明用电等费用。

⑤ 已完工程及设备保护费　是指竣工验收前，对已完工程及设备进行保护所需的费用。

⑥ 二次搬运费　是指因施工场地狭小等特殊情况，材料、设备等一次到不了施工现场而发生的二次搬运费用。

⑦ 行车、行人干扰增加费　是指边施工边维持通车的市政道路（包括道路绿化）、排水工程受行车、行人干扰影响而增加的费用。

⑧ 提前竣工增加费　是指因缩短工期要求发生的施工增加费，包括夜间施工增加费、周转材料加大投入量所增加的费用等。

⑨ 优质工程增加费　是指建筑施工企业在生产合格建筑产品的基础上，为生产优质工程而增加的费用。

⑩ 其他施工组织措施费　是指根据各专业、地区及工程特点补充的施工组织措施项目的费用。

上述各项施工组织措施费可根据费用定额计算。

需要重点指出的是：

① 建筑工程施工组织措施费的取费基数除电气及监控安装工程为“人工费”外，其余均为“人工费＋机械费”。

② 施工组织措施费率设置为弹性区间费率。在编制概算、施工图预算（标底）时，应按弹性区间中值计取；施工企业投标报价时，企业可参考该弹性区间费率自主确定，并在合同中予以明确。

③ 施工组织措施费中的环境保护费、文明施工费、安全施工费等费用，计价时不应低于弹性区间费率的下限。

2. 间接费组成及计算方法

间接费由规费、企业管理费组成。

(1) 规费　是指政府和有关政府行政主管部门规定必须缴纳的费用。

当前，浙江省建设工程中的规费主要包括：工程排污费、社会保障费、住房公积金、民工工伤保险费和危险作业意外伤害保险费五项费用。

1）工程排污费　是指施工现场按规定必须缴纳的工程排污费。

2）社会保障费　包括养老保险费、失业保险费和医疗保险费等。

① 养老保险费　是指企业按照规定标准为职工缴纳的基本养老保险费。

② 失业保险费　是指企业按照规定标准为职工缴纳的失业保险费。

③ 医疗保险费　是指企业按照规定标准为职工缴纳的基本医疗保险费。

④ 生育保险费　是指企业按照规定标准为职工缴纳的生育保险费。

3）住房公积金　是指企业按照规定标准为职工缴纳的住房公积金。

4）民工工伤保险费　是指企业按照规定标准为民工缴纳的工伤保险费。

5）危险作业意外伤害保险费　是指按照《中华人民共和国建筑法》规定，企业为从事危险作业的建筑安装施工人员支付的意外伤害保险费。

根据现行的浙江省建设工程施工取费计算规则，规费可按下述方法计算。

以“人工费＋机械费”为计费基础的建筑工程：工料单价法计价时，规费以“直接工程费＋措施费＋综合费用”为计算基数乘以相应费率计算；综合单价计价时，规费以“分部分项工程量清单项目费＋措施项目清单费”为计算基数乘以相应费率计算。

规费费率应按照《费用定额》的规定计取。

（2）企业管理费　企业管理费是指建筑安装企业组织施工生产和经营管理所需的费用。

1）管理人员工资　是指管理人员的基本工资、工资性补贴、职工福利费、劳动保护费等。

2）办公费　是指企业管理办公用的文具、纸张、账表、印刷、邮电、书报、会议、水、电、煤等费用。

3）差旅交通费　是指职工因公出差、调动工作的差旅费、住勤补助费，市内交通费和误餐补助费，职工探亲路费，劳动力招募费，职工离退休、退职一次性路费，工伤人员就医路费，工地转移费以及管理部门使用的交通工具的油料、燃料及牌照费等。

4）固定资产使用费　是指管理和试验部门及附属生产单位使用的属于固定资产的房屋、设备仪器等的折旧、大修、维修或租赁费。

5）工具用具使用费　是指管理使用的不属于固定资产的生产工具、器具、家具、交通工具和检验、试验、测绘、消防用具等的购置、维修和摊销费。

6）劳动保险费　是指由企业支付离退休职工的异地安家补助费、职工退职金、六个月以上的长病假人员工资、职工死亡丧葬补助费、抚恤费、按规定支付给离休干部的各项经费。

7）工会经费　是指企业按职工工资总额计提的工会经费。

8）职工教育经费　是指企业为职工学习先进技术和提高文化水平，按职工工资总额计提的费用（不包括生产工人的安全教育培训费用）。

9）财产保险费　是指施工管理用财产、车辆保险。

10）财务费　是指企业为筹集资金而发生的各种费用。

11）税金　是指企业按规定缴纳的房产税、车船使用税、土地使用税、印花税等。

12）其他　包括技术转让费、技术开发费、业务招待费、绿化费、广告费、公证费、法律顾问费、审计费、咨询费等。

企业管理费以“人工费＋机械费”为计算基数乘以企业管理费率计算。

企业管理费率应根据不同的工程类别，参考弹性费率区间确定。在编制概算、施工图预算（标底）时，应按弹性区间中值计取；施工企业投标报价时，企业可参考该弹性区间费率自主确定，并在合同中予以明确。

3. 利润及其计算

利润是指施工企业完成所承包工程获得的盈利。

利润以“人工费＋机械费”为计算基数乘以利润率计算。

利润率应根据不同的工程类别，参考弹性费率区间确定。在编制概算、施工图预算（标底）时，应按弹性区间中值计取；施工企业投标报价时，企业可参考该弹性区间费率自主确定，并在合同中予以明确。

在工程实际计价中，利润一般与企业管理费合并为综合费用，即综合费用＝企业管理费＋利润。

4. 税金及其计算

税金是指国家税法规定的应计入建筑工程造价内的营业税、城乡维护建设税、教育费附加及按本省规定应缴纳的水利建设专项资金。

税金以“直接费＋间接费＋利润”为计算基数乘以相应费率计算。

5. 其他费用内容及计算方法

前面几节关于工程造价的组成是针对整个单位工程总承包的，在实际承发包中，若发生专业分包时，总承包单位可按分包工程造价的1%～3%向发包方计取总承包服务费。该费用一般包括涉及分包工程的施工组织设计、施工现场管理、竣工资料整理等活动所发生的费用。

（二）预算定额计价法及工程费用计算程序

1. 预算定额计价法

预算定额计价一般采用工料单价方法计价。

工料单价法是指项目单价由人工费、材料费、施工机械使用费组成，施工组织措施费、企业管理费、利润、规费、税金、风险费用等按规定程序另行计算的一种计价方法。

$$项目合价＝工料单价×项目工程数量$$

$$工程造价＝\sum[项目合价＋取费基数×(施工组织措施费率＋企业管理费率＋利润率)＋规费＋税金＋风险费用]$$

2. 工料单价法计价的工程费用计算程序（表1-2）

表1-2 工料单价法计价的工程费用计算程序表

序号	费用项目		计算方法
一	预算定额分部分项工程费		
	其中	1. 人工费＋机械费	Σ(定额人工费＋定额机械费)
二	施工组织措施费		
	其中	2. 安全文明施工费	1×费率
		3. 检验试验费	
		4. 冬、雨季施工增加费	
		5. 夜间施工增加费	
		6. 已完工程及设备保护费	
		7. 二次搬运费	
		8. 行车、行人干扰增加费	
		9. 提前竣工增加费	
		10. 其他施工组织措施费	按相关规定计算
三	企业管理费		1×费率
四	利润		
五	规费		11＋12＋13
	其中	11. 排污费、社保费、公积金	1×费率
		12. 民工工伤保险费	按各市有关规定计算
		13. 危险作业意外伤害保险费	

续表

序号	费用项目		计算方法
六	总承包服务费		(14+16)或(15+16)
	其中	14. 总承包管理和协调费	分包项目工程造价×费率
		15. 总承包管理、协调和服务费	
		16. 甲供材料、设备管理服务费	(甲供材料费、设备费)×费率
七	风险费		(一+二+三+四+五+六)×费率
八	暂列金额		(一+二+三+四+五+六+七)×费率
九	税金		(一+二+三+四+五+六+七+八)×费率
十	建设工程造价		一+二+三+四+五+六+七+八+九

【例1-1】 某市区综合大楼，建筑高度为62.5m，地下一层，地面18层。以施工总承包形式进行发包，无业主分包，要求按国家定额工期提前20%竣工。已知该综合大楼建筑工程的直接工程费加施工技术措施费共2800万元，其中人工费550万元，机械费220万元；施工组织措施费根据本省10取费定额内容及规定分别列项计算，取费定额以弹性区间费率编制的费用项目按中值计算。根据上述条件，(1) 要求判定工程类别，(2) 采用工料单价法列出费用计算表，计算建筑工程造价。

【解】 (1) 工程类别确定

该综合大楼为民用公共建筑，建筑高度$H=62.5\text{m}>25\text{m}$，但小于65m；建筑总层数$N=1+18=19$层，其中地下室1层；根据施工取费定额规定的建筑工程类别划分标准，确定为民用二类工程。

(2) 列表并计算费用，见表1-3

表1-3 单位工程预算费用计算表

序号	费用名称	计算式	金额/万元
一	直接工程费+施工技术措施费		2800
1	其中:人工、机械费	550+220	770
二	施工组织措施费	Σ(2~7)	75.229
2	安全文明施工费	(1)×5.25%	40.425
3	检验试验费	(1)×1.12%	8.624
4	冬、雨季施工增加费	(1)×0.2%	1.54
5	提前竣工增加费	(1)×2.27%	17.479
6	二次搬运费	(1)×0.88%	6.776
7	已完工程及设备保护费	(1)×0.05%	0.385
三	企业管理费	(1)×19%	146.3
四	利润	(1)×8.5%	65.45
五	规费	(1)×10.4%	80.08
六	税金	(一+二+三+四+五)×3.577%	113.286
七	建筑工程造价	Σ(一~六)	3280.345

(三) 编制方法

1. 施工图预算的编制依据

（1）工程施工图纸和标准图集等设计资料。

（2）经过批准的施工组织设计和施工方案及技术措施等。

（3）建筑工程消耗量定额和建筑工程费用定额。

（4）预算手册。

（5）招投标文件和工程承包合同或协议书。

2. 施工图预算的组成内容

（1）封面；

（2）编制说明；

（3）工程费用计算程序表；

（4）工程预算书（分部分项、技术措施）；

（5）组织措施费计算表；

（6）主要材料价格表。

3. 施工图预算的编制步骤

（1）收集和熟悉编制施工图预算的有关文件和资料，以做到对工程有一个初步的了解，有条件的还应到施工现场进行实地勘察，了解现场施工条件、施工场地环境、施工方法和施工技术组织状况。这些工程基本情况的掌握有助于后面工程准确、全面地列项，计算工程量和工程造价。

（2）计算工程量

（3）计算直接工程费

1）正确选套定额项目。

2）填列分项工程单价　通常按照定额顺序或施工顺序逐项填列分项工程单价。

3）计算分项工程直接工程费　分项工程直接工程费主要包括人工费、材料费、机械费，具体按下式计算：

分项工程直接工程费＝消耗量定额基价×分项工程量

其中：　人工费＝定额人工单价×分项工程量

材料费＝定额材料费单价×分项工程量

机械费＝定额机械费单价×分项工程量

4）计算直接工程费　直接工程费＝Σ分项工程直接工程费

（4）工料分析

工料分析表项目应与工程直接费表一致，以方便填写和校核，根据各分部分项工程的实物工程量和相应定额项目所列的工日、材料和机械的消耗量标准，计算各分部分项工程所需的人工、材料和机械需用数量。

（5）计算工程总造价

根据相应的费率和计费基数，分别计算其他各项费用。

（6）复核、填写封面及施工图预算编制说明

单位工程预算编制完成后，由有关人员对预算编制的主要内容和计算情况进行核对检查，以便及时发现差错、及时修改，从而提高预算的准确性。在复核中，应对项目填列、工程量计算式、套用的单价、采用的各项取费费率及计算结果进行全面复核。编制说明主要是向审核方交代编制的依据，可逐条分述。主要应写明预算所包括的工程内容范围、所依据的定额资料、材料价格依据等需重点说明的问题。

（四）预算定额套用方法

建筑工程消耗量定额是编制施工图预算、确定工程造价的主要依据，为了正确使用消耗

量定额，应认真阅读定额手册中的总说明、分部工程说明、分节说明、定额附注和附录，了解各分部分项工程名称、项目单位、工作内容等，正确理解和应用各分部分项工程的工程量计算规则。

在应用定额的过程中，通常会遇到以下几种情况：定额的直接套用、换算和补充。

1. 定额的直接套用

当施工图的设计要求与拟套用的定额分项工程规定的工作内容、技术特征、施工方法、材料规格等完全相符时，可直接套用定额。套用时应注意以下几点：

(1) 根据施工图、设计说明和做法说明，选择定额项目。

(2) 要从工程内容、技术特征和施工方法上仔细校对，才能较准确地确定相对应的定额项目。

(3) 分项工程的名称和计量单位应与预算定额一致。

2. 定额的换算

当施工图设计要求与拟套用的定额项目的工作内容、施工工艺、材料规格等不完全相符时，则不能直接套用定额，这时应根据定额规定进行计算。如果定额规定允许换算，则应按照定额规定的换算方法进行换算；如果定额规定不允许换算，则不能对该定额项目进行调整换算。

3. 预算定额的补充

当分项工程的设计要求与定额条件完全不相符或者由于设计采用新结构、新材料、新工艺，在预算定额中没有这类项目，属于定额缺项时，可编制补充预算定额。

第三节　工程量清单计量与计价（综合单价法）

一、工程量清单的编制

（一）工程量清单的组成

工程量清单由分部分项工程量清单、措施项目清单、其他项目清单、规费项目清单和税金项目清单组成。

（二）分部分项工程量清单的编制

1. 分部分项工程量清单的编制依据

(1)《建设工程工程量清单计价规范》(GB 50500—2013)，以下简称《计价规范》；

(2) 招标文件；

(3) 设计文件；

(4) 有关的工程施工规范与工程验收规范；

(5) 拟采用的施工组织设计与施工技术方案。

2. 分部分项工程量清单格式（表 1-4）。

(1) 分部分项工程量清单编码　工程量清单的编码，主要是指分部分项工程量清单的编码。

分部分项工程量清单项目编码按五级编码设置，用 12 位阿拉伯数字表示，一至九位应按《计价规范》附录 A、B、C、D、E 的规定设置；十至十二位应根据拟建工程的工程量清单项目名称由其编制人设置，并应自001起顺序编制。一个项目的编码由以下五级组成。

表 1-4　分部分项工程量清单与计价表

工程名称：　　　　　　　　　　　　　　　标段：

序号	项目编码	项目名称	项目特征描述	计量单位	工程量	金额/元		
						综合单价	合价	其中：暂估价
本页小计								
合计								

① 第一级表示分类码（第一、二位），即附录顺序码。

② 第二级表示章顺序码（第三、四位），即专业顺序码。

③ 第三级表示顺序码（第五、六位），即分部工程顺序码。

④ 第四级表示清单项目码（第七、八、九位），即分项工程项目名称顺序码。

⑤ 第五级表示具体清单项目编码（第十、十一、十二位），即清单项目名称顺序码。该编码由清单编制人在全国统一的九位编码基础上自行设置。

清单项目编码共12位阿拉伯数字组成，前9位按《计价规范》为统一码，不得更改，后3位由编制人设置，同一标段不得有重码，如一个商住楼标段，其中2#与3#住宅楼都有圈梁混凝土浇捣实体项目，项目特征与工程内容均一致，2#楼有“010403004001”、“010403004002”；3#楼就应编码为“010403004003”、“010403004004”，以此类推。

⑥ 由于工程建设中新结构、新工艺、新技术的发展，《计价规范》会出现缺项内容，编制人可以进行项目补充，工程量清单编码由附录的顺序码与B和三位阿拉伯数字组成，并应从×B001起编，同一标段不得有重码。

(2) 分部分项工程量清单项目名称　项目名称应以《计价规范》(GB 50500—2013)、《浙江省建设工程工程量清单计价指引》相应项目名称为主，并结合该项目的规格、型号、材质等项目特征和拟建工程的实际情况填写，形成完整的项目名称。

(3) 项目特征描述　工程量清单的项目特征是确定一个清单项目综合单价不可缺少的重要依据，在编制工程量清单时，必须对项目特征进行准确和全面的描述。但有些项目特征很难用文字进行描述，在描述工程量清单项目特征时，可按以下原则进行：

1) 项目特征描述的内容应按《计价规范》附录中的规定，结合工程的实际，能满足确定综合单价的需要；

2) 若采用标准图集或施工图纸能够全部或部分满足项目特征描述的要求，项目特征描述可直接采用详见××图集或××图号的方式。对不满足项目特征描述要求的部分，仍应用文字描述。

(4) 计量单位

计量单位应采用按《计价规范》附录中规定的计量单位，除专业有特殊规定以外，按以下单位计量：

1) 以重量计算的项目：吨或千克（t或kg）；

2) 以体积计算的项目：立方米（m^3）；

3）以面积计算的项目：平方米（m^2）；

4）以长度计算的项目：米（m）；

5）以自然计量单位计算的项目：个、块、套、台等。

附录中有两个或两个以上计量单位时，应结合工程项目的实际选择其中一个。

（5）工程数量　工程数量应按《计价规范》附录规定的“工程量计算规则”进行计算。除另有说明外，所有清单项目的工程量以实体工程量为准，并以完成后的净值计算；投标人投标报价时，应在单价中考虑施工中的各种损耗和需要增加的工程量。

工程数量有效位数规定如下：

1）以“吨”为单位，应保留小数点后三位数字，第四位四舍五入；

2）以“米”、“平方米”、“立方米”为单位，应保留小数点后两位数字，第三位四舍五入；

3）以“个”、“项”等为单位，应取整数。

3. 分部分项工程量清单的编制步骤和方法

（1）做好编制清单的准备工作；

（2）确定分部分项工程的分项及名称；

（3）拟定项目特征的描述；

（4）确定工程量清单项目编码；

（5）确定分部分项工程量清单项目的工程量；

（6）复核与整理清单文件。

（三）措施项目清单的编制

措施项目是为完成工程项目施工，发生于该工程施工前和施工过程中的技术、生活、安全等方面的非工程实体项目。

1. 措施项目清单的设置

首先，要参考拟建工程的施工组织设计，以确定安全文明施工（含环境保护、文明施工、安全施工、临时设施）、二次搬运等项目；其次，参阅施工技术方案，以确定夜间施工、大型机械进出场及安拆、混凝土模板与支架、施工排水、施工降水、地上和地下设施及建筑物的临时保护设施等项目。另外，参阅相关的施工规范与验收规范，可以确定施工技术方案没有表述的，但为了实现施工规范与验收规范要求而必须发生的技术措施。此外，还包括招标文件中提出的某些必须通过一定的技术措施才能实现的要求；设计文件中一些不足以写进技术方案，但要通过一定的技术措施才能实现的内容。通用措施项目一览表见表 1-5。

表 1-5　通用措施项目一览表

序　号	项 目 名 称
1	安全文明施工（含环境保护、文明施工、安全施工、临时设施）
2	夜间施工
3	二次搬运
4	冬、雨季施工
5	大型机械设备进出场及安拆
6	施工排水
7	施工降水
8	地上、地下设施，建筑物的临时保护设施
9	已完工程及设备保护

措施项目清单应根据拟建工程的具体情况，参照措施项目一览表列项，若出现措施项目一览表未列项目，编制人可作补充。

要编制好措施项目清单，编制者必须具有相关的施工管理、施工技术、施工工艺和施工方法等的知识及实践经验，掌握有关政策、法规和相关规章制度。例如对环境保护、文明施工、安全施工等方面的规定和要求，为了改善和美化施工环境、组织文明施工就会发生措施项目及其费用开支，否则就会发生漏项的问题。

编制措施项目清单应注意以下几点。

(1) 既要对规范有深刻的理解，又要有比较丰富的知识和经验，要真正弄懂工程量清单计价方法的内涵，熟悉和掌握《计价规范》对措施项目的划分规定和要求，掌握其本质和规律，注重系统思维。

(2) 编制措施项目清单应与分部分项工程量清单综合考虑，与分部分项工程紧密相关的措施项目编制时可同步进行。

(3) 编制措施项目应与拟定或编制重点难点分部分项施工方案相结合，以保证措施项目划分和描述的可行性。

(4) 对一览表中未能包括的措施项目，还应给予补充，对补充项目应更加注意描述清楚、准确。

2. 措施项目清单的编制依据

(1) 拟建工程的施工组织设计。

(2) 拟建工程的施工技术方案。

(3) 与拟建工程相关的施工规范与工程验收规范。

(4) 招标文件。

(5) 设计文件。

3. 措施项目清单的基本格式

(1) 措施项目中可以计算工程量的项目清单，宜采用分部分项工程量清单的方式编制，见表 1-6。

表 1-6　措施项目清单与计价表（一）

工程名称：　　　　　　　　　　　　　　标段：

序号	项目编码	项目名称	项目特征描述	计量单位	工程量	金额/元	
						综合单价	合价
本页小计							
合计							

(2) 措施项目中不能计算工程量的项目清单，以“项”为计量单位，清单格式见表 1-7。

表 1-7　措施项目清单与计价表（二）

工程名称：　　　　　　　　　　　　　　　　标段：

序号	项目名称	计算基础	费率/%	金额/元
1	安全防护、文明施工费			
2	夜间施工增加费			
3	缩短工期增加费			
4	二次搬运费			
5	已完工程及设备保护费			
6	检验试验费			
合计				

（四）其他项目清单的编制

1. 其他项目清单的编制规则

其他项目清单应按照下列内容列项：

(1) 暂列金额　招标人在工程量清单中暂定并包括在合同价款中的一笔款项。用于施工合同签订时尚未确定或不可预见的所需材料、设备、服务的采购，施工中可能发生的工程变更、合同约定调整因素出现时的工程价款调整，以及发生的索赔、现场签证确认等的费用。

(2) 暂估价　招标人在工程量清单中提供的用于支付必然发生但暂时不能确定价格的材料的单价及专业工程的金额，包括材料暂估价、专业工程暂估价。

(3) 计日工　在施工过程中，完成发包人提出的施工图纸以外的零星项目或工作，按合同约定的综合单价计价。

(4) 总承包服务费　总承包人为配合协调发包人进行的工程分包自行采购的设备、材料等进行管理、服务以及施工现场管理、竣工资料汇总整理等服务所需的费用。

编制其他项目清单，出现《计价规范》未列项目，可根据工程实际情况补充。

2. 其他项目清单基本格式（表 1-8～表 1-13）。

表 1-8　其他项目清单与计价汇总表

工程名称：　　　　　　　　　　　　　　　　标段：

序号	项目名称	计量单位	金额/元	备注
1	暂列金额			详见明细表
2	暂估价			
2.1	材料暂估价			详见明细表
2.2	专业工程暂估价			详见明细表
3	计日工			详见明细表
4	总承包服务费			详见明细表
合计				

表 1-9　暂列金额明细表

工程名称：　　　　　　　　　　　　　　标段：

序号	项目名称	计量单位	暂定金额/元	备注
1				
2				
3				
4				
5				
6				
7				
8				
9				
合计				

表 1-10　材料暂估单价表

工程名称：　　　　　　　　　　　　　　标段：

序号	材料名称、规格、型号	计量单位	单价/元	备注

表 1-11　专业工程暂估价表

工程名称：　　　　　　　　　　　　　　标段：

序号	工 程 名 称	工程内容	金额/元	备注

表 1-12　计日工表

工程名称：　　　　　　　　　　　　标段：

编号	项 目 名 称	单位	暂定数量	综合单价	合价
一	人工				
1					
2					
3					
4					
	人工小计				
二	材料				
1					
2					
3					
4					
	材料小计				
三	施工机械				
1					
2					
3					
4					
	施工机械小计				
	总计				

表 1-13　总承包服务费计价表

工程名称：　　　　　　　　　　　　标段：

序号	项 目 名 称	项目价值/元	服务内容	费率/%	金额/元
1	发包人发包专业工程				
2	发包人供应材料				
	合计				

（五）规费、税金项目清单的编制

1. 规费、税金项目清单的列项内容

(1) 工程排污费；

(2) 工程定额测定费；

(3) 社会保障费，包括养老保险费、失业保险费、医疗保险费；

(4) 住房公积金；

(5) 危险作业意外伤害保险；

(6) 税金。

2. 规费、税金项目清单基本格式（表 1-14）

表 1-14 规费、税金项目清单与计价表

工程名称： 标段：

序号	项目名称	计算基础	费率/%	金额/元
1	规费			
1.1	工程排污费			
1.2	社会保障费			
(1)	养老保险费			
(2)	失业保险费			
(3)	医疗保险费			
1.3	住房公积金			
1.4	危险作业意外伤害保险			
1.5	工程定额测定费			
2	税金	分部分项工程费＋措施项目费＋其他项目费＋规费		
合计				

（六）工程量清单的整理

工程量清单按规范规定的要求编制完成后，应当反复进行校核，最后按规定的统一格式进行归档整理。《计价规范》对工程量清单规定的格式及填表要求如下。

1. 工程量清单的格式

(1) 工程量清单封面；

(2) 总说明；

(3) 分部分项工程量清单与计价表；

(4) 措施项目清单与计价表（一）；

(5) 措施项目清单与计价表（二）；

(6) 其他项目清单与计价汇总表；

(7) 暂列金额明细表；

(8) 材料暂估单价表；

(9) 专业工程暂估价表；

(10) 计日工表；

(11) 总承包服务费计价表；

（12）规费、税金项目清单与计价表。

2. 填表须知

（1）工程量清单及其计价格式中所有要求签字、盖章的地方，必须由规定的单位和人员签字、盖章。

（2）工程量清单及其计价格式中的任何内容不得随意删除或涂改。

（3）工程量清单计价格式中列明的所有需要填报的单价和合价，投标人均应填报，未填报的单价和合价，视此项费用已包含在工程量清单的其他单价和合价中。

3. 工程量清单的填写规定

（1）工程量清单应由招标人或受其委托，具有相应资质的工程造价咨询人编制。

（2）封面应按规定的内容填写、签字、盖章，造价员编制的工程量清单应由负责审核的造价工程师签字、盖章。

（3）总说明应按下列内容填写

1）工程概况　建设规模、工程特征、计划工期、施工现场实际情况、自然地理条件、环境保护要求等。

2）工程招标和分包范围。

3）工程量清单编制依据。

4）工程质量、材料、施工等的特殊要求。

5）其他需要说明的问题。

二、工程量清单计价的编制

（一）清单计价费用的构成

工程量清单计价是指投标人完成由招标人提供的工程时清单所需的全部费用，包括分部分项工程费、措施项目费、其他项目费、规费和税金。清单计价费用的构成见表 1-15。

表 1-15　清单计价费用的构成

<table>
<tr><td rowspan="11">工程量清单计价费用构成</td><td rowspan="11">分部分项工程费</td><td colspan="2">人工费</td></tr>
<tr><td colspan="2">材料费</td></tr>
<tr><td rowspan="9">企业管理费</td><td>机械使用费</td></tr>
<tr><td>管理人员工资</td></tr>
<tr><td>办公费</td></tr>
<tr><td>差旅交通费</td></tr>
<tr><td>固定资产使用费</td></tr>
<tr><td>工具用具使用费</td></tr>
<tr><td>劳动保险费</td></tr>
<tr><td>工会经费</td></tr>
<tr><td>职工教育经费</td></tr>
<tr><td></td><td></td><td></td><td>财产保险费</td></tr>
</table>

续表

<table>
<tr><td rowspan="34">工程量清单计价费用构成</td><td rowspan="7">分部分项工程费</td><td rowspan="5">企业管理费</td><td rowspan="4">税金</td><td>房产税</td></tr>
<tr><td>车船使用税</td></tr>
<tr><td>土地使用税</td></tr>
<tr><td>印花税</td></tr>
<tr><td colspan="2">其他</td></tr>
<tr><td colspan="3">利润</td></tr>
<tr><td colspan="3">风险费用</td></tr>
<tr><td rowspan="10">措施项目费</td><td colspan="3">安全防护、文明施工费</td></tr>
<tr><td colspan="3">夜间施工费(或缩短工期增加费)</td></tr>
<tr><td colspan="3">二次搬运费</td></tr>
<tr><td colspan="3">冬、雨季施工费</td></tr>
<tr><td colspan="3">已完工程及设备保护费</td></tr>
<tr><td colspan="3">检验试验费</td></tr>
<tr><td colspan="3">大型机械进出场及安拆费</td></tr>
<tr><td colspan="3">施工排水、降水费</td></tr>
<tr><td colspan="3">地上、地下设施，建筑物的临时保护设施费</td></tr>
<tr><td colspan="3">市政专业工程措施项目费</td></tr>
<tr><td rowspan="6">其他项目费</td><td colspan="3">暂列金额</td></tr>
<tr><td colspan="3">暂估价</td></tr>
<tr><td colspan="3">材料暂估价</td></tr>
<tr><td colspan="3">专业工程暂估价</td></tr>
<tr><td colspan="3">计日工</td></tr>
<tr><td colspan="3">总承包服务费</td></tr>
<tr><td rowspan="8">规费</td><td colspan="3">工程排污费</td></tr>
<tr><td colspan="3">定额测定费</td></tr>
<tr><td colspan="2" rowspan="3">社会保障费</td><td>养老保险费</td></tr>
<tr><td>失业保险费</td></tr>
<tr><td>医疗保险费</td></tr>
<tr><td colspan="3">住房公积金</td></tr>
<tr><td colspan="3">农民工工伤保险费</td></tr>
<tr><td colspan="3">危险作业意外伤害保险</td></tr>
<tr><td rowspan="3">税金</td><td colspan="3">营业税</td></tr>
<tr><td colspan="3">城市维护建设税</td></tr>
<tr><td colspan="3">教育费附加税</td></tr>
</table>

(二) 工程量清单计价法及工程费用计算程序

1. 工程量清单计价法

工程量清单计价应采用综合单价法。

综合单价法是指项目单价采用全费用单价（规费、税金按规定程序另行计算）的一种计价方法，规费、税金单独计取。综合单价包括完成一个规定计量单位项目所需的人工费、材料费、施工机械使用费、企业管理费、利润以及风险费用。

综合单价＝规定计量单位的人工费、材料费、施工机械使用费＋取费基数×（企业管理费＋利润率）＋风险费用

项目合价＝综合单价×工程数量

施工技术措施项目、其他项目应按照综合单价法计算，施工组织措施项目可参照《费用定额》计算。

工程造价＝Σ(项目合价＋取费基数×施工组织措施费率＋规费＋税金)

2. 综合单价法计价的工程费用计算程序（表 1-16）

表 1-16　综合单价法计价的工程费用计算程序

序号	费用项目		计算方法
一	工程量清单分部分项工程费		Σ(分部分项工程量×综合单价)
	其中	1. 人工费＋机械费	Σ分部分项(人工费＋机械费)
二	措施项目费		
	(一)施工技术措施项目费		按综合单价
	其中	2. 人工费＋机械费	Σ技措项目(人工费＋机械费)
	(二)施工组织措施项目费		按项计算
	其中	3. 安全文明施工费	(1＋2)×费率
		4. 检验试验费	
		5. 冬、雨季施工增加费	
		6. 夜间施工增加费	
		7. 已完工程及设备保护费	
		8. 二次搬运费	
		9. 行车、行人干扰增加费	
		10. 提前竣工增加费	
		11. 其他施工组织措施费	按相关规定计算
三	其他项目费		按工程量清单计价要求计算
四	规费		12＋13＋14
	其中	12. 排污费、社保费、公积金	(1＋2)×费率
		13. 民工工伤保险费	按各市有关规定计算
		14. 危险作业意外伤害保险费	
五	税金		(一＋二＋三＋四)×费率
六	建设工程造价		一＋二＋三＋四＋五

【例 1-2】 已知：工程类别为二类、市区项目。其分部分项工程量清单项目费为 1200 万元，其中：人工费（不含机上人工）350 万元，机械费 180 万元；技术措施费项目清单费 50

万元，其中：人工费10万元（不含机上人工）、机械费15万元（不含大型机械单独计算费用）；其他项目清单费15万元；合同要求工期比国家定额工期缩短8%；施工组织措施费根据浙江省2010取费定额内容及规定分别列项计算，取费定额以弹性区间费率编制的费用项目按下限值计算。根据上述条件，采用综合单价法列出费用计算表，计算建筑工程造价。

【解】 建筑工程造价见表1-17。

表1-17 单位工程投标报价计算表

序号	费用名称	取费计算式	费用/万元
一	分部分项工程		1200
1	人工费＋机械费	350＋180	530
二	措施项目		85.799
(一)	施工技术措施项目		50
2	人工费＋机械费	10＋15	25
(二)	施工组织措施项目	(3＋4＋5＋6＋7＋8)	35.799
3	安全文明施工费	(1＋2)×4.73%	26.252
4	检验试验费	(1＋2)×0.88%	4.884
5	冬雨季施工增加费	(1＋2)×0.1%	0.555
6	已完工程及设备保护费	(1＋2)×0.02%	0.111
7	二次搬运费	(1＋2)×0.71%	3.941
8	提前竣工费	(1＋2)×0.01%	0.056
三	其他项目费		15
四	规费	(1＋2)×10.4%	57.720
五	税金	(一＋二＋三＋四)×3.577%	48.594
六	建筑工程造价	一＋二＋三＋四＋五	1407.113

3. 施工取费计算规则

(1) 建设工程施工费用按“人工费＋机械费”或“人工费”为取费基数的程序计算。人工费和机械费是指直接工程费及施工技术措施费中的人工费和机械费。人工费不包括机上人工，机械费不包括大型机械设备进出场及安拆费。

(2) 人工费、材料费、机械费按工程定额项目或按分部分项工程量清单项目及施工技术措施项目清单计算的人工、材料、机械台班消耗量乘以相应单价计算。

人工、材料、机械台班消耗量可根据建设工程造价管理机构编制的工程定额确定，人工、材料、机械台班单价按当时、当地的市场价格组价，企业投标报价时可根据自身情况及建筑市场人工价格、材料价格、机械租赁价格等因素自主决定。

(3) 施工措施项目应根据《浙江省建设工程施工取费定额》或措施项目清单，结合工程实际确定。

施工技术措施费可根据相关的工程定额计算。施工组织措施费按上述计算程序以取费基数乘以组织措施费费率，其中环境保护费、文明施工费、安全施工费等费用，工程计价时不应低于弹性费率的下限。

(4) 企业管理费加利润称为综合费用，综合费用费率是根据不同的工程类别确定的。

(5) 施工组织措施费、综合费用在编制概算、施工图预算（标底）时，应按弹性费率的中值计取。在投标报价时，企业可参考弹性区间费率自主确定。

（6）规费费率按规定计取。以“人工费＋机械费”为取费基数的工程，工料单价法计价时，规费以“直接工程费＋措施费＋综合费用”为计算基数乘以相应费率计算；综合单价法计价时，规费以“分部分项工程量清单费＋措施项目清单费”为计算基数乘以相应费率计算。以“人工费”为取费基数的工程，规费均以“人工费”为计算基数乘以相应费率计算。

规费费率内不含危险作业意外伤害保险费，危险作业意外伤害保险费按各市有关规定计算。

（7）税金费率按规定计取，税金以“直接费＋间接费＋利润”为计算基数乘以相应税率计算。

（8）若按《房屋建筑和市政基础设施工程施工分包管理办法》（建设部令第124号）规定发生专业工程分包时，总承包单位可按分包工程造价的1%～3%向发包方计取总承包服务费。发包与总承包双方应在施工合同中约定或明确总承包服务的内容和费率。

（三）综合单价的编制

1．综合单价的计算公式

综合单价＝1个规定计量单位项目人工费＋1个规定计量单位项目材料费＋1个规定计量单位项目机械使用费＋取费基数×(企业管理费率＋利润率)＋风险费用

1个规定计量单位项目人工费＝∑(人工消耗量×人工价格)

1个规定计量单位项目材料费＝∑(材料消耗量×材料价格)

1个规定计量单位项目机械使用费＝∑(施工机械台班消耗量×机械台班价格)

2．综合单价的计算步骤

（1）根据工程量清单项目名称和拟建工程的具体情况，按照投标人的企业定额或参照《浙江省工程量清单计价指引》，分析确定清单项目的各项可组合的工程内容，并确定各项组合工作内容对应的定额子目。

（2）计算1个规定计量单位清单项目所对应的各个定额子目的工程量。

（3）根据投标人的企业定额或参照浙江省计价依据，并结合工程实际情况，确定各对应定额子目的人工、材料、施工机械台班的消耗量。

（4）依据投标自行采集的市场价格或参照省、市工程造价管理机构发布的价格信息，结合工程实际分析确定人工、材料、施工机械台班的价格。

（5）计算1个规定计量单位清单项目人工费、材料费、机械使用费。

（6）确定取费基数，根据投标人的企业定额或参照浙江省计价依据，并结合工程实际情况、市场竞争情况，分析确定企业管理费率、利润率，计算企业管理费、利润。综合单价中的“取费基数”为1个规定计量单位清单项目人工费与机械使用费之和，或为1个规定计量单位清单项目人工费。

（7）按照招标文件约定的风险分担原则，结合自身实际情况，投标人防范、化解、处理应由其承担的施工过程中可能出现的人工、材料和施工机械台班价格上涨、人员伤亡、质量缺陷、工期拖延等不利事件所需的费用，即风险费用。

（8）合计1个规定计量单位项目人工费、材料费、机械使用费以及企业管理费、利润、风险费用，即为该清单项目的综合单价。

（四）清单计价的步骤

工程量清单计价过程可以分为以下两个阶段。

第一阶段：业主在统一的工程量计算规则的基础上，制定工程量清单项目设置规则，根据具体工程的施工图纸统一计算出各个清单项目的工程量。

第二阶段：投标单位根据各种渠道所获得的工程造价信息和经验数据，依据工程量清单计算得到工程造价。

进行投标报价时，施工方在业主提供的工程量清单的基础上，根据企业自身所掌握的信息、资料，结合企业定额编制得到工程报价。其计算过程如下。

(1) 确定投标报价时采用的人工、材料、机械的单价，并编制主要工日价格表、主要材料价格表、主要机械台班价格表。

(2) 计算分部分项工程费，按以下步骤进行。

① 根据施工图纸复核工程量清单；

② 按当地的消耗量定额工程量计算规则拆分清单工程量；

③ 根据消耗量定额和信息价计算直接工程费，即人工费、材料费、机械使用费；

④ 确定取费基数，计算管理费和利润，按下式计算：

管理费＝取费基数×管理费费率

利润＝取费基数×利润率

⑤ 汇总形成综合单价，并填写工程量清单综合单价计算表及工程量清单综合单价工料机分析表；

⑥ 计算分部分项工程费，按下式计算：

分部分项工程费＝∑(工程量清单数量×综合单价)

计算结果填写分部分项工程量清单与计价表。

(3) 计算措施项目费

① 可以计算工程量的措施项目费用计算方法与分部分项工程费计算方法相同，计算结果填写措施项目清单与计价表（二）、措施项目清单综合单价计算表、措施项目清单综合单价工料机分析表。

其中，安全防护、文明施工措施项目费按实计算，并填写安全防护、文明施工措施项目费分析表。

② 不能计算工程量的措施项目，确定取费基数后，按费率系数计价，按下式计算：

措施项目费＝取费基数×措施项目费费率

计算结果填写措施项目费计算表（二）。

③ 合计措施项目费用，填写措施项目清单与计价表。

(4) 计算其他项目费、规费、税金

其他项目费中的费用均为估算、预测数量，在投标时计入投标报价，工程竣工结算时，应按投标人实际完成的工作内容结算，剩余部分仍归招标人所有。填写其他项目清单与计价汇总表、暂列金额明细表、材料暂估单价表、专业工程暂估单价表、计日工表、总承包服务费计价表。

规费＝计算基数×规费费率

税金＝(分部分项工程量清单费＋措施项目清单费＋其他项目清单费＋规费)×综合税率

(5) 计算单位工程报价

单位工程报价＝分部分项工程量清单费＋措施项目清单费＋其他项目清单费＋规费＋税金

填写单位工程投标报价汇总表。

(6) 计算单项工程报价

单项工程报价＝∑单位工程报价

(7) 计算建设项目总报价

建设项目总报价＝∑单位工程报价

填写工程项目投标报价汇总表。

（五）工程量清单计价的规定格式及填写要求

1. 工程量清单计价的规定格式

工程量清单报价应采用统一格式，由下列内容组成。

（1）封面；

（2）总说明；

（3）工程项目投标报价汇总表；

（4）单位工程投标报价汇总表；

（5）分部分项工程量清单及计价表；

（6）工程量清单综合单价计算表；

（7）工程量清单综合单价工料机分析表；

（8）措施项目清单与计价表（一）；

（9）措施项目清单与计价表（二）；

（10）措施项目清单综合单价计算表；

（11）措施项目清单综合单价工料机分析表；

（12）其他项目清单与计价汇总表；

（13）暂列金额明细表；

（14）材料暂估单价表；

（15）专业工程暂估价表；

（16）计日工表；

（17）总承包服务费计价表；

（18）主要工日价格表；

（19）主要材料价格表；

（20）主要机械台班价格表；

（21）安全防护、文明施工措施项目费分析表。

2. 工程量清单计价格式的填写规定

（1）封面　封面应按规定的内容填写、签字、盖章。除承包人自行编制的投标报价和竣工结算外，受委托编制的招标控制价、投标报价、竣工结算若为造价员编制的，应由负责审核的造价工程师签字、盖章以及工程造价咨询人盖章。

（2）总说明　编制投标报价时，总说明的内容应包括：1）采用的计价依据；2）采用的施工组织设计及投标工期；3）综合单价中风险因素、风险范围（幅度）；4）措施项目的依据；5）其他需要说明的问题。

（3）工程项目投标报价汇总表

1）表中的“单位工程名称”应按单位工程费汇总表中的单位工程名称填写。

2）表中的“金额”应按单位工程费汇总表中的合计金额填写。

3）表中的“安全文明施工费”和“规费”应按单位工程费汇总表中的“安全文明施工费”和“规费”小计金额填写。

（4）单位工程费汇总表

1）表中的“分部分项工程”、“措施项目”金额分别按专业工程分部分项工程量清单计价表和措施项目清单计价表中的合计金额填写。

2）表中的“其他项目”金额按单位工程其他项目清单计价表中的合计金额填写。

3）表中的“规费”、“税金”金额根据不同专业工程，按《浙江省建设工程施工取费定额》规定程序、费率以及我省及各市有关补充规定计算后填写，表中的规费 1 包括工程排污费、社会保障费和住房公积金，规费 2 为危险作业意外伤害保险，规费 3 为农民工工伤保险费。

4）当有多个专业工程时，表中的“清单报价汇总”栏可作相应的增加。

（5）分部分项工程量清单及计价表

表中的“序号”、“项目编码”、“项目名称”、“项目特征”、“计量单位”和“工程量”应按工程量清单中相应内容填写，“综合单价”应按投标人的企业定额或参考本省建设工程计价依据报价，人工、材料、机械单价依据投标人自行采集的价格信息或参照省、市工程造价管理机构发布的价格信息确定，并考虑相应的风险费用。

（6）措施项目清单与计价表

1）表（一）适用于以“项”为单位计量的措施项目。

2）表（二）适用于以分部分项工程量清单项目综合单价方式计价的措施项目，使用方法参照“分部分项工程量清单及计价表”。

3）编制投标报价时，除“安全防护、文明施工费”和“检验试验费”应不低于本省造价管理机构规定费用的最低标准外，其余措施项目可根据拟建工程实际情况自主报价。

（7）其他项目清单与计价表

1）暂列金额明细表：应按工程量清单中的暂列金额汇总后计入其他项目清单与计价汇总表。

2）材料暂估单价表：应根据工程量清单中材料暂估单价直接进入清单项目综合单价，无需计入其他项目清单与计价汇总表。

3）专业工程暂估价表：应按工程量清单中的暂估金额汇总后计入其他项目清单与计价汇总表。

4）计日工表：编制投标报价时，表中的“项目名称”、“单位”、“暂定数量”应按工程量清单中相应内容填写。“单价”由投标人自主报价，“合价”经汇总后计入其他项目清单与计价汇总表。

5）总承包服务费计价表：表中的“项目名称”、“项目价值”、“服务内容”应按工程量清单中相应内容填写。费率由投标人自主报价，“金额”经汇总后计入其他项目清单与计价汇总表。

（8）安全防护、文明施工措施项目费分析表

编制投标报价时，投标人应参照安全防护、文明施工措施项目费分析表中所列项目并结合拟建工程实际情况，对该工程项目的文明施工及环境保护费、临时设施费和安全施工费进行分析，如遇分析表未列项目，可在表中“四、其他”栏中自行增加。表中上述各项费用作为施工过程中必须保证的措施费用，其“合价”金额不得低于该工程项目中各专业工程相对应的费用的合计金额。

（9）人工、材料、机械价格表

1）主要人工、材料、机械价格表无需单独编制，其主要内容是对综合单价工料机分析表中的人工、主要材料和主要机械的单位、数量、单价进行汇总，一般通过计价软件完成。

2）主要人工、材料、机械价格表通常按照单位工程进行汇总，但也可根据招标人需要，按照工程项目、单个专业工程和整体专业工程汇总，其表格上方“单位工程名称”项相应变更为“工程名称”、“单位及专业工程名称”及“专业工程名称”。

3）编制投标报价时，对于招标人有要求的材料，投标人应在主要材料价格表的“规格型号”栏中明确该材料的规格和型号，并在备注栏中注明品牌。

三、工程量清单计价模式与预算定额计价模式的区别和联系

1.区别

（1）适用范围不同　全部使用国有资金投资或国有资金投资为主的建设工程项目必须实行工程量清单计价。除此之外的建设工程，可以采用工程量清单计价模式，也可采用定额计价模式。

采用工程量清单招标的，应该使用综合单价法计价；非招标工程既可采用工程量清单综合单价计价，也可采用定额工料单价法计价。

（2）采用的计价方法不同　根据《计价规范》规定，工程量清单应采用综合单价方法计价。

定额计价一般采用工料单价法计价，但也可采用综合单价法计价。

（3）项目划分不同　工程量清单项目，基本以一个“综合实体”考虑，一般一个项目包括多项工程内容。而定额计价的项目所含内容相对单一，一般一个项目只包括一项工程内容。

（4）工程量计算规则不同　工程量清单计价模式中的工程量计算规则必须按照国家标准《计价规范》规定执行，实行全国统一。而定额计价模式下的工程量计算规则由一个地区（省、自治区、直辖市）制定的，在本地区域内统一，具有局限性。

（5）采用的消耗量标准不同　工程量清单计价模式下，投标人计价时应采用投标人自己的企业定额。企业定额是施工企业根据本企业的施工技术和管理水平，以及有关工程造价资料制定的，并供本企业使用的人工、材料、机械台班消耗量。消耗量标准体现投标人个体水平，并且是动态的。

工程预算定额计价模式下，投标人计价时须统一采用消耗量定额。消耗量定额是指由建设行政主管部门根据合理的施工组织设计，按照正常条件下制定的，生产一个规定计量单位工程合格产品所需人工、材料、机械台班等的社会平均消耗量，包括建筑工程预算定额、安装工程预算定额、施工取费定额等。消耗量水平反映的是社会平均水平，是静态的，不反映具体工程中承包人个体之间的变化。

（6）风险分担不同　工程量清单由招标人提供，一般情况下，各投标人无需再计算工程量，招标人承担工程量计算风险，投标人则承担单价风险；而定额计价模式下的招投标工程，工程数量由各投标人自行计算，工程量计算风险和单价风险均由投标人承担。

（7）表现形式不同　传统的定额预算计价法一般是总价形式。工程量清单计价法采用综合单价形式，综合单价包括人工费、材料费、机械使用费、管理费、利润，并考虑风险因素，工程量发生变化时，单价一般不作调整。

（8）费用组成不同　传统的预算定额计价法的工程造价由直接工程费、现场经费、间接费、利润、税金组成。工程量清单计价法的工程造价包括分部分项工程费、措施项目费、其他项目费、规费、税金及风险因素增加的费用。

（9）编制工程量时间不同　传统的定额预算计价法是在发出招标文件后编制。工程量清单计价法必须在发出招标文件前编制。

（10）评标方法不同　传统的定额预算计价法投标，一般采用百分制评分法。工程量清单计价法投标一般采用合理低报价中标法，要对总价及综合单价进行评分。

（11）编制单位不同　传统定额预算计价法其工程量分别由招标单位和投标单位按图计

算。工程量清单计价法其工程量由招标单位统一计算，或委托有工程造价咨询资质的单位统一计算。投标单位根据招标人提供的工程量清单，根据自身的企业定额、技术装备、企业成本、施工经验及管理水平自主填写报价表。

(12) 投标计算口径不同　传统的预算定额计价法招标，各投标单位各自计算工程量，计算出的工程量均不一致。工程量清单计价法，各投标单位都根据统一的工程量清单报价，达到了投标计算口径的统一。

(13) 项目编码不同　传统的定额预算计价法，全国各省、市采用不同的定额子目。工程量清单计价法，全国实行统一十二位阿拉伯数字编码。一到九位为统一编码，其中一、二位为附录顺序码，三、四位为专业工程顺序码，五、六位为分部工程顺序码，七、八、九位为分项工程项目名称顺序码，十、十一、十二位为清单项目名称顺序码。前九位编码不能变动，后三位编码由清单编制人根据项目设置的清单项目编制。

(14) 合同价调整方式不同　传统的定额预算计价法，合同价调整方式有：变更签证、政策性调整。工程量清单计价法，合同价调整方式主要是索赔，报价作为签订施工合同的依据相对固定下来，单价不能随意调整，工程结算按承包商实际完成的工程量乘以清单中相应的单价计算。

2. 联系

定额计价作为一种计价模式，在我国使用了多年，具有一定的科学性和实用性，今后将继续存在于工程发承包计价活动中，即使工程量清单计价方式占据主导地位，它仍是一种补充方式。由于目前是工程量清单计价模式的实施初期，大部分施工企业还不具备建立和拥有自己的企业定额体系，建设行政主管部门发布的定额，尤其是当地的消耗量定额，仍然是企业投标报价的主要依据。也就是说，工程量清单计价活动中，存在着部分定额计价的成分。应该看到，在我国建设市场逐步放开的改革过程当中，虽然已经制定并推广了工程量清单计价模式，但是，由于各地实际情况的差异，我国目前的工程造价计价模式又不可避免地出现工程预算定额计价与工程量清单计价两种模式双轨并行的局面。如全部使用国有资金投资或国有资金投资为主的建设工程必须实行工程量清单计价。而除此以外的建设工程，既可以采用工程量清单计价模式，也可采用工程预算定额计价模式。随着我国工程造价管理体制改革的不断深入和对国际管理的进一步深入、了解，工程量清单计价模式将逐渐占主导地位，最后实行单一的计价模式，即工程量清单计价模式。

四、建筑工程施工取费费率及工程类别划分

(一) 建筑工程施工取费费率

1. 建筑工程施工组织措施费费率（见表 1-18）

表 1-18　建筑工程施工组织措施费费率

定额编号	项目名称		计算基数	费率/%		
				下限	中值	上限
A1	施工组织措施费					
A1-1	文明安全施工费					
A1-11	其中	非市区工程	人工费＋机械费	4.01	4.46	4.91
A1-12		市区一般工程		4.73	5.25	5.78
A1-13		市区临街工程		5.44	6.04	6.64
A1-2	夜间施工增加费		人工费＋机械费	0.02	0.04	0.08
A1-3	提前竣工增加费					

续表

定额编号	项目名称		计算基数	费率/%		
				下限	中值	上限
A1-31	其中	缩短工期 10%以内	人工费＋机械费	0.01	0.92	1.83
A1-32		缩短工期 20%以内		1.83	2.27	2.71
A1-33		缩短工期 30%以内		2.71	3.15	3.59
A1-4	二次搬运费		人工费＋机械费	0.71	0.88	1.03
A1-5	已完成工程及设备保护费			0.02	0.05	0.08
A1-6	检验试验费			0.88	1.12	1.35
A1-7	冬雨季施工增加费			0.10	0.20	0.30
A1-8	优质工程增加费		优质工程增加费前造价	2.00	3.00	4.00

2. 建筑工程企业管理费费率（见表 1-19）。

表 1-19 建筑工程企业管理费费率

定额编号	项目名称	计算基数	费率/%		
			一类	二类	三类
A2	企业管理费				
A2-1	工业与民用建筑工程	人工费＋机械费	20～26	16～22	12～18
A2-2	单独装饰工程		18～23	15～20	12～17
A2-3	单独构筑物及其他工程		22～28	18～24	14～20
A2-4	专业打桩工程		13～17	10～14	7～11
A2-5	专业钢结构工程		16～21	12～17	8～13
A2-6	专业幕墙工程		19～25	15～21	11～17
A2-7	专业土石方工程		9～12	7～10	5～8
A2-8	其他专业工程		—	12～16	—

（二）建筑工程类别划分

（1）以单位工程为判断条件，有三个条件时，符合二个或二个以上，按相应类别标准执行，只符合一个条件，降低一级标准执行；有二个条件时，只要符合一个条件，按相应类别标准执行。

（2）单位工程判断工程类别条件名称解释

① 高度　指建（构）筑物从设计室外地坪至建筑物檐口底的高度。不包括凸出屋面的电梯机房、屋顶亭子间及屋顶水箱的高度。

② 跨度　指结构设计定位轴线之间的距离。

③ 层数　指设计的层数（含地下室、半地下室的层数）。阁楼层、面积小于标准层 30% 的顶层及层高在 2.2m 以下的地下室或技术设备层不计算层数。

④ 面积　指按《建筑工程建筑面积计算规范》(GB/T 50353—2005）规则计算的建筑面积。

⑤ 居住建筑　指住宅、宿舍、商住楼等建筑物。

⑥ 公共建筑　指综合楼、办公楼、教学楼、宾馆、酒店、食堂、礼堂、图书馆等建筑物。

⑦ 特殊建筑　指影剧院、体育馆、展览馆、艺术中心、高级会堂等建筑物。

⑧ 地下室与半地下室　指地下室室内地坪至室外地坪的高度大于该地下室净高度的1/2；地下室室内地坪至室外地坪的高度小于该地下室净高度的1/2，且大于1/3为半地下室。

(3) 单位工程有不同层数时，高层部分建筑面积占总面积30%以上，按高层部分的层数、高度确定工程类别；反之，按低层部分层数与高度确定工程类别。

(4) 六层以下居住建筑（除别墅按三类工程），其余按三类工程，费率乘以系数0.8。

(5) 三层及以上地下室工程，按相应工程类别提高一级标准执行。

(6) 围墙、道路、传达室等附属工程均与主体工程同类别；如单独发包附属工程，按三类工程类别，费率乘以0.8。

(7) 民用建筑、单独装饰工程类别划分，见表1-20。

表1-20　民用建筑、单独装饰工程类别划分表

工程 \ 类别			一类	二类	三类
民用建筑	居住建筑	高度 H/m	$H>87$	$45<H\leqslant 87$	$H\leqslant 45$
		层数 N	$N>28$	$14<N\leqslant 28$	$6<N\leqslant 14$
		地下室层数 N	$N>1$	$N=1$	半地下室
	公共建筑	高度 H/m	$H>65$	$25<H\leqslant 65$	$H\leqslant 25$
		层数 N	$N>18$	$6<N\leqslant 18$	$N\leqslant 6$
		地下室层数 N	$N>1$	$N=1$	—
	特殊建筑	跨度 L/m	$L>36$	$24<L\leqslant 36$	$L\leqslant 24$
		面积 S/m^2	$S>10000$	$5000,S\leqslant 10000$	$S\leqslant 5000$
单独装饰工程		宾馆、饭店装饰	4、5星级	3星级	2星级及以内
		其他建筑装饰	高级装饰	中级装饰	一般装饰

(8) 专业工程类别划分表，见表1-21。

表1-21　专业工程类别划分表

工程 \ 类别			一类	二类	三类
专业工程	打桩工程		1. 接桩二次 2. 25m以上预制混凝土桩 3. 36m以上钢筋混凝土管桩 4. 45m以上灌注混凝土桩	1. 接桩一次 2. 25m以下预制混凝土桩 3. 36m以下钢筋混凝土管桩 4. 45m以下灌注混凝土桩 5. 15m以上人工挖孔桩	1. 18m以下预制混凝土桩 2. 25m以下灌注混凝土桩 3. 15m以下人工挖孔桩 4. 木桩、砂桩、砂石桩、旋喷桩、水泥搅拌桩、钢板桩、树根桩、混凝土板桩、压密注浆帽杆桩
	钢构	单层	跨度 $L>45m$	$30m<$跨度 $L\leqslant 45m$	$L\leqslant 30m$
		多层	层数 $N>18$ 层	6层$<$层数 $N\leqslant 18$ 层	层数 $N\leqslant 6$ 层
	幕墙工程		高度50m以上的幕墙，或单项面积 $5000m^2$ 以上	高度50m以下30m以上的幕墙，或单项面积 $3000m^2$ 以上	高度30m以下的幕墙，或单项面积 $3000m^2$ 以下
	土石方工程		深度10m以上的基坑开挖	深度10m以下6m以上的基坑开挖	1. 深度6m以下的基坑开挖 2. 平整场地

（9）高级装饰、中级装饰与一般装饰的标准划分表，见表 1-22。

表 1-22　高级装饰、中级装饰与一般装饰的标准划分表

项目	墙面	天棚	楼地面	门、窗
高级装饰	干挂石材、铝合金条板、镶钻石材、高级涂料、贴壁纸、锦缎软包、镶板墙面、幕墙、金属装饰板、造型木墙裙	高级涂料、造型吊顶、金属吊顶、壁纸	大理石、花岗岩、木地板、地毯楼地面	彩板、塑钢、铝合金、硬木、不锈钢门(窗)
中级装饰	贴面砖、高级涂料、贴壁纸、镶贴大理石、木墙裙	高级涂料、吊顶、壁纸	磨石、块料、木地板、地毯楼地面	彩钢、塑钢、铝合金、松木门(窗)
一般装饰	勾缝、水刷石、干粘石、一般涂料	一般涂料	水泥、混凝土、塑料、涂料、磨石楼地面	松木、钢木门(窗)

注：1. 高级装饰：墙面、楼地面每项分别满足 3 个及 3 个以上高级装饰项目，天棚、门窗每项满足 2 个及 2 个以上高级装饰项目，并且每项装饰项目的面积之和占相应装饰项目面积 70％以上者为高级装饰。

2. 中级装饰：墙面、楼地面、天棚、门窗每项分别是 2 个及 2 个以上中级装饰项目，并且每项装饰项目的面积之和占相应装饰项目面积 70％以上者为中级装饰。

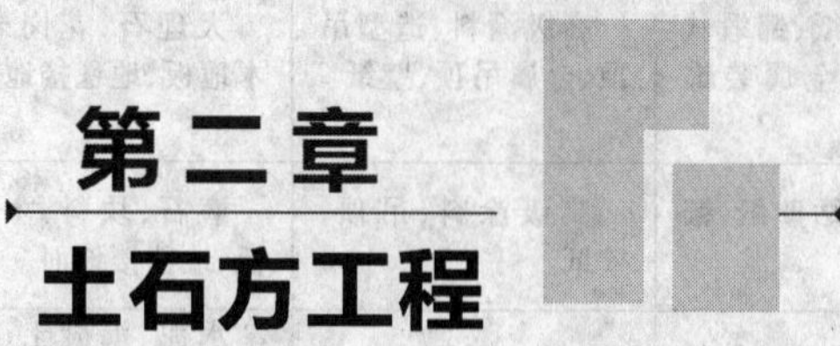

第二章 土石方工程

第一节 说 明

1. 本章定额包括人工土方、机械土方、石方及基础排水。

2. 同一工程的土石方类别不同，除另有规定外，应分别列项计算。土石方类别详见土壤及岩石分类表。

3. 土石方体积均按天然密实体积（自然方）计算，回填土按碾压夯实后的体积（实方）计算。土方体积折算系数见表2-1。

表2-1 土方体积折算系数表

天然密实度体积	虚方体积	夯实后体积	松填体积
0.77	1.00	0.67	0.83
1.00	1.30	0.87	1.08
1.15	1.50	1.00	1.25
0.92	1.20	0.80	1.00

注：虚方指未经碾压、堆积时间≤1年的土壤。

4. 干、湿土的划分以地质勘察资料为准，含水率≥25%为湿土；或以地下常水位为准，常水位以上为干土，以下为湿土。采用井点排水等措施降低地下水位施工时，土方开挖应按干土计算，并按施工组织设计要求套用基础排水相应定额，不再套用湿土排水定额。

5. 挖土方工程量应扣除直径800mm及以上的钻（冲）孔桩、人工挖孔桩等大口径桩及空钻（挖）所形成的未经回填桩孔所占体积。挖桩承台土方时应乘以相应的系数，其中：人工挖土方综合定额乘以系数1.08；人工挖土方单项定额乘以系数1.25；机械挖土方定额乘以系数1.1。

6. 土石方、泥浆如发生外运（弃土外运或回填土外运），各市有规定的，从其规定，无规定的按本章相关定额执行；弃土外运的处置费等其他费用，按各市的有关规定执行。

7. 人工土方

(1) 人工挖房屋基础土方最大深度按3m计算，超过3m时，应按机械挖土考虑；如局部超过3m且仍采用人工挖土的，超过3m部分的土方，每增加1m按相应综合定额乘以系数1.05；挖其他基础土方深度超过3m时，超过3m部分的土方，每增加1m按相应定额乘以系数1.15计算。

（2）房屋基础土方综合定额综合了平整场地，地槽、坑挖土、运土，槽坑底原土打夯，槽坑及室内回填夯实和150m以内弃土运输等项目，适用于房屋工程的基础土方及附属于建筑物内的设备基础土方、地沟土方及局部满堂基础土方，不适用于房屋工程大开口挖土的基础土方、单独地下室土方及构筑物土方，以上土方应套相应的单项定额。

（3）房屋基槽、坑土方开挖，因工作面、放坡重叠造成槽、坑计算体积之和大于实际大开口挖土体积时，按大开口挖土体积计算，套用房屋综合土方定额。

（4）平整场地指原地面与设计室外地坪标高平均相差（高于或低于）30cm以内的原土找平。如原地面与设计室外地坪标高平均相差30cm以上时，应另按挖、运、填土方计算，不再计算平整场地。

（5）本章定额挖土方除淤泥、流砂为湿土外，均以干土为准。如挖运湿土，综合定额乘以系数1.06；单项定额乘以系数1.18。湿土排水（包括淤泥、流砂）应另列项目计算。

（6）基槽、坑底宽≤7m，底长>3倍底宽为沟槽；底长≤3倍底宽，底面积≤150m^{2}为基坑，超出上述范围及平整场地挖土厚度在30cm以上的，均按一般土方套用定额。

8. 机械土方

（1）机械挖土方定额已包括人机配合所需的人工，遇地下室底板下翻构件等部位的机械开挖时，下翻部分工程量套用相应定额乘以系数1.3。如下翻部分实际采用人工施工时，套用人工土方综合定额乘以系数0.9，下翻开挖深度从地下室底板垫层底开始计算。

（2）推土机、铲土机重车上坡，坡度大于5%时，运距按斜坡长度乘以表2-2系数。

表 2-2　坡度系数表

坡度/%	5～10以内	15以内	20以内	25以内
系数	1.75	2.00	2.25	2.50

（3）推土机、铲运机在土层平均厚度小于30cm的挖土区施工时，推土机定额乘以系数1.25，铲运机定额乘以系数1.17。

（4）挖掘机在有支撑的大型基坑内挖土，挖土深度在6m以内时，相应定额乘以系数1.2；挖土深度在6m以上时，相应定额乘以系数1.4，如发生土方翻运，不再另行计算。挖掘机在垫板上进行工作时，定额乘以系数1.25，铺设垫板所增加的工料机械费用按每1000m^{3}增加230元计算

（5）挖掘机挖含石子的黏质砂土按一、二类土定额计算；挖砂石按三类土定额计算；挖松散、风化的片岩、页岩或砂岩按四类土定额计算；推土机、铲运机推、铲未经压实的堆积土时，按推一、二类土乘以系数0.77。

（6）本章中的机械土方作业均以天然湿度土壤为准，定额中已包括含水率在25%以内的土方所需增加的人工和机械；如含水率超过25%时，挖土定额乘以系数1.15；如含水率在40%以上时另行处理。机械运湿土，相应定额不乘系数。

（7）机械推土或铲运土方，凡土壤中含石量大于30%或多年沉积的砂砾以及含泥砾层石质时，推土机套用机械明挖出渣定额，铲运机按四类土定额乘以系数1.25。

9. 石方

（1）同一石方，如其中一种类别岩石的最厚一层大于设计横断面的75%时，按最厚一层岩石类别计算。

（2）石方爆破定额是按机械凿眼编制的，如用人工凿眼，费用仍按定额计算。

(3) 爆破定额已综合了不同阶段的高度、坡面、改炮、找平等因素。如设计规定爆破有粒径要求时，需增加的人工、材料和机械费用应按实计算。

(4) 爆破定额是按火雷管爆破编制的，如使用其他炸药或其他引爆方法费用按实计算。

(5) 定额中的爆破材料是按炮孔中无地下渗水、积水（雨积水除外）计算的，如带水爆破，所需的绝缘材料费用另行按实计算。

(6) 爆破工作面所需的架子，爆破覆盖用的安全网和草袋、爆破区所需的防护费用以及申请爆破的手续费、安全保证费等，定额均未考虑，如发生时另行按实计算。

(7) 基坑开挖深度以 5m 为准，深度超过 5m，定额乘以系数 1.09。

(8) 石方爆破，沟槽底宽大于 7m 时，套用一般开挖定额；基坑开挖上口面积大于 $150m^2$ 时，按相应定额乘以系数 0.5。

(9) 石方爆破现场必须采用集中供风时，所需增加的临时管道材料及机械安拆费用应另行计算，但发生的风量损失不另计算。

(10) 石渣回填定额适用采用现场开挖岩石的利用回填。

10. 基础排水

(1) 轻型井点、喷射井点排水的井管安装、拆除以根为单位计算，使用以套·天计算；真空深井、自流深井排水的安装拆除以每口井计算，使用以每口井·天计算。

(2) 井管间距应根据地质条件和施工降水要求，按施工组织设计确定，施工组织设计未考虑时，可按轻型井点管距 1.2m、喷射井点管距 2.5m 确定。

11. 注意事项

(1) 土石方开挖，招标人编制工程量清单不列施工方法（有特殊要求的除外），招标人确定工程数量即可。如招标文件对土石方开挖有特殊要求，在编制工程量清单时，可规定施工方法。

(2) 因地质情况变化或设计变更引起的土石方工程量的变更，由业主与承包人双方现场确认，依据合同条件进行调整。

(3) 挡土板支拆如非设计或招标人根据现场具体情况要求而属于投标人自行采用的施工方案，则清单项目特征中不予描述；而投标人应在技术措施项目中予以补充，自行报价。

(4) 根据地质资料确定有地下水的，清单编制时应在措施项目清单内考虑施工时基槽坑内的施工排水因素。

(5) 深基础土石方开挖，设计文件中可能提示或要求采用支护结构，但到底用什么支护结构，是打预制混凝土桩、钢板桩、人工挖孔桩、地下连续墙，是否作水平支撑等，招标人应在措施项目清单中予以列项明示。

(6) 本章 10 定额子目与清单项目工程量计算规则的主要差异见表 2-3。

表 2-3　土石方工程清单与定额工程量计算规则差异示例表

序号	计算内容	清单计算规则	定额计算规则
1	平整场地	按建筑物首层面积计算	按建筑物底面积的外边线每边各放 2m 计算
2	挖土平面尺寸	按基底垫层尺寸	按基底尺寸加工作面
3	机械开挖		按施工方案增加机械上下坡道或工作面
4	放坡	不考虑	按施工工艺和挖深、土类增加放坡
5	桩承台挖土方	桩间挖土不扣桩体积	应扣大口径桩及未经回填桩孔所占体积
6	石方	按图示尺寸	可以考虑超挖量

第二节　工程量计算规则

1. 平整场地工程量按建（构）筑物底面积的外边线每边各放 2m 计算。

2. 地槽、坑挖土深度按槽坑底至交付施工场地标高确定，无交付施工场地标高时，应按自然地面标高确定。

3. 地槽长度：外墙按外墙中心线长度计算，内墙按基础底净长计算，不扣除工作面及放坡重叠部分的长度，附墙垛凸出部分按砌筑工程规定的砖垛折加长度合并计算，不扣除搭接重叠部分的长度，垛的加深部分亦不增加。

4. 基础施工所需工作面，如施工组织设计未规定时按以下方法计算：基础或垫层为混凝土时，按混凝土宽度每边各增加工作面 30cm 计算；挖地下室、半地下室土方按垫层底宽每边增加工作面 1m（烟囱，水、油池，水塔埋入地下的基础，挖土方按地下室放工作面）。如基础垂直表面需做防腐或防潮处理的，每边增加工作面 80cm。砖基础每边增加工作面 20cm，块石基础每边增加工作面 15cm。如同一槽、坑遇有多个增加工作面条件时，按其中较大的一个计算。地下构件设有砖模的，挖土工程量按砖模下设计垫层面积乘以下翻深度，不另增加工作面和放坡。

5. 有放坡和工作面的地槽、坑挖土体积按下式计算

(1) 地槽：$V=(B+KH+2C)HL$

(2) 地坑：（方形）$V=(B+KH+2C)(L+KH+2C)H+\frac{K^2H^3}{3}$

$$（圆形）V=\frac{\pi H}{3}[(R+C)^2+(R+C)\times(R+C+KH)+(R+C+KH)^2]$$

式中　V——挖土体积，m^3；

K——放坡系数；

B——槽坑底宽度，m；

C——工作面宽度，m；

R——坑底半径，m；

H——槽、坑深度，m；

L——槽、坑底长度，m。

6. 人工土方

(1) 综合定额工程量，以房屋基础地槽、坑的挖土工程量为准。

(2) 地槽、坑放坡工程量按施工设计规定计算，如施工设计未规定时按表 2-4 方法计算。

表 2-4　人工土方放坡系数表

土壤类别	深度超过/m	放坡系数 K	说　明
一、二类土	1.2	0.50	1. 同一槽、坑内土类不同时，分别按其放坡起点、放坡系数、依不同土类别厚度加权平均计算； 2. 放坡起点均自槽、坑底开始； 3. 如遇淤泥、流砂及海涂围垦工程，放坡系数按施工组织设计的要求计算
三类土	1.5	0.33	
四类土	2.0	0.25	

（3）回填土及弃土工程量

① 地槽、坑回填土工程量为地槽、坑挖土工程量减去交付施工场地标高（或自然地面标高）以下的砖、石、混凝土或钢筋混凝土构件及基础、垫层工程量。

② 室内回填土工程量为主墙间的净面积乘以室内填土厚度，即设计室内与交付施工场地地面标高（或自然地面标高）的高差减地坪的垫层及面层厚度之和。底层为架空层时，室内回填土工程量为主墙间的净面积乘以设计规定的室内回填土厚度。

③ 弃土工程量为地槽、坑挖土工程量减回填土工程量乘以相应的土方体积折算系数表中的折算系数。

（4）挖管道沟槽土方按图示中心线长度计算，不扣除窨井所占长度，各种井类及管道接口处需增加的土方量不另行计算；沟底宽度按施工设计规定计算，设计不明确时，按管道宽度加 40cm 计算。

7. 机械土方

（1）机械土方按施工组织设计规定开挖范围及有关内容计算。

（2）余土或取土运输工程量按施工组织设计规定的需要发生运输的天然密实体积计算。

（3）场地原土碾压面积按图示碾压面积计算；填土碾压，按图示尺寸计算。

（4）机械运土的运距按下列规定计算：

① 推土机按推土重心至弃土重心的直线距离计算。

② 铲运机铲土按铲土重心至卸土重心加转向距离 45m 计算。

③ 自卸汽车运土按挖方重心至弃土重心之间的最短行驶距离计算。

（5）机械挖土方全深超过下表深度，如施工设计未明确放坡标准时，可按表 2-5 列系数计算放坡工程量。施工设计未明确基础施工所需工作面时，可参照人工土方标准计算。

表 2-5　机械土方放坡系数表

土壤类别	深度超过/m	放坡系数 K	
		坑内挖掘	坑上挖掘
一、二类土	1.2	0.33	0.75
三类土	1.5	0.25	0.5
四类土	2.0	0.10	0.33

注：凡有围护或地下连续墙的部分，不再计算放坡系数。

8. 石方

（1）一般开挖，按图示尺寸以“m^3”计算。

（2）槽坑爆破开挖，按图示尺寸另加允许超挖厚度：软石、次坚石 20cm；普坚石、特坚石 15cm。石方超挖量与工作面宽度不得重复计算。

（3）机械明挖出碴运距的计算方法与机械运土运距同。

（4）人工凿石、机械凿石，按图示尺寸以“m^3”计算。

9. 基础排水

（1）湿土排水工程量同湿土工程量。

（2）轻型井点以 50 根为一套，喷射井点以 30 根为一套，使用时累计根数轻型井点少于 25 根，喷射井点少于 15 根，使用费按相应定额乘以系数 0.7。

（3）使用天数以每昼夜（24h）为一天，并按施工组织设计要求的使用天数计算。

【例 2-1】 某房屋工程基础平面及断面如图 2-1 所示，已知土质为一、二类土，地下常水位标高为－1m，设计室外地坪标高为－0.3m，交付施工场地标高为－0.45m，弃土运距

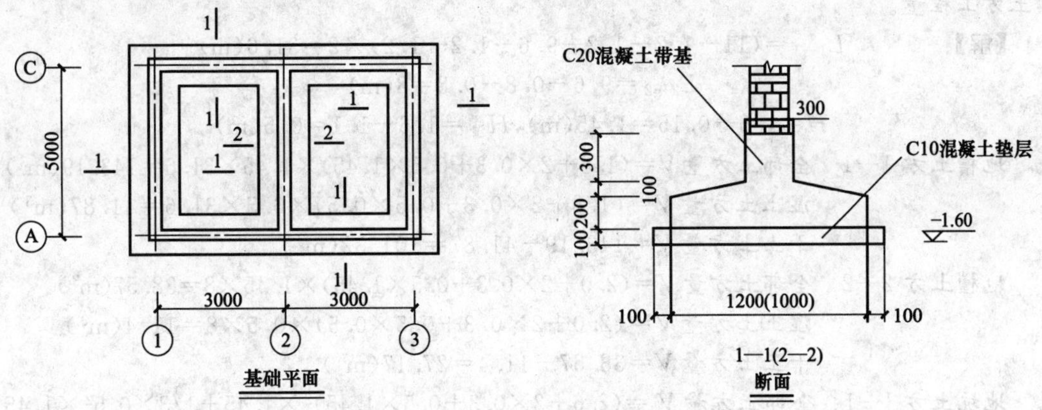

图 2-1　某房屋工程基础平面及断面

150m，采用明沟排水。

【解】　挖土深度 $H=1.6-0.3=1.3\text{m}>1.2\text{m}$，$K=0.5$，$H_{湿}=1.6-1=0.6\text{m}$，$C=0.3$

1—1　　$L=(5+6)\times 2=22(\text{m})$

2—2　　$L=5-0.6-0.6=3.8(\text{m})$

挖土工程量 1—1　全部土方量 $V=(1.4+2\times 0.3+0.5\times 1.3)\times 1.3\times 22=75.79(\text{m}^3)$

湿土工程量 $V=(1.4+2\times 0.3+0.5\times 0.6)\times 0.6\times 22=30.36(\text{m}^3)$

干土工程量 $V=75.79-30.36=45.43(\text{m}^3)$

挖土工程量 2—2　全部土方量 $V=(1.2+2\times 0.3+0.5\times 1.3)\times 1.3\times 3.8=12.10(\text{m}^3)$

湿土工程量 $V=(1.2+2\times 0.3+0.5\times 0.6)\times 0.6\times 3.8=4.79(\text{m}^3)$

干土工程量 $V=12.10-4.79=7.31(\text{m}^3)$

小计　干土工程量 52.74m^3，湿土工程量 35.15m^3。

若人工费、材料费、机械费均使用 2003 预算定额价格，具体结果详见表 2-6。

表 2-6　直接工程费计算表

定额编号	项目名称	计量单位	工程数量	单价/元	合价/元
1—1	人工综合挖干土	m^3	52.74	16.36	862.83
1—1H	人工综合挖湿土	m^3	35.15	17.34	609.5
1—112	湿土排水	m^3	35.15	5.55	195.08

(4) 地坑工程量（图 2-2）

$V=(A+2C+KH)\times H\times(B+2C+KH)+1/3K^2H^3$

其中 A、B、C、K、H 取定参照地槽相应规定。

注意：(1) 房屋基槽、坑土方开挖，因工作面、放坡重叠造成槽、坑计算工程量大于实际开挖工程量时，按实际开挖工程量计算。

(2) 柱网结构中，地槽、地坑土方工程量分别计算，地槽长度按柱基间净距计算。

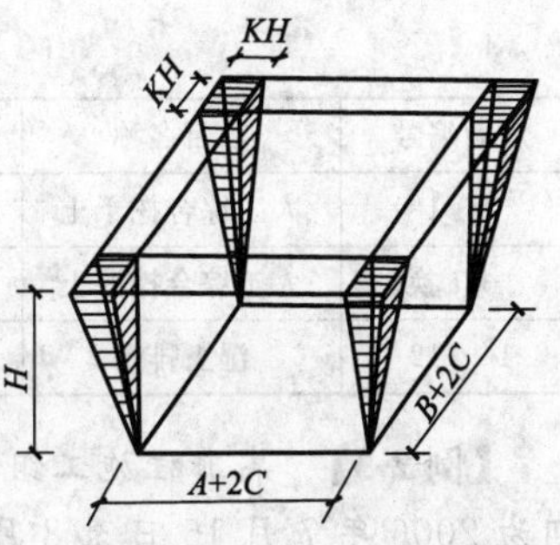

图 2-2　地坑示意图

【例 2-2】　某工程基础如图 2-3 所示，垫层为 C10 混凝土，基础为 C25 钢筋混凝土，设计室外地坪 −0.15m，一、二类土，地下水位为 −1.1m，施工交付场地 −0.45m，计算土方工程量。

【解】: $L_{1-1}=(11-1.2-1.2+9.6-1.2-1.2)\times2=31.6(\text{m})$

$L_{2-2}=9.6-0.8-0.8=8(\text{m})$

$H=1.6-0.15=1.45(\text{m}),H_{湿}=1.6-1.1=0.5(\text{m})$

地槽土方 1—1 全部土方量 $V=(1.8+2\times0.3+0.5\times1.45)\times1.45\times31.6=143.19(\text{m}^3)$

湿土土方量 $V=(1.8+2\times0.3+0.5\times0.5)\times0.5\times31.6=41.87(\text{m}^3)$

干土土方量 $V=143.19-41.87=101.32(\text{m}^3)$

地槽土方 2—2 全部土方量 $V=(2.0+2\times0.3+0.5\times1.45)\times1.45\times8=38.57(\text{m}^3)$

湿土土方量 $V=(2.0+2\times0.3+0.5\times0.5)\times0.5\times8=11.4(\text{m}^3)$

干土土方量 $V=38.57-11.4=27.17(\text{m}^3)$

地坑土方 J—1 全部土方量 $V=(2.6+2\times0.3+0.5\times1.45)^2\times1.45+1/3\times0.5^2\times1.45^3$

$=22.59(\text{m}^3)$

$22.59\times4=90.36(\text{m}^3)$

湿土土方量 $V=(2.6+2\times0.3+0.5\times0.5)^2\times0.5+1/3\times0.5^2\times0.5^3$

$=5.96(\text{m}^3)$

$5.96\times4=23.84(\text{m}^3)$

干土土方量 $V=90.36-23.84=66.52(\text{m}^3)$

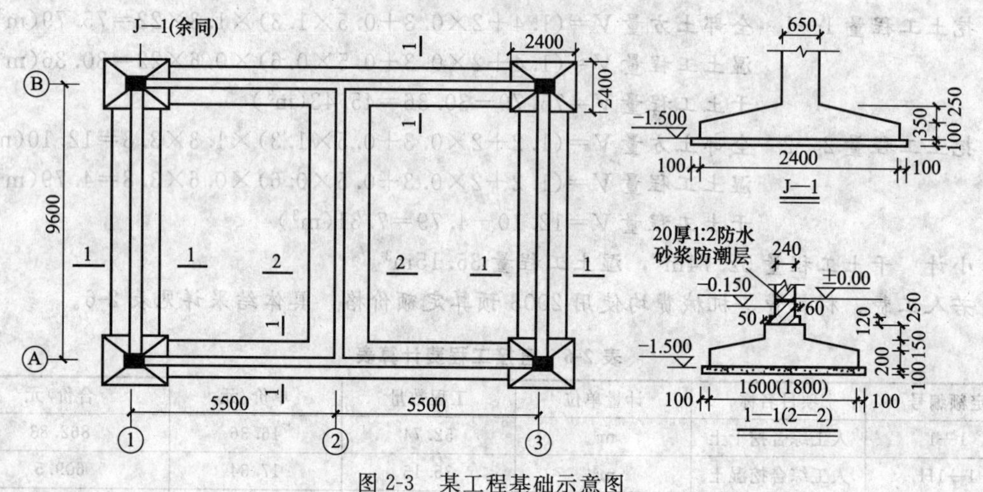

图 2-3 某工程基础示意图

合计：挖干土 101.32＋27.17＋66.52＝195.01（m^3）；湿土 41.87＋11.4＋23.84＝77.11（m^3）

若人工、材料、机械均采用 2003 预算定额价格，定额套用详见表 2-7。

表 2-7 直接工程费计算表

定额编号	项目名称	计量单位	单价/元	工程数量	合价/元
1—1	人工综合挖干土	m^3	16.36	195.01	3190.36
1—1 换	人工综合挖湿土	m^3	17.34	77.11	1337.09
1—112	湿土排水	m^3	5.55	77.11	427.96

【例 2-3】 某工程施工组织设计的地坑降水措施采用轻型井点降水，深 6m，降水施工期为 2006 年 7 月 15 日至 8 月 30 日，井点管 60 根，计算井点降水工程量。

【解】（1）安拆 60 根 1-104 60×110＝6600（元）

(2) 使用费用：工期天数 17＋30＝47 天，套数 60/50＝1.2 套，按 2 套计算，使用工程量 2×47 天＝94 套·天　1-105　243×94＝22842（元）

【例 2-4】 见例 2-1，某房屋工程基础平面及断面如图 2-1 所示，已知土质为一、二类土，地下常水位标高为－1m，土方含水率为 25%，设计室外地坪标高为－0.3m，交付施工场地标高为－0.45m。

(1) 试计算该基础土方开挖工程量，并编制工程量清单。

(2) 根据上述工程量清单及企业拟定的施工方案，按照 2003 版浙江省预算定额计算该工程土方综合单价。

企业施工方案为：采用人工挖土，坑回填后余土人工装土、自卸汽车运土，运距 5km。假设 1—1 余土 $15m^3$，2—2 余土 $2m^3$，当时当地人工单价 28 元/工日，自卸汽车 450 元/台班，其余价格与定额取定价格相同，企业管理费为人工费及机械费之和的 15%，利润为人工费及机械费之和的 15%，风险为人工费及机械费之和的 8%。

【解】

(1) 清单工程量

1—1：$L=(5+6)\times2=22$（m），$H=1.6-0.45=1.15$（m）

$V=1.4\times1.15\times22=35.42$（$m^3$）

2—2：$L=5-1.4=3.6$（m），$V=1.2\times1.15\times3.6=4.968$（$m^3$）

具体结果见表 2-8。

表 2-8　分部分项工程量清单

项目编码	项目名称	计量单位	工程数量
010101003001	挖基础土方，二类土，有梁式带形基础，垫层宽度为 1.4m，开挖深度 1.15m，弃运 5km	m^3	35.42
010101003002	挖基础土方，二类土，有梁式带形基础，垫层宽度为 1.2m，开挖深度 1.15m，弃运 5km	m^3	4.968

(2) 清单报价

以 010101003001 为例，挖基础土方，二类土，有梁式带形基础，垫层宽度为 1.4m，开挖深度 1.15m。

按 2003 定额可组成的项目为挖土方 1—10、运土 5km。

按例 2-1 定额计价解答，1—1、$L=22$m

干土工程量 $V=45.43m^3$

按假设施工方案，人工单价为 28 元/工日，自卸汽车为 450 元/台班。

套 1-10　人工费 $0.221\times28=6.19$（元/m^3），$6.19\times45.43=281.21$（元）

管理费 $281.21\times15\%=42.18$（元）

利润 $281.21\times15\%=42.18$（元）

风险 $281.21\times8\%=22.50$（元）

湿土工程量 $V=30.36m^3$

套 1-10 换　人工费 $6.19\times1.18=7.30$（元/m^3），$7.30\times30.36=221.63$（元）

人工装土　$15m^3$

套 1-67　人工费 $0.141\times28=3.95$（元/m^3）

自卸汽车运土 5km，$15m^3$

套 1-69＋70×4　人工费＝$0.006\times28=0.17$（元/m^3），$0.17\times15=2.55$（元）

机械＝$(0.01126+0.00282\times4)\times450=10.14$（元/$m^3$），$10.14\times15=152.1$（元）

第二章　土石方工程

具体结果见表2-9。

表2-9 综合单价计算表

工程名称：×××　　　　计量单位：m^3

项目编码：010101003001　　　　工程数量：35.42

项目名称：挖基础土方　　　　综合单价：27.92 元/m^3

序号	定额编号	工程内容	单位	数量	人工费/元	材料费/元	机械费/元	管理费/元	利润/元	风险/元	小计/元
1	1-10	人工挖二类干土	m^3	45.43	281.21	0	0	42.18	42.18	22.50	388.07
2	1-10H	人工挖二类湿土	m^3	30.36	221.63	0	0	33.24	33.24	17.73	305.84
3	1-67	人工装土	m^3	15	59.25	0	0	8.89	8.89	4.74	81.77
4	1-69＋70×4	自卸汽车运土5km	m^3	15	2.55	0	152.1	23.20	23.20	12.37	213.42
		合计									989.1

综合单价＝989.1÷35.42＝27.92（元/m^3）

清单计价表见表2-10所列。

010101003002

2—2　按2003定额计算湿土工程量$V=4.79m^3$，干土工程量$V=7.31m^3$。

综合单价组价略。

表2-10 分部分项工程量清单计价表

项目编码	项 目 名 称	计量单位	工程数量	综合单价
010101001001	挖基础土方，二类土，有梁式带形基础，垫层宽度为1.4m，开挖深度1.15m，弃运5km	m^3	35.42	27.92

【例2-5】 见例2-2，其基础工程如图2-3所示，设计室外地坪−0.15m，一、二类土，地下水位−1.1m，施工交付场地−0.45，设弃土工程量1—1为$25m^2$，2—2为$4m^2$，J—1为$15m^2$。

【解】

(1) 清单土方工程量

1—1　$L=(9.6-2.6+5.5\times2-2.6)\times2=30.8$（m），$H=1.6-0.45=1.15$（m）

土方工程量$V=1.8\times1.15\times30.8=63.76$（$m^3$）

2—2　$L=(9.6-1.8)=7.8$（m）

土方工程量$V=2.0\times1.15\times7.8=17.94$（$m^3$）

J—1　$V=2.6\times2.6\times1.15\times4=31.10$（$m^3$）

具体结果见表2-11所列。

表2-11 分部分项工程量清单

项目编码	项 目 名 称	计量单位	工程数量
010101003001	挖基础土方，二类土，有梁式带形基础，垫层宽度为1.8m，开挖深度1.15m，弃运500m	m^3	63.76
010101003002	挖基础土方，二类土，有梁式带形基础，垫层宽度为2.0m，开挖深度1.15m，弃运500m	m^3	17.94
010101003003	挖基础土方，二类土，独立基础，垫层宽度2.6m×2.6m，开挖深度1.15m，弃运500m	m^3	31.10

(2) 清单报价

假设采用人力车运土，若人工费、材料费、机械费均采用 2003 预算定额价格，管理费取 10%，利润取 7%，风险不计取。

以 010101003003 挖基础土方，二类土，独立基础，垫层宽度 2.6m×2.6m，开挖深度 1.15m，弃运 1km 为例，按照 2003 定额工程量计算规则，地坑土方 J—1 湿土土方量为 23.84m^3，干土土方量为 66.52m^3。

干土　套定额 1-10　　人工费：5.3×66.52＝352.57（元）

湿土　套定额 1-10H　　人工费：5.3×1.18×23.84＝149.10（元）

具体结果详见表 2-12 所列。

综合单价＝791.06÷31.1＝25.43（元/m^3）

表 2-12　综合单价计算表

工程名称：×××　　　　计量单位：m^3

项目编码：010101003003　　　　工程数量：31.10

项目名称：挖基础土方　　　　综合单价：25.43 元/m^3

序号	定额编号	工程内容	单位	数量	人工费/元	材料费/元	机械费/元	管理费/元	利润/元	风险/元	小计/元
1	1-10	人工挖二类干土	m^3	66.52	352.57	0	0	35.26	24.68	0	412.51
2	1-10H	人工挖二类湿土	m^3	23.84	149.10	0	0	14.91	10.43	0	174.44
3	1-26+27×9	人力车运土 500m	m^3	15	174.45			17.45	12.21	0	204.11
		合计									791.06

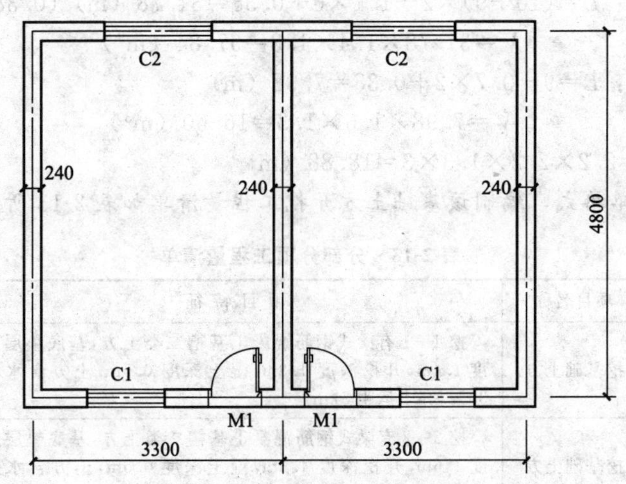

图 2-4　某平房建筑平面图

【例 2-6】 根据图 2-4 某平房建筑平面图及有关数据，计算室内回填土工程量。有关数据如下：室内外地坪高差 0.30m，C15 混凝土地面垫层 80mm 厚，1∶2 水泥砂浆面层 25mm 厚。

【解】

回填土厚＝室内外地坪高差－垫层厚－面层厚＝0.30－0.08－0.025＝0.195（m）

主墙间净面积＝建筑面积－墙结构面积

＝(3.30×2＋0.24)×(4.80＋0.24)－[(6.60＋4.80)×2＋(4.80－0.24)]×0.24

＝6.84×5.04－27.36×0.24＝34.47－6.57

＝27.90(m^2)

室内回填土体积＝主墙间净面积×回填土厚＝27.90×0.195＝5.44（m^3）

【例 2-7】 某房屋工程基础平面及断面如图 2-5 所示，已知：基底土质均衡，为二类土，地下常水位标高为－1.1m，土方含水率 30%；室外地坪设计标高－0.15m，交付施工的地坪标高－0.3m，基坑回填后余土弃运 5km。试计算该基础土方开挖工程量，编制工程量清单。

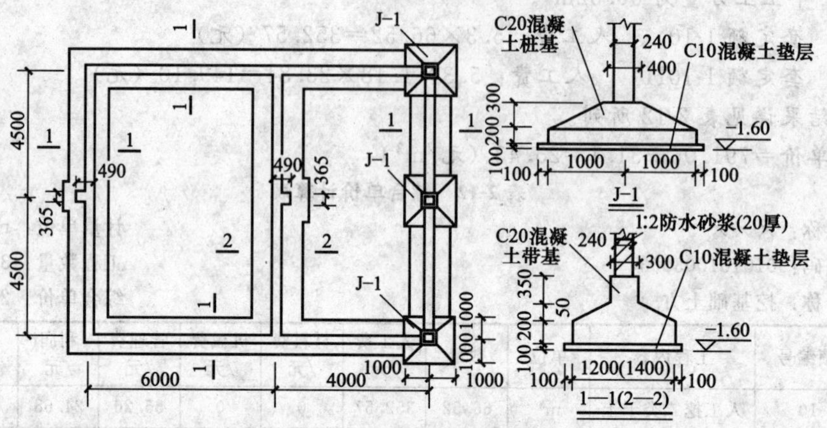

图 2-5 基础平面及断面图

【解】 本工程基础槽坑开挖按基础类型有 1—1、2—2 和 J—1 三种，应分别列项。工程量计算：挖土深度＝1.6－0.3＝1.30（m），其中湿土深度 $H_{湿}$＝1.6－1.1＝0.5（m）。

（1）断面 1—1：L＝(10＋9)×2－1.1×6＋0.38＝31.78（m）（0.38 为垛折加长度）

V＝31.78×1.4×1.3＝57.84（m^3）

（2）断面 2—2：L＝9－0.7×2＋0.38＝7.98（m）

V＝7.98×1.6×1.3＝16.60（m^3）

（3）J—1：V＝2.2×2.2×1.3×3＝18.88（m^3）

根据工程量清单格式，编制该基础土方开挖工程量清单如表 2-13 所示。

表 2-13 分部分项工程量清单

序号	项目编码	项目名称	项 目 特 征	计量单位	工程数量
1	010101003001	挖基础土方	挖 1—1 有梁式钢筋混凝土基槽二类土方，基底垫层宽度 1.4m，开挖深度 1.3m，湿土深度 0.5m，土方含水率 30%，弃土运距 5km	m^3	57.84
2	010101003002	挖基础土方	挖 2—2 有梁式钢筋混凝土基槽二类土方，基底垫层宽度 1.6m，开挖深度 1.3m，湿土深度 0.5m，土方含水率 30%，弃土运距 5km	m^3	16.60
3	010101003003	挖基础土方	挖 J—1 钢筋混凝土柱基基坑二类土方，基底垫层 2.2m×2.2m，开挖深度 1.3m，湿土深度 0.5m，土方含水率 30%，弃土运距 5km	m^3	18.88

【例 2-8】 人工挖单独地下室三类湿土，挖土深度 3m，该工程采用桩基础。求每立方米基价。

【解】 套定额 1-11H

换算后基价＝15.08×1.18×1.25＝22.24（元/m^3）

【例 2-9】 根据例 2-7 提供工程条件和清单及企业拟定的施工方案，按照 10 定额计算清单项目的综合单价与合价。（假定当时当地人工市场价 50 元/工日；企业管理费为人工费及机械费之和的15%、利润为人工费及机械费之和的10%、不考虑风险费。)

【解】 分析

第一步：根据清单规范有关规定，挖基础土方（010101003）清单项目采用10版定额计价时，可组合的主要内容见表2-14。

表2-14

项目编码	项目名称	可组合的主要内容		对应的定额子目
010101003	挖基础土方	1. 挖土方	人工(含人工挖孔桩)	1-7～12;2-95～100
			机械	1-29～52
		2. 凿桩头		2-154～158
		3. 土方场内外运输	人力车运土	1-20～21
			机械运土	1-65～68、57-64
		4. 其他		

第二步：根据例2-7提供工程条件及企业拟定的施工方案，本题中要求计价的清单应组合的定额子目见表2-15。

表2-15

项目编码	项目名称	实际组合的内容		对应的定额子目
010101003	挖基础土方	1. 挖土方	人工挖地槽二类干土	1-7
			人工挖地槽二类湿土	1-7H
		2. 土方场内外运输	人工装土	1-65
			汽车运土5km	1-67+68×4

具体计算：

本工程施工方案采用人工开挖基槽坑，但未明确放坡系数及工作面。根据10版定额规定，二类土挖深大于1.2m，放坡系数$K=0.5$，混凝土垫层工作面$C=0.3$m。

挖土深度 $H_{总}=1.6-0.3=1.3$（m），其中：湿土$H_{湿}=1.6-1.1=0.5$（m）

(1) 基槽坑挖土施工工程量：

① 1—1断面：$L=31.78$m

$$V_{总}=31.78\times(1.4+0.6+1.3\times0.5)\times1.3=109.48(\text{m}^3)$$

其中：湿土 $V_{湿}=31.78\times(1.4+0.6+0.5\times0.5)\times0.5=35.75$（$\text{m}^3$）

干土 $V_{干}=109.48-35.75=73.73$（m^3）

② 2—2断面：$L=7.98$m

$$V_{总}=7.98\times(1.6+0.6+1.3\times0.5)\times1.3=29.57(\text{m}^3)$$

其中：湿土 $V_{湿}=7.98\times(1.6+0.6+0.5\times0.5)\times0.5=9.78$（$\text{m}^3$）

干土 $V_{干}=29.57-9.78=19.79$（m^3）

③ J—1：$V_{总}=[(2.2+0.6+1.3\times0.5)^2\times1.3+0.183]\times3=46.97$（$\text{m}^3$）

其中：湿土 $V_{湿}=[(2.2+0.6+0.5\times0.5)^2\times0.5+0.010]\times3=13.98(\text{m}^3)$

干土 $V_{干}=46.97-13.98=32.99$（m^3）

(2) 余土外运：(按基坑边堆放、人工装车、自卸汽车运土考虑，回填后余土不考虑湿土因素)，假设埋入土内体积：

1—1断面：$V=26.6\text{m}^3$，2—2断面：$V=6.2\text{m}^3$，J—1基础：$V=8.3\text{m}^3$

按照定额说明中的折算系数及弃土工程量计算规则，各槽坑回填土夯实需用天然密实土方及余土（天然密实体积）体积为：

1—1 断面：$V_{填}$=(109.48−26.6)×1.15=95.31（m^3），余土=109.48−95.31=14.17（m^3）

2—2 断面：$V_{填}$=(29.57−6.2)×1.15=26.88（m^3），余土=29.57−26.88=2.69（m^3）

J—1 基础：$V_{填}$=(46.97−8.3)×1.15=44.47（m^3），余土=46.97−44.47=2.5（m^3）

注意：以上 $V_{填}$ 非各槽坑的回填计价工程量而是回填需要的天然密实土方数量。

（3）套用定额

① 人工挖地槽坑二类干土　套定额 1-7

人工费=0.177×50=8.85（元/m^3）

② 人工挖地槽坑二类湿土　套定额 1-7 换

人工费=8.85×1.18=10.44（元/m^3）

③ 人工装土　套定额 1-65

人工费=0.1128×50=5.64（元/m^3）

④ 汽车运土 5km　套定额 1-67+68×4

人工费=0.0048×50=0.24（元/m^3）

机械费=5.00349+1.2599×4=10.04（元/m^3）

（4）计算分部分项工程量清单项目综合单价与合价（见表 2-16）

表 2-16　分部分项工程量清单综合单价计算表

单位及专业工程名称：××××楼——建筑工程　　　　第　页　共　页

编号	项目名称	计量单位	数量	综合单价/元							合价/元
				人工费	材料费	机械费	管理费	利润	风险费用	小计	
010101003001	挖 1—1 基槽土方	m^3	57.84	19.48	0.00	2.41	3.28	2.19		27.04	1564
1-7	人工挖地槽二类干土	m^3	73.73	8.85			1.33	0.89		11.06	815
1-7H	人工挖地槽二类湿土	m^3	35.75	10.44			1.57	1.04		13.05	467
1-65	人工装土	m^3	14.17	5.64			0.85	0.56		7.05	100
1-67+68×4	汽车运土 5km	m^3	14.17	0.24		10.04	1.54	1.03		12.85	182
010101003002	挖 2—2 基槽土方	m^3	16.60	18.03	0.00	1.56	2.94	1.96		24.16	401
1-7	人工挖地槽二类干土	m^3	19.79	8.85			1.33	0.89		11.06	219
1-7H	人工挖地槽二类湿土	m^3	9.78	10.44			1.57	1.04		13.05	128
1-65	人工装土	m^3	2.69	5.64			0.85	0.56		7.05	19
1-67+68×4	汽车运土 5km	m^3	2.69	0.24		10.04	1.54	1.03		12.85	35
010101003003	挖 J—1 基坑土方	m^3	18.80	24.08	0.00	1.34	3.81	2.54		31.76	597
1-7	人工挖地坑二类干土	m^3	32.99	8.85			1.33	0.89		11.06	365
1-7H	人工挖地坑二类湿土	m^3	13.98	10.44			1.57	1.04		13.05	182
1-65	人工装土	m^3	2.5	5.64			0.85	0.56		7.05	18
1-67+68×4	汽车运土 5km	m^3	2.5	0.24		10.04	1.54	1.03		12.85	32

第三章 桩基础及地基加固工程

第一节 说 明

1. 本定额适用于陆地上桩基工程；所列打桩机械的规格、型号是按常规施工工艺和方法综合取定。

2. 本定额中未涉及土（岩石）层的子目，已综合考虑了各类土（岩石）层因素。涉及土（岩石）层的子目，其各类土（岩石）层鉴别标准如下：

（1）砂、黏土层：粒径在 2～20mm 的颗粒质量不超过总质量 50％的土层，包括黏土、粉质黏土、粉土、粉砂、细砂、中砂、粗砂、砾砂。

（2）碎、卵石层：粒径在 2～20mm 的颗粒质量超过总质量 50％的土层，包括角砾、圆砾及 20～200mm 的碎石、卵石、块石、漂石，此外亦包括软石及强风化岩。

（3）岩石层：除软石及强风化岩以外的各类坚石，包括次坚石、普坚石和特坚石。

3. 桩基施工前场地平整、压实地表、地下障碍处理等，定额均未考虑，发生时另行计算。

4. 探桩位已综合考虑在各类桩基定额内，不另行计算。

5. 混凝土预制桩

（1）打、压预制钢筋混凝土方桩（空心方桩），定额按购入构件考虑，已包含了场内必须的就位供桩，发生时不再另行计算。如采用现场制桩，场内供运桩不论采用何种运输工具均按第五章混凝土及钢筋混凝土工程中规定的混凝土构件汽车运输定额执行，运距在 500m 以内，定额乘以系数 0.5。

（2）打、压预制钢筋混凝土方桩定额已综合了接桩所需的打桩机台班，但未包括接桩本身费用，发生时套用相应定额。打、压预应力钢筋混凝土管桩定额已包括接桩费用，不另行计算。

（3）打、压预制钢筋混凝土方桩（空心方桩），单节长度超过 20m 时，按相应定额乘以系数 1.2。

（4）打、压预应力管桩，定额按购入成品构件考虑，已包含了场内必须的就位供桩，发生时不再另行计算。桩头灌芯部分按人工挖孔桩灌桩芯定额执行；设计要求设置的钢骨架、钢托板分别按第五章混凝土及钢筋混凝土工程中的桩钢筋笼和预埋铁件相应定额执行。

打、压预应力管桩如设计要求需设置桩尖时另按第五章混凝土及钢筋混凝土工程中的预埋铁件定额执行。打、压预应力空心方桩套用打、压预应力管桩相应定额。

6. 灌注桩

(1) 转盘式钻孔桩机成孔、旋挖桩机成孔定额按桩径划分子目，定额已综合考虑了穿越砂（黏）土层、碎（卵）石层的因素，如设计要求进入岩石层时，套用相应定额计算入岩增加费。

(2) 冲孔打桩机冲抓（击）锤冲孔定额分别按桩长及进入各类土层、岩石层划分套用相应定额。

(3) 泥浆池建造和拆除按成孔体积套用相应定额，泥浆场外运输按成孔体积和实际运距套用泥浆运输定额。旋挖桩的土方场外运输按成孔体积和实际运距分别套用第一章相应土方装车、运输定额。

(4) 桩孔空钻部分回填应根据施工组织设计要求套用相应定额，填土者按土方工程松填土方定额计算，填碎石者按砌筑工程碎石垫层定额乘以系数 0.7 计算。

(5) 人工挖孔桩挖孔按设计注明的桩芯直径及孔深套用定额；桩孔土方需外运时，按土方工程相应定额计算；挖孔时若遇淤泥、流砂、岩石层，可按实际挖、凿的工程量套用相应定额计算挖孔增加费。

(6) 人工挖孔桩护壁不分现浇或预制，均套用安设混凝土护壁定额。

(7) 灌注桩定额均已包括混凝土灌注充盈量，实际不同时不予以调整。

(8) 注浆管埋设定额按桩底注浆考虑，如设计采用侧向注浆，则人工和机械费乘以系数 1.2。

(9) 沉管灌注砂、砂石桩空打部分按相应定额（扣除灌注部分的工、料）执行。

7. 地基加固、围护桩及其他

(1) 打、拔钢板桩，定额仅考虑打、拔施工费用，未包含钢板桩使用费，发生时另行计算。

(2) 水泥搅拌桩的水泥掺入量按加固土重（1800kg/m^3）的 13%考虑，如设计不同时按每增减 1%定额计算。

(3) 单、双头深层水泥搅拌桩定额已综合了正常施工工艺需要的重复喷浆（粉）和搅拌。空搅部分按相应定额的人工及搅拌桩机台班乘以系数 0.5 计算。

(4) SMW 工法搅拌桩定额按二搅二喷施工工艺考虑，设计不同时，每增（减）一搅一喷按相应定额人工和机械费增（减）40%计算。

(5) SMW 工法搅拌桩的水泥掺入量按加固土重（1800kg/m^3）的 18%考虑，如设计不同时按单、双头深层水泥搅拌桩每增减 1%定额计算。插、拔型钢定额仅考虑打、拔施工费用，未包含型钢使用费，发生时另行计算。SMW 工法搅拌桩设计要求全断面套打时，相应定额的人工及机械乘以系数 1.5，其余不变。

(6) 水泥搅拌桩定额按不掺添加剂（如：石膏粉、木质素硫酸钙、硅酸钠等）编制，如设计有要求，定额应按设计要求增加添加剂材料费，其余不变。

(7) 高压旋喷桩定额已综合接头处的复喷工料；高压旋喷桩中设计水泥用量与定额不同时应予调整。

(8) 基坑、边坡支护方式不分锚杆、土钉，均套用同一定额，设计要求采用预应力锚杆时，预应力张拉费用另行计算。

(9) 喷射混凝土按喷射厚度及边坡坡度不同分别设置子目。其中，钢筋网片制作、安装套用第五章混凝土及钢筋混凝土工程中相应定额子目。

(10) 地下连续墙导墙土方的运输、回填，套用土石方工程相应定额。

(11) 地下连续墙的钢筋笼、钢筋网片及护壁、导墙的钢筋制作、安装，套用第五章混凝土及钢筋混凝土工程相应定额。

(12) 重锤夯实定额按一遍考虑，设计遍数不同，每增加一遍，定额乘以系数1.25。定额已包含了夯实过程（后）的场地平整，但未包括（补充）回填，发生时另行计算。

8. 单独打试桩、锚桩，按相应定额的打桩人工及机械乘以系数1.5。

9. 在桩间补桩或在地槽（坑）中及强夯后的地基上打桩时，按相应定额的打桩人工及机械乘以系数1.15，在室内或支架上打桩可另行补充。

10. 预制桩和灌注桩定额以打垂直桩为准，如打斜桩，斜度在1∶6以内时，按相应定额的人工及机械乘以系数1.25；如斜度大于1∶6，其相应定额的打桩人工及机械乘以系数1.43。

11. 单位（群体）工程打桩工程量少于表3-1，相应定额的打桩人工及机械乘以系数1.25。

表3-1 各类桩工程量数量表

桩类	工程量	桩类	工程量
预制钢筋混凝土方桩、空心方桩	$200m^3$	钢板桩	50t
预应力钢筋混凝土管桩	1000m	水泥搅拌桩、冲孔灌注桩、高压旋喷桩、树根桩	$100m^3$
沉管灌注桩、钻孔(旋挖成孔)灌注桩	$150m^3$		
预制钢筋混凝土板桩	$100m^3$		

第二节 工程量计算规则

1. 预制钢筋混凝土方桩

(1) 打、压预制钢筋混凝土方桩（空心方桩）按设计桩长（包括桩尖）乘以桩截面积计算，空心方桩不扣除空心部分体积。

(2) 送桩按送桩长度乘以桩截面积计算，送桩长度按设计桩顶标高至打桩前的自然地坪标高另加0.50m计算。

(3) 电焊接桩按设计图示以角钢或钢板的重量以“t”计算。

2. 预应力钢筋混凝土管桩

(1) 打、压预应力钢筋混凝土管桩按设计桩长（不包括桩尖）以延长米计算。

(2) 送桩长度按设计桩顶标高至打桩前的自然地坪标高另加0.50m计算。

(3) 管桩桩尖按设计图示重量计算。

(4) 桩头灌芯按设计尺寸以灌注实体积计算。

3. 沉管灌注桩

(1) 单桩体积（包括砂桩、砂石桩、混凝土桩）不分沉管方法均按钢管外径截面积（不包括桩箍）乘以设计桩长（不包括预制桩尖）另加加灌长度计算。加灌长度：设计有规定者，按设计要求计算，设计无规定者，按0.50m计算。若按设计规定桩顶标高已达到自然地坪时，不计加灌长度（各类灌注桩均同）。

(2) 夯扩（静压扩头）桩工程量＝桩管外径截面积×[夯扩（扩头）部分高度＋设计桩长＋加灌长度]，式中夯扩（扩头）部分高度按设计规定计算。

(3) 扩大桩的体积按单桩体积乘以复打次数计算，其复打部分乘以系数0.85。

(4) 沉管灌注桩空打部分工程量按打桩前的自然地坪标高至设计桩顶标高的长度减加灌长度后乘以桩截面积计算。

4. 钻孔灌注桩

(1) 钻孔桩、旋挖桩成孔工程量按成孔长度乘以设计桩径截面积以“m^3”计算。成孔长度为打桩前的自然地坪标高至设计桩底的长度。岩石层增加费工程量按实际入岩数量以“m^3”计算。

(2) 冲孔桩机冲击（抓）锤冲孔工程量分别按进入各类土层、岩石层的成孔长度乘以设计桩径截面积以“m^3”计算。

(3) 灌注水下混凝土工程量按桩长乘以设计桩径截面积计算，桩长＝设计桩长＋设计加灌长度，设计未规定加灌长度时，加灌长度（不论有无地下室）按不同设计桩长确定：25m以内按0.5m、35m以内按0.8m、35m以上按1.2m计算。

(4) 泥浆池建造和拆除、泥浆运输工程量按成孔工程量以“m^3”计算。

(5) 桩孔回填工程量按加灌长度顶面至打桩前自然地坪标高的长度乘以桩孔截面积计算。

(6) 注浆管、声测管工程量按打桩前的自然地坪标高至设计桩底标高的长度另加0.2m计算。

(7) 桩底（侧）后注浆工程量按设计注入水泥用量计算。

(8) 钻孔灌注桩定额已包含了2.0m的钢护套筒埋设，如实际施工钢护套筒埋设超过2.0m时，定额中的金属周转材料按比例换算。

5. 人工挖孔桩

(1) 人工挖孔工程量按护壁外围截面积乘孔深以“m^3”计算，孔深按打桩前的自然地坪标高至设计桩底标高的长度计算。

(2) 挖淤泥、流砂、入岩增加费按实际挖、凿数量以“m^3”计算。

(3) 灌注桩芯混凝土工程量按设计图示实体积以“m^3”计算，加灌长度设计无规定时，按0.25m计算。护壁工程量按设计图示截面积乘以护壁长度以“m^3”计算，护壁长度按打桩前的自然地坪标高至设计桩底标高（不含入岩长度）另加0.20m计算。

6. 钻（冲）孔灌注桩、人工挖孔设计要求扩底时，其扩底工程量按设计尺寸计算，并入相应的工程量内。

7. 打、拔钢板桩工程量按设计图示钢板桩的重量以“t”计算，安拆导向夹具按设计图示钢板桩的水平延长米计算。

8. 圆木桩材积按设计桩长（包括接桩）及梢径，按木材材积表计算，其预留长度的体积已考虑在定额内。送桩按大头直径的截面积乘以入土深度计算。

9. 水泥搅拌桩

(1) 水泥搅拌桩工程量按桩长乘以桩径截面积计算。桩径截面积应扣除重叠部分面积。桩长按设计桩顶标高至桩底长度另加0.5m计算；若设计桩顶标高至打桩前的自然地坪标高小于0.5m或已达打桩前的自然地坪标高时，另加长度应按实际长度计算或不计。

(2) 空搅部分的长度按设计桩顶标高至打桩前的自然地坪标高的长度减去另加长度计算。

(3) SMW工法搅拌桩中的插、拔型钢工程量按设计图示型钢的重量以“t”计算。

10. 高压旋喷桩工程量，引（钻）孔按自然地坪标高至设计桩底的长度计算，喷浆按设计加固桩截面面积乘以设计桩长计算。

11. 树根桩按设计长度乘以桩截面积以“m^3”计算。

12. 压密注浆钻孔按设计图示深度以“m”计算，注浆按下列规定以“m^3”计算

(1) 设计图纸明确加固土体体积的，按设计图纸注明的体积计算。

(2) 设计图纸以布点形式图示土体加固范围的，则按两孔间距的一半作为每孔扩散半径，以布点边线各加扩散半径，形成计算平面计算注浆体积。

(3) 如设计图纸注浆点在钻孔灌注混凝土桩之间，按两注浆孔距作为每孔的扩散直径，以此圆柱体体积计算注浆体积。

13. 锚杆（土钉）支护及喷射混凝土

(1) 锚杆（土钉）支护钻孔、灌浆按设计图示以延长米计算。

(2) 锚杆（土钉）制作、安装分别按钢管、钢筋设计长度乘以单位重量以“t”计算，定位支架（座）、护孔钢筋（型钢）、锁定筋已包含在定额中，不得另行计算。

(3) 边坡喷射混凝土按设计图示面积以“m^2”计算。

14. 地下连续墙

(1) 导墙开挖按设计长度乘以开挖宽度及深度以“m^3”计算。浇捣按设计图示以“m^3”计算。

(2) 成槽工程量按设计长度乘以墙厚及成槽深度（自然地坪标高至连续墙底加 0.5m）以“m^3”计算。泥浆池建拆、泥浆外运工程量按成槽工程量乘以系数 0.2 计算；土方外运工程量按成槽工程量计算。

(3) 连续墙混凝土浇筑工程量按设计长度乘以墙厚及墙深加 0.5m 以“m^3”计算。

(4) 清底置换、接头管安拔按分段施工时的槽壁单元以“段”计算。

15. 重锤夯实按设计图示夯击范围面积以“m^2”计算。

【例 3-1】 某工程采用 ϕ500 扩大桩，设计桩长 15m（不包括预制桩尖及加灌长度），复打一次。求其每根桩的工程量。

【解】 每根桩的工程量=3.142×0.25×0.25×(15+0.5)×(1+0.85)=5.63(m^3)

【例 3-2】 某工程桩基采用 ϕ800、C25 混凝土灌注桩，设计有效桩长 30m，成孔长度为 35m，总桩数为 100 根。求其灌注水下混凝土的工程量。

【解】 灌注水下混凝土的工程量=π×0.8×0.8/4×(30+0.8)×100=1548(m^3)

注：π 取 3.142。

【例 3-3】 ϕ500 单头喷水泥浆搅拌桩每米桩水泥掺量 50kg，实际工程加固土重 1500kg/m^3，计算其基价。

【解】 本工程水泥搅拌桩水泥掺量为：50/(3.142×0.25×0.25×1×1500)=16.99%，
因此，套用定额 2-119+121×4，换算后的基价=111.4+5.7×4=134.2（元/m^3）。

(1) 定额按不掺添加剂编制，设计有要求时应增加添加剂材料费。

(2) 空搅部分按相应定额的人工及搅拌桩台班乘系数 0.5 计算。

(3) SMW 工法搅拌桩定额按二搅二喷施工工艺考虑，设计不同时，每增减一搅一喷按相应定额人工和机械费增减 40%计算。

(4) SMW 工法搅拌桩的水泥掺入量按加固土重（1800kg/m^3）的 18%考虑，如设计不同按水泥掺量每增减 1%定额子目计算。

(5) 双头、SMW 工法水泥搅拌桩套用定额时相应定额的人工和机械乘系数，其中双头水泥搅拌桩乘系数 0.97，SMW 工法水泥搅拌桩乘系数 0.92，其余不变。

(6) SMW 工法搅拌桩如设计要求全截面套打时，相应定额人工及机械乘以系数 1.5。

(7) 定额中有关 SMW 工法水泥搅拌桩的相关规定，适用于普通三轴水泥搅拌桩。

(8) SMW 工法的插拔型钢定额仅考虑打、拔施工及损耗费用，未包含型钢使用费，需另行计算。

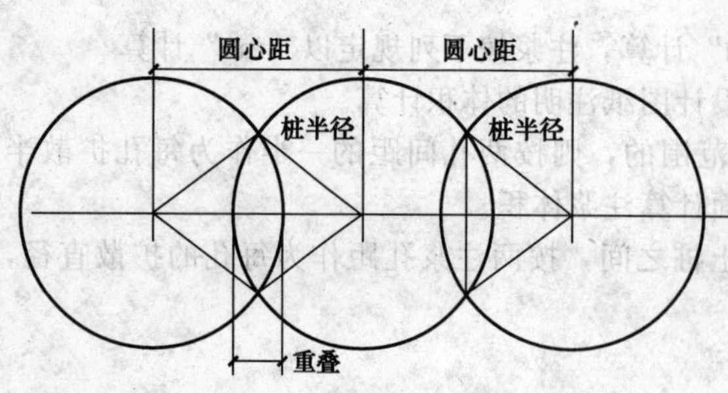

图 3-1　三轴水泥搅拌桩截面

【例 3-4】 某工程基坑围护采用图 3-1 三轴水泥搅拌桩，设计桩径为 850mm，桩长 15m，桩轴（圆心）距为 600mm，水泥掺入量为 18%，要求采用二搅二喷施工。假设人材机价格与定额取定价格相同。试分别按全截面套打和非全截面套打两种施工方案计算该工程第一、二幅桩直接工程费。

【解】 方案一：全截面套打施工方案

(1) 桩径截面积：$S=(0.85/2)^2\times3.142\times(3+2)=2.838(m^2)$

三轴水泥搅拌桩工程量：$V=2.838\times(15+0.5)=43.99(m^3)$

(2) 套定额 2-122H

换算后的基价$=171.2+(10.621+59.305)\times(1.5\times0.92-1)=197.8$(元/$m^3$)

(3) 第一、二幅三轴水泥搅拌桩直接工程费：43.99×197.8＝8701（元）

方案二：非全截面套打施工方案

(1) 桩径截面积：　$S=(0.85/2)^2\times3.142\times3\times2=3.405(m^2)$

三轴水泥搅拌桩工程量：$V=3.405\times(15+0.5)=52.78(m^3)$

(2) 套定额 2-122H

换算后的基价$=171.2+(10.621+59.305)\times(0.92-1)=165.61$(元/$m^3$)

(3) 第一、二幅三轴水泥搅拌桩直接工程费：52.78×165.61＝8741（元）

【例 3-5】 某工程 110 根 C60 预应力钢筋混凝土管桩，外径 ϕ600，内径 ϕ400，每根桩总长 25m；桩顶灌注 C30 混凝土 1.5m 高；设计桩顶标高－3.5m，现场自然地坪标高为－0.45m，现场条件允许可以不发生场内运桩。按规范编制该管桩清单。

【解】 本例桩基需要描述的工程内容和项目特征有：混凝土强度（C60），桩制作工艺（预应力管桩），截面尺寸（外径 ϕ600、内径 ϕ400），数量（计量单位按长度计算，则应注明共 110 根），单桩长度（25m），桩顶标高（－3.5m），自然地坪标高（－0.45m），桩顶构造（钢骨架、钢托板及灌注 C30 混凝土 1.5m 高）。

工程量计算：110 根或 110×25＝2750（m）

编列清单见表 3-2。

表 3-2　分部分项工程量清单

工程名称：×××工程　　　　第×页　共×页

序号	项目编码	项目名称	项目特征	计量单位	工程数量
1	010201001001	预制钢筋混凝土桩	C60 钢筋混凝土预应力管桩，外径 ϕ600、内径 ϕ400，共 110 根，每根总长 25m，桩顶标高－3.5m，自然地坪标高－0.45m，桩顶端灌注 C30 混凝土 1.5m 高，每根桩顶圆钢骨架 38kg、钢托板 3.5kg	m	2750

需要说明的是，管桩顶部涉及的钢筋、托板也可按 A.4 钢筋混凝土相应清单编码分开单独列项。

【例 3-6】 某工程采用 C30 钻孔灌注桩 120 根，设计桩径 1200mm，要求桩穿越碎卵石层后进入强度为 280kg/cm^2 的岩层 1.7m，桩端做成 200mm 深的凹底；桩底标高（凹底）－49.8m，桩顶设计标高－4.8m，现场自然地坪标高为－0.45m，设计规定加灌长度 1.5m；废弃泥浆要求外运 5km 处。试计算该桩基清单工程量，编列项目清单。

【解】 为简化工程实施过程工程量变化以后价格的调整，选定按“m”为计量单位。按设计要求和现场条件涉及的工程描述内容有：

桩长45m，桩基根数120根，桩截面ϕ1200，成孔方法为钻孔，混凝土强度等级C30；桩顶、自然地坪标高、加灌长度及泥浆运输距离，其中设计穿过碎卵石层进入280kg/cm^{2}的岩层，应考虑入岩因素及其工程量参数。

清单工程量＝120×(49.8－4.8)＝5400(m)；

其中入岩＝120×1.7＝204m。

编列清单见表3-3。

表3-3 分部分项工程量清单

工程名称：×××工程　　　　第×页　共×页

序号	项目编码	项目名称	项目特征	计量单位	工程数量
1	010201003001	混凝土灌注桩	C30混凝土钻孔灌注桩：120根，桩长45m，桩截面ϕ1200，桩底进入280kg/cm^{2}的中等风化岩，入岩深度包括凹底200mm共1.7m；桩底标高－49.8m，桩顶标高－4.8m，自然地坪标高－0.45m，要求加灌长度1.5m；废弃泥浆外运5km	m	5400

本例也可将入岩部分单独编码列项，以避免由于工程实际施工时非入岩和入岩部分尺寸发生变异，不同的价格调整互相影响。

【例3-7】 根据例3-5提供的清单，计算预应力钢筋混凝土管桩的综合单价（投标方设定的方案：采用压桩机压桩。商品混凝土单价385元，管桩市场信息价为220元/m，其余人材机价格假设与定额取定价格相同；施工取费按企业管理费12%、利润8%计算，不考虑风险费用）

【解】 分析

第一步：根据清单规范有关规定，预制钢筋混凝土桩（010201001）清单项目采用《浙江省预算定额》（2010版）定额计价时，可组合的主要内容见表3-4。

表3-4

项目编码	项目名称	可组合的主要内容	对应的定额子目
010201001	预制钢筋混凝土桩	1. 方桩、板桩、管桩成品	
		2. 方桩、板桩预制	4-263～265
		3. 方桩、板桩汽车运输	4-444～447
		4. 打方桩、管桩、板桩	2-1～4、19～22、106～107
		5. 压方桩、管桩	2-9～12、27～30
		6. 打试验桩、斜桩	第二章说明八、十
		7. 送方桩、管桩、板桩	2-5～8、13～16、23～26、2-31～34、108～109
		8. 管桩桩头灌芯	2-104～105；4-421～422、433～434

第二步：根据例3-5提供工程条件及企业拟定的施工方案，本题中要求计价的清单应组合的定额子目见表3-5。

表3-5

项目编码	项目名称	实际组合的内容	对应的定额子目
010201001001	预制钢筋混凝土桩	压管桩	2-29
		送管桩	2-33
		管桩桩头灌芯	2-105
		钢骨架	4-421
		钢托板	4-433

具体计算：

(1) 计算计价工程量见表3-6。

表3-6 计价工程量计算表

序号	项目名称	工程量计算式	单位	数量
分部分项项目计价工程量				
1	压管桩	2750	m	2750
2	送桩	110×(3.5－0.45＋0.5)	m	390.5
3	桩顶灌芯	110×(0.6－0.2)^2×0.7854×1.5	m^3	20.73
4	钢骨架	110×38/1000	t	4.18
5	钢托板	110×3.5/1000	t	0.385

(2) 根据组合内容套用《浙江省预算定额》(2010版) 定额确定相应分部分项工料机费：

① 压管桩　　套定额2-29

人工费＝2.45 (元/m)

材料费＝2.0601＋220×1.01＝224.2601 (元/m)

机械费＝15.6561 (元/m)

② 送桩　　套定额2-33

人工费＝3.51 (元/m)

材料费＝0.215 (元/m)

机械费＝17.8249 (元/m)

③ 桩顶灌芯　　套定额2-105

人工费＝16.34 (元/m^3)

材料费＝308.345＋(385－224.18)×1.015＝471.5773 (元/m^3)

机械费＝15.702 (元/m^3)

④ 钢骨架　　套定额4-421

人工费＝491.92 (元/t)

材料费＝3972.9 (元/t)

机械费＝190.88 (元/t)

⑤ 钢托板　　套定额4-433

人工费＝1505 (元/t)

材料费＝4297.21 (元/t)

机械费＝1717.27 (元/t)

(3) 计算分部分项工程量清单项目综合单价 (见表3-7)。

表3-7 分部分项工程量清单项目综合单价计算表

工程名称：×××　　　　第　页　共　页

序号	编号	项目名称	计量单位	数量	综合单价/元							合计/元
					人工费	材料费	机械费	管理费	利润	风险费用	小计	
	010201001001	预制钢筋混凝土桩	m	2750	4.03	234.49	18.84	2.74	1.83	0.00	261.93	720304
1	2-29	压管桩	m	2750	2.45	224.26	15.66	2.17	1.45	0.00	245.99	676473
2	2-33	送桩	m	390.5	3.51	0.22	17.82	2.56	1.71	0.00	25.82	10083
3	2-105	桩顶灌芯	m^3	20.73	16.34	471.58	15.7	3.84	2.56	0.00	510.02	10573
4	4-421	钢骨架	t	4.18	491.92	3972.9	190.88	81.94	54.62	0.00	4792.26	20032
5	4-433	钢托板	t	0.385	1505.00	4297.21	1717.27	386.67	257.78	0.00	8163.93	3143

【例 3-8】 按照例 3-6 提供的工程量清单项目，计算“钻孔灌注桩”的综合单价。(混凝土按商品水下混凝土考虑计价，桩按 120 根计算)。经计价人确定商品混凝土按 385 元/m^3、其余按照定额取定工料机价格计算，企业管理费按 10%、利润按 8%计算，不再考虑市场风险，施工方案确定采用转盘式钻孔桩机成孔，桩孔空钻部分回填另列项计算。

【解】 分析

第一步：根据清单规范有关规定，预制钢筋混凝土桩（010201001）清单项目采用 10 版定额计价时，可组合的主要内容见表 3-8。

表 3-8

项目编码	项目名称	可组合的主要内容	对应的定额子目
010201003	混凝土灌注桩	1. 沉管灌注混凝土桩沉管、灌注	2-41～49、81～82
		2. 钢筋混凝土预制桩尖制作、运输、埋设	4-266、418～419、433～434、450～451；2-50
		3. 钻(冲)孔灌注桩成孔	2-51～80
		4. 钻(冲)孔桩灌注水下混凝土	2-83～88
		5. 桩底(侧)后注浆	2-89～91
		6. 人工挖孔桩挖孔、混凝土护壁安设、桩芯灌注	2-95～105
		7. 泥浆池建造、拆除及泥浆运输	2-92～94

第二步：根据例 3-6 提供工程条件及企业拟定的施工方案，本题中要求计价的清单应组合的定额子目见表 3-9。

表 3-9

项目编码	项目名称	实际组合的内容	对应的定额子目
010201003001	混凝土灌注桩	1. 钻孔灌注桩成孔	2-54+57
		2. 钻孔桩灌注水下混凝土	2-84H
		3. 泥浆池建造、拆除及泥浆运输	2-92+93

具体计算：

(1) 根据组合内容套用 10 定额确定相应分部分项工料机费：

① 钻孔桩成孔：按直筒（按入岩与否划分）、凹底三个部分计算

$$V_1=120\times0.6^2\times3.14\times(49.8-1.7-0.45)=6463.63(m^3)$$

$$V_2=120\times0.6^2\times3.14\times1.5=203.47(m^3)$$

$$V_3=120\times(3\times0.6^2+0.2^2)\times3.14\times0.2\div6=14.07(m^3)$$

成孔工程量 $\sum V_k=6681.17$ (m^3)，其中，入岩 $V_4=217.54$ (m^3)

② 商品水下混凝土灌注：直筒部分扣除空钻部分，凹底同上

空钻部分 $V_5=120\times0.6^2\times3.14\times(4.8-\text{加灌}1.5-0.45)=386.60(m^3)$

所以成桩工程量 $V_z=6681.17-386.60=6294.57$ (m^3)

③ 泥浆池建造和拆除、泥浆外运：$V_n=6681.17$ (m^3)

(2) 根据组合内容套用 10 定额确定相应分部分项工料机费，并计算分部分项工程量清单项目综合单价（见表 3-10）。

表 3-10　分部分项工程量清单项目综合单价计算表

工程名称：×××　　　　　　　　　　　　　　　　　　　　　　　　　　　　　　第　页　共　页

序号	编号	项目名称	计量单位	数量	综合单价/元							合计/元
					人工费	材料费	机械费	管理费	利润	风险费用	小计	
	010201003001	混凝土灌注桩	m^3	5400	86.87	560.20	142.81	22.96	18.38		831.22	4488591
1	2-54	转盘式钻孔桩机成孔	m^3	6681.17	33.93	14.16	62.78	9.67	7.74		128.28	857060
2	2-57	岩石层增加费	m^3	217.54	216.33	1.92	266.44	48.28	38.62		571.59	124344
3	2-84H	钻孔桩灌注水下混凝土	m^3	6294.57	9.03	463.46①		0.90	0.72		474.11	2984319
4	2-92	泥浆池建造和拆除	m^3	6681.17	1.55	1.91	0.02	0.16	0.13		3.77	25188
5	2-93	泥浆运输	m^3	6681.17	19.18		43.95	6.31	5.05		74.49	497680

① 414.264＋(385－344)×1.2＝463.464。

【例 3-9】 ϕ500 单头喷水泥浆搅拌桩每米桩水泥掺量 50kg，实际工程加固土重 1500kg/m^3，计算其基价。

【解】 本工程水泥搅拌桩水泥掺量为：50/(3.142×0.25×0.25×1×1500)＝16.99%

套定额 2-119＋121×4，换算后基价＝111.4＋5.7×4＝134.2（元/m^3）。

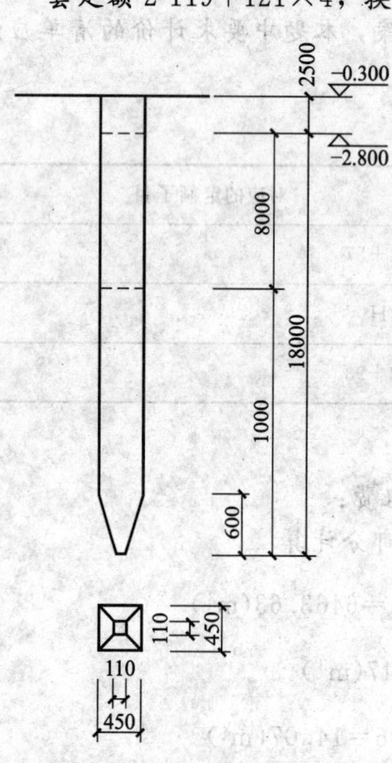

图 3-2

【例 3-10】 如图 3-2 所示：自然地坪标高－0.30，桩顶标高－2.80，设计桩长 18m（包括桩尖）。已知房屋基础共有 90 根，C30 预制钢筋混凝土方桩，采用包角桩接桩，采用 4t 柴油打桩机计算打桩、送桩与接桩的直接工程费。

【解】：（1）打桩

$V=0.45\times0.45\times18\times90=328.05\ (m^3)$

套定额 2-2　　123.5 元/m^3

直接工程费＝328.05×123.5＝40514（元）

（2）送桩

$V=0.45\times0.45\times(2.5+0.5)\times90=54.68(m^3)$

套定额 2-6　　107.4 元/m^3

54.68×107.4＝5873（元）

（3）接桩

2.5×90＝225（kg）

套定额 2-17　　6635 元/t

0.225×6635＝1493（元）

【例 3-11】 某工程有直径 1200mm 钻孔混凝土灌注桩（C30 商品混凝土水下混凝土）36 根。已知：自然地坪－0.30，桩顶标高－4.60m，桩底标高－29.00m，进入岩石层平均标高－26.50m，采用转盘式钻孔桩机成孔。试计算：

（1）成孔直接工程费；

（2）成桩直接工程费；

（3）孔径回填土直接工程费；

（4）泥浆池建拆与泥浆运输直接工程费（运距 12km）。

【解】：（1）钻孔桩成孔

① 钻孔桩机钻孔

套定额 2-54　　110.9 元/m^3

$$V=\frac{1}{4}\times1.2^2\times\pi\times(29-0.3)\times36=1167.93(m^3)$$

② 岩石成孔增加费

套定额 2-57　　484.70 元/m^3

$$V_{入岩}=\frac{1}{4}\times1.2^2\times\pi\times(29-26.5)\times36=101.74(m^3)$$

（2）钻孔桩灌注混凝土

套定额 2-84　423.3 元/m^3

$$V=\frac{1}{4}\times1.2^2\times\pi\times(29-4.6+0.5)\times36=1013.29(m^3)$$

（3）孔径回填土

套定额 1-17　　2.44 元/m^3

$$V=\frac{1}{4}\times1.2^2\times\pi\times(4.3-0.5)\times36=154.64(m^3)$$

（4）泥浆

① 泥浆池建拆

套定额 2-92　　3.50 元/m^3

$$V=1167.93(m^3)$$

② 泥浆运输

套定额 2-93+94×7　　63.1+3.5×7=87.60（元/m^3）

$$V=1167.93(m^3)$$

（5）分项工程直接费计价表，见表 3-11。

表 3-11　分项工程直接费计价表

定额编号	项目名称	单位	工程量	单价	合价/元
2-54	钻孔桩机钻孔	m^3	1167.93	110.9	129523
2-57	岩石层成孔增加费	m^3	101.74	484.7	49313
2-84	钻孔桩灌注混凝土	m^3	1013.29	423.3	428926
1-17	孔径回填土	m^3	154.64	2.44	377
2-92	泥浆池建拆	m^3	1167.93	3.50	4088
2-93+94×7	泥浆运输	m^3	1167.93	87.60	102311
	小计	元			714538

【例 3-12】　某住宅楼采用先张法预应力混凝土管桩——柱下条基的复合基础，80 根 C60 预应力钢筋混凝土管桩，桩外径 ϕ400，壁厚 60mm，每根总长 15m，每根桩顶连接构造（假设）钢托板 2.8kg、圆钢骨架 35kg，桩顶灌注 C30 混凝土 1.0m 高，设计桩顶标高 −3.5m，现场自然地坪标高为 −0.45m，采用压装机压桩。按照 2003 定额计算管桩工程量及费用。

【解】（1）压管桩　　　　　80×15=1200（m）

套定额 2-31　　145.81×1200=174972（元）

(2) 送桩　　　　　　$80\times(3.5-0.45+0.5)=284$ (m)

套定额 2-36　　$16.88\times284=4793.92$ (元)

(3) 桩顶灌芯　　　$80\times(0.4-0.12)^2\times\pi/4\times1.0=4.93$ (m^3)

套定额 2-89　　$243.9\times4.93=1202.43$ (元)

(4) 钢骨架　　　　　　$80\times35/1000=2.8$ (t)

套定额 4-398　　$2896\times2.8=8108.8$ (元)

(5) 钢托板　　　　　　$80\times2.8/1000=0.22$ (t)

套定额 4-410　　$5221\times0.22=1148.62$ (元)

【例 3-13】 振动式沉管混凝土灌注桩，设计桩长 15m，安放钢筋笼，求该项目单价。

【解】 2-48 换

换算后基价 $=3146+(8.5\times26+0.71\times672.08)\times0.15=3251$(元/10$m^3$)

【例 3-14】 某工程 ϕ325 振动式沉管灌注混凝土桩，80 根，自然地坪标高为 −0.45m，桩顶标高为 −1.45m，试计算空打工程量及空打费用。

【解】
$$V=0.325^2\times\frac{\pi}{4}\times(1-0.5)\times80=3.32(m^3)$$

套定额 2-47H

$(3458-14.7\times26-11.8\times170.24-0.92\times106.05)\times3.32=321.84$(元)

工程量计算

1) 单桩

计量单位：m^3

$$V=管外径截面积\times(设计桩长+加灌长度)$$

设计桩长不包括预制桩尖；加灌长度用来满足混凝土灌注充盈量，按设计规定；无规定时，按 0.5m 计取；桩顶标高已达自然地坪时，不计加灌长度。

2) 扩大桩

计量单位：m^3

$$V=单桩体积\times(1+0.85\times复打次数)$$

3) 夯扩桩

计量单位：m^3

$$V=管外径截面积\times[夯扩高度+设计桩长(不包括桩尖)+加灌长度]$$

夯扩高度按设计规定计算。

【例 3-15】 如图 3-3 所示，某大厦有地下室，设计为 C35 商品混凝土的桩径为 ϕ800 的钻孔灌注桩 200 根，设计桩长为 20m，自然地坪标高为 −1.5m，桩顶标高为 −5m，土层主要为砂黏土层，使用转盘式钻孔桩机施工，采用商品混凝土，桩孔空灌部分采用碎石回填（泥浆外运距离为 6km)。

试计算：(1) 成孔直接工程费；

(2) 成桩直接工程费；

(3) 孔径回填土直接工程费；

(4) 泥浆池建折与泥浆运输直接工程费。

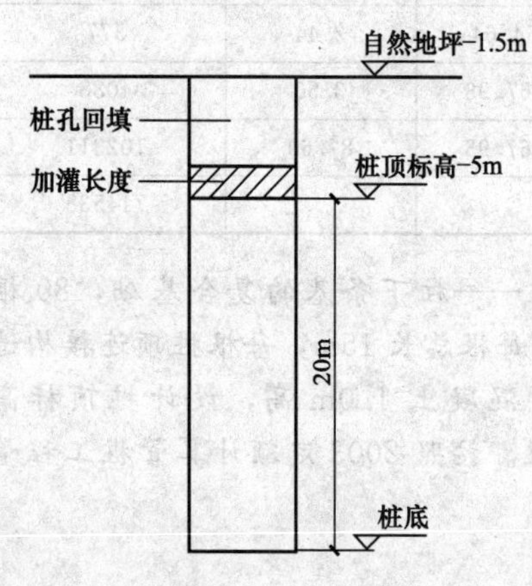

图 3-3　例 3-15 图

【解】

(1) 成孔

$V=\pi\times0.4^2\times(20+5-1.5)\times200=2361.28(m^3)$

套定额 2-57　　基价 178.9 元/m^2

直接工程费＝178.9×2361.28＝422432.99(元)

(2) 灌注混凝土

$V=\pi\times0.4^2\times(20+0.5)\times200=2059.84(m^3)$

套定额 2-74　　基价 326.4 元/m^3

直接工程费＝326.4×2059.84＝672331.78(元)

(3) 孔径回填

$V=\pi\times0.4^2\times(5-1.5-0.5)\times200=301.44(m^3)$

套定额 3-9H　　基价 73.7×0.7＝51.59 (元/m^3)

直接工程费＝51.59×301.44＝15551.29(元)

(4) 泥浆池建拆

$V=2362.48m^3$

套定额 2-77　　基价 2.4 元/m^3

直接工程费＝2.4×2361.28＝5667.07 (元)

(5) 泥浆外运

$V=2361.28m^3$

套定额 2-78＋79　　基价 62.3＋3.6＝65.9 (元/m^3)

直接工程费＝65.9×2361.28＝155608.35 (元)

【例 3-16】 根据例 3-14 提供的清单，计算预应力混凝土管桩的综合单价。投标方设定的施工方案（采用压桩机压桩）及市场询价，人工单价按 28 元/工日计算，部分材料按市场信息计算：管桩为 160 元/m，圆钢为 3200/t，铁件为 6.5 元/kg，其余材料价格假设与定额取定价格相同，4000kN 压桩机台班单价按 2800 元/工日计算，其余机械假设与定额取定价相同；施工取费按企业管理费的 12%，利润 8%，风险费用按人工费、材料费、机械费之和的 5%计算。

【解】 计价工程量计算，各项目工程量计算式等见表 3-12。

表 3-12　各项目工程量计算式

序号	项目名称	工程量计算式	单位	数量
1	压管桩	110×25	m	2750
2	送桩	110×(3.5－0.45＋0.5)	m	390.5
3	桩顶灌芯	$110\times(0.6-0.2)^2\times\pi/4\times1.5$	m^3	20.73
4	钢骨架	110×38/1000	t	4.18
5	钢托板	110×3.5/1000	t	0.385

根据组合内容套用浙江省定额分别确定人工费、材料费和机械费。

(1) 压管桩套定额 2-33

人工费＝0.075×28＝2.1 (元/m)

材料费＝132.8299＋(160－130)×1.01＝163.3 (元/m)

机械费＝1.68＋(2800－2532.89)×0.075＝23.68 (元/m)

(2) 送桩套定额 2-38

人工费＝0.107×28＝3 (元/m)

材料费＝0.22元/m

机械费＝27.1＋(2800－2532.89)×0.0107＝29.96（元/m）

(3) 桩顶灌混凝土套定额2-89

人工费＝1.4×28＝39.2（元/m^3）

材料费＝186.348＋(198.52－182.23)×1.015＝202.88（元/m^3）

机械费＝21.18元/m^3

(4) 圆钢骨架套定额4-398

人工费＝14.3×28＝400.4（元/t）

材料费＝2401＋(3200－2326)×1.02＝3292.489（元/t）

机械费＝123.18元/t

(5) 钢托板套定额4-410

人工费＝19.6×28＝548.8（元/t）

材料费＝4362.6＋(6.5－4.2)×1010＝6685.6（元/t）

机械费＝348.39元/t

根据以上计算结果，可得出分部分项工程量清单项目综合单价计算值。

综合单价：602136.85÷2750＝218.96（元/m）

最终可列出分部分项工程量清单计价表。

【例3-17】 某工程110根C60预应力钢筋混凝土管桩，桩外径ϕ600，壁厚100mm，每根桩总长25m，每根桩顶连接构造（假设）钢托板3.5kg、圆钢骨架38kg，桩顶灌注C30混凝土1.5m高，设计桩顶标高为－3.5m，现场自然地坪标高为－0.45m，现场条件允许可以不发生场内运桩。按规范编制该管桩清单。

【解】 编制清单

工程数量计算：C60预应力钢筋混凝土管桩　$L=110\times25=2750$（m）

具体结果见表3-13。

表3-13　分部分项工程量清单

工程名称：×××工程

序号	项目编码	项 目 名 称	计量单位	工程数量
1	010201001001	预制钢筋混凝土桩 C60钢筋混凝土预应力管桩，每根总长25m，共110根，外径ϕ600mm，壁厚100mm；桩顶标高为－3.5m，自然地坪标高－0.45m，桩顶端灌注C30混凝土1.5m高，每根桩顶圆钢骨架38kg、构造钢托板3.5kg	m	2750

【例3-18】 根据例3-17提供的清单，计算预制钢筋混凝土方桩接桩的综合单价。人工、材料、机械台班价格假设与定额取定价格相同；施工取费按企业管理费的12%，利润8%，风险费用按人工费、材料费、机械费之和的5%计算。

【解】 定额硫磺胶泥接桩工程量按桩截面积计算工程量：$S=0.5\times0.5\times80=20$（$m^2$）

具体结果详见表3-14。

表3-14　分部分项工程量清单项目综合单价计算表

工程名称：某工程　　计量单位：个

项目编码：010201002001　　工程数量：80

项目名称：接桩　　综合单价：85.2元/个

序号	定额编号	工程内容	单位	数量	人工费/元	材料费/元	机械费/元	管理费/元	利润/元	风险费用/元	小计/元
1	2-17	硫磺胶泥接桩	m^2	20	1544	4651	0	185	124	310	6814

综合单价＝6814÷80＝85.2（元/个）

【例 3-19】 某房屋基础共有 80 根 C30 预制钢筋混凝土方桩，桩截面 500mm×500mm，采用硫磺胶泥接桩，编制接桩工程量清单。

【解】 详见表 3-15。

工程量：80 个

表 3-15 分部分项工程量清单

工程名称：×××工程

序号	项目编码	项目名称	计量单位	工程数量
1	010201002001	接桩 C30 预制钢筋混凝土方桩，桩截面 500mm×500mm，硫磺胶泥接桩	个	80

【例 3-20】 某办公楼 C30 现拌混凝土钻孔灌注，100 根，桩长 45m，桩径 D1000mm，设计桩底标高为－50m，自然地坪标高为－0.6m，泥浆外运 5km，桩孔上部不回填。

【解】 清单工程量：100 根

编制清单见表 3-9。

【例 3-21】 根据例 3-20 的分部分项工程量清单计算混凝土灌注桩清单项目的综合单价（管理费、利润分别按 15%、10%计取，风险费按材料费的 5%计算）。

【解】 计算计价工程量

（1）成孔　　$V=(50-0.6)\times0.5^2\times3.1416\times100=3879.88$（$m^3$）

（2）成桩　　$V=(45+1.2)\times0.5^2\times3.1416\times100=3628.55$（$m^3$）

（3）泥浆池拆、建、泥浆运输同成桩工程量。

具体综合单价计算见表 3-16。

表 3-16 分部分项工程量清单项目综合单价计算表

工程名称：某工程　　　　　　　　计量单位：根

项目编码：010201003001　　　　　工程数量：100

项目名称：混凝土灌注桩　　　　　综合单价：20703.3 元/根

序号	定额编号	工程内容	单位	数量	人工费/元	材料费/元	机械费/元	管理费/元	利润/元	风险费用/元	小计/元
1	2-58	钻孔桩成孔	m^3	3879.88	152324	45193	340122	73870	49245	2260	663014
2	2-73	钻孔桩灌注C30 混凝土	m^3	3628.55	70765	924460	28477	14886	9924	46223	1094735
3	2-77	泥浆池拆、建	m^3	3879.88	4035	5110	70	616	411	256	10498
4	2-78	泥浆运输5km	m^3	3879.88	56289	0	185377	36250	24167	0	302083
		合计			283413	974763	554046	125622	83747	48739	2070330

综合单价＝2070330÷100＝20703.3（元/根）

【例 3-22】 某工程人工挖孔桩清单见表 3-17，根据以下条件及清单内容计算该人工挖孔桩的综合单价。施工方确定报价按企业管理费和利润分别为 10%和 5%、风险费按人工费的 20%计算（工程量及单价计算结果保留 2 位小数，合价取整数，π 按 3.1416 取值）。

表 3-17　分部分项工程量清单

序号	项目编号	项 目 名 称	计量单位	工程数量
1	010201003001	混凝土灌注桩 人工挖孔，共 20 根；设计桩长 12m，桩径 1.00m，桩底标高为 14.5m，入岩总深度为 1.2m，平底，入岩扩底上部直径为 1.2m，下部直径为 1.6m；自然地坪标高为－0.6m；桩芯灌注 C25 混凝土；C20 钢筋混凝土预制护壁外径为 1.3m，平均厚度 100mm	m	240

【解】 1. 计价工程量计算

(1) 人工挖桩孔工程量

直筒部分：$V_1=3.1416\times(1.3/2)^2\times(14.5-1.2-0.6)\times20=337.14(\text{m}^3)$

扩底圆台：$V_2=3.1416\times1.2\times[(1.2/2)^2+(1.6/2)^2+0.6\times0.8]/3\times20=37.2(\text{m}^3)$

合计：　$V=337.14+37.2=374.34\ (\text{m}^3)$

(2) 入岩工程量：　$V=37.2\text{m}^3$

(3) 护壁工程量：

$V=3.1416\times[(1.3/2)^2-(1.1/2)^2]\times(14.5-1.2-0.6)\times20=95.76(\text{m}^3)$

(4) 桩芯工程量：$V=3.1416\times(1.1/2)^2\times(12-1.2+0.25)\times20+37.2=247.22(\text{m}^3)$

2. 清单综合单价计算

设计桩径为 1m，按定额附注，基价调整内容如下：

挖桩孔套 2-81H　人工费＝40.82×1.15＝46.94 (元/m³)

机械费＝15.507＋0.089×44.29×(1.15－1)＝16.10 (元/m³)

具体结果详见表 3-18。

表 3-18　分部分项工程量清单项目综合单价计算表

序号	定额编号	工程内容	单位	数量	人工费/元	材料费/元	机械费/元	企业管理费/元	利润/元	风险/元	小计/元
1	2-81H	人工挖桩孔	m³	374.34	17572	861	6027	2360	1180	3514	31514
2	2-87	挖桩入岩增加费	m³	37.2	2089	74	239	233	116	418	3169
3	2-88	C20 混凝土护壁	m³	95.76	19072	25221	4996	2407	1203	3814	56713
4	2-89	C25 混凝土桩芯灌注	m³	247.22	8999	46069	5235	1423	712	1800	64238
		合计			47732	72225	16497	6423	3211	9546	155634

综合单价＝155634÷240＝648.48 (元/m)

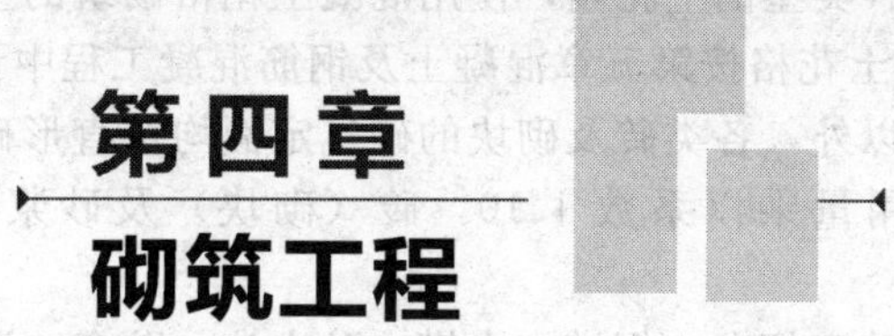

第四章 砌筑工程

第一节 说 明

1. 建筑物砌筑工程基础与上部结构的划分：基础与墙身使用同一种材料时，以设计室内地面为界（有地下室者，以地下室室内设计地面为界），以下为基础，以上为墙（身）；基础与墙身使用不同材料时，位于设计室内地面高度≤±300mm 时，以不同材料为分界线，高度＞±300mm 时，以设计室内地面为分界线。砖基础不分砌筑宽度及有否大放脚，均执行对应品种及规格砖的同一定额；地下混凝土及钢筋混凝土构件的砖模、舞台地龙墙套用砖基础定额。

2. 本章垫层定额适用于基础垫层和地面垫层。混凝土垫层套用混凝土及钢筋混凝土工程相应定额。块石基础与垫层的划分，如图纸不明确时，砌筑者为基础，铺排者为垫层。

3. 本章定额中砖及砌块的用量按标准和常用规格计算的，实际规格与定额不同时，砖、砌块及砌筑（粘接）材料用量应作调整，其余用量不变；定额所列砌筑砂浆种类和强度等级、砌块专用砌筑粘接剂及砌块专用砌筑砂浆品种，如设计与定额不同时，应作换算。

4. 砖墙及砌块墙定额中已包括立门窗框的调直用工以及腰线、窗台线、挑檐等一般出线用工。

5. 砖墙及砌块墙不分清水、混水和艺术形式，也不分内、外墙，均执行对应品种及规格砖和砌块的同一定额。墙厚一砖以上的均套用一砖墙相应定额。

6. 夹心保温墙（包括两侧）按单侧墙厚套用墙相应定额，人工乘以系数 1.15，保温填充料另行套，用保温隔热工程的相应定额。

7. 多孔砖、空心砖及砌块砌筑有防水、防潮要求的墙体时，若以实心（普通）砖作为导墙砌筑的，导墙与上部墙身主体需分别计算，导墙部分套用零星砌体相应定额。

8. 蒸压加气混凝土类砌块墙定额已包括砌块零星切割改锯的损耗及费用。

9. 采用砌块专用粘接剂砌筑的蒸压粉煤灰加气混凝土砌块墙，若实际以柔性材料嵌缝连接墙端与混凝土柱或墙等侧面交接的，换算砌块单价，套用蒸压砂加气混凝土砌块墙的相应定额。

除自保温墙外，若实际以砌块专用砌筑粘接剂直接连接蒸压砂加气混凝土砌块墙的墙端与混凝土柱或墙等侧面交接的，换算砌块单价，套用蒸压粉煤灰加气混凝土砌块墙的相应定额。

10. 柔性材料嵌缝定额已包括两侧嵌缝所需用量，其中 PU 发泡剂的单侧嵌缝尺寸按

2.0×2.5（cm）考虑，如实际与定额不同时，PU 发泡剂用量按比例调整，其余用量不变。

11. 砖砌洗涤池、污水池：垃圾箱、水槽基座、花坛及石墙定额中未包括的砖砌门窗口立边。窗台虎头砖及钢筋砖过梁等砌体，套用零星砌体定额。

空斗墙设计要求实砌的窗间墙、窗下墙的工程量另计，套用零星砌体定额。

12. 空花墙适用于各种类型的空花墙，使用混凝土花格砌筑的空花墙，实砌墙体与混凝土花格应分别计算，混凝土花格按第五章混凝土及钢筋混凝土工程中预制构件定额执行。

13. 除圆弧形构筑物以外，各类砖及砌块的砌筑定额均按直形砌筑编制，如为圆弧形砌筑者，按相应定额人工用量乘以系数 1.10，砖（砌块）及砂浆（粘接剂）用量乘以系数 1.03。

14. 构筑物砌筑包括砖砌烟囱、烟道、水塔、贮水池；贮仓、沉井等。

15. 砌体钢筋加固和墙基、墙身的防潮、防水及本章未包括的土方，基础，垫层，抹灰，铁件，金属构件的制作、安装、运输，油漆等按有关章节的相应定额及规定计算。

第二节　工程量计算规则

1. 条形基础垫层工程量按设计图示尺寸以“m^3”计算。长度：外墙按外墙中心线长度计算，内墙按内墙基底净长计算，柱网结构的条基垫层不分内外墙均按基底净长计算，柱基垫层工程量按设计垫层面积乘以厚度计算。

2. 地面垫层工程量按地面面积乘以厚度计算，地面面积按楼地面工程的工程量计算规则计算。

3. 条形砖基础、块石基础工程量按设计图示尺寸以体积计算。

长度：外墙按外墙中心线长度计算；内墙砖基础按内墙净长计算，其余基础按基底净长计算。按基底净长计算后应增加的搭接体积按图示尺寸计算。

4. 计算条形砖（石）基础与垫层长度时，附墙垛凸出部分按折加长度合并计算，不扣除搭接重叠部分的长度，垛的加深部分也不增加。附墙垛折加长度 L 按下式计算：

$$L=\frac{ab}{d}$$

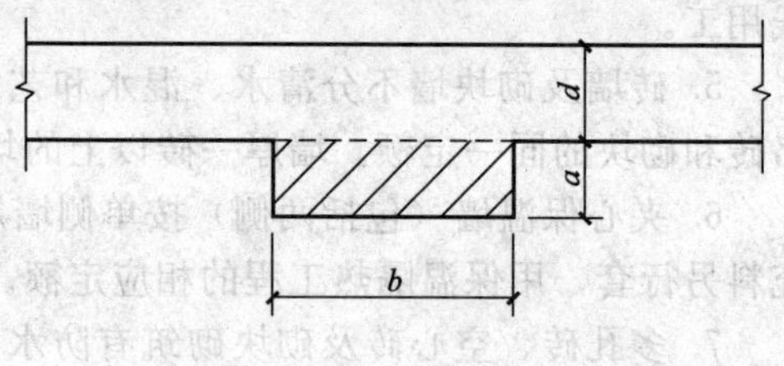

式中　a,b——附墙垛凸出部分断面的长、宽；

d——砖（石）墙厚。

5. 计算条形砖基础工程量时，二边大放脚体积并入计算，大放脚体积＝砖基础长度×大放脚断面积，大放脚断面积按下列公式计算：

$$\text{等高式}:S=n(n+1)ab \quad \text{间隔式}:S=\sum(a\times b)+\sum\left(\frac{a}{2}\times b\right)$$

式中　n——为放脚层数；

a，b——为每层放脚的高、宽（凸出部分）。

注：标准砖基础 $a=0.126$m（每层二皮砖）；$b=0.0625$m。

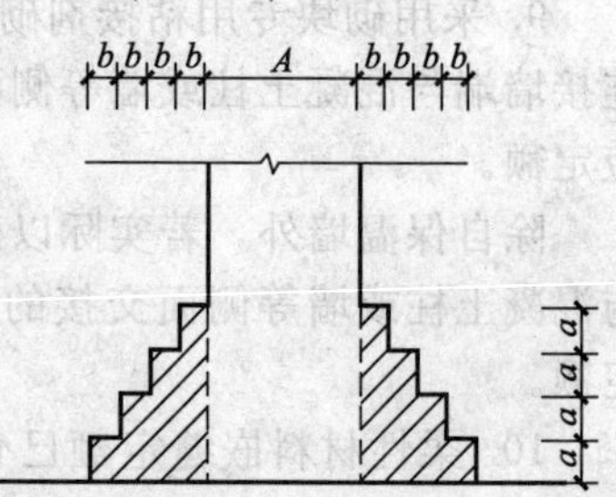

6. 独立砖柱基础工程量按柱身体积加上四边大放脚体积计算，砖柱基础工程量并入砖柱计算。

四边大放脚体积 V 按下式计算：

$$V=n(n+1)ab\left[\frac{2}{3}(2n+1)b+A+B\right]$$

式中　A，B——为砖柱断面积的长、宽，其余同上。

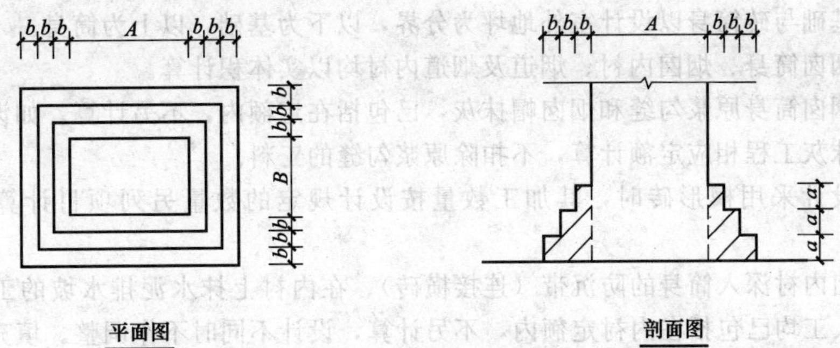

7. 地下混凝土及钢筋混凝土构件的砖模、舞台地龙墙的工程量按设计图示尺寸计算。

8. 砖砌体及砌块砌体按设计图示尺寸以体积计算。砖砌体及砌块砌体厚度，不论设计有无注明，均按砖墙厚度表计算。

9. 墙身高度

(1) 外墙：斜（坡）屋面无檐口天棚者算至屋面板底；有屋架且室内外均有天棚者算至屋架下弦底另加 200mm；无天棚者算至屋架下弦底另加 300mm，出檐宽度超过 600mm 时按实砌高度计算；平屋顶算至钢筋混凝土板底。

(2) 内墙：位于屋架下弦者，算至屋架下弦底；无屋架者算至天棚底另加 100mm；有钢筋混凝土楼板隔层者算至楼板顶；有框架梁时算至梁底。

(3) 女儿墙：从屋面板上表面算至女儿墙顶面（如有混凝土压顶时算至压顶下表面）。

(4) 内、外山墙：按其平均高度计算。

10. 墙身长度：外墙按外墙中心线长度计算，内墙按内墙净长计算，附墙垛按折加长度合并计算；框架墙不分内、外墙均按净长计算。

11. 空花墙按设计图示尺寸以空花部分外形体积计算，不扣除空花部分体积。

12. 空斗墙按设计图示尺寸以空斗墙外形体积计算。空斗墙的内外墙交接处、门窗洞口立边、窗台砖、屋檐处的实砌部分以及过人洞口、墙角、梁支座等的实砌部分和地面以上、圈梁或板底以下三皮实砌砖，均已包括在定额内，其工程量应并入空斗墙内计算；砖垛工程量应另行计算，套实砌墙相应定额。

13. 地沟的砖基础和沟壁，工程量按设计图示尺寸以体积合并计算，套砖砌地沟定额。

14. 零星砌体按设计图示尺寸以“m^3”计量。

砌体设置导墙时，砖砌导墙需单独计算，厚度与长度按墙身主体，高度以实际砌筑高度计算，墙身主体的高度相应扣除。

15. 附墙烟囱、通风道、垃圾道，按外形体积计算工程量并入所附的砖墙内，不扣除每个面积在 $0.1m^2$ 以内的孔道体积，孔道内的抹灰工料亦不增加；应扣除每个面积大于 $0.1m^2$ 的孔道体积，孔内抹灰按零星抹灰计算。附墙烟囱如带有瓦管、除灰门，应另列项目计算。

16. 石墙、空心砖墙、砌块墙的工程量按设计图示尺寸以体积计算，砌块墙的门窗洞口等镶砌的同类实心砖部分已包含在定额内，不单独另行计算。

17. 夹心保温墙砌体工程量按图示尺寸计算。

18. 石挡土墙、石柱、石护坡，按设计图示尺寸以体积计算。

19. 轻质砌块专用连接件的工程量按实际安放数量以“个”计算。

20. 柔性材料嵌缝根据设计要求，按轻质填充墙与混凝土梁或楼板、柱或墙之间的缝隙长度以“m”计算。

21. 砖烟囱、烟道。

(1) 砖基础与砖筒身以设计室外地坪为分界，以下为基础，以上为筒身。

(2) 砖烟囱筒身、烟囱内衬、烟道及烟道内衬均以实体积计算。

(3) 砖烟囱筒身原浆勾缝和烟囱帽抹灰，已包括在定额内，不另计算。如设计规定加浆勾缝者，按抹灰工程相应定额计算，不扣除原浆勾缝的工料。

(4) 如设计采用楔形砖时，其加工数量按设计规定的数量另列项目计算，套砖加工定额。

(5) 烟囱内衬深入筒身的防沉带（连接横砖）、在内衬上抹水泥排水坡的工料及填充隔热材料所需人工均已包括在内衬定额内，不另计算，设计不同时不作调整。填充隔热材料按烟囱筒身（或烟道）与内衬之间的体积另行计算，应扣除每个面积在 $0.3m^2$ 以上的孔洞所占的体积，不扣除防沉带所占的体积。

(6) 烟囱、烟道内表面涂抹隔绝层，按内壁面积计算，应扣除每个面积在 $0.3m^2$ 以上的孔洞面积。

(7) 烟道与炉体的划分以第一道闸门为界，在炉体内的烟道应并入炉体工程量内，炉体执行安装工程炉窑砌筑相应定额。

22. 砖水塔

(1) 砖基础与砖塔身以砖基础大放脚顶面为分界；砖塔身不分厚度、直径均以实体积计算。砖出沿等并入筒壁体积内，砖拱（砖碹、含平拱）的支模费已包括在定额内，不另计算。

(2) 砖塔身中已包括外表面原浆勾缝，如设计要求加浆勾缝时，按抹灰工程相应定额计算，不扣除原浆勾缝的工料。

(3) 砖水槽不分内、外壁以实体积计算。

23. 砖（石）贮水池

(1) 砖（石）池底、池壁均以实体积计算。

(2) 砖（石）池的砖（石）独立柱，套用本章相应定额。如砖（石）独立柱带有混凝土或钢筋混凝土结构者，其体积分别并入池底及池盖中，不另列项目计算。

24. 砖砌圆形仓筒壁高度自基础板顶面算至顶板底面，以实体积计算。

25. 砖砌沉井按图示尺寸以实体积计算。人工挖土、回填砂石、铁刃脚安装、沉井封底等配套项目按第五章混凝土及钢筋混凝土工程相应定额执行。

26. 计算砌体工程量时，应扣门窗洞口、过人洞、空圈、嵌入墙内的钢筋混凝土柱、梁、圈梁、挑梁、过梁、止水翻边及凹进墙内的壁龛、管槽、暖气槽、消火栓箱和每个面积在 $0.3m^2$ 以上的孔洞所占的体积；但嵌入砌体内的钢筋、铁件、管道、木筋、钢管、基础砂浆防潮层及承台桩头、屋架、檩条、梁等伸入砌体的头子、钢筋混凝土过梁板（厚 7cm 内）、混凝土垫块、木楞头、沿缘木、木砖和单个面积 $\leqslant 0.3m^2$ 的孔洞等所占体积不扣；突出墙身的窗台、1/2 砖以内的门窗套、二出檐以内的挑檐等的体积亦不增加。突出墙身的统腰线、1/2 砖以上的门窗套、二出檐以上的挑檐等的体积应并入所依附的砖墙内计算。凸出墙面的砖垛并入墙体体积内计算。

【例 4-1】 某工程 M7.5 混合砂浆砌筑一砖厚烧结多孔砖弧形墙，求基价。

【解】 3-59H　换算后基价 $=398.5+44.72\times(1.1-1)+(0.337\times940+0.189\times181.75)\times(1.03-1)=413.51$(元/$m^3$)

【例 4-2】 某砌筑工程采用 M10 混合砂浆砌筑一砖厚蒸压灰砂砖墙，求基价。

【解】 3-67H　　换算后基价＝271.2＋(184.56－181.75)×0.236＝271.86（元/m^3）

【例 4-3】 某砌筑工程采用 M7.5 干混砂浆砌筑一砖厚蒸压灰砂砖墙，求基价。

【解】 3-67H　　换算后基价＝271.2＋(405.45－181.75)×0.236－0.236×0.2×43－2.284×0.4＝321.05(元/m^2)

【例 4-4】 如图 4-1 某工程 M7.5 水泥砂浆砌筑 MU15 水泥实心砖墙基（砖规格为240×115×53）。编制该砖基础砌筑项目清单（提示：砖砌体内无混凝土构件）。

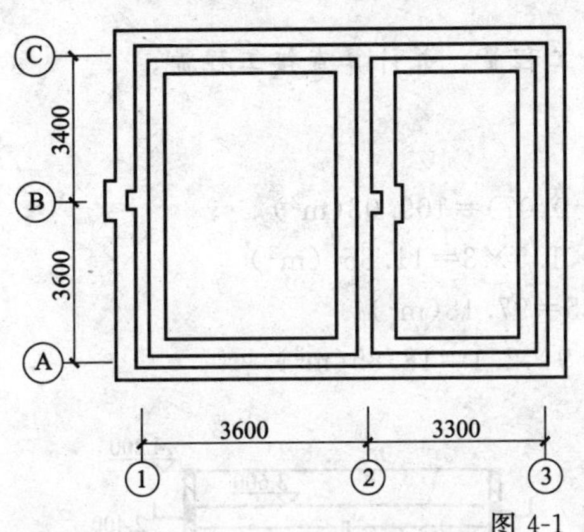

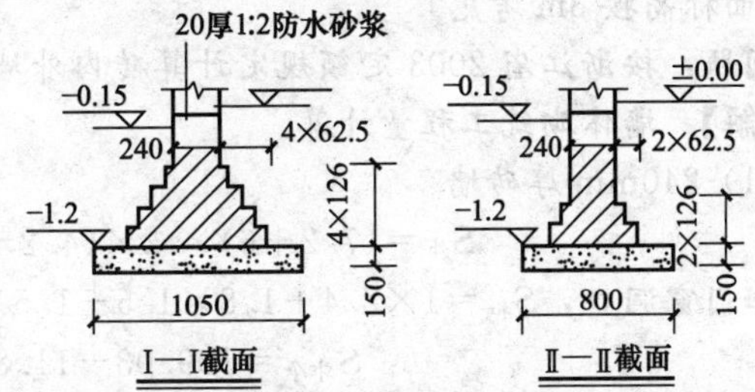

说明：①～③轴为Ⅰ—Ⅰ截面，Ⓐ～Ⓒ轴为Ⅱ—Ⅱ截面；基底垫层为C10混凝土，附墙砖垛凸出半砖，宽一砖半

图 4-1　某工程墙基图

【解】 该工程砖基础有两种截面规格，为避免工程局部变更引起整个砖基础报价调整的纠纷，应分别列项。工程量计算：

Ⅰ—Ⅰ截面砖基础长度：

$$L=7\times3-0.24+2\times(0.365-0.24)\times0.365\div0.24=21.14(\text{m})$$

砖基础高度：$H=1.2\text{m}$。

其中：(0.365－0.24)×0.365÷0.24 为砖垛折加长度

大放脚截面：$S=n(n+1)ab=4\times(4+1)\times0.126\times0.0625=0.1575(\text{m}^2)$

砖基础工程量：$V=L(Hd+S)-V_{应扣}=21.14\times(1.2\times0.24+0.1575)=9.42(\text{m}^3)$

Ⅱ—Ⅱ截面：砖基础长度：$L=(3.6+3.3)\times2=13.8(\text{m})$

砖基础高度　$H=1.2\text{m}$

大放脚截面：　$S=2\times(2+1)\times0.126\times0.0625=0.0473(\text{m}^2)$

砖基础工程量：　$V=13.8\times(1.2\times0.24+0.0473)=4.63(\text{m}^3)$

防潮层工程量可以在项目特征中予以描述，这里不再列出。

工程量清单见表 4-1。

表 4-1　分部分项工程量清单

序号	项目编码	项目名称	项 目 特 征	计量单位	工程数量
1	010301001001	砖基础	Ⅰ—Ⅰ剖面，M7.5 水泥砂浆砌筑（240×115×53）MU15 水泥实心砖——砖条形基础，四层等高式大放脚，－0.06m 标高处 1：2 防水砂浆 20 厚防潮层	m^3	9.42
2	010301001002	砖基础	Ⅱ—Ⅱ剖面，M7.5 水泥砂浆砌筑（240×115×53）MU15 水泥实心砖——砖条形基础，二层等高式大放脚；－0.06m 标高处 1：2 防水砂浆 20 厚防潮层	m^3	4.63

【例 4-5】 某粘接剂砌筑的200厚蒸压粉煤灰加气混凝土砌块墙上顶与梁之间的缝隙采用柔性材料嵌缝，求基价。

【解】 3-83H 换算后基价＝272.4－0.01×195.13－0.05×43－0.002×58.57＝268.18（元/m^3）

【例 4-6】 某工程平、剖面如图 4-2 所示。墙体为 M5.0 混合砂浆砌筑多孔砖墙，屋面四周女儿墙上设 70mm 厚 C20 混凝土压顶；屋面板厚 110mm，四周檐沟梁高为 350mm（含板厚），2 轴内墙顶 QL 高 240mm（含板厚）；门窗过梁厚 120mm，长度为洞口宽加 500mm。（吊顶面标高按 3m 考虑）

问题：按浙江省 2003 定额规定计算砖内外墙工程量，并计算直接工程费。

【解】 墙体砌筑工程量计算。

(1) 240mm 厚砖墙

$$S_{外}=(7.2+6)\times 2\times(4.2-0.07)=109.03(\text{m}^2)$$

扣门窗洞口：$S_{扣}=1\times2.4+1.8\times1.5+1.5\times1.5\times3=11.85$（m^2）

$$S_{外净}=109.03-11.85=97.18(\text{m}^2)$$

$$S_{内净}=(6-0.24)\times3.6-0.9\times2.1=18.85(\text{m}^2)$$

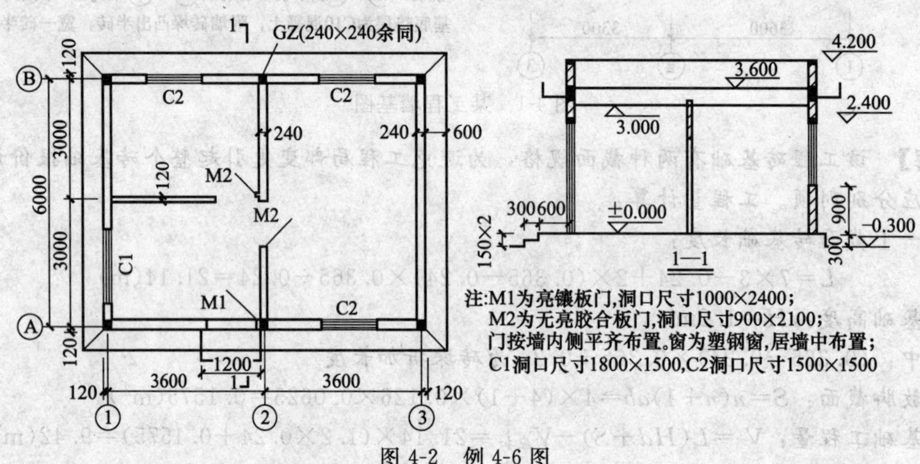

图 4-2 例 4-6 图

应扣体积：

$$V_{檐沟梁}=[(7.2+6)\times2-0.24\times6]\times0.35\times0.24=2.10(\text{m}^3)$$

$$V_{QL}=(6-0.24)\times0.24\times0.24=0.33(\text{m}^3)$$

$$V_{GL}=(1.5\text{M1}+1.4\text{M2}+2.3\text{C1}+2\times3\text{C2})\times0.12\times0.24=0.32(\text{m}^3)$$

$$V_{GZ}=(0.24\times0.24\times6+0.03\times0.24\times12)\times(4.2-0.07)+0.03\times0.24\times2\times3.6=1.84\ (\text{m}^3)$$

应扣体积 $V_{总}=2.1+0.33+0.32+1.84=4.59(\text{m}^3)$

240mm 厚砖墙工程量 $V=(97.18+18.85)\times0.24-4.59=23.26(\text{m}^3)$

套定额 3-35 164.1 元/m^3

直接工程费 164.1×23.26＝3816.97（元）

(2) 120mm 厚砖墙

$$S_{净}=(3.6-0.24)\times(3+0.1)-0.9\times2.1=8.53(\text{m}^2)$$

120mm 厚砖墙工程量 $V=8.53\times0.115-1.4\times0.12\times0.115=0.98-0.02=0.96$（m^3）

套定额 3-36 172.4 元/m^3

直接工程费　　　　　　　172.4×0.96=165.50（元）

【例 4-7】 试计算图 4-3 烧结普通砖内外墙工程量。

已知：窗 C1 框外围尺寸 1480×1480（洞口尺寸 1500×1500），门 M1 框外围尺寸 1180×2390（洞口尺寸 1200×2400），圈（过）梁一道（包括砖垛上、内墙上）断面均为 240×240。

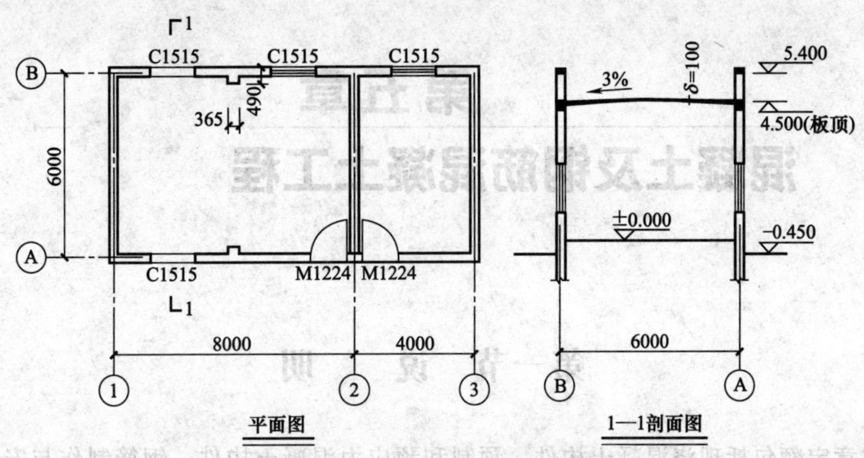

图 4-3　建筑平面与剖面图

【解】 (1) 外墙工程量

墙长　　　　$L_{中}=(12+6)\times 2+0.38\times 2=36.76$ (m)

墙高　　　　$H=5.4\text{m}$

墙面积　　　$S_{净}=36.76\times 5.4-(1.5\times 1.5\times 4+1.2\times 2.4\times 2)$
$=198.50-14.76$
$=183.74$ (m^2)

墙体积　　　$V_{净}=183.74\times 0.24-36.76\times 0.24\times 0.24-36.76\times 0.24\times 0.1$
$=41.10$ (m^3)

(2) 内墙工程量

墙长　　　　$L_{内}=6-0.24=5.76$ (m)

墙高　　　　$H_{山尖}=3.12\times 3\%\times \frac{1}{2}=0.0468$ (m)

$H=4.5+0.0468=4.55$ (m)

墙面积　　　$S_{净}=4.55\times 5.76=26.21$ (m^2)

墙体积　　　$V_{净}=26.21\times 0.24-5.76\times 0.24\times 0.24-5.76\times 0.24\times 0.1$
$=5.82$ (m^2)

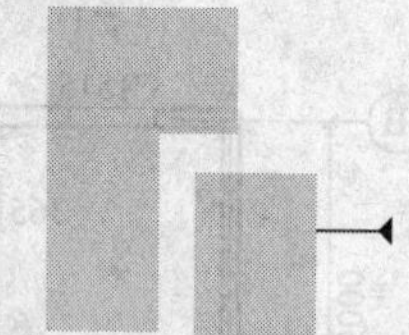

第五章 混凝土及钢筋混凝土工程

第一节 说 明

1. 本章定额包括现浇混凝土构件、预制和预应力混凝土构件、钢筋制作与安装、混凝土预制构件运输与安装。

2. 本章内各节有关说明、工程量计算规则，除另有具体规定外均互相适用，也适用本章外所涉及且未规定注明的相关定额。

3. 现浇混凝土构件

(1) 现浇混凝土构件的模板按照不同构件，分别以组合钢模、复合木模单独列项，模板的具体组成规格、比例、支撑方式及复合木模的材质等，均综合考虑；定额未注明模板类型的，均按木模考虑。

后浇带模板按相应构件模板计算，另行计算增加费。

(2) 现浇混凝土浇捣按现拌混凝土和商品混凝土两部分列项。

现拌泵送混凝土按商品泵送混凝土定额执行，混凝土单价按现场搅拌泵送混凝土换算，搅拌费、泵送费按构件工程量套用相应定额。

商品混凝土定额按泵送考虑的项目，实际采用非泵送时，套用泵送定额，混凝土单价换算，其人工乘以表 5-1 相应系数，其余不变。

表 5-1 人工调整系统表

序号	项目名称	人工调整系数	序号	项目名称	人工调整系数
一	建筑物		5	楼梯、雨篷、阳台、栏板及其他	1.05
1	基础与垫层	1.5	二	构筑物	
2	柱	1.05	1	水塔	1.5
3	梁	1.4	2	水(油)池、地沟	1.6
4	墙、板	1.3	3	贮仓	2

(3) 商品泵送混凝土的添加剂、搅拌、运输及泵送等费用均应列入混凝土单价内。

(4) 定额混凝土的强度等级和石子粒径是按常用规格编制的，当混凝土的设计强度等级与定额不同时，应作换算。毛石混凝土子目中毛石的投入量按 18% 考虑，设计不同时混凝土及毛石按比例调整。

(5) 型钢混凝土劲性构件分别按模板、混凝土浇捣及钢构件相应定额执行。

钢管柱内灌注混凝土按矩形柱、圆形柱定额执行，不再计算模板项目。

(6) 基础

① 基础与上部结构的划分以混凝土基础上表面为界。

② 基础与垫层的划分，一般以设计确定为准，如设计不明确时，以厚度划分：15cm 以内的为垫层，15cm 以上的为基础。

③ 有梁式基础模板仅适用于基础表面有梁上凸时，仅带有下翻或暗梁的基础套用无梁式基础定额。

④ 满堂基础及地下室底板已包括集水井模板杯壳，不再另行计算；设计为带形基础的单位工程，如仅楼（电）梯间、厨厕间等少量部位采用满堂基础时，其工程量并入带形基础计算。

⑤ 箱形基础的底板（包括边缘加厚部分）套用无梁式满堂基础定额，其余套用柱、梁、板、墙相应定额。

⑥ 设备基础仅考虑块体形式，其他形式设备基础分别按基础、柱、梁、板、墙等有关规定计算，套用相应定额。

⑦ 地下构件采用砖模时，按砌筑工程定额规定执行。

(7) 现浇钢筋混凝土柱（不含构造柱）、梁（不含圈、过梁）、板、墙的支模高度按层高 3.6m 以内编制，超过 3.6m 时，工程量包括 3.6m 以下部分，另按相应超高定额计算；斜板或拱形结构按板顶平均高度确定支模高度，电梯井壁按建筑物自然层层高确定支模高度。

(8) 异型柱指柱与模板接触超过 4 个面的柱，一字形、L 形、T（如图 5-1 所示）形柱，当 a 与 b 的比值大于 4 时，均套用墙相应定额。

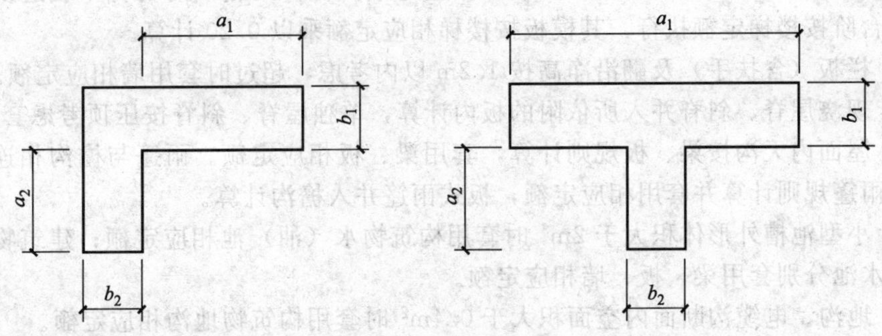

图 5-1　L 形、T 形柱

(9) 地圈梁套用圈梁定额；异形梁包括十字、T、L 形梁；梯形、变截面矩形梁套用矩形梁定额；

现浇薄腹屋面梁模板套用异形梁定额；

单独现浇过梁模板套用矩形梁定额；与圈梁连接的过梁及叠合梁二次浇捣部分套用圈梁定额；预制圈梁的现浇接头套用二次灌浆相应定额。

(10) 混凝土梁、板均分别计算套用相应定额；板中暗梁并入板内计算。

楼板及屋面平挑檐外挑小于 50cm 时，并入板内计算；外挑大于 50cm 时，套用雨篷定额；屋面挑出的带翻沿平挑檐套用檐沟、挑檐定额。

薄壳屋盖模板不分筒式、球形、双曲形等，均套用同一定额；混凝土浇捣套用拱板定额。

现浇钢筋混凝土板坡度在10°以内时按定额执行；坡度大于10°，在30°以内时，模板定额中钢支撑含量乘以系数1.3，人工含量乘以系数1.1；坡度大于30°，在60°以内时，相应定额中钢支撑含量乘以系数1.5，人工含量乘以系数1.2；坡度在60°以上时，按墙相应定额执行。

斜板支模高度超过3.6m每增加1m定额及混凝土浇捣定额也适用于上述系数。

压型钢板上浇捣混凝土板，套用板浇捣定额。

(11) 地下室内墙、电梯井壁均套用一般墙相应定额；屋面女儿墙高度大于1.2m时套用墙相应定额，小于1.2m时套用栏板相应定额。

(12) 凸出混凝土柱、梁、墙面的线条，工程量并入相应构件内计算，另按凸出的棱线道数划分套用相应定额计算模板增加费；但单独窗台板、栏板扶手、墙上压顶的单阶挑沿不另计模板增加费；单阶线条凸出宽度大于200mm的按雨篷定额执行。

(13) 弧形阳台、雨篷按普通阳台、雨篷定额执行，另行计算弧形模板增加费。

水平遮阳板、空调板套用雨篷相应定额；拱形雨篷套用拱形板定额。

半悬挑及非悬挑的阳台、雨篷，按梁、板有关规则计算套用相应定额。

(14) 楼梯设计指标超过表5-2定额取定值时，混凝土浇捣定额按比例调整，其余不变。

表5-2　楼梯底板厚度取定表

项目名称	指标名称	取定值	备　注
直形楼梯	底板厚度	18cm	梁式楼梯的梯段梁并入楼梯底板内计算折实厚度
弧形楼梯		30cm	

弧形楼梯指梯段为弧形的，仅平台弧形的，按直形楼梯定额执行，平台另计弧形板增加费。

(15) 自行车坡道带有台阶的，按楼梯相应定额执行；无底模的自行车坡道及4步以上的混凝土台阶按楼梯定额执行，其模板按楼梯相应定额乘以0.20计算。

(16) 栏板（含扶手）及翻沿净高按1.2m以内考虑，超过时套用墙相应定额。

(17) 现浇屋脊、斜脊并入所依附的板内计算，单独屋脊、斜脊按压顶考虑套用定额。

(18) 屋面内天沟按梁、板规则计算，套用梁、板相应定额。雨篷与檐沟相连时，梁板式雨篷按雨篷规则计算并套用相应定额，板式雨篷并入檐沟计算。

(19) 小型池槽外形体积大于$2m^3$时套用构筑物水（油）池相应定额；建筑物内的梁板墙结构式水池分别套用梁、板、墙相应定额。

(20) 地沟、电缆沟断面内空面积大于$0.4m^2$时套用构筑物地沟相应定额。

(21) 小型构件包括：压顶、单独扶手、窗台、窗套线及定额未列项目且单件构件体积在$0.05m^3$以内的其他构件。

(22) 屋顶水箱工程量包括底、壁、现浇顶盖及支撑柱等全部现浇构件，预制构件另计；砖砌支座套砌筑工程零星砌体定额；抹灰、刷浆、金属件制作安装等套用相应章节定额。

(23) 采用无粘接、有粘接的后张预应力现浇构件，套用普通现浇混凝土构件浇捣相应定额。

(24) 滑升钢模板定额内已包括提升支撑杆用量，并按不拔出考虑，如需拔出，收回率及拔杆费另行计算；设计利用提升支撑杆作结构钢筋时，不得重复计算。

(25) 用滑升钢模施工的构筑物按无井架施工考虑，并已综合了操作平台，不另计算脚手架及竖井架。

(26) 倒锥形水塔塔身滑升钢模定额，也适用于一般水塔塔身滑升钢模工程。

(27) 烟囱滑升钢模定额均已包括筒身、牛腿、烟道口；水塔滑升钢模已包括直筒、门窗洞口等模板用量。

(28) 构筑物基础套用建筑物基础相应定额。

(29) 列有滑模定额的构筑物子目，采用翻模施工时，可按相近构件模板定额执行。

4. 预制混凝土构件

(1) 先张预应力预制混凝土构件是按加工厂制作考虑，模板已综合考虑地、胎模摊销，其余各类预制混凝土构件是按现场预制考虑的，模板不包含地、胎模，实际施工需要地、胎模时，按施工组织设计实际发生的地、胎模面积套用相应定额计算。

(2) 混凝土构件如采用蒸汽养护时，加工厂预制者，按实际蒸养构件数量，每立方米88元（其中：煤90kg）计算；现场蒸养费按实计算。

(3) 后张法预应力构件制作浇捣定额不包括孔道灌浆，该工作内容已列入钢筋制作安装定额，不单独另计。

(4) 混凝土及钢筋混凝土预制构件工程量计算，应按施工图构件净用量加表5-3损耗计算：

表5-3　混凝土及钢筋混凝土预制构件损耗率表　单位：%

构件名称	制作废品率	运输、堆放、损耗率	安装、打桩损耗率	总损耗率
预制钢筋混凝土桩	0.1	0.4	1.0	1.5
除预制桩外各类预制构件	0.2	0.8	0.5	1.5

计算公式如下：

混凝土及钢筋混凝土预制构件工程量＝施工图净用量×(1＋总损耗率)

(5) 预制构件桩、柱、梁、屋架等定额中未编列起重机、垫木等成品堆放费的项目，是按现场就位预制考虑的，如实际发生构件运输时，套用构件运输相应定额。

(6) 小型构件是指定额未列项目且每件体积在0.05m^3以内的其他构件。

5. 钢筋

(1) 钢筋工程按不同钢种，以现浇构件、预制构件、预应力构件分别列项，定额中钢筋的规格比例、钢筋品种按常规工程综合考虑。

(2) 预应力混凝土构件中的非预应力钢筋套用普通钢筋相应定额。

(3) 除定额规定单独列项计算以外，各类钢筋、埋件的制作成型、绑扎、安装、接头、固定所用工料机消耗均已列入相应定额，多排钢筋的垫铁在定额损耗中已综合考虑，发生时不另计算。螺旋箍筋的搭接已综合考虑在灌注桩钢筋笼圆钢定额内，不再另行计算。

(4) 定额已综合考虑预应力钢筋的张拉设备，但未包括预应力筋的人工时效费用，如设计有要求时，另行计算。

(5) 除模板所用铁件及成品构件内已包括的铁件外，定额均不包括混凝土构件内的预埋铁件，应按设计图纸另行计算。

(6) 地下连续墙钢筋网片制作定额未考虑钢筋网片的制作平台。

(7) 本章定额钢筋机械连接所指的是套筒冷压、锥螺纹和直螺纹钢筋接头，焊接是指电渣压力焊和气压焊方式钢筋接头。

(8) 植筋定额不包括钢筋主材费，钢筋按设计长度计算套现浇构件定额。

(9) 表5-4所列的构件，其钢筋可按表列系数调整人工、机械用量：

表 5-4　人工、机械调整系数表

项　目	预制构件		构　筑　物	
系数范围	拱形、梯形屋架	托架梁	贮仓	
			矩形	圆形
人工、机械调整系数	1.16	1.05	1.25	1.5

6. 构件运输、安装

(1) 本定额仅为混凝土预制构件运输，划分为以下四类。Ⅰ、Ⅱ类构件符合其中一项指标的，均套用同一定额。

Ⅰ类构件：单件体积≤$1m^3$、面积≤$5m^2$、长度≤6m；

Ⅱ类构件：单件体积>$1m^3$、面积>$5m^2$、长度>6m；

Ⅲ类构件：大型屋面板、空心板、楼面板；

Ⅳ类构件：小型构件。

(2) 本定额适用于混凝土构件由构件堆放场地或构件加工厂运至施工现场的运输；定额已综合考虑城镇、现场运输道路等级、道路状况等不同因素。

(3) 构件运输基本运距为5km，工程实际运距不同，按每增减1km定额调整。本定额不适用于总运距超过35km以上的构件运输，发生时另行计算。

(4) 本定额不包括改装车辆、搭设特殊专用支架、桥梁、涵洞、道路加固、管线、路灯迁移及因限载、限高而发生的加固、扩宽、公交管理部门措施费用等，发生时另行计算。

(5) 小型构件包括：桩尖、窗台板、压顶、踏步、过梁、围墙柱、地坪混凝土板、地沟盖板、池槽、浴厕隔断、窨井圈盖、花格窗、花格栏杆、碗柜、壁龛及单件体积小于$0.05m^3$的其他构件。

(6) 采用现场集中预制的构件，是按吊装机械回转半径内就地预制考虑的，如因场地条件限制，构件就位距离超过15m必须用起重机移运就位的，运距在50m以内的，起重机械乘以系数1.25，运距超过50m，按构件运输相应定额计算。

(7) 现场预制的构件采用汽车运输时，按本章相应定额执行，运距在500m以内时，定额乘以系数0.5。

(8) 构件吊装采用的吊装机械种类、规格按常规施工方法取定；如采用塔吊或卷扬机时，应扣除定额中的汽车式起重机台班，人工乘以系数（塔吊0.66、卷扬机1.3）调整，以人工代替机械时，按卷扬机计算。采用塔吊施工，因建筑物造型所限，部分构件吊装不能就位时，该部分构件可按构件运输相应定额计算运输费。

(9) 定额按单机作业考虑，如因构件超重须双机抬吊时（包括按施工方案相关工序涉及的构件），套相应定额人工、机械乘以系数1.2。

(10) 构件如需采用跨外吊装时，除塔吊施工以外，按相应定额乘以系数1.15。

(11) 构件安装高度以20m以内为准，如檐高在20m以内，构件安装高度超过20m时，除塔吊施工以外，相应定额人工、机械乘以系数1.2。

(12) 定额不包括安装过程中起重机械、运输机械场内行驶道路的修整、铺垫工作消耗，发生时按实际工作内容另行计算。

(13) 现场制作采用砖胎模的构件，构件安装相应定额人工、机械乘以系数1.1。

(14) 构件安装定额已包括灌浆所需消耗，不另计算。

(15) 构件安装需另行搭设的脚手架按施工组织设计要求计算，套用脚手架工程相应定额。

第二节　工程量计算规则

1. 除定额另有规定外，混凝土构件工程量均按图示尺寸计算。

2. 计算墙、板工程量时，应扣除单孔面积大于 $0.3m^2$ 以上的孔洞，孔洞侧边工程量另加；不扣除单孔面积小于 $0.3m^2$ 以内的孔洞，孔洞侧边也不予计算。

3. 现浇混凝土构件

(1) 除定额注明外，混凝土浇捣工程量均按图示尺寸以实体积计算，不扣除混凝土内钢筋、预埋铁件等所占体积；型钢劲性构件混凝土浇捣工程量应扣除型钢构件所占混凝土体积，钢管柱内混凝土灌注按钢柱内空断面积乘以柱灌注高度计算。

现浇混凝土构件模板工程量按混凝土与模板接触面的面积以“m^2”计量，应扣除构件平行交接及 $0.3m^2$ 以上构件垂直交接处的面积。

模板工程量也可参考构件混凝土含模量计算，但除本定额规则特别指定以外，一个工程的模板工程量只应采用一种计算规则。

(2) 梁、板、墙设后浇带时，模板工程量不扣除后浇带部分，后浇带另行按延长米（含梁宽）计算增加费；混凝土浇捣工程量应扣除后浇带体积，后浇带体积单独计算套用相应定额。

(3) 基础与垫层

① 基础垫层及各类基础按图示尺寸计算，不扣除嵌入承台基础的桩头所占体积。

地面垫层发生模板时按基础垫层模板定额计算，工程量按实际发生部位的模板与混凝土接触面展开计算。

② 带形基础长度：外墙按中心线、内墙按基底净长线计算，独立柱基间带形基础按基底净长线计算，附墙垛折加长度合并计算；垫层不扣除重叠部分的体积，基础搭接体积按图示尺寸计算。

有梁带基梁面以下凸出的钢筋混凝土柱并入相应基础内计算；满堂基础的柱墩并入满堂基础内计算。

③ 基础侧边弧形增加费按弧形接触面长度计算，每个面计算一道。

(4) 现浇混凝土框架结构分别按柱、梁、板、墙的有关规定计算

(5) 柱

① 柱高按基础顶面或楼板上表面算至柱顶面或上一层楼板上表面，无梁板柱高按基础顶面（或楼板上表面）算至柱帽下表面。

② 依附于柱上的牛腿并入柱内计算。

③ 构造柱高度按基础顶面或楼面至框架梁、连续梁等单梁（不含圈、过梁）底标高计算，与墙咬接的马牙槎按柱高每侧模板以 6cm、混凝土浇捣以 3cm 合并计算，模板套用矩形柱定额。

④ 预制框架结构的柱、梁现浇接头按实捣体积计算，套用框架柱接头定额。

(6) 梁

① 梁与柱、次梁与主梁、梁与混凝土墙交接时，按净空长度计算；伸入砌筑墙体内的梁头及现浇的梁垫并入梁内计算。

② 圈梁与板整体浇捣的，圈梁按断面高度计算。

（7）板

① 按梁、墙间净距尺寸计算；板垫及与板整体浇捣的翻沿（净高 250mm 以内的）并入板内计算；板上单独浇捣的墙内素混凝土翻沿按圈梁定额计算。

② 无梁板的柱帽并入板内计算。

③ 柱的断面积超过 $1m^2$ 时，板应扣除与柱重叠部分的工程量。

④ 依附于拱形板、薄壳屋盖的梁及其他构件工程量均并入所依附的构件内计算。

⑤ 弧形板并入板内计算，另按弧长计算弧形板增加费。梁板结构的弧形板弧长工程量应包括梁板交接部位的弧线长度。

⑥ 预制板之间的现浇板带宽在 8cm 以上时，按一般板计算，套板的相应定额，宽度在 8cm 以内的已包括在预制板安装灌浆定额内，不另计算。

（8）墙

① 墙高按基础顶面（或楼板上表面）算至上一层楼板上表面；平行嵌入墙上的梁不论凸出与否，均并入墙内计算。

② 与墙连接的柱、暗柱并入墙内计算。

（9）楼梯：按水平投影面积计算；工程量包括休息平台、平台梁、楼梯段、楼梯与楼面板连接的梁，无梁连接时，算至最上一级踏步沿加 30cm 处。不扣除宽度小于 50cm 的楼梯井，伸入墙内部分不另行计算；但与楼梯休息平台脱离的平台梁按梁或圈梁计算。

直形楼梯与弧形楼梯相连者，直形、弧形应分别计算套用相应定额。

单跑楼梯上下平台与楼梯段等宽部分并入楼梯内计算面积。

楼梯基础、梯柱、栏板、扶手另行计算。

（10）凸出的线条模板增加费以凸出棱线的道数不同分别按延长米计算，两条及多条线条相互之间净距小于 100mm 的，每两条线条按一条计算工程量。

（11）悬挑阳台、雨篷：混凝土浇捣按挑出墙（梁）外体积计算，外挑牛腿（挑梁）、台口梁、高度小于 250mm 的翻沿均合并在阳台、雨篷内计算；模板按阳台、雨篷挑梁及台口梁外侧面范围的水平投影面积计算，阳台、雨篷外梁上外挑有线条时，另行计算线条模板增加费。

阳台栏板、雨篷翻沿高度超过 250mm 的，全部翻沿另行按栏板、翻沿计算。

阳台、雨篷梁按过梁相应规则计算，伸入墙内的拖梁按圈梁计算。

（12）栏板、翻沿：栏板、单独扶手均按外围长度乘以设计断面计算体积；花式栏板应扣除面积在 $0.3m^2$ 以上非整浇花饰孔洞所占面积，孔洞侧边模板并入计算，花饰另计。

栏板柱并入栏板内计算。弧形、直形栏板连接时，分别计算。

翻沿净高度小于 25cm 时，并入所依附的构件内计算。

（13）檐沟、挑檐：檐沟、挑檐工程量包括底板、侧板及与板整浇的挑梁。

（14）小型池槽、地沟、电缆沟：小型池槽包括底、壁工程量；地沟、电缆沟包括底、壁及整浇的顶盖工程量；预制混凝土盖板另行计算。

（15）构筑物

① 除定额另有规定以外，构筑物工程量均同建筑物计算规则。

② 用滑模施工的构筑物，模板工程量按构件体积计算。

③ 水塔

a. 塔身与槽底以与槽底相连的圈梁为分界，圈梁底以上为槽底，以下为塔身。

b. 依附于水箱壁上的柱、梁等构件并入相应水箱壁计算。

c. 水箱槽底、塔顶分别计算，工程量包括所依附的圈梁及挑檐、挑斜壁等。

d. 倒锥形水塔水箱模板按水箱混凝土体积计算，提升按容积以“座”计算。

④ 水（油）池、地沟

a. 池、沟的底、壁、盖分别计算工程量。

b. 依附于池壁上的柱、梁等附件并入池壁计算；依附于池壁上的沉淀池槽另行列项计算。

c. 肋形盖的梁与板工程量合并计算；无梁池盖柱的柱高自池底表面算至池盖的下表面，工程量包括柱墩、柱帽的体积。

⑤ 贮仓：贮仓立壁、斜壁混凝土浇捣合并计算，基础、底板、顶板、柱浇捣套用建筑物现浇混凝土相应定额。圆形仓模板按基础、底板、顶板、仓壁分别计算；隔层板、顶板梁与板合并计算。

（16）设备基础二次灌浆按图示尺寸计算，不扣螺栓及预埋铁件体积。

（17）沉井

① 依附于井壁上的柱、垛、止沉板等均并入井壁计算。

② 挖土按刃脚底外围面积乘以自然地面至刃脚底平均深度计算。

③ 铺抽枕木、回填砂石按井壁周长中心线长度计算。

④ 沉井封底按井内壁（或刃脚内壁）面积乘以封井厚度计算。

⑤ 铁刃脚安装已包括刃脚制作，工程量按图示净用量计算。

⑥ 井壁防水层按设计要求，套用相应章节定额，工程量按相关规定计算。

4. 预制混凝土构件

（1）预制构件模板及混凝土浇捣除定额注明外，均按图示尺寸以体积计算。

（2）空心构件工程量按实体积计算，应扣除空心部分体积。

（3）预制方桩按设计断面乘以桩长计算，不扣除桩尖虚体积。

（4）除注明外，板厚度在 4cm 以内者为薄板，4cm 以上为平板，窗台板、窗套板、无梁水平遮阳板套用薄板定额，带梁遮阳板套用肋形板定额，垂直遮阳板套用平板或薄板定额。

（5）屋架中的钢拉杆制作另行计算。

（6）花格窗及花格栏杆按外围面积计算，折实厚度大于 4cm 时，定额按比例调整。

（7）后张预应力构件不扣除灌浆孔道所占体积。

5. 钢筋

（1）钢筋工程应区别构件及钢种，以理论质量计算。理论质量按设计图示长度、数量乘以钢筋单位理论质量计算，包括设计要求锚固、搭接和钢筋超定尺长度必须计算的搭接用量；钢筋的冷拉加工费不计，延伸率不扣。

（2）设计套用标准图集时，按标准图集所列钢筋（铁件）用量表内数量计算；标准图集未列钢筋（铁件）用量表时，按标准图集图示及本规则计算。

（3）计算钢筋用量时应扣除保护层厚度。

（4）钢筋的搭接长度及数量应按设计图示、标准图集和规范要求计算，遇设计图示、标准图集和规范要求不明确时，钢筋的搭接长度及数量可按以下规则计算：

① 灌注桩钢筋笼纵向钢筋、地下连续墙的钢筋网片钢筋按焊接考虑，搭接长度按 $10d$ 计算。

② 建筑物柱、墙构件竖向钢筋搭接按自然层计算。

③ 钢筋单根长度超过 8m 时计算一个因超出定尺长度引起的搭接，搭接长度为 $35d$。

④ 当钢筋接头设计要求采用机械连接、焊接时，应按实际采用接头种类和个数列项计

算，计算该接头后不再计算该处的钢筋搭接长度。

(5) 箍筋（板筋）、拉筋的长度及数量应按设计图示、标准图集和规范要求计算，遇设计图示、标准图集和规范要求不明确时，箍筋（板筋）、拉筋的长度及数量可按以下规则计算：

① 墙板 S 形拉结钢筋长度按墙板厚度扣保护层加两端弯钩计算。

② 弯起钢筋不分弯起角度，每个斜边增加长度按梁高（或板厚）乘以 0.4 计算。

③ 箍筋（板筋）排列根数为柱、梁、板净长除以箍筋（板筋）的设计间距；设计有不同间距时，应分段计算。柱净长按层高计算，梁净长按混凝土规则计算，板净长指主（次）梁与主（次）梁之间的净长；计算中有小数时，向上取整。

④ 桩螺旋箍筋长度计算为螺旋箍筋长度加水平箍筋长度。

$$螺旋箍筋长度=\sqrt{[(D-2C+d)\times\pi]^2+h^2}\times n$$

$$水平箍筋长度=\pi(D-2C+d)\times(1.5\times2)$$

式中，D 为桩直径，m；C 为主筋保护层厚度，m；d 为箍筋直径，m；h 为箍筋间距，m；n 为箍筋道数（桩中箍筋配置范围除以箍筋间距，计算中有小数时，向上取整）。

(6) 双层钢筋撑脚按设计规定计算，设计未规定时，均按同板中小规格主筋计算，基础底板每平方米 1 只，长度按底板厚乘以 2 再加 1m 计算；板每平方米 3 只，长度按板厚度乘以 2 再加 0.1m 计算。双层钢筋的撑脚布置数量均按板（不包括柱、梁）的净面积计算。

(7) 后张预应力构件不能套用标准图集计算时，其预应力筋按设计构件尺寸，并区别不同的锚固类型，分别按下列规定计算：

① 低合金钢筋两端均采用螺杆锚具时，钢筋长度按孔道长度减 0.35m 计算，螺杆另行计算。

② 低合金钢筋一端采用镦头插片、另一端采用螺杆锚具时，钢筋长度按孔道长度计算，螺杆另行计算。

③ 低合金钢筋一端采用镦头插片、另一端采用帮条锚具时，钢筋长度按孔道长度加 0.15m 计算；两端均采用帮条锚具时，钢筋长度按孔道长度加 0.3m 计算。

④ 低合金钢筋采用后张混凝土自锚时，钢筋长度按孔道长度加 0.35m 计算。

⑤ 低合金钢筋（钢绞线）采用 JM、XM、QM 型锚具，孔道长度在 20m 以内时，钢筋（钢绞线）长度按孔道长度增加 1m 计算；孔道长度在 20m 以上时，钢筋（钢绞线）长度按孔道长度增加 1.8m 计算。

⑥ 碳素钢丝采用锥形锚具，孔道长度在 20m 以内时，钢丝束长度按孔道长度增加 1m 计算；孔道长度在 20m 以上时，钢丝束长度按孔道长度增加 1.8m 计算。

⑦ 碳素钢丝束采用镦头锚具时，钢丝束长度按孔道长度增加 0.35m 计算。

(8) 变形钢筋的理论质量按实计算，制作绑扎变形钢筋套用螺纹钢相应定额。

(9) 混凝土构件及砌体内预埋的铁件均按图示尺寸以净重量计算。

(10) 墙体加固筋及墙柱拉接筋并入现浇构件钢筋内计算。

(11) 沉降观测点列入钢筋（或铁件）工程量内计算，采用成品的按成品价计算。

(12) 植筋按定额划分的规格以“根”计算。

6. 构件运输与安装

(1) 构件运输、安装统一按施工图工程量以“m^3”计算，制作工程量以“m^2”计算的，按每平方米 $0.1m^3$ 折算。

(2) 屋架工程量按混凝土构件体积计算，钢拉杆运输、安装不另计算。

(3) 住宅排烟（气）道按设计高度按“m”计算，住宅排烟（气）帽按“座”计算。

【例 5-1】 某工程采用商品混凝土施工，请计算 C25 非泵送混凝土构造柱浇捣的定额基价。

【解】 套用定额 4-80H　换算后基价＝375.2＋(303－299)×1.015＋1.59×43×(1.05－1)＝375.2＋4.06＋3.42＝382.68（元/m^3）

【例 5-2】 某工程现浇现拌非泵送毛石混凝土基础，设计毛石投入量为 15%，试计算该基础每立方米工程量毛石和混凝土的用量。

【解】 查定额 4-2　　毛石含量为 0.3654t/m^3，混凝土含量为 0.8323t/m^3，按投入比例，毛石用量＝0.3654×15%/18%＝0.3045（t/m^3）

混凝土用量＝0.8323×(1－15%)/(1－18%)＝0.8323×1.0366＝0.8628（t/m^3）

【例 5-3】 某工程直形毛石混凝土挡土墙，采用复合木模，试确定挡土墙　模板工程定额基价。

【解】 套用定额 4-185H，按定额附注规定调整定额基价为：

22.68－0.2499×6.34＋9.546×(0.9－1)＋0.7784×(0.95－1)＝20.10(元/m^2)

【例 5-4】 某建筑楼层层高 4.5m，构造柱顶部设有 KJL300×650，按图 5-2 砌筑墙体布置情况，计算 GZ1、GZ2 构造柱混凝土浇捣（商品非泵送混凝土）及模板（按接触面计算）工程量。

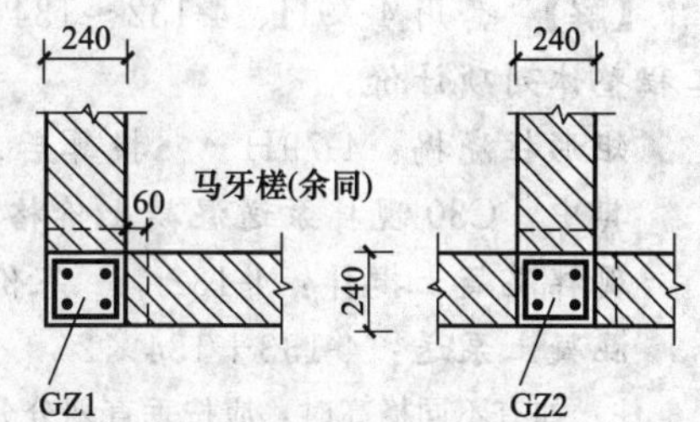

图 5-2　构造柱布置平面

【解】 该构造柱计算高度为：4.5－0.65＝3.85（m）

混凝土浇捣工程量　V＝(0.24×2＋0.03×5)×0.24×3.85＝0.58（m^3）

模板工程量　S＝(0.24×3＋0.06×10)×3.85＝5.08（m^2）

【例 5-5】 某斜屋面板坡道 26.5°，平均层高 4.25m，换算该屋面板商品泵送混凝土浇捣及复合木模定额基价。

【解】 混凝土浇捣套用定额 4-86H：

换算后基价＝342.40＋20.425×(1.1－1.0)＝344.44(元/m^3)

斜屋面板模板套用基本层及支模超高增加费定额　4-174H＋180H：

换算后基价＝25.1＋2.49＋(0.4932＋0.0714)×(1.3－1.0)×4.6＋(9.46＋1.075)×(1.1－1.0)＝27.59＋0.69＋1.05＝29.33（元/m^2）

【例 5-6】 如图 5-3 所列三种装饰线条的断面形式，分别确定其定额套用及如何计算工程量。

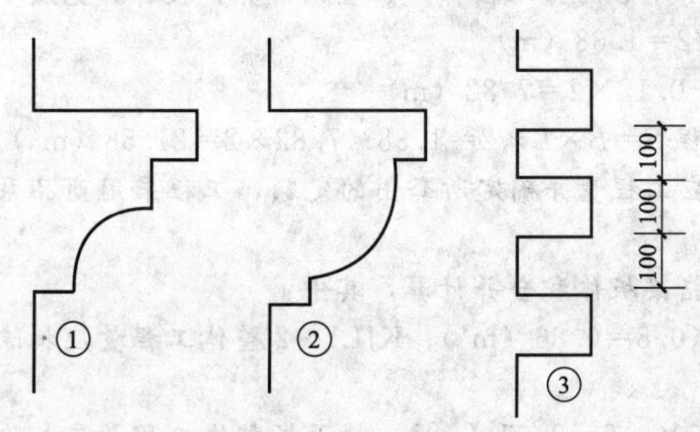

图 5-3　装饰线条示意图

【解】 线条①：一条线共有 4 道棱线，套用定额 4-192，工程量按设计布置线条长度计算；

线条②：一条线有 3 道棱线，按定额附注说明一个外凸曲面算 1 道棱线共 4 道棱线，套用定额 4-192，工程量计算同线条①；

线条③：凸出共有 3 条线条，因各线条间距≤100，按定额规则应按每两条线条合并按一条线条计算模板增加费工程量，

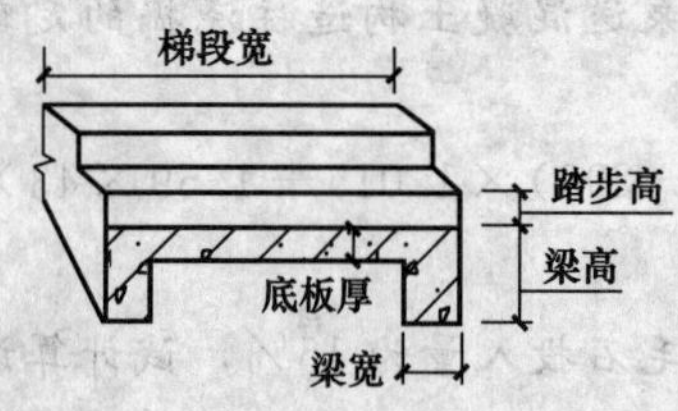

图 5-4　梁式楼梯段折实厚度示意

其中两条组合为一条计算工程量的共有 4 道棱线，套用定额 4-192；剩下另一条线仅有 2 道棱线，套用定额 4-191。

【例 5-7】 某现浇直形梁式楼梯段剖面如图 5-4 所示，已知：梁高 350mm，梁宽 250mm，楼梯底板厚 120mm，楼梯段宽 1350mm；C25 商品泵送混凝土浇捣。计算该楼梯底板折实厚度并确定是否应调整定额基价，如需调整，则求调整后的基价（已知 C25 商品泵送混凝土单价为 317 元/m^3）。

【解】 按图示已知梁高含底板厚度，计算折实厚度时应扣除梁与底板重合部位，该梁式楼梯底板折实厚度为：

$$(0.35-0.12)\times0.25\times2\div1.35+0.12=0.205(\text{m})>0.18\text{m}$$

故按底板折实厚度应调整基价，套用定额 4-94H，

换算后基价＝(83.1＋(317－299)×0.243)×0.205/0.18＝99.62(元/m^2)

【例 5-8】 某檐高 78.8m 工程，采用现场搅拌泵送混凝土浇捣矩形柱，混凝土强度等级为 C30，试确定该矩形柱混凝土浇捣的定额基价。

【解】 套用 4-79H、4-132～134 定额进行组价，也可以将混凝土搅拌、泵送分别以单位工程整体列项计价。

矩形柱浇捣：4-79H　　换算后基价＝347.1＋(241.56－299)×1.015＝288.80(元/m^3)

其中：C30 现拌泵送混凝土价格按定额附录一编号 160 查得为 241.56 元/m^3

现拌混凝土搅拌：4-132　　基价＝12.1 元/m^3　工程量同柱浇捣

混凝土泵送：4-133＋134×2　　基价＝6.4＋0.3×2＝7 元/m^3　工程量同柱浇捣

注：如有不同檐高时，应按垂直划分分别列项计算。

【例 5-9】 按图 5-5 尺寸计算某工程标准层楼梯工程量。

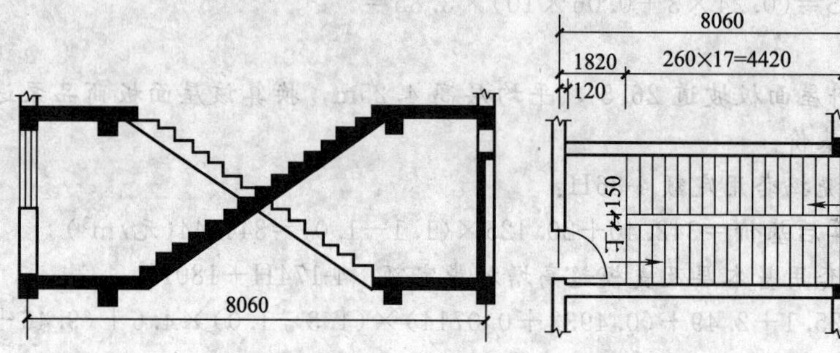

图 5-5　单跑楼梯平、剖面

【解】 该楼梯为剪刀撑式单跑楼梯，上下平台均并入楼梯工程量内计算，楼梯井宽度小于 500。楼梯段宽度：B＝(3.00－0.12×2)/2＝1.38（m）

单跑楼梯含上下平台总长度：L＝8.06－0.12×2＝7.82（m）

每层共有 2 个单跑，一个标准层楼梯工程 $S=B\times L\times2$＝1.38×7.82×2＝21.58（m^2）

【例 5-10】 按图 5-6 计算楼面后浇带相应工程量并确定所套用的定额，工程采用商品泵送混凝土浇捣。

【解】 (1) 后浇带混凝土浇捣工程量包括梁板体积合并计算，其中：

梁：V_1＝(0.35×0.8＋0.3×0.85)×2×0.8＝0.86（m^3）　KJL1～2 整体工程量应扣除该体积

板：V_2＝(18－0.15×2－0.3×2)×0.15×0.8＝2.05（m^3）　楼面板整体工程量应扣除该体积

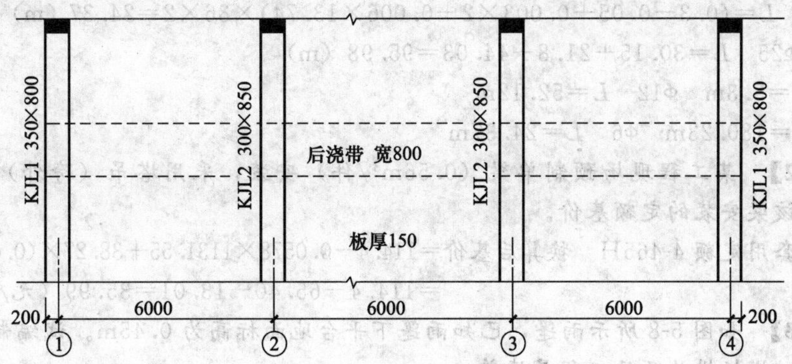

图 5-6 某工程楼面后浇带布置图

后浇带浇捣工程量 $V=V_1+V_2=0.86+2.05=2.91$ (m^3)

板厚为 20cm 以内，混凝土浇捣套用定额 4-91。

(2) 后浇带范围模板工程量在整体梁板计算时一并计算不予扣除，另按梁板合并计算后浇带模板增加费：$L=18+0.2\times2=18.4$ (m)，按板厚套用定额 4-202。

【例 5-11】 按图 5-7 梁的平法标注计算各规格钢筋长度（本工程保护层取 25mm)。

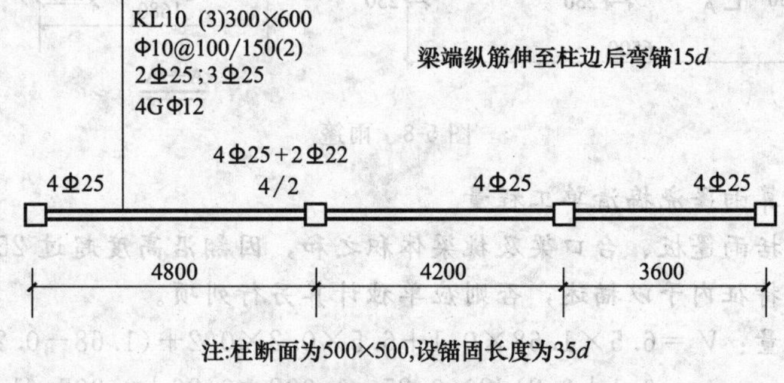

图 5-7 梁配筋平法标注示意图

【解】 梁上通长筋：本例上部纵筋按锚入柱内至梁底考虑：

2Φ25(柱外包＝4.8＋4.2＋3.6＋0.5＝13.1)

$L=[13.1-0.025\times2+(0.6-0.025)\times2+35\times0.025]\times2=30.15$ (m)

支座上：2Φ25 $L=(1.433+1.033+0.475\times2+0.575\times2)\times2+(1.433\times2+0.5+1.233\times2+0.5)\times2=21.8$ (m)

2Φ22 $L=(1.075\times2+0.5)\times2=5.3$ (m)

梁下通长筋：3Φ25 $L=(13.05+15\times0.025\times2+35\times0.025)\times3=44.03$ (m)

构造筋：4Φ12（柱间净长＝4.8＋4.2＋3.6－0.5＝12.1）

$L=(12.1+15\times0.012\times2+\text{弯钩}12.5\times0.012+35\times0.012)\times4=52.12$(m)

箍筋：Φ10@100/150 (2)——加密区＝梁高的 1.5 倍＝0.6×1.5＝0.9 (m)

只数＝(0.9/0.1＋1)×6＋(4.3－1.8)/0.15－1＋(3.7－1.8)/0.15－1＋(3.1－1.8)/0.15—1＝60＋16＋12＋8＝96 (只)

本例弯钩按 135°、平直长度 10d 考虑，双钩增加长度为 23.74d

$L=[(0.3+0.6)\times2-(0.025-0.01/2)\times8+0.01\times23.74)]\times96=180.23$ (m)

构造拉筋：本例拉筋按Φ6、135°、弯钩平直段 5d（双钩增加长度为 13.74d）考虑，间距 0.15×2＝0.3，只数＝4.2/0.3＋3.6/0.3＋3.0/0.3＝14＋12＋10＝36 (只)

$L=(0.3-0.05+0.003\times2+0.006\times13.74)\times36\times2=24.37$（m）

汇总：Φ25　$L=30.15+21.8+44.03=95.98$（m）

Φ22　$L=5.3$m　Φ12　$L=52.12$m

Φ10　$L=180.23$m　Φ6　$L=24.37$m

【例 5-12】 某工程现场预制单梁（0.56m³/件）安装，采用塔吊（跨外）起吊，无电焊，请调整该梁安装的定额基价。

【解】 套用定额 4-465H　换算后基价$=114.4-0.0578\times1131.55+38.27\times(0.66-1)$

$=114.4-65.40-13.01=35.99$（元/m³）

【例 5-13】 如图 5-8 所示雨篷，已知雨篷下平台地面标高为 0.45m。试编制该雨篷 C25 混凝土浇捣、模板措施项目工程量清单。

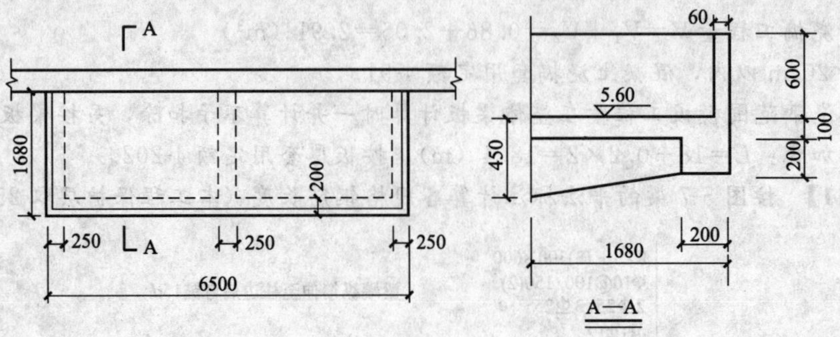

图 5-8　雨篷

【解】 (1) 计算雨篷浇捣清单工程量

雨篷工程量包括雨篷板、台口梁及挑梁体积之和，因翻沿高度超过 250，故翻沿体积计入时，必须在项目特征内予以描述，否则应单独计算另行列项。

雨篷浇捣工程量：$V=6.5\times1.68\times0.1+6.5\times0.2\times0.2+(1.68-0.2)\times3\times(0.45-0.1+0.2)/2\times0.25=1.092+0.26+0.305=1.66$（m³）

雨篷翻沿工程量：$V=(6.5+1.68\times2-0.06\times2)\times0.6\times0.06=0.35$（m³）

清单工程量合计：$V=1.66+0.35=2.01$（m³）

(2) 计算雨篷模板清单工程量

雨篷模板：$S=6.5\times1.68=10.92$（m²）

按定额附注说明雨篷支模超 3.6m 应计算增加费，高度$=5.6-0.45=5.15$（m），按梁、板合并以模板接触面计算规则计算。

梁：$S=1.48\times(0.375\times2+0.275\times4)+1.4876\times0.25\times3+(6.5+0.2\times2)\times0.3+(6.5\times2-0.25\times3)\times0.2=8.37$（m²）

板：$S=5.75\times1.48=8.51$（m²）

支模超高合计 $S=8.37+8.51=16.88$（m²）

雨篷翻沿模板：$S=(1.68\times2+6.5-0.06\times2)\times2\times0.6=11.69$（m²）

【例 5-14】 某工程现浇框架结构，其二层结构平面图如图 5-9 所示，已知设计室内地坪±0.00，柱基顶面标高为−0.90m，楼面结构标高为 6.5m，柱、梁、板均采用 C20 现浇商品泵送混凝土，板厚度为 120mm；支模采用复合木模施工工艺。试计算柱、梁、板的混凝土和模板工程量，并计算柱、梁、板的模板、混凝土直接工程费（注：C20 商品泵送混凝土按市场信息价 265 元/m³ 取定，其余材料以及人工、机械台班单价均暂按定额取定价计算）。

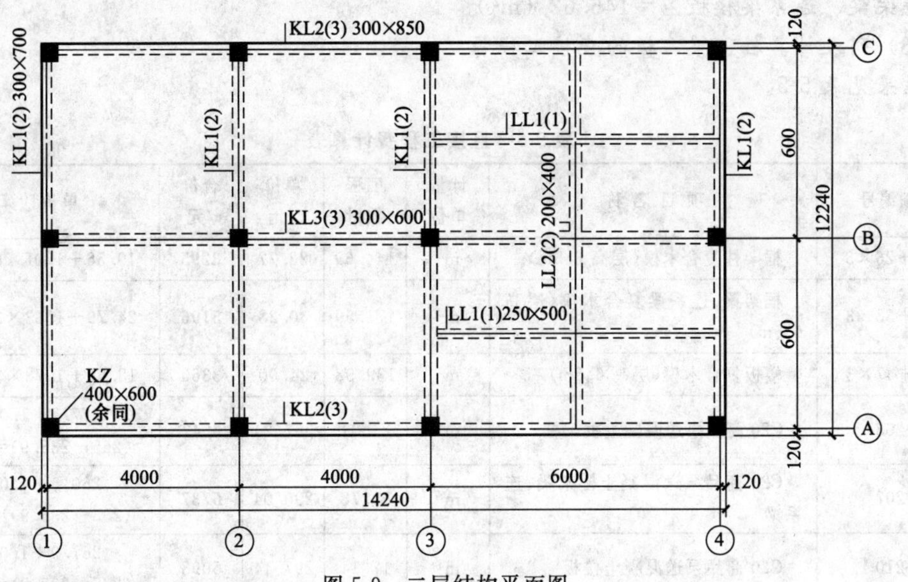

图 5-9 二层结构平面图

【解】

(1) 计算柱、梁、板的混凝土工程量

C20 商品泵送混凝土框架柱：(6.5＋0.9)×0.4×0.6×12＝21.31 (m^3)

C20 商品泵送混凝土框架梁、连系梁

KL1：(12.24－0.6×3)×0.3×0.7×4＝10.44×0.3×0.7×4＝8.770 (m^3)

KL2：(14.24－0.4×4)×0.3×0.85×2＝12.64×0.3×0.85× 2＝6.446 (m^3)

KL3；(14.24－0.4×4)×0.3×0.6＝12.64×0.3×0.6＝2.275 (m^3)

LL1：(6－0.18－0.15)×0.25×0.5×2＝5.67×0.25×0.5×2＝1.418 (m^3)

LL2：(6－0.18－0.15－0.25)×0.2×0.4×2＝5.42×0.2×0.4× 2＝0.867 (m^3)

∑＝19.78 (m^3)

C20 商品泵送混凝土楼板

①～③：(8－0.18－0.3×1.5)×(12－0.18× 2－0.3)×0.12＝7.37×11.34×0.12＝10.029 (m^3)

③～④：(6－0.18－0.3×0.5－0.2)×(12－0.18× 2－0.3－0.25×2)×0.12＝5.47×10.84×0.12＝7.115 (m^3)

混凝土楼板∑＝17.14 (m^3)

(2) 计算柱、梁、板的模板工程量

框架柱模板：21.31×6.79＝144.69 (m^2)

框架梁、连系梁模板：(8.770＋6.446)×8.1＋(2.275＋1.418＋0.867)×10.6＝171.59 (m^2)

楼板模板：17.41×8.04＝139.98 (m^2)

若按实际接触面积计算：

KL1：(12.24－0.6×3)×[0.3×4＋0.7× 2＋(0.72－0.12)×6]＝63.475 (m^2)

KL2：(14.24－0.4× 4)×[0.3×2＋0.85×2＋(0.85－0.12)×2]＝47.526 (m^2)

KL3：(14.24－0.4×4)×(0.3＋0.6×2－0.12×2)＝15.926 (m^2)

LL1：(6－0.18－0.15)×(0.25＋0.5×2－0.12×2)×2＝11.453 (m^2)

LL2：(6－0.18－0.15－0.25)×(0.2＋0.4×2－0.12×2)×2＝8.238 (m^2)

框架梁、连系梁模板$\sum$=146.62（m^2）

(3) 列表计算柱、梁、板的直接工程费

结果见表5-5。

表5-5 直接工程费计算表

定额编号	项目名称	计量单位	工程数量	单价/元	合价/元	单价计算式
4-22+26×3	框架柱复合木模(层高6.5m)	m^2	144.69	22.77	3295	19.56+1.07×3=22.77
4-31+38×3	框架梁、连系梁复合木模(层高6.5m)	m^2	171.59	30.28	5196	24.79+1.83×3=30.28
4-40+47×3	楼板复合木模(层高6.5m)	m^3	139.98	24.00	3360	18.66+1.78×3=24.00
4-203	C20商品泵送混凝土框架柱	m^3	21.31	307.24	6547	277.7+1.015×(265−235.9)=307.24
4-207	C20商品泵送混凝土框架梁、连系梁	m^3	19.78	290.04	5737	260.5+1.015×(265−235.9)=290.04
4-210	C20商品泵送混凝土楼板	m^3	17.14	297.44	5098	267.9+1.015×(265−235.9)=297.44

【例5-15】 某工程结构平面如图5-10所示，采用C25现拌混凝土浇捣，模板用组合钢模，层高为5m（+6.00～+11.00），柱截面为400mm×500mm，KL1截面为250mm×700mm，KL2截面为250mm×600mm，L截面为250mm×500mm，板厚10cm。

(1) 按题意列出工程量清单。

(2) 计算柱综合单价，假定费率如下：管理费20%、利润10%、风险5%。

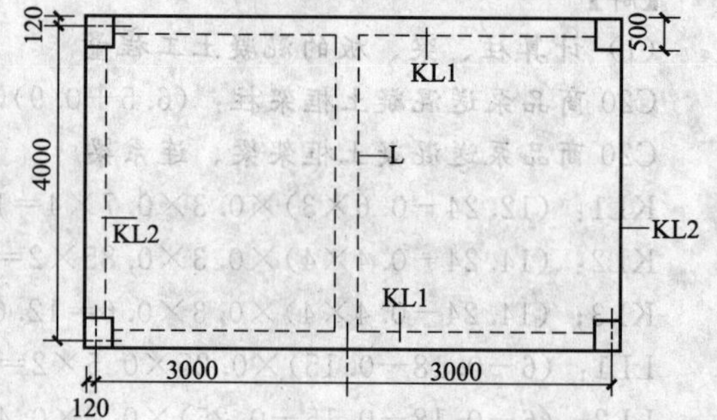

图5-10 例5-15图

【解】 (1) C25钢筋混凝土柱［断面周长(0.4+0.5)×2=1.8m，层高5m］；工程量5×0.4×0.5×4=4（m^3）

C25钢筋混凝土梁KL1（梁高0.6m以上，层高5m）：工程量(6+0.24−0.4×2)×0.25×0.7×2=1.904（m^3）

KL2梁高0.6m以内，层高5m：(4+0.24−0.5×2)×0.25×0.6×2=0.972（m^3）

L梁高0.6m以内，层高5m：(4+0.24−0.25×2)×0.25×0.5=0.468（m^3）

梁高0.6m以内，层高5m，小计：0.972+0.468=1.44（m^3）

C25钢筋混凝土板板厚100mm，层高5m，3.74×5.49×0.1=2.053（m^3）

模板：柱　4×9.92=39.68（m^2）

梁　1.904×8.1+(0.972+0.468)×10.6=30.69（m^2）

板　2.053×12.06=24.76（m^2）

具体结果详见表5-6和表5-7所列。

(2) 综合单价

以C25钢筋混凝土矩形柱，周长1.8m内，层高5m为例，已计算得出清单工程量为4m^3。

表 5-6　分部分项工程量清单

序号	项目编码	项 目 名 称	计量单位	工程数量
1	010402001001	矩形柱：C25 钢筋混凝土，周长 1.8m 内，层高 5m	m^3	4.0
2	010403002001	矩形梁：C25 钢筋混凝土，梁高 0.6m 上，层高 5m	m^3	1.904
3	010403002002	矩形梁：C25 钢筋混凝土，梁高 0.6m 内，层高 5m	m^3	1.44
4	010405003001	平板：C25 钢筋混凝土，板厚 100mm，层高 5m	m^3	2.053

表 5-7　措施项目工程量清单

序号	项 目 编 码	项 目 名 称	计量单位	工程数量
1		混凝土柱模板	m^2	39.68
2		混凝土梁模板	m^2	30.69
3		混凝土板模板	m^2	24.76

具体结果详见表 5-8 和表 5-9 所列。

表 5-8　分部分项工程量清单项目综合单价计算表

工程名称：某工程　　　　　　　　　　　　　　计量单位：m^3

项目编码：010402001001　　　　　　　　　　　工程数量：4.00

项目名称：矩形柱　　　　　　　　　　　　　　综合单价：254.55 元/m^3

序号	定额编号	工程内容	单位	数量	人工费/元	材料费/元	机械使用费/元	管理费/元	利润/元	风险费用/元	小计/元
1	4-131H	C25 柱	m^3	4.0	197.60	713.70	27.94	45.11	22.55	11.28	1018.18
		合计									1018.18

综合单价＝1018.18÷4＝254.55（元/m^3）

表 5-9　分部分项工程量清单计价表

序号	项目编码	项 目 名 称	计量单位	工程数量	综合单价/(元/m^3)	合价/元
1	010402001001	矩形柱：C25 钢筋混凝土，周长 1.8m 内，层高 5m	m^3	4.0	254.55	1018.18
2	010403002001	矩形梁：C25 钢筋混凝土，梁高 0.6m 上，层高 5m	m^3	1.904	240.24	457.42
3	010403002002	矩形梁：C25 钢筋混凝土，梁高 0.6m 内，层高 5m	m^3	1.44	240.24	345.95
4	010405003001	平板：C25 钢筋混凝土，板厚 100mm，层高 5m	m^3	2.053	248.16	509.47

【例 5-16】　010405008001 雨篷板，C20 钢筋混凝土板式，外挑尺寸为 1.5m×6.0m，板上翻沿高 0.6m，板厚 100mm，雨篷板体积为 0.9m^3，翻沿体积为 0.324m^3，计算清单工程量及清单综合单价。

【解】　清单工程量：雨篷板体积 0.9＋翻沿体积 0.324＝1.224（m^3）

假设：采用现浇现拌混凝土，人工单价 28 元/工日，其余采用定额价格，管理费 20%，利润 10%，风险 5%。

清单计价：翻沿高度0.6>0.25，全部翻沿套栏板翻沿定额。

雨篷 $S=1.5\times6.0=9$ (m^2)

折实厚度$=0.9/1.5\times6.0=0.1$ (m)

套定额 4-148　人工费=0.21(工日)×28元/工日×9=52.92（元）

材料费=16.34元/m^2×9m^2=147.06（元）

机械费=1.032×9=9.288（元）

管理费=(52.92+9.288)×20%=12.44（元）

翻沿0.324m^3，套定额4-150　人工费=3.01×28×0.324=27.31（元）

材料费=181.34×0.324=58.75（元）

机械费=10.6×0.324=3.43（元）

管理费=(27.31+3.43)×20%=6.15（元）

具体结果详见表5-10。

表5-10　分部分项工程量清单项目综合单价计算表

工程名称：某工程　　　　计量单位：m^3

项目编码：010405008001　　　　工程数量：1.224

项目名称：矩形柱　　　　综合单价：270.66元/m^3

序号	定额编号	工程内容	单位	数量	人工费/元	材料费/元	机械使用费/元	管理费/元	利润/元	风险费用/元	小计/元
1	4-148	C20雨篷	m^2	9	52.92	147.06	9.288	12.44	6.22	3.11	231.04
2	4-150	翻沿	m^3	0.324	27.31	58.75	3.43	6.15	3.07	1.54	100.25
		合计									331.29

综合单价=331.29÷1.224=270.66（元/m^3）

【例5-17】 计算图5-11所示现浇单跨矩形梁（共10根）的钢筋清单工程量，并编列项目清单。

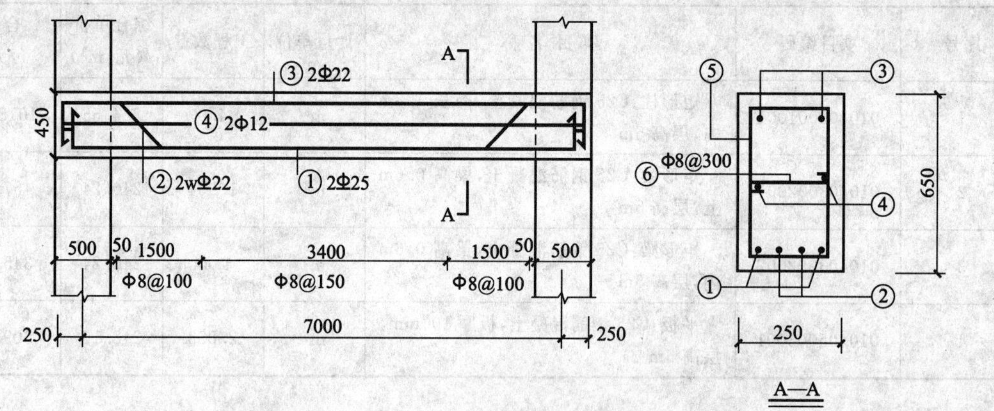

图5-11　梁配筋图（混凝土强度C25）

【解】 该梁钢筋为现浇混凝土结构钢筋，按钢种划分为两个项目列项。

设计图中未明确时，保护层厚度按25mm计算，钢筋定尺长度大于8m，按35d计算搭接长度，箍筋及弯起筋按梁断面尺寸计算；锚固长度按图示尺寸计算。

① 2Φ25：$L=7+0.25\times2-0.025\times2+0.45\times2$(此时结果为8.35m超过8m，增加一个搭

接)+0.025×35=9.225 (m)

$W_1=9.225\times2\times3.85\times10=710$ (kg)

② 2wΦ22:$L=7+0.25\times2-0.025\times2+0.65\times0.4\times2+0.45\times2+0.025\times35=9.745$ (m)

$W_2=9.745\times2\times3.85\times10=750$ (kg)

③ 2Φ22:$L=7+0.25\times2-0.025\times2+0.45\times2+0.022\times35=9.12$ (m)

$W_3=9.12\times2\times2.98\times10=545$ (kg)

④ 2Φ12:$L=7+0.25\times2-0.025\times2+0.012\times12.5$(圆钢弯钩)$=7.6$ (m)

$W_4=7.6\times2\times0.888\times10=135$ (kg)

⑤ Φ8@150/100:$L=(0.25+0.65)\times2=1.8$ (m/只)

$N=3.4\div0.15-1+(1.5\div0.1+1)\times2=21.67+16\times2$

$=53.67$ (只),取 54 只 (四舍五入)

$W_5=1.8\times0.395\times54\times10=384$ (kg)

⑥ Φ8@300:$L=0.25-0.025\times2+12.5\times0.008=0.3$ (m)

$N=(7-0.25\times2)\div0.3+1=23$ (只)

$W_6=0.3\times0.395\times23\times10=27$ (kg)

工程量汇总:Ⅰ级圆钢 $\sum W=135+384+27=546$ (kg)

Ⅱ级螺纹钢 $\sum W=710+750+545=2005$ (kg)

项目工程量清单编制见表 5-11 所列。

表 5-11 分部分项工程量清单

序号	项目编码	项 目 名 称	计量单位	工程数量
1	010416001001	现浇混凝土钢筋:Ⅰ级圆钢,规格综合	t	0.546
2	010416001002	现浇混凝土钢筋:Ⅱ级螺纹钢,Φ10 以上	t	2.005

【例 5-18】 某单层厂房现浇现拌混凝土柱,设计断面 400×500,柱高 15m,层高 13.5m,设计混凝土强度等级为 C30 (40),组合钢模。试求该柱混凝土浇捣直接工程费及模板措施费。

【解】 (1) 计算柱混凝土浇捣直接工程费:

查定额编号 4-7,基价 280.3 元/m³。

定额混凝土强度等级为 C20 (40),单价 192.94 元/m³,混凝土用量为 1.015。

设计混凝土强度等级为 C30 (40),查附录 (一) 单价 216.47 元/m³。

换算后基价$=280.3+(216.47-192.94)\times1.015=304.18$ (元/m³)

浇捣混凝土工程量 $V=0.4\times0.5\times15=3$ (m³)

柱混凝土浇捣直接工程费$=304.18\times3=913$ (元)

(2) 计算柱模板措施费:

查定额编号 4-155,基价 27.25 元/m²。

该柱层高 13.5m>3.6m,$\Delta H=13.5-3.6=9.9$m。

应按 10 个每增加 1m 增加支模费用,套用定额 4-160,基价 1.50 元/m²。

按定额规定 400×500 矩形柱含模量为 9.83m²/m³ 混凝土。

柱模板工程量 $S=0.4\times0.5\times15\times9.83=29.49$ (m²)

该柱模板定额编号为:4-155+160×10

换算后基价$=27.25+1.50\times10=42.25$ (元/m²)

柱模板措施费$=42.25\times29.49=1246$ (元)

【例 5-19】 求 C20 非泵送商品混凝土的单价。

【解】 查定额编号 4-86，基价 342.4 元/m^3。

定额泵送混凝土 C20 单价 299.00 元/m^3，混凝土用量 1.015。

按规定：商品混凝土采用非泵送，人工乘系数 1.3。

设计采用 C20 非泵送商品混凝土，查附录（四）单价 285 元/m^3。

换算后基价＝342.4＋20.425×(1.3－1)＋(285－299)×1.015＝342.4＋6.13－14.21＝334.32（元/m^3）

【例 5-20】 某现浇框架结构房屋的二层结构平面如图 5-12 所示，已知二层板顶标高 4.5m，板厚 100mm，构件断面尺寸：KZ 500×500，KL1（2）250×600，KL2（1）250×700，L1（2）250×500。柱基顶面标高－1.50m，设计室内标高±0.00。混凝土强度等级为 C20。试计算现浇钢筋混凝土柱、梁、板混凝土直接工程费和模板措施费（组合钢模）。

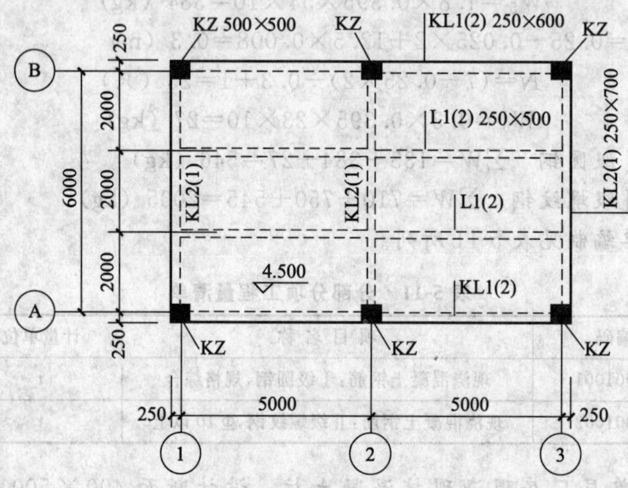

图 5-12　二层结构平面图

【解】（1）柱

1）混凝土

$$V=0.5\times0.5\times(4.5+1.5)\times6=9\ (m^3)$$

定额编号 4-7，基价 280.3 元/m^3。

2）模板

矩形柱周长 2m，查表含模量 6.78m^2/m^3。

$$S=9\times6.78=61.02\ (m^2)$$

支模高度 4.5m＞3.6m，另按相应超高定额计算。

定额编号 4-155＋4-160，基价 27.25＋1.50＝28.75（元/m^2）。

（2）梁

1）混凝土

KL1（2）　$V=(10.5-0.5\times3)\times0.25\times0.6\times2=2.70\ (m^3)$

KL2（1）　$V=(6.5-0.5\times2)\times0.25\times0.7\times3=2.89\ (m^3)$

L1（2）　$V=(10.5-0.25\times3)\times0.25\times0.5\times2=2.44\ (m^3)$

$$V=2.70+2.89+2.44=8.03\ (m^3)$$

定额编号 4-11，基价 260.4 元/m^3。

2）模板

矩形梁（$h \leqslant 0.6$m）查表，含模量 9.61m²/m³。

矩形梁（$h > 0.6$m）查表，含模量 7.61m²/m³。

$$S=(2.44+2.70)\times9.61+2.89\times7.61=71.39\ (\mathrm{m}^2)$$

定额编号 4-164＋4-172，基价 34.50＋2.60＝37.10（元/m²）。

(3) 板

1) 混凝土

$$V=(10.5-0.25\times3)\times(6.5-0.25\times4)\times0.1$$
$$=9.75\times5.5\times0.1=5.36\ (\mathrm{m}^3)$$

定额编号 4-14，基价 273.4 元/m³。

2) 模板

板 10cm 以内查表；含模量 11.2m²/m³。

$$S=5.36\times11.2=60.03\ (\mathrm{m}^2)$$

定额编号 4-173＋4-180，基价 26.04＋2.49＝28.53（元/m²）

(4) 分项工程直接费计价表见表 5-12。

表 5-12 分项工程直接费计价表

序号	定额编号	项目名称	单位	工程量	单价	合价/元
1	4-7	C20 矩形柱现浇混凝土	m³	9	280.3	2523
2	4-11	C20 矩形梁现浇混凝土	m³	8.03	260.4	2091
3	4-14	C20 板现浇混凝土	m³	5.36	273.4	1465
4	4-155＋4-160	矩形柱模板	m²	61.02	28.75	1754
5	4-164＋4-172	矩形梁模板	m²	71.39	37.10	2649
6	4-173＋4-180	现浇板模板	m²	60.03	28.53	1713
		小计	元			12195

【例 5-21】 某钢筋混凝土现浇楼梯如图 5-13 所示，设计采用 C25 现浇混凝土，求楼梯现浇捣混凝土直接工程费和模板措施费。

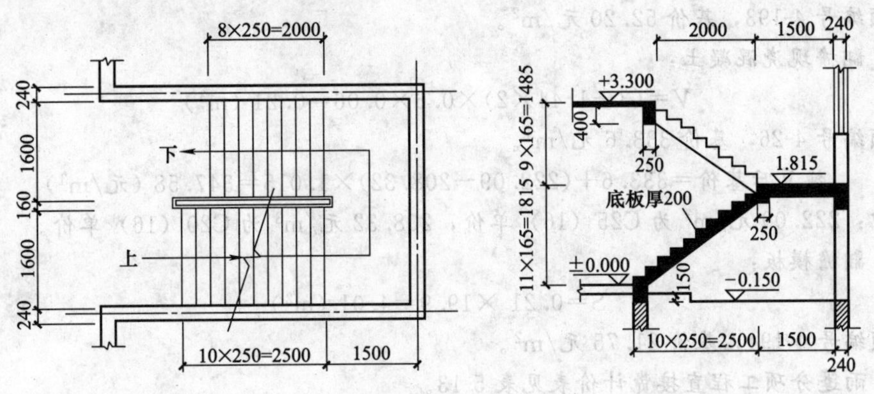

图 5-13 楼梯平剖面图

【解】 (1) 楼梯混凝土浇捣：

$$S_{水平}=3.36\div2\times(4+3.50+0.25)=13.02\ (\mathrm{m}^2)$$

定额编号 4-22，基价 69.7 元/m²。

楼梯底板厚 200＞180，定额按比例换算。

设计混凝土标号 C25 与定额 C20（40）不同，应换算价差。

换算后基价＝[69.7＋(207.37－192.94)×0.243]×20÷18＝81.34（元/m²）

直接工程费＝13.02×81.34＝1059（元）

（2）楼梯模板：

$$S_{水平}=13.02\ (\mathrm{m}^2)$$

定额编号 4-189，基价 88.10 元/m²。

模板措施费＝13.02×88.10＝1147（元）

【例 5-22】 如图 5-14 所示，C25 现浇钢筋混凝土雨篷，采用组合钢模。试计算浇捣混凝土直接工程费和雨篷模板措施费。如翻檐高度 250 改为 600，上述费用又为多少？

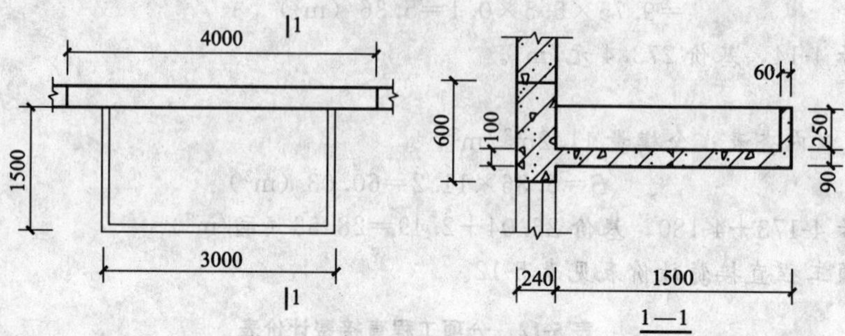

图 5-14 雨篷

【解】 翻檐高度为 250mm 雨篷。

（1）雨篷现浇混凝土：

$$V=3\times1.5\times0.095+(3+1.44\times2)\times0.25\times0.06=0.52\ (\mathrm{m}^3)$$

定额编号 4-24，基价 277 元/m²。

设计混凝土标号 C25 需进行混凝土强度换算：

换算后基价＝277＋(207.37－192.94)×1.002＝291.46（元/m²）

（2）雨篷模板：

$$S=1.5\times3=4.5\ (\mathrm{m}^2)$$

定额编号 4-193，基价 52.20 元/m²。

（3）翻檐现浇混凝土：

$$V=(3+1.44\times2)\times0.6\times0.06=0.21\ (\mathrm{m}^3)$$

定额编号 4-26，基价 333.6 元/m³。

换算后基价＝333.6＋(222.09－208.32)×1.015＝347.58（元/m³）

式中：222.09 元/m³ 为 C25（16）单价，208.32 元/m³ 为 C20（16）单价。

（4）翻檐模板：

$$S=0.21\times19.9=4.01\ (\mathrm{m}^2)$$

定额编号 4-194，基价 21.75 元/m²。

（5）雨篷分项工程直接费计价表见表 5-13。

表 5-13 雨篷分项工程直接费计价表

序号	定额编号	项目名称	单位	工程量	单价	合价/元
1	4-24	C25 现浇雨篷	m³	0.43	291.46	125
2	4-26	C25 现浇翻檐	m³	0.21	347.58	73
3	4-193	雨篷模板	m²	4.50	52.20	235
4	4-194	翻檐模板	m²	4.01	21.75	87
		小计	元			520

【例 5-23】 某现浇花篮梁如图 5-15 所示，混凝土 C25，梁垫尺寸为 490×600×240。试计算该花篮梁混凝土和钢筋工程量。

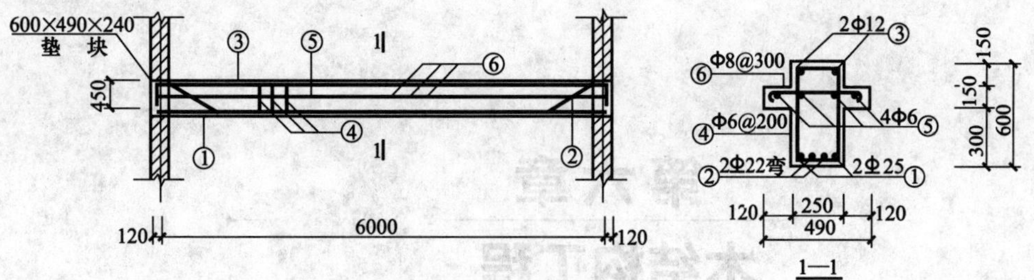

图 5-15 花篮梁配筋图

【解】 (1) 现浇混凝土异形梁工程量计算如下：

$$V=(0.25\times0.6+0.15\times0.12\times2)\times5.76+0.6\times0.49\times0.24\times2$$
$$=1.071+0.141=1.21\ (\mathrm{m}^3)$$

(2) 现浇混凝土钢筋工程量计算如下：

① 号钢筋 (2Φ25)

$$L=6.24-0.025\times2=6.19\ (\mathrm{m})$$
$$W=6.19\times2\times3.85=47.66\ (\mathrm{kg})$$

② 号钢筋 (2Φ22)

$$L=6.24-0.025\times2+0.4\times0.6\times2+0.45\times2=6.19+0.48+0.90=7.57\ (\mathrm{m})$$
$$W=7.57\times2\times2.986=45.21\ (\mathrm{kg})$$

③ 号钢筋 (2Φ12)

$$L=6.19+6.25\times0.012\times2=6.34\ (\mathrm{m})$$
$$W=6.34\times2\times0.888=11.26\ (\mathrm{kg})$$

④ 号钢筋 (Φ6@200)

$$L=(0.25+0.6)\times2-0.025\times4+12.5\times0.06=2.35\ (\mathrm{m})$$
$$n=6.19\div0.2+1=32$$
$$W=2.35\times32\times0.22=16.54\ (\mathrm{kg})$$

⑤ 号钢筋 (4Φ6)

$$L=6.19+6.25\times0.008\times2=6.29\ (\mathrm{m})$$
$$W=6.29\times4\times0.395=9.94\ (\mathrm{kg})$$

⑥ 号钢筋 (Φ8@300)

$$L=0.49-0.025\times2+12.5\times0.008=0.54\ (\mathrm{m})$$
$$n=6.19\div0.3+1=22$$
$$W=0.54\times22\times0.395=4.69\ (\mathrm{kg})$$

现浇构件圆钢质量小计＝11.26＋16.54＋9.94＋4.69＝42.43 (kg)

现浇构件螺纹钢质量小计＝47.66＋45.21＝93 (kg)

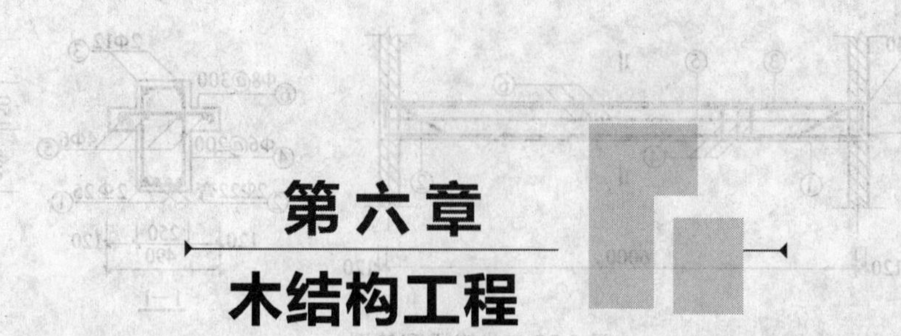

第六章 木结构工程

第一节 说 明

1. 本章定额是按机械和手工操作综合编制的，实际不同均按定额执行。

2. 本章定额采用的木材木种，除另有注明外，均按一、二类为准，如采用三、四类木种时，木材单价调整，相应定额制作人工和机械乘以系数 1.3。

3. 定额所注明的木材断面、厚度均以毛料为准，设计为净料时，应另加刨光损耗，板枋材单面刨光加 3mm，双面刨光加 5mm，圆木直径加 5mm。屋面木基层中的椽子断面是按杉圆木 ϕ70mm 对开、松枋 40×60（mm）确定的，如设计不同时，木材用量按比例计算，其余用量不变。屋面木基层中屋面板的厚度是按 15mm 确定的，实际厚度不同，单价换算。

4. 本章定额中的金属件已包括刷一遍防锈漆的工料。

5. 设计木构件中的钢构件及铁件用量与定额不同时，按设计图示用量调整。

第二节 工程量计算规则

1. 计算木材材积，均不扣除孔眼、开榫、切肢、切边的体积。

2. 屋架材积包括剪刀撑、挑檐木、上下弦之间的拉杆、夹木等，不包括中立人在下弦上的硬木垫块。气楼屋架、马尾屋架、半屋架均按正屋架计算。檩条垫木包括在檩木定额中，不另计算体积。单独挑檐木，每根材积按 0.018m^3 计算，套用檩木定额。

3. 屋面木基层的工程量，按设计图示尺寸以斜面积计算。不扣除房上烟囱、风帽底座、风道、小气窗和斜沟等所占的面积。屋面小气窗的出檐部分面积另行增加。

4. 封檐板按延长米计算。

5. 木楼地楞材积按“m^3”计算。木楼地楞定额已包括平撑、剪刀撑、沿油木的材积。

6. 木楼梯按水平投影面积计算，不扣除宽度小于 300mm 的楼梯井，其踢脚板、平台和伸入墙内部分，不另计算；但楼梯扶手、栏杆按第十一章中的“扶手、栏杆、栏板装饰”规定另行计算。

【例 6-1】 按表 6-1 提供的工程量清单，设定工料机价格均同定额取定价，按人工费、机械费为基数计取 10%企管费、5%利润，不考虑风险费用，试编制该工程量清单综合单价计算表。

表 6-1 分部分项工程量清单

序号	项目编码	项目名称	项目特征	计量单位	工程数量
1	010502001001	木屋架	人字正屋架，跨度 6.24m，屋架高 1.8m；杉原木刨光；上弦两根原木，一副接头铁夹板；下弦单根圆木，无接头夹板；木材面刷防火涂料二遍；每榀屋架材积为 0.478m³，5 根圆钢拉杆及夹板铁件（含损耗）共 22.7kg，铁件刷红丹防锈漆二遍	榀	5

【解】 (1) 根据工程量清单项目特征，确定计价工程量：

1) 人字木屋架（5 根铁拉杆）$V=0.478\times5$ 榀 $=2.39$ (m^3)

其中：屋架铁件 $W=22.7\times5$ 榀 $=113.5$ (kg)，折合每立方米：$113.5/2.39=47.49$ (kg/m^3)

2) 按定额附注铁拉杆屋架定额中包括上、下弦接头各一副，本工程下弦无接头夹板，每榀屋架扣一副下弦铁夹板：$N=-1\times5=-5$ (副)

3) 木屋架刷防火涂料二遍，按定额第十五章工程量计算规则系数表计算工程量：

$$S=6.24\times1.8\div2\times5\times1.79=50.26\ (m^2)$$

4) 按定额说明四及设计（清单）要求，钢拉杆、铸件应增加一遍防锈漆：

$$W=113.5\times1.32\div1000=0.150\ (t)$$

(2) 确定各计价子目定额套用及人工费、材料费、机械费

1) 人字木屋架（铁拉杆）套用定额：5-2H

人工费$=346$元/m^3，材料费$=1807.97+(47.49-55)\times5.35=1767.79$ (元/m^3)

2) 扣下弦铁夹板 套用定额：5-3H

人工费$=8$ 元/副，材料费$=0$

注：因屋架子目换算时，屋架铁件已按工程实际用量计算，扣除铁夹板时不再扣除夹板定额中的屋架铁件用量，定额中材料仅铁件一项，故扣除夹板子目材料费为零。

3) 木屋架刷防火涂料二遍 套用定额：14-107

人工费$=2.45$ 元/m^2，材料费$=2.78$ 元/m^2

4) 钢拉杆铁件应增加一遍防锈漆 套用定额：14-138

人工费$=60$ 元/t，材料费$=62.86$ 元/t

(3) 清单项目综合单价计算表见表 6-2。

表 6-2 分部分项工程量清单综合单价计算表

单位及专业工程名称：××××楼——建筑工程　　　　第 页 共 页

序号	编号	项目名称	计量单位	数量	综合单价/元							合价/元
					人工费	材料费	机械费	管理费	利润	风险费用	小计	
1	010502001001	人字正屋架，跨度 6.24m，屋架高 1.8m；杉原木刨光；上弦两根原木，一副接头铁夹板；下弦单根圆木；无接头夹板；木材面刷防火涂料二遍；每榀屋架材积为 0.478m³，5 根圆钢拉杆及夹板铁件（含损耗）共 22.7kg，铁件刷红丹防锈漆二遍	榀	5	183.82	874.83	0.00	18.38	9.19	0.00	1086.22	5431

续表

序号	编号	项目名称	计量单位	数量	综合单价/元							合价/元
					人工费	材料费	机械费	管理费	利润	风险费用	小计	
	5-2H	人字木屋架(铁拉杆)	m^3	2.39	346	1767.79		34.60	17.30		2165.69	5176
	5-3H	扣下弦铁夹板	副	−5	8			0.80	0.40		9.20	−46
	14-107	木屋架刷防火涂料二遍	m^2	50.26	2.45	2.78		0.25	0.12		5.60	281
	14-138	钢拉杆铁件增加一遍防锈漆	t	0.150	60	62.86		6.00	3.00		131.86	20

注：表中综合单价均为各项目“1”单位时的费用额度，清单项目某项费用＝计价组合子目某项费用×计价组合子目工程量÷清单项目工程量。如：清单项目人工费＝[346×2.39＋8×(−5)＋2.45×50.26＋60×0.15]/5＝183.82（元/榀）。

第七章 金属结构工程

第一节 说 明

1. 构件制作

(1) 本定额适用于加工厂制作，也适用于现场加工制作的构件。

(2) 本定额的制作是按焊接编制的，钢材及焊条以 Q235B 为准，如设计采用 Q345B 等，钢材及焊条单价作相应调整，用量不变。

(3) 除螺栓、铁件以外，设计钢材规格、比例与定额不同时，可按实调整。

(4) 构件制作包括分段制作和整体预装配的工料及机械台班，整体预装配及锚固零星构件使用的螺栓已包括在定额内。制作使用的台座，按实际发生另行计算。

(5) 定额内 H 型钢构件是按钢板焊接考虑编制的，如为定型 H 型钢，除主材价格进行换算外，人工、机械及其他材料乘以系数 0.95。

(6) 本定额中的网架，系平面网络结构，如设计成筒壳、球壳及其他曲面状，制作定额的人工乘以系数 1.3。

(7) 焊接空心球网架的焊接球壁、管壁厚度大于 12mm 时，其焊条用量乘以系数 1.4，其余不变。

(8) 本定额中按重量划分的子目均指设计规定的单只构件重量。

(9) 轻钢屋架是指单榀重量在 1t 以内，且用角钢或钢筋、管材作为支撑拉杆的钢屋架。

(10) 型钢混凝土劲性构件的钢构件套用本章相应定额子目，定额未考虑开孔费，如需开孔，钢构件制作定额的人工乘以系数 1.15。

(11) 钢栏杆（护栏）定额适用于钢楼梯及钢平台、钢走道板上的栏杆。其他部位的栏杆、扶手应套用楼地面工程相应定额。

(12) 零星构件是指晒衣架、垃圾门、烟囱紧固件及定额未列项目且单件重量在 50kg 以内的小型构件。

(13) 本定额金属构件制作、安装均已包括焊缝无损探伤及被检构件的退磁费用。如构件需做第三方检测，相应费用另行计算。

(14) 钢支架套用钢支撑定额。

(15) 本定额构件制作项目，均已包括刷一遍红丹防锈漆的工料。如设计要求刷其他防锈漆，应扣除定额内红丹防锈漆、油漆溶剂油含量及人工 1.2 工日/t，其他防锈漆另行套用油漆工程定额。

（16）本定额构件制作已包括一般除锈工艺，如设计有特殊要求除锈（机械除锈、抛丸除锈等），另行套用定额。

（17）本定额中的桁架为直线型桁架，如设计为曲线、折线型桁架，制作定额的人工乘以系数 1.3。

2. 构件安装

（1）本章未涉及的相关内容，按混凝土及钢筋混凝土构件安装定额的有关规定执行。

（2）网架安装如需搭设脚手架，可按脚手架相应定额执行。

（3）构件安装高度均按檐高 20m 以内考虑，如檐高在 20m 以内，构件安装高度超过 20m 时，除塔吊施工以外，相应安装定额子目的人工、机械乘以系数 1.2。檐高超过 20m 时，有关费用按定额相应章节另行计算。

（4）钢柱安装在钢筋混凝土柱上，其人工、机械乘以系数 1.43。

3. 构件运输

（1）本章定额适用于构件从加工地点到现场安装地点的场外运输，未涉及的相关内容，按混凝土及钢筋混凝土构件运输有关规定执行。

（2）构件运输按表 7-1 分类，套用相应定额。

表 7-1　金属结构构件分类

类　别	构 件 名 称
一	钢柱、屋架、托架、桁架、吊车梁、网架
二	钢梁、檩条、支撑、拉条、栏杆、钢平台、钢走道、钢楼梯、钢漏斗、零星构件
三	墙架、挡风架、天窗架、轻钢屋架、其他构件

第二节　工程量计算规则

1. 金属构件工程量按设计图示尺寸以质量计算。不扣除孔眼、切边、切肢的质量，焊条、铆钉螺栓等不另增加质量，不规则或多边形钢板以其面积乘以厚度乘以单位理论质量计算。

2. 依附在钢柱上的牛腿及悬臂梁等并入钢柱工程量内。

3. 钢管柱上的节点板、加强环、内衬管、牛腿等并入钢管柱工程量内。

4. 制动梁、制动板、制动桁架、车挡并入钢吊车梁工程量内。

5. 依附钢漏斗的型钢并入钢漏斗工程量内。

6. 钢平台的柱、梁、板、斜撑等的重量应并入钢平台重量内计算。依附于钢平台上的钢扶梯及平台栏杆重量，应按相应的构件另行列项计算。

7. 钢楼梯的重量，应包括楼梯平台、楼梯梁、楼梯踏步等重量。钢楼梯上的扶手、栏杆另行列项计算。

8. 钢栏杆的重量应包括扶手工程量，如为型钢栏杆、钢管扶手，则工程量应合并计算，套用钢管栏杆定额。

9. 屋楼面板按设计图示尺寸以铺设面积计算。不扣除单个面积小于或等于 0.3m^2 柱、垛及孔洞所占面积。

10. 墙面板按设计图示尺寸以铺挂面积计算。不扣除单个面积小于或等于 $0.3m^2$ 的梁、孔洞所占面积，包角、包边、窗台泛水等不另加面积。

11. 机械除锈、构件运输、安装工程量同构件制作工程量。

12. 不锈钢天沟、彩钢板天沟、泛水、包边、包角，按图示延长米计算。

13. 高强螺栓及栓钉按设计图示以“套”计算。

【例 7-1】 某 3t 内定型 H 钢柱设计的防锈底漆与制作定额取定的油漆品种不同，需另行列项计算，经计算该柱用钢比例为：定型 H 钢占 92.6%、中厚钢板 7.4%；假设定型 H 钢价格为 3850 元/t，其余工料机价格按定额取定。按要求确定该 H 钢柱制作的基价。

【解】 该柱为 3t 内实腹钢柱，按定额说明定型 H 钢和油漆另行列项两个因素应作调整和换算；套用定额 6-31H

(1) 扣除防锈漆后调整基价为：

5360－(1.2×50＋5.12×12.8＋0.7×2.66)＝5360－127.40＝5232.60 (元/t)

(2) 在扣除油漆因素后换算定型 H 钢因素

换算后基价＝5232.60＋1.06×92.6%×3850－0.008×3650＋(1.06×7.4%－1.052)×3800＋(413－1.2×50＋4451.6－0.008×3650－1.052×3800－5.12×12.8－0.7×2.66＋495.71)×(0.95－1)＝5232.60＋3779.01－29.2－3699.53－60.31＝5222.57 (元/t)

【例 7-2】 计算如图 7-1 型钢支撑工程量（共 8 榀），并按定额取定工料机价格计算支撑制作的基价直接费。

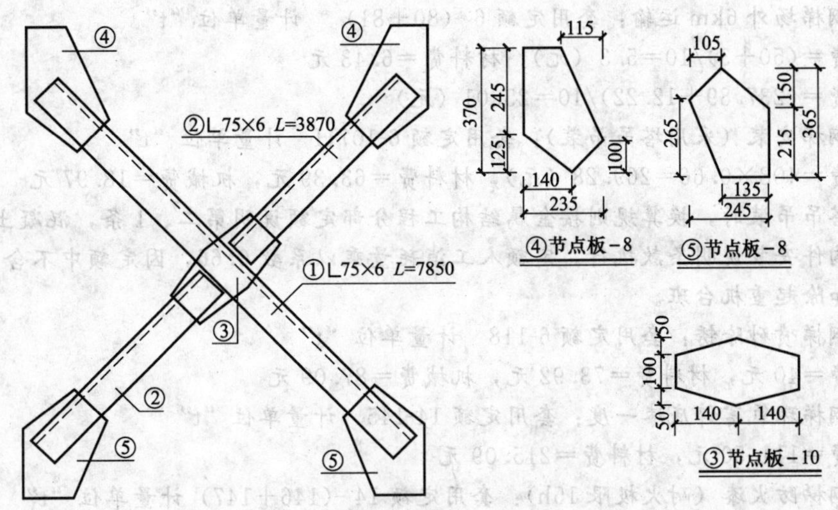

图 7-1　型钢支撑

【解】 (1) 工程量计算：查计算手册∟75×6 角钢每米质量为 6.905kg

1) ① 杆件：W_1＝7.85×6.905×8＝433.63 (kg)

2) ② 杆件：W_2＝3.87×2×6.905×8＝427.56 (kg)

3) ③节点板：W_3＝(0.28×0.2—0.14×0.05÷2×4)×10×7.85×8＝26.38 (kg)

4) ④节点板：W_4＝[0.235×0.37－(0.14×0.125＋0.095×0.1＋0.115×0.27)÷2]×8×7.85×16＝0.057925×8×7.85×16＝58.20 (kg)

5) ⑤节点板：W_5＝[0.245×0.365－(0.11×0.265＋0.105×0.10＋0.14×0.15)÷2]×8×7.85×16＝0.0591×8×7.85×16＝59.38 (kg)

合计 W＝(433.63＋427.56＋26.38＋58.20＋59.38)/1000＝1.005 (t)

其中：角钢比例＝(433.63＋427.56)÷1005×100%＝85.69%

钢板比例＝100%－85.69%＝14.31%

(2) 定额基价换算：套用定额6-58H，查定额附录四，角钢预算价为3650元/t

换算后基价＝5242＋1.06×85.69%×3650－0.91×3850＋(1.06×14.31%－0.15)×3800
＝5242＋3315.35－3503.50＋6.41＝5060.26 (元/t)

(3) 该支撑制作直接费＝1.005×5060.26＝5085.56 (元)

【例7-3】 根据钢梯工程量清单，假设取定的计价标准为：槽钢4500元/t、角钢4350元/t、花纹钢板4600元/t；人工、其他材料及机械分班按定额取定价格不变；企管费10%、利润6%；风险费按材料费的5%计算。计算该钢梯工程量清单综合单价，并列出综合单价计算表。

【解】 套用定额，确定各组合子目的工料机费如下：

(1) 踏步式钢梯制作：套用定额6-71H 计量单位“t”

人工费＝666－1.2×50＝606 (元)

式中：构件防锈底漆做法与定额不同应另行列项，按说明人工扣除1.2工日

材料费＝4368.7－0.766×3800－0.294×3850＋1.06×(36.55%×4500＋3.43%×4350
＋60.02%×4600)－5.58×12.8－0.7×2.66＝5080.88(元)

式中：因构件用钢类型与定额取定不同，故扣除定额中的钢板和型钢；防锈底漆做法不同扣除定额中的油漆及溶剂油，按清单描述做法另行计算。

机械费＝573.73元

(2) 钢梯场外6km运输：套用定额6-(80＋81) 计量单位“t”

人工费＝(50＋3)/10＝5.3 (元)，材料费＝6.43元

机械费＝(237.89＋12.22)/10＝25.01 (元)

(3) 钢梯安装（采用塔吊吊装）：套用定额6-107H 计量单位“t”

人工费＝408×0.66＝269.28 (元)，材料费＝63.39元，机械费＝18.97元

采用塔吊吊装时，换算规则按金属结构工程分部定额说明第二、1条，混凝土及钢筋混凝土分部构件安装说明条款执行，定额人工消耗量乘以系数0.66，因定额中不含吊装机械，故不存在扣除起重机台班。

(4) 钢梯喷砂除锈：套用定额6-118 计量单位“t”

人工费＝40元，材料费＝73.92元，机械费＝87.09元

(5) 钢梯环氧富锌底漆一度：套用定额14-145 计量单位“t”

人工费＝111.50元，材料费＝215.09元

(6) 钢梯防火漆（耐火极限15h）：套用定额14-(146＋147) 计量单位“t”

人工费＝261＋130.5＝391.50 (元)，材料费＝471.80＋243.32＝715.12 (元)

(7) 钢梯氯磺化聚乙烯防腐漆三遍：套用定额8-140 计量单位“m^2”

人工费＝1126.6/100＝12.27 (元)，材料费＝10.65元，机械费＝11.91元

以上各子目的工料机费计算均可采用计价软件完成，再按取定的计价费用标准计算项目的综合单价，见表7-2。

表7-2中综合单价“小计”一列为清单项目及各组合子目每一计量单位的综合单价，表中：

清单项目综合单价中的各项费用＝Σ（组合子目各项费用×组合子目工程量）÷清单项目工程量

如：清单项目综合单价中人工费＝[(606＋5.3＋269.28＋40)×0.635＋(111.50＋391.50)×0.667＋12.27×28.99]÷0.635＝2009.10 (元/t)

表 7-2　分部分项工程量清单综合单价计算表

单位及专业工程名称：××××楼——建筑工程　　　　　　　　第　页　共　页

序号	编号	项目名称	计量单位	数量	综合单价/元							合价/元
					人工费	材料费	机械费	管理费	利润	风险费用	小计	
1	10606008001	钢梯(清单项目)	t	0.635	2009.10	6687.92	1248.53	325.76	195.46	334.40	10801.16	6859
1.1	6-7H	踏步式钢梯制作	t	0.635	606	5080.88	573.73	117.97	70.78	254.04	6703.41	4257
1.2	6-(80+81)	钢梯场外运输运距 6km	1	0.635	5.30	6.43	25.01	3.03	1.82	0.32	41.91	27
1.3	6-107H	钢梯安装(采用塔吊吊装)	t	0.635	269.28	63.39	18.97	28.83	17.30	3.17	400.93	255
1.4	6-118	钢梯喷砂除锈	t	0.635	40.00	73.92	87.09	12.71	7.63	3.70	225.04	143
1.5	14-145	钢梯环氧富锌底漆一度	t	0.667	111.50	215.09		11.15	6.69	10.75	355.18	237
1.6	14-(146+147)	钢梯防火漆(耐火极限 1.5h)	t	0.667	391.50	715.12		39.15	23.49	35.76	1205.02	804
1.7	8-140	钢梯氯磺化聚乙烯防腐漆三遍	m²	28.99	12.27	10.65	11.91	2.42	1.45	0.53	39.23	1137

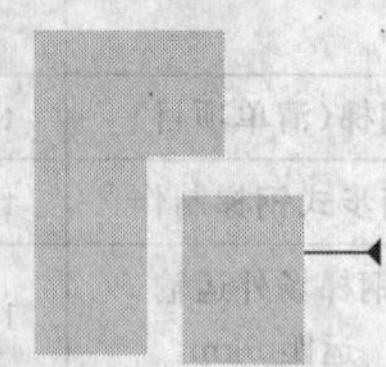

第八章 屋面及防水工程

第一节 说明

1. 刚性屋面

(1) 细石混凝土防水层定额，已综合考虑了檐口滴水线加厚和伸缩缝翻边加高的工料，但伸缩缝应另列项目计算。细石混凝土内的钢筋，按第五章相应定额另行计算。

(2) 水泥砂浆保护层定额已综合了预留伸缩缝的工料，掺防水剂时材料费另加。

2. 瓦屋面

(1) 本定额瓦规格按以下考虑：彩色水泥瓦 420×330 (mm)、彩色水泥天沟瓦及脊瓦 420×220 (mm)、小青瓦 200×180～200 (mm)、黏土平瓦 380～400×240 (mm)、黏土脊瓦 460×200 (mm)、石棉水泥瓦及玻璃钢瓦 1800×720 (mm)；如设计规格不同，瓦的数量按比例调整，其余不变。

(2) 瓦的搭接按常规尺寸编制，除小青瓦按 2/3 长度搭接，搭接不同可调整瓦的数量，其余瓦的搭接尺寸均按常规工艺要求综合考虑。

(3) 瓦屋面定额未包括木基层，发生时另按第五章相应定额执行；定额未包括抹瓦出线，发生时按实际延长米计算，套水泥砂浆泛水定额。

3. 覆土屋面的挡土构件及人行道板等，发生时按其他章节相应定额执行。

4. 屋面金属面板泛水未包括基层做水泥砂浆，发生时另按水泥砂浆泛水计算。

5. 防水防潮工程由刚性防水防潮、柔性防水两部分组成

(1) 防水卷材的接缝、收头、冷底子油、胶黏剂等工料已计入定额内，不另行计算。设计有金属压条时，另行计算。

(2) 防水定额中的涂刷厚度（除注明外）已综合取定。

(3) 冷底子油定额适用于单独刷冷底子油。

6. 设计采用的卷材及涂膜防水材料品种与定额取定不同时，材料及价格按实调整换算，其余不变。

7. 本章定额不包括找平层，发生时按相应定额执行。

8. 变形缝适用于伸缩缝、沉降缝、抗震缝。

第二节　工程量计算规则

1. 屋面、防水、防潮的工程量计算，均不扣除房上烟囱、风帽底座、通风道、屋面小气窗、屋脊、斜沟、伸缩缝、屋面检查洞及 0.3m² 以内孔洞所占面积，除另有规定外洞口翻边也不加。

2. 屋面

(1) 刚性屋面按设计图示面积计算，细石混凝土防水层的滴水线、伸缩缝翻边加厚加高不另计；屋面检查洞盖另列项目计算。

(2) 瓦屋面按设计图示以斜面积计算，挑出基层的尺寸，按设计规定计算，如设计无规定时，彩色水泥瓦、黏土平瓦按水平尺寸加 70mm、小青瓦按水平尺寸加 50mm 计算。多彩油毡瓦工程量计算规则同屋面防水定额。

(3) 覆土屋面按实铺面积乘以设计厚度计算。

(4) 屋面金属板排水、泛水按延长米乘以展开宽度计算，其他泛水按延长米计算。

3. 防水防潮

(1) 卷材和涂膜防水按露面实铺面积计算。天沟、挑檐按展开面积计算并入相应防水工程量。伸缩缝、女儿墙和天窗处的弯起部分，按图示尺寸计算，如设计无规定时，伸缩缝、女儿墙的弯起部分按 250mm、天窗的弯起部分按 500mm 计算，并入相应防水工程量。卷材防水附加层，按图示尺寸展开计算，并入相应防水工程量。

(2) 涂膜屋面的油膏嵌缝、塑料油膏玻璃布盖缝按延长米计算。

(3) 平面防水、防潮层，按主墙间净面积计算，应扣除凸出地面的构筑物、设备基础等所占的面积，不扣除柱、垛、间壁墙、附墙烟囱及每个面积在 0.3m² 以内的孔洞所占面积。

(4) 立面防水、防潮层，按实铺面积计算，应扣除每个面积在 0.3m² 以上的孔洞面积，孔侧展开面积并入计算。

(5) 平面与立面连接处高度在 500mm 以内的立面面积应并入平面防水项目计算。立面高度在 500mm 以上，其立面部分均按立面防水项目计算。

(6) 防水砂浆防潮层按图示面积计算。

4. 变形缝以延长米计算，断面或展开尺寸与定额不同时，材料用量按比例换算。

【例 8-1】 某住宅屋面如图 8-1 所示，砖墙上圆檩木、20mm 厚平口杉木屋面板单面刨光、油毡一层、上有 36×8@500 顺水条、25×25 挂瓦条盖彩色水泥瓦，假设圆檩条、椽子基层、檐口天棚和封檐板本题不考虑，屋面坡度为 $B/2A=1/4=1.118$，人工、材料、机械价格同 2010 版材料基期价格，试求瓦屋面、脊瓦、屋面基层板工程量并套用定额计算分部分项工程费。

【解】 (1) 420×330 彩色水泥瓦屋面

① 工程量计算：$S=(30+0.72\times2+0.07\times2)\times[(5+0.72+0.07)\times1.118]\times2=408.85$ (m²)；

② 套定额 7-11，定额基价＝3052 (元/100m²)；

③ 彩色水泥瓦屋面分部分项工程费＝408.85m²×30.52 元/m²＝12478.10 (元)。

(2) 420×220 彩色水泥瓦屋脊

① 工程量计算：$L=30+0.72\times2+0.07\times2=31.58$ (m)；

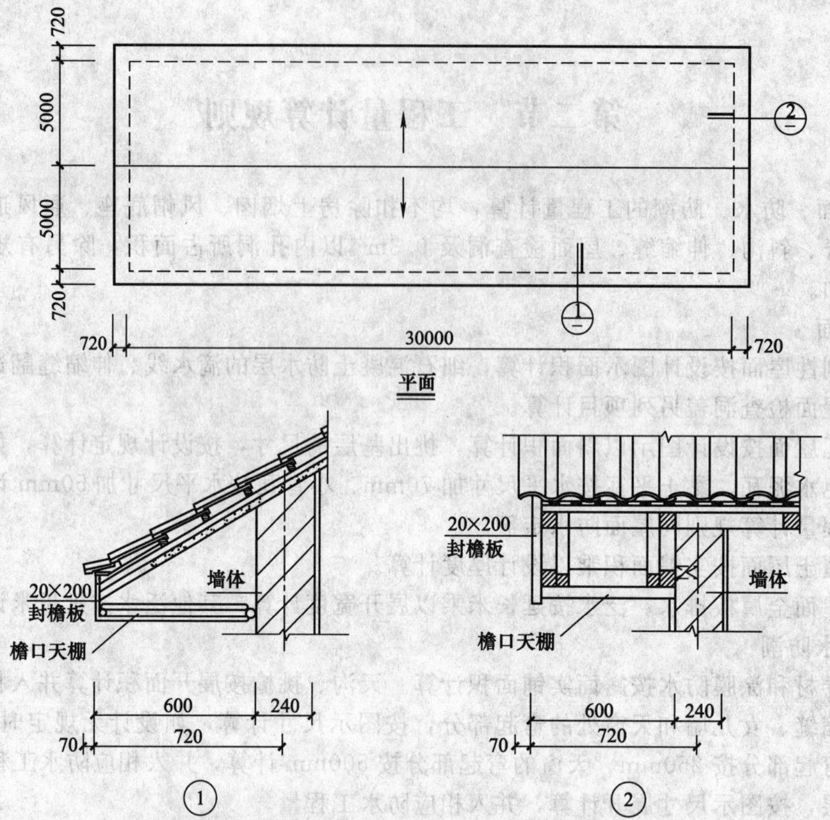

图 8-1　坡屋面平面、剖面图（彩色水泥瓦出檐尺寸 70mm）

② 套定额 7-14，定额基价＝1043（元/100m）；

③ 彩色水泥瓦屋脊分部分项工程费＝31.58m×10.43 元/m＝329.38（元）。

注意：彩色水泥瓦屋脊封头配件发生时按只计算，安装费已计入屋脊定额中，不另计算。

(3) 20mm 厚平口杉木屋面板单面刨光带铺油毡一层，上有 36×8@500 顺水条、25×25 挂瓦条屋面基层。

① 工程量计算：$S=(30+0.72\times2)\times[(5+0.72)\times1.118]\times2=402.12$（$m^2$）；

② 套定额 5-15（略）。

【例 8-2】 某住宅屋面如图 8-2 所示，现浇钢筋混凝土板结构，刚性屋面做法（自上而下）：40 厚 C20 细石混凝土随捣随抹；2 厚 JS 防水涂料；20 厚 1∶3 水泥砂浆保护层；40 厚挤塑板保温板；20 厚 1∶3 水泥砂浆找平；CL7.5 炉渣混凝土找坡最薄处 30 厚；现浇钢筋混凝土板结构。檐沟部分做法：（略）。假设人工、材料、机械价格同 2010 版材料基期价格，40 厚挤塑板保温板信息价格 20 元/m^2，试求刚性屋面部分工程量并套用定额计算分部分项工程费。

【解】 (1) 40 厚 C20 细石混凝土随捣随抹

① 工程量计算：$S=(20+0.12\times2)\times(10+0.12\times2)=207.26$（$m^2$）；

② 套定额 7-1，定额基价＝1922（元/100m^2）；

③ 分部分项工程费＝207.26m^2×19.22 元/m^2＝3983.54（元）。

(2) 2 厚 JS 防水涂料

① 工程量计算：$S=207.26$（m^2）；

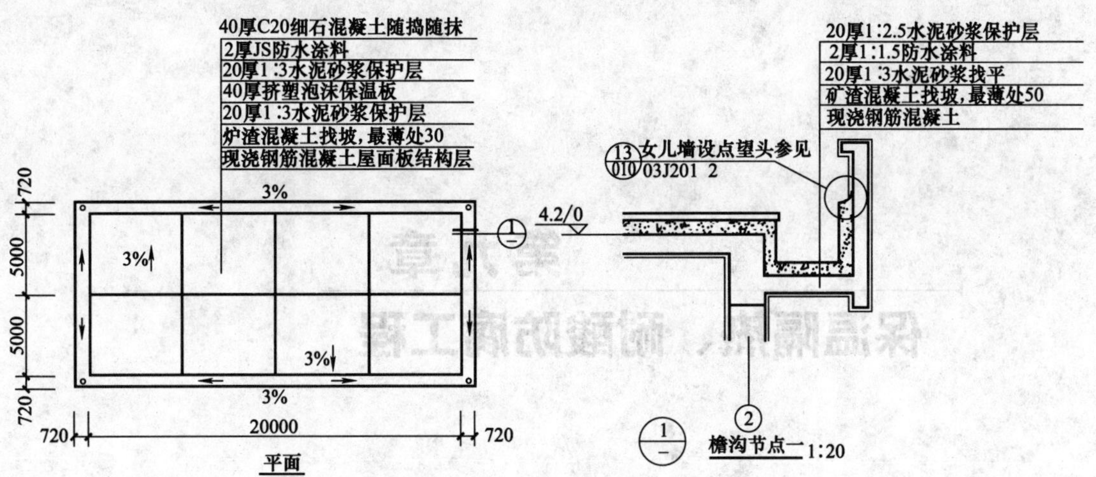

图 8-2　平屋面平面、檐沟剖面图

② 套定额 7-77，定额基价＝3441（元/100m²）；

③ 分部分项工程费 207.26m²×34.41 元/m²＝7131.82（元）。

注意：本题由于未考虑檐沟节点，JS 防水涂料没有上翻，所以面积同 C20 细石混凝土。

(3) 20 厚 1∶3 水泥砂浆保护层

① 工程量计算：S＝207.26（m²）；

② 套定额 7-5 换，定额基价＝1071＋(195.13－228.22)×2.02＝1004.16（元/100m²）

③ 分部分项工程费＝207.26m²×10.04 元/m²＝2080.89（元）。

(4) 40 厚挤塑板保温板

工程量计算：S＝207.26（m²）（套第八章 8-35，略）。

(5) 20 厚 1∶3 水泥砂浆找平

工程量计算：S＝207.26（m²）（套用下册 10-1，略）。

(6) CL7.5 炉渣混凝土找坡最薄处 30 厚

工程量计算：V＝207.26×{[0.03×2＋(5＋0.12)×3%]÷2}＝22.14（m³）（套第八章 8-41，略）。

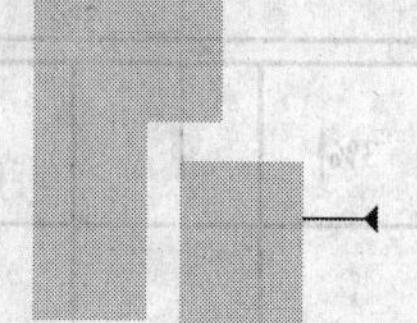

第九章 保温隔热、耐酸防腐工程

第一节 说明

1. 本章定额中保温砂浆及耐酸材料的种类、配合比及保温板材料的品种、型号、规格和厚度等与设计不同时，应按设计规定进行调整。

2. 墙体保温砂浆子目按外墙外保温考虑，如实际为外墙内保温，人工乘以系数 0.75，其余不变。

3. 抗裂防护层中抗裂砂浆厚度设计与定额不同时，抗裂砂浆及搅拌机台班定额用量按比例调整，其余不变。

4. 抗裂防护层网格布（钢丝网）之间的搭接及门窗洞口周边加固，定额中已综合考虑，不另行计算。

5. 本章中未包含基层界面剂涂刷、找平层、基层抹灰及装饰面层，发生时套用相应子目另行计算。

6. 弧形墙、柱、梁等保温砂浆抹灰、抗裂防护层抹灰、保温板铺贴按相应项目人工乘以系数 1.15，材料乘以系数 1.05。

7. 耐酸防腐整体面层、隔离层不分平面、立面，均按材料做法套用同一定额；块料面层以平面铺贴为准，立面铺贴套用平面定额，人工乘以系数 1.38，踢脚板人工乘以系数 1.56，其余不变。

池、沟、槽瓷砖面层定额不分平、立面，适用于小型池、槽、沟（划分标准见第五章）。

8. 水玻璃面层及结合层定额中，均已包括涂稀胶泥工料，树脂类及沥青均未包括树脂打底及冷底子油工料，发生时应另列项目计算。

9. 耐酸定额按自然养护考虑。如需要特殊养护者，费用另计。

10. 耐酸面层均未包括踢脚线，如设计有踢脚线时，套用相应面层定额。

11. 防腐卷材接缝、附加层、收头等人工材料已计入定额中，不再另行计算。

12. 保温层排气管按 ϕ50UPVC 管及综合管件编制，排气孔：ϕ50UPVC 管按 180°单出口考虑（2 只 90°弯头组成），双出口时应增加三通 1 只；ϕ50 钢管、不锈钢管按 180°煨制弯考虑，当采用管件拼接时另增加弯头 2 只，管材用量乘以 0.7。管材、管件的规格、材质不同，单价换算，其余不变。

13. 树脂珍珠岩板、天棚保温吸音层、超细玻璃棉、装袋矿棉、聚苯乙烯泡沫板厚度均按 50mm 编制，设计厚度不同单价可换算，其余不变。

14. 本章定额中采用石油沥青作为胶结材料的子目均指适用于有保温、隔热要求的工业建筑及构筑物工程。

第二节 工程量计算规则

1. 保温隔热

(1) 墙柱面保温砂浆、聚氨酯喷涂、保温板铺贴面积按设计图示尺寸的保温层中心线长度乘以高度计算，应扣除门窗洞口和 0.3m^2 以上的孔洞所占面积，不扣除踢脚线、挂镜线和墙与构件交接处面积。门窗洞口的侧壁和顶面、附墙柱、梁、垛、烟道等侧壁并入相应的墙面面积内计算。

(2) 按立方米计算的隔热层，外墙按围护结构的隔热层中心线、内墙按隔热层净长乘以图示尺寸的高度及厚度以"m^3"计算。应扣除门窗洞口、管道穿墙洞口所占体积。

(3) 屋面保温砂浆、聚氨酯喷涂、保温板铺贴按设计图示面积计算，不扣除屋面排烟道、通风孔、伸缩缝、屋面检查洞及 0.3m^2 以内孔洞所占面积，洞口翻边也不增加。

(4) 天棚保温隔热、隔音按设计图示尺寸以水平投影面积计算，不扣除间壁墙（包括半砖墙）、垛、柱、附墙烟囱、检查口和管道所占的面积。带梁天棚、梁侧面的工程量并入天棚内计算。

(5) 楼地面的保温隔热层面积按围护结构墙间净面积计算，不扣除柱、垛及每个面积 0.3m^2 内的孔洞所占面积。

(6) 保温隔热层的厚度，按隔热材料净厚度（不包括胶结材料厚度）尺寸计算。

(7) 柱包隔热层按图示柱的隔热层中心线的展开长度乘以图示高度及厚度计算。

(8) 软木板铺贴墙柱面、天棚，按图示尺寸以"m^3"计算。

(9) 柱帽保温隔热按设计图示尺寸并入天棚保温隔热工程量内。

(10) 池槽保温隔热，池壁并入墙面保温隔热工程量内，池底并入地面保温隔热工程量内。

(11) 保温层排气管按图示尺寸以延长米计算，不扣除管件所占长度，保温层排气孔按不同材料以"个"计算。

2. 耐酸防腐

(1) 耐酸防腐工程项目应区分不同材料种类及其厚度，按设计实铺面积以"m^2"计算，平面项目应扣除凸出地面的构筑物、设备基础等所占的面积，但不扣除柱、垛所占面积。柱、垛等突出墙面部分，按展开面积计算，并入墙面工程量内。

(2) 踢脚板按实铺长度乘以高以"m^2"计算，应扣除门洞所占的面积，并相应增加侧壁展开面积。

(3) 平面砌双层耐酸块料时，按单层面积乘以系数 2 计算。

(4) 硫黄胶泥二次灌缝按实体积计算。

【例 9-1】 某住宅屋面如图 8-2 所示，40 厚挤塑板保温板聚合物砂浆粘贴；CL7.5 炉渣混凝土找坡最薄处 30 厚。檐沟部分做法：（略）。假设 40 厚挤塑板保温板材料信息价 20 元/m^2，其他人工、材料、机械价格同 2010 版材料基期价格，试求刚性屋面中 40 厚挤塑板保温板、CL7.5 炉渣混凝土找坡最薄处 30 厚部分工程量并套用定额计算分部分项工程费。

【解】 (1) 40 厚挤塑板保温板

① 工程量计算：$S=(20+0.12\times2)\times(10+0.12\times2)=207.26$（$m^2$）；

② 套定额 8-35 换，定额基价 $S=3251+(20-26)\times102=2639$（元/$100m^2$）；

③ 分部分项工程费＝$207.26m^2\times26.39$ 元/m^2＝5469.59（元）。

(2) CL7.5 炉渣混凝土找坡最薄处 30 厚

① 工程量计算：$V=207.26\times\{[0.03\times2+(5+0.12)\times3\%]\div2\}=22.14$（$m^3$）；

② 套定额 8-41 换，定额基价 $S=1672$（元/$10m^3$）；

③ 分部分项工程费＝$22.14m^3\times167.20$ 元/m^3＝3701.81（元）。

【例 9-2】 某水池防腐如图 9-1 所示，图中 20 厚水泥砂浆找平层其水泥砂浆配合比为 1∶3。假设人工、材料、机械价格同 2010 版材料基期价格，按设计构造内容试求该部分工程量并套用定额计算分部分项工程费。

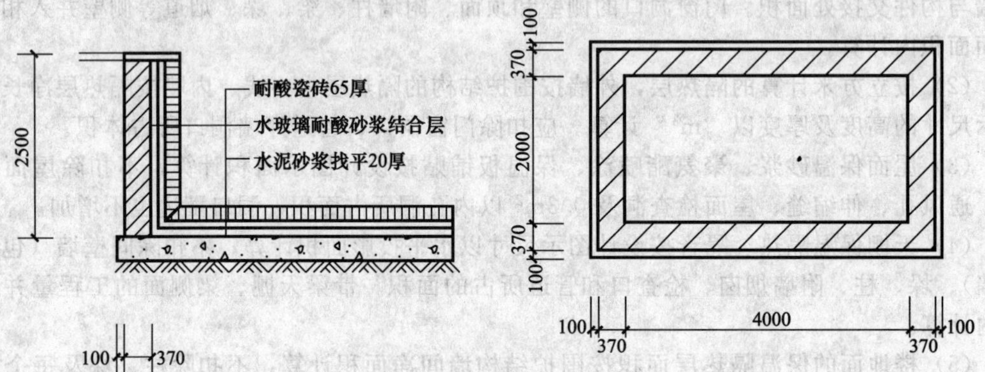

图 9-1　某水槽防腐示意图

【解】 按设计构造内容计算工程量及分部分项工程费

(1) 20 厚 1∶3 水泥砂浆

① 池底工程量计算：$S=4\times2=8$（m^2）；

② 池壁工程量计算：$S=(4+2)\times2\times2.5=30$（$m^2$）；

③ 池底套定额 10-1，定额基价＝781（元/$100m^2$）；

④ 池壁套定额 11-8＋26×5 换，定额基价＝$792+39+(195.13-228.22)\times0.12\times5=811.15$（元/$100m^2$）；

⑤ 分部分项工程费＝$8m^2\times7.81$ 元/m^2＋$30m^2\times8.1115$ 元/m^2＝305.82（元）。

(2) 水玻璃耐酸砂浆砌 65 厚耐酸瓷砖（平面）（池底）

① 工程量计算：$S=4\times2=8$（m^2）；

② 套定额 8-104，定额基价＝11111（元/$100m^2$）；

③ 分部分项工程费＝$8m^2\times11.11$ 元/m^2＝888.88（元）。

(3) 水玻璃耐酸砂浆砌 65 厚耐酸瓷砖（立面）（池壁）

① 工程量计算：$S=(4+2)\times2\times2.5=30$（$m^2$）；

② 套定额 8-104 换，定额基价＝$11111+(3655\times1.38-3655)=12499.90$（元/$100m^2$）；

③ 分部分项工程费＝$30m^2\times124.999$ 元/m^2＝3749.97（元）。

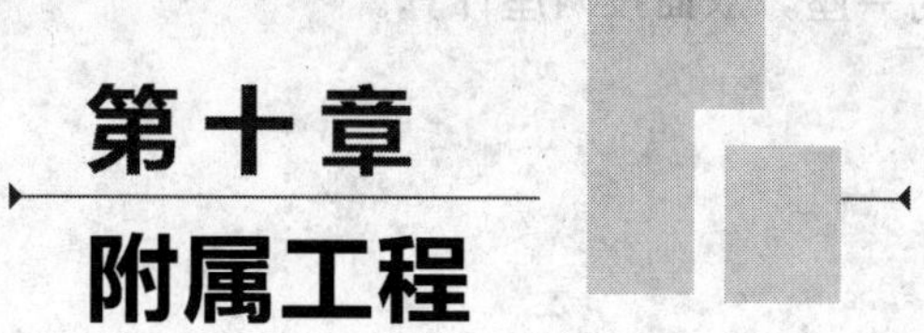

第十章 附属工程

第一节 说　明

1. 本定额适用于一般工业与民用建筑的厂区、小区及房屋附属工程；超出本定额范围的项目套用市政工程定额相应子目。

2. 本定额所列排水管、窨井等室外排水定额仅为化粪池配套设施用，不包括土方及垫层，如发生应按有关章节定额另列项目计算。

3. 窨井按 2004 浙 S1、S2 标准图集编制，如设计不同，可参照相应定额执行。

4. 排水管每节实际长度不同不作调整。

5. 砖砌窨井按内径周长套用定额，井深按 1m 编制，实际深度不同，套用“每增减 20cm”定额按比例进行调整。

6. 化粪池按 2004 浙 S1、S2 标准图集编制，如设计采用的标准图不同，可参照容积套用相应定额。隔油池按 93S217 图集编制。隔油池池顶按不覆土考虑。

7. 小便槽不包括端部侧墙，侧墙砌筑及面层按设计内容另列项目计算，套用相应定额。

8. 单独砖脚定额适用于成品水池下的砖脚。

9. 本章台阶、坡道定额均未包括面层，如发生，应按设计面层做法，另行套用楼地面工程相应定额。

第二节 工程量计算规则

1. 地坪铺设按图示尺寸以“m^2”计算，不扣除 0.5m^2 以内各类检查井所占面积。

2. 铸铁花饰围墙按图示长度乘以高度计算。

3. 排水管道工程量按图示尺寸以延长米计算，管道铺设方向窨井内空尺寸小于 50cm 时不扣窨井所占长度，大于 50cm 时，按井壁内空尺寸扣除窨井所占长度。

4. 洗涤槽以延长米计算，双面洗涤槽工程量以单面长度乘以 2 计算。

5. 墙脚护坡边明沟长度按外墙中心线长度计算，墙脚护坡按外墙中心线乘以宽度计算，不扣除每个长度在 5m 以内的踏步或斜坡。

6. 台阶及防滑坡道按水平投影面积计算，如台阶与平台相连时，平台面积在 $10m^2$ 以内时按台阶计算，平台面积在 $10m^2$ 以上时，平台按楼地面工程计算套用相应定额，工程量以最上一级 30cm 处为分界。

7. 砖砌翼墙，单面为一座，双面按两座计算。

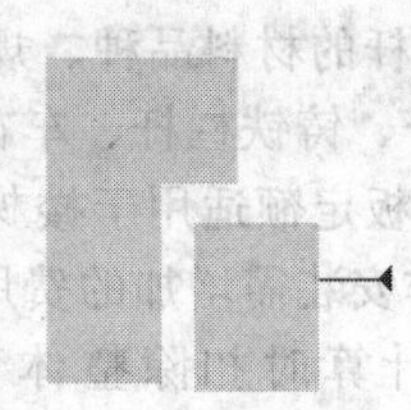

第十一章 楼地面工程

第一节 说 明

1. 本章定额中凡砂浆、混凝土的厚度、种类、配合比及装饰材料的品种、型号、规格、间距设计与定额不同时，可按设计规定调整。

2. 整体面层设计厚度与定额不同时，根据厚度每增减子目按比例调整。

3. 整体面层、块料面层中的楼地面项目，均不包括找平层，发生时套用找平层相应子目。

4. 块料面层粘接层厚度设计与定额不同时，按水泥砂浆找平层厚度每增减子目进行调整换算。

5. 块料面层结合砂浆如采用干硬性水泥砂浆的，除材料单价换算外，人工乘以系数 0.85。

6. 除整体面层（水泥砂浆、现浇水磨石）楼梯外，整体面层、块料面层及地板面层等楼地面和楼梯子目均不包括踢脚线。水泥砂浆、现浇水磨石及块料面层的楼梯均包括底面及侧面抹灰。

7. 楼地面找平层上如单独找平扫毛，每平方米增加人工费 0.04 工日，其他材料费 0.50 元。

8. 现浇水磨石项目已包括养护和酸洗打蜡等内容。

9. 块料面层铺贴定额子目包括块料安装的切割，未包括块料磨边及弧形块的切割。如设计要求磨边者套用磨边相应子目，如设计弧形块贴面时，弧形切割费另行计算。

10. 块料面层铺贴，设计有特殊要求的，可根据设计图纸调整定额损耗率。

11. 块料离缝铺贴灰缝宽度均按 8mm 计算，设计块料规格及灰缝大小与定额不同时，面砖及勾缝材料用量作相应调整。

12. 块料面层点缀适用于每个块料在 $0.05m^2$ 以内的点缀项目。

13. 防静电地板、玻璃地面等定额均按成品考虑。

14. 广场砖铺贴定额中所指拼图案，指铺贴不同颜色或规格的广场砖形成环形、菱形等图案。分色线性铺装按不拼图案定额套用。

15. 踢脚线高度超过 30cm 者，桉墙、柱面工程相应定额执行。弧形踢脚线按相应项目人工乘以系数 1.10，材料乘以系数 1.02。

16. 螺旋形楼梯的装饰，按相应定额子目，人工与机械乘以系数 1.1，块料面层材料用量乘以系数 1.15，其他材料用量乘以系数 1.05。

17. 木地板铺贴基层如采用毛地板的，套用细木工板基层定额，除材料单价换算外，人工含量乘以系数 1.05。

18. 不锈钢踢脚线折边、铣槽费另计。

19. 扶手、栏板、栏杆的材料品种、规格、用量设计与定额不同时，按设计有关规定调整。铁艺栏杆、铜艺栏杆、铸铁栏杆、车花木栏杆等定额均按成品考虑。

20. 扶手、栏杆、栏板定额适用于楼梯、走廊、回廊及其他装饰性扶手、栏杆、栏板，定额已包括扶手弯头制作安装需增加的费用。但遇木扶手、大理石扶手有整体弯头时，弯头另行计算，扶手工程量计算时扣除整体弯头的长度，设计不明确者，每只整体弯头按 400mm 扣除。

21. 零星装饰项目适用于楼梯、台阶侧面装饰及 0.5m^2 以内少量分散的楼地面装修项目。

第二节　工程量计算规则

1. 整体面层楼地面按设计图示尺寸以面积计算，应扣除凸出地面的构筑物、设备基础、室内管道、地沟等所占面积，不扣除间壁墙及 0.3m^2 以内柱、垛、附墙烟囱及孔洞所占面积。但门洞、空圈的开口部分也不增加。所谓间壁墙，指在地面面层做好后再进行施工的墙体。

2. 块料、橡胶及其他材料等面层楼地面按设计图示尺寸以“m^2”计算，门洞、空圈的开口部分工程量并入相应面层内计算，不扣除点缀所占面积，点缀按个计算。

3. 镶贴块料拼花图案的工程量，按设计图示尺寸以“m^2”计算。

4. 水泥砂浆、水磨石的踢脚线按延长米乘以高度计算，不扣除门洞、空圈的长度，门洞、空圈和垛的侧壁也不增加。

5. 块料面层、金属板、塑料板踢脚线按设计图示尺寸以“m^2”计算。

6. 木基层踢脚线的基层按设计图示尺寸计算，面层按展开面积以“m^2”计算。

7. 楼梯装饰的工程量按设计图示尺寸以楼梯（包括踏步、休息平台以及 500mm 以内的楼梯井）水平投影面积计算；楼梯与楼面相连时，算至梯口梁外侧边沿，无楼梯口梁者，算至最上一级踏步边沿加 300mm。

8. 楼梯、台阶块料面层打蜡面积按水平投影面积以“m^2”计算。

9. 扶手、栏板、栏杆按设计图示扶手中心线长度，以延长米计算。

10. 块料面层台阶工程量按设计图示尺寸以展开面积计算，整体面层台阶、看台按水平投影面积计算。如与平台相连时，平台面积在 10m^2 以内时按台阶计算；平台面积在 10m^2 以上时，台阶算至最上层踏步边沿加 300mm，平台按楼地面工程计算套用相应定额。

11. 水泥砂浆硬碴面层工程量按设计图示尺寸以“m^2”计算。

【例 11-1】 试确定 22 厚 1∶3 水泥砂浆找平层的基价。

【解】 套用定额 10－1＋10－2×0.4　换算后基价＝7.81＋1.39×0.4＝8.37（元/m^2）

式中的 10-2 的 0.4 系数，是为了调整增加的 2mm 厚度而来的，10-2 定额的每增减 5mm 是要按比例调整的。

【例 11-2】 彩色水磨石带图案有嵌条 18 厚掺 8%的绿色颜料，颜料价格 12 元/kg。

【解】 套用定额 10-12 换 换算后基价=51.71+2.04×636×8%/100×12=64.17（元/m²）

【例 11-3】 试确定 30 厚 1∶3 干硬性水泥砂浆铺贴大理石的定额基价。

【解】 套用定额 10－16+10－2×2 换

换算后基价=141.90+1.39×2+(3.06×199.35－2.04×210.26－1.02×195.13)/100+(13.955+0.35×2)×(0.85－1) =142.30（元/m²）

其中 10-16 粘接层砂浆厚度为 20mm，需按砂浆找平定额调整。

【例 11-4】 离缝 8mm 铺贴 250×300 地砖，地砖厚度 8mm，1∶1 水泥砂浆嵌缝，地砖单价 3 元/片，其他价格按定额取定不变，确定该地砖贴面单价。

【解】 套用定额 10-34 换 由于地砖规格与定额不一致，需对地砖片数进行计算调整。

计算地砖定额含量=1/[(规格长+缝宽)×(规格宽+缝宽)]×(规格长×规格宽)×(1+损耗)

=1/[(0.25+0.008)×(0.3+0.008)]×(0.25×0.3)×(1+3%) =0.9721（m²）

地砖单价=1/(0.25×0.3)×3=40（元/m²）

计算嵌缝砂浆定额含量= [1－地砖含量/(1+地砖损耗)] ×地砖厚度× (1+砂浆损耗)

= (1－0.9721/1.03)×0.008×(1+2%) =0.00046（m³）

换算后基价=43.54－0.9677×24.2+0.9721×40+(0.00046－0.00042)×262.93

=59.02（元/m²）。

【例 11-5】 某传达室如图 11-1 所示，地面 1∶3 水泥砂浆找平厚 20mm，1∶2.5 水泥砂浆 20mm 密缝铺贴 600×600×8 地砖面层；踢脚线采用地砖品质同地面，高 150mm，1∶2 水泥砂浆 15mm 厚铺贴，门居内侧安装，门框宽度 90mm。试按《浙江省建筑工程预算定额》(2010 版) 取定价格计算该工程地面水泥砂浆找平及面砖地面铺贴直接工程费。（本例垫层、踢脚、M1、M2 洞口铺贴另行处理，不在该项目内计算；假定踢脚线 1∶2 水泥砂浆厚 15mm 粘贴与定额砂浆含量一致）

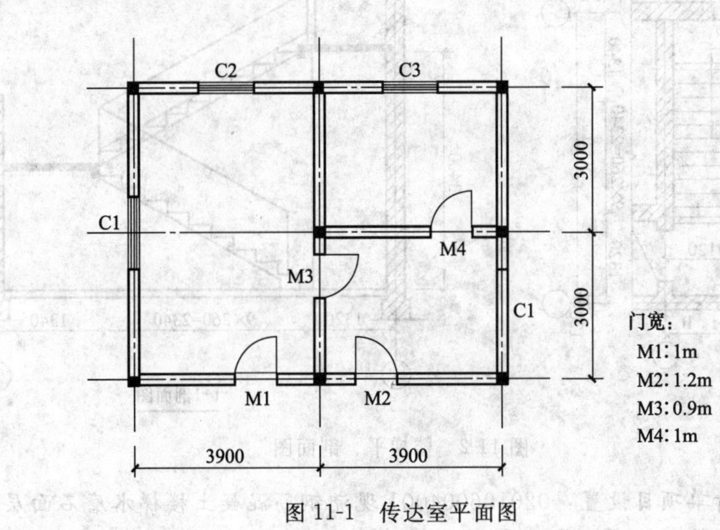

图 11-1 传达室平面图

【解】 600×600 地砖铺贴 查定额 10-31 换，基价为 97.17 元。

找平层查定额 10-1，基价为 7.81 元。

地砖面积=(3.9－0.24)×(6－0.24)+(3.9－0.24)×(3－0.24)×2+(0.9+1)×0.24

=41.29+0.46=41.75（m²）

找平层面积不计算门洞开口面积=41.29（m²）

直接工程费为：41.75×97.17+41.29×7.81=4379.32（元）

【例 11-6】 硬木长条平口地板铺在 40×50 木龙骨上，龙骨间距 300mm，沿长度方向铺设，地板铺设房间内净尺寸为 5250mm×3950mm，木地板价格 210 元/m²，其它人、材、机按 10 版定额，试求其基价。

【解】 套用定额 10-34 换

根据题意，地板龙骨长 5.25m，龙骨根数＝3.95/0.3＋1＝14（根），龙骨（杉板枋一般装饰料）损耗为 5%，木龙骨用量为 5.25×14×0.05×0.04＝0.147（m³），每平米龙骨含量＝0.147/(5.25×3.95)×1.05＝0.00744（m³），基价：235.19＋(0.00744－0.00378)×1450＋16.965×(0.9－1) ＋1.05×(210－200) ＝249.30（元/m²）

【例 11-7】 利用例 11-5 中的已知条件和图 11-1，试按《浙江省建筑工程预算定额》(2010 版) 取定价格计算面砖踢脚线铺贴直接工程费。

【解】 150 高踢脚线铺贴　查定额 10-66，基价为 106.60 元。

踢脚线面积＝(内墙净长－门洞口＋洞口边＋铺贴层厚度增减)×高度

＝[(3.9－0.24)×6＋ (6－0.24) ×2＋ (3－0.24) ×4－ (1＋1.2＋0.9×2＋1×2) ＋ (0.24－0.09) ×4＋0.023×2× (4－12)] ×0.15

＝38.75×0.15＝5.81（m²）

直接工程费为：5.81×106.60＝619.35（元）

【例 11-8】 某五层住宅楼现浇钢筋混凝土楼梯水磨石面层如图 11-2，1∶2.5 水泥砂浆基层找平抹灰厚度 15mm，1∶2 普通水泥白石子浆面层厚 15mm，面层磨光、酸洗打蜡，L5×50 铜板防滑条，每步长 0.8m；楼梯板底及梯侧 1∶3∶9 混合砂浆底纸筋灰面浆抹灰同定额一致。编制工程量清单。

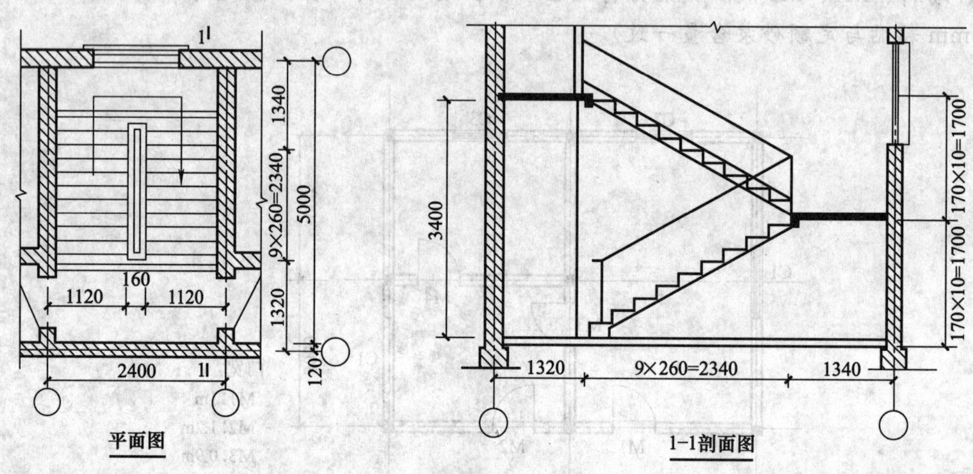

图 11-2　楼梯平、剖面图

【解】　(1) 清单项目设置：020106004001 现浇钢筋混凝土楼梯水磨石面层。

(2) 清单工程量计算（墙厚为 240mm）

水磨石楼梯面层工程＝ [(2.4－0.24)×(2.34＋1.34－0.12)＋0.24×1.16]×1＋(2.4－0.24)×(2.34＋1.34－0.12＋0.24)×3＝32.59（m²）

楼梯防滑条，长度为 0.8m，每层 20 条，计 0.8×20×4＝64（m）。

分部分项工程量清单见表 11-1。

表 11-1 分部分项工程量清单

序号	项目编码	项目名称	项目特征	计量单位	工程数量
1	020106004001	现浇水磨石楼梯面	15mm 厚 1∶2.5 水泥砂浆找平层，15mm 厚 1∶2 水泥白石子浆面层；L5×50 铜板防滑条共 80 根，每根 0.8m；面层不掺色，磨光、酸洗打蜡，楼梯板底及梯侧 1∶3∶9 混合砂浆底纸筋灰面浆抹灰	m^2	32.59

【例 11-9】 求 1∶2 干硬性水泥砂浆铺贴 600mm×600mm 地砖（密缝）的定额基价。

【解】 查定额 10-31 基价 96.86 元/m^2

换算后基价＝96.86＋(232.07－195.13)×0.0204－0.2847×50×0.15＝95.47（元/m^2）

【例 11-10】 求弧形金属板踢脚线的定额基价。

【解】 查定额 10-72 基价 241.27 元/m^2

换算后基价＝241.27＋22.62×0.10＋218.6522×0.02

＝241.27＋2.262＋4.373

＝247.91（元/m^2）

【例 11-11】 求螺旋形楼梯水泥砂浆贴花岗岩面层定额基价。

【解】 查定额 10-80 基价 305.32 元/m^2

换算后基价＝305.32＋(44.69＋0.3514)×0.1＋1.5402×160.00×0.15＋(260.2769－1.5402×160)×0.05

＝305.32＋4.504＋36.965＋0.692

＝347.48（元/m^2）

【例 11-12】 某工程楼面建筑平面如图 11-3 所示，求楼地面工程直接工程费（门窗框厚 100mm，居中布置，M1：900mm×2400mm，M2：900mm×2400mm，C1：1800mm×1800mm）。

【解】 （1）30 厚细石混凝土找平层：

$S=(4.5\times2-0.24\times2)\times(6-0.24)-0.6\times2.4=47.64$（$m^2$）

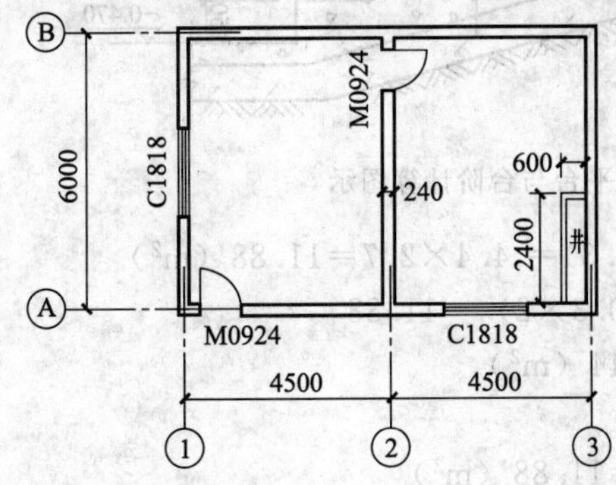

图 11-3 建筑平面图

套定额 10-7 基价 12.07 元/m^2

（2）300×300 地砖面层，30 厚 1∶3 水泥砂浆结合层，纯水泥浆一道：

$S=47.64+0.9\times0.24\times2=48.07$（$m^2$）

套定额 10-29＋10－2×2 基价 44.75＋1.39×2＝47.53（元/m^2）

（3）地砖踢脚线：

$S=[(4.5-0.24+6-0.24)\times2\times2-0.9\times3+(0.24-0.1)\div2\times8]\times0.15=5.69$（$m^2$）

套定额 10－66 基价 106.60 元/m^2

(4) 分项工程直接费计价表见表 11-2。

表 11-2　分项工程直接费计价表

序号	定额编号	项目名称	单位	工程量	单价/元	合价/元
1	10-7	细石混凝土找平层(厚 30mm)	m^2	47.64	12.07	575
2	10-29H	地砖楼地面(周长 1200mm 以内)密缝换 30 厚 1∶3 水泥砂浆结合层	m^2	48.07	47.53	2285
3	10-66	地砖踢脚线	m^2	5.69	106.60	607
		小计	元			3467

【例 11-13】 某工程大门平台与 C15 混凝土台阶相连如图 11-4 所示，试计算平台与台阶分项工程直接费。

【解】 本工程台阶与平台相连，且平台面积 $S=5\times3=15$ (m^2) >10 (m^2)。

台阶与平台工程量应分开计算。

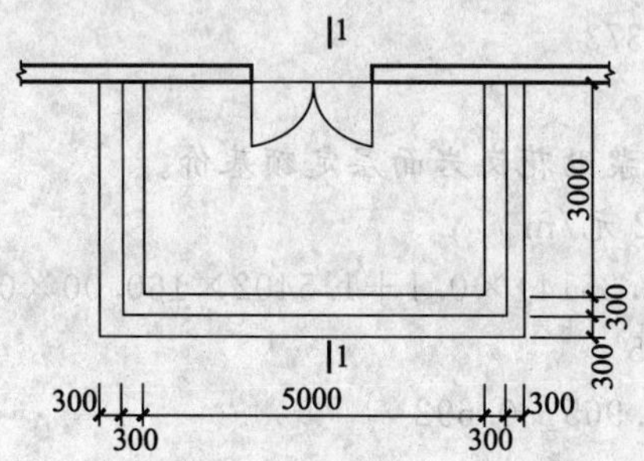

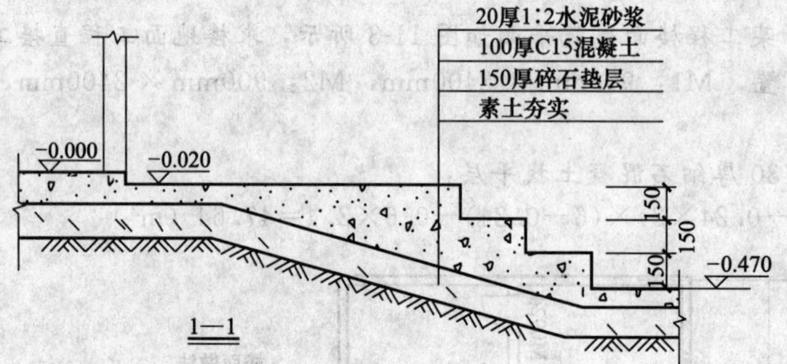

图 11-4　平台与台阶计算图示

平台工程量 $S=(5-0.3\times2)\times(3-0.3)=4.4\times2.7=11.88$ (m^2)

台阶工程量 $S=(5+0.3\times4)\times(3+0.3\times2)-11.88$

$=22.32-11.88=10.44$ (m^2)

(1) 20 厚 1∶2 水泥砂浆面层：

$$S=11.88\ (m^2)$$

定额编号 10-3　基价 9.99 元/m^2

(2) 100 厚 C15 混凝土垫层：

$$V=11.88\times0.1=1.19\ (m^3)$$

定额编号 4-1　基价 227.2 元/m^3

换算后基价 $=223.2+(183.57-174.65)\times1.015=236.21$ (元/m^3)

(3) 150 厚碎石垫层：

$$V=11.88\times0.15=1.78\ (m^3)$$

定额编号 3-9　基价 109.2 元/m^3

(4) C15 混凝土台阶：

$$S=10.44\ (m^2)$$

定额编号 9-66　基价 113.00 元/m^2

(5) 水泥砂浆台阶面：

$$S=10.44\ (m^2)$$

定额编号 10-123　基价 20.47 元/m^2

(6) 分项工程直接费计价表见表 11-3。

表 11-3　分项工程直接费计价表

序号	定额编号	项目名称	单位	工程量	单价	合价/元
1	10-3	20 厚 1∶2 水泥砂浆面层	m^2	11.88	9.99	119
2	4-1H	C15 混凝土垫层	m^3	1.19	236.21	281
3	3-9	150 厚碎石垫层	m^3	1.78	109.20	194
4	9-66	C15 混凝土台阶	m^2	10.44	113.00	1180
5	10-123	水泥砂浆台阶面	m^2	10.44	20.47	214
		小计	元			1988

【例 11-14】 某工程楼面建筑平面如例 11-12 图 11-3 所示，该建筑内墙净高为 3.3m，窗台高 900mm。设计内墙裙为水泥砂浆贴 152×152 瓷砖，高度为 1.8m，其余部分墙面为石灰砂浆一般抹灰，计算墙面抹灰直接工程费用（门窗框外侧装饰不计）。

【解】 (1) 瓷砖墙裙：

$S=[(4.5-0.24+6-0.24)\times2\times2-0.9\times3]\times1.8-1.8\times(1.8-0.9)\times2+(0.24-0.1)\div2\times(1.8\times6+0.9\times4)$

$=65.05\ (m^2)$

套定额 11-54　基价 44.95 元/m^2

(2) 墙面抹灰：

$S=3.3\times(4.5-0.24+6-0.24)\times2\times2-1.8\times1.8\times2-0.9\times2.4\times3-(65.05-1.008)$

$=55.26\ (m^2)$

套定额 11-1　基价 12.49 元/m^2

(3) 分项工程直接费计价表见表 11-4。

表 11-4　分项工程直接费计价表

序号	定额编号	项目名称	单位	工程量	单价	合价/元
1	11-54	水泥砂浆粘贴瓷砖(周长 650mm 以内)	m^2	65.05	44.95	2924
2	11-1	石灰砂浆一般抹灰	m^2	55.26	12.49	690
		小计	元			3614

【例 11-15】 某雨篷如图 11-5 所示，水泥砂浆抹灰，翻檐外侧斩假石抹灰。试求雨篷抹灰直接工程费。

【解】 (1) 雨篷水泥砂浆抹灰：

工程量：$S=1.2\times3=3.6\ (m^2)$

套定额 11-29　基价 46.50 元/m^2

(2) 雨篷翻檐起高抹灰费用：

$\Delta h=0.5-0.25=0.25\ (m)$

套定额 11-30×3　基价 $6.16\times3=18.48$ (元/m^2)

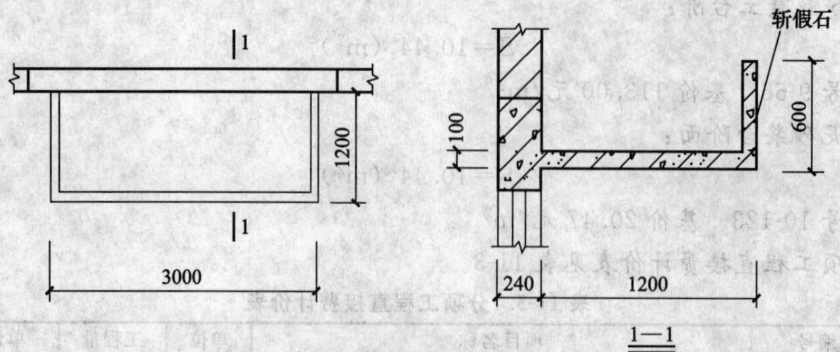

图 11-5　雨篷平面及剖面图

(3) 斩假石抹灰差价：

斩假石抹灰工程量 $S=0.6\times(1.2\times2+3)=3.24$ (m^2)

水泥砂浆零星项目定额编号 11-21　基价 23.46 元/m^2

斩假石零星项目定额编号 11-23　基价 85.34 元/m^2

基价差价为：85.34－23.46＝61.88 (元/m^2)

(4) 分项工程直接费计价表见表 11-5。

表 11-5　分项工程直接费计价表

序号	定额编号	项目名称	单位	工程量	单价	合价/元
1	11-29	雨篷抹水泥砂浆	m^2	3.60	46.50	167
2	11-30×3	雨篷翻檐增高 250mm	m^2	3.60	18.48	67
3	11-23-11-2	斩假石零星抹灰差价	m^2	3.24	61.88	200
		小计	元			434

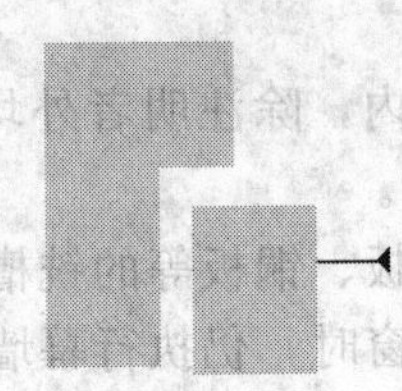

第十二章 墙柱面工程

第一节 说 明

1. 本章定额中凡砂浆的厚度、种类、配合比及装饰材料的品种、型号、规格、间距等设计与定额不同时，可按设计规定调整。

2. 墙柱面一般抹灰定额均注明不同砂浆抹灰厚度；抹灰遍数除定额另有说明外，均按三遍考虑。实际抹灰厚度与遍数与设计不同时按以下原则调整：

(1) 抹灰厚度设计与定额不同时，按抹灰砂浆厚度每增减 1mm 定额进行调整；

(2) 抹灰遍数设计与定额不同时，每 $100m^2$ 人工另增加（或减少）4.89 工日。

3. 墙柱面抹灰，设计基层需涂刷水泥浆或界面剂的，按本章相应定额执行。

4. 水泥砂浆抹底灰定额适用于镶贴块料面的基层抹灰，定额按两遍考虑。

5. 女儿墙、阳台栏板的装饰按墙面相应定额执行；飘窗、空调搁板粉刷按阳台、雨篷粉刷定额执行。

6. 阳台、雨篷、檐沟抹灰定额中，雨篷翻檐高 250mm 以内（从板顶面起算）、檐沟侧板高 300mm 以内定额已综合考虑，超过时按每增加 100mm 计算；如檐沟侧板高度超过 1200mm 时，套墙面相应定额。

7. 阳台、雨篷、檐沟抹灰包括底面和侧板抹灰；檐沟包括细石混凝土找坡。水平遮阳板抹灰套用雨篷定额。檐沟宽以 500mm 以内为准，如宽度超过 500mm 时，定额按比例换算。

8. 一般抹灰的“零星项目”适用于各种壁柜、碗柜、过人洞、暖气壁龛、池槽以及 $1m^2$ 以内的抹灰。

9. 雨篷、檐沟等抹灰，如局部抹灰种类不同时，另按相应“零星项目”计算差价。

10. 凸出柱、梁、墙、阳台、雨篷等的混凝土线条，按其凸出线条的棱线道数不同套用相应的定额，但单独窗台板、栏板扶手、女儿墙压顶上的单阶凸出不计线条抹灰增加费。线条断面为外凸弧形的，一个曲面按一道考虑。

11. 块料镶贴和装饰抹灰的“零星项目”适用于挑檐、天沟、腰线、窗台线、门（窗）套线、扶手、雨篷周边等。

12. 干粉粘接剂粘贴块料定额中粘接剂的厚度，除花岗岩、大理石为 6mm 外，其余均为 4mm。设计与定额不同时，应进行调整换算。

13. 外墙面砖灰缝均按 8mm 计算，设计面砖规格及灰缝大小与定额不同时，面砖及勾缝材料作相应调整。

14. 弧形的墙、柱、梁等抹灰、镶贴块料按相应项目人工乘以系数 1.10，材料乘以系数 1.02。

15. 木龙骨基层定额中的木龙骨按双向考虑，如设计采用单向时，人工乘以系数 0.75，木龙骨用量作相应调整。

16. 饰面、隔断定额内，除注明者外均未包括压条、收边、装饰线（条），如设计有要求时，应按相应定额执行。

17. 不锈钢板、钛金板、铜板等的铣槽、折边费用另计。

18. 玻璃幕墙设计有窗时，仍执行幕墙定额，窗五金相应增加，其他不变。

19. 玻璃幕墙定额中的玻璃是按成品考虑的；幕墙中的避雷装置、防火隔离层定额已综合，但幕墙的封边、封顶等未包括。

20. 弧形幕墙套幕墙定额，面板单价调整，人工乘以系数 1.15，骨架弯弧费另计。

第二节　工程量计算规则

1. 墙面抹灰按设计图示尺寸以面积计算。扣除墙裙、门窗洞口及单个 0.3m² 以外的孔洞面积，不扣除踢脚线、装饰线以及墙与构件交接处的面积，门窗洞口和孔洞的侧壁及顶面不增加面积。附墙柱、梁、垛、烟囱侧壁并入相应的墙面面积内。内墙抹灰有天棚而不抹到顶者，高度算至天棚底面。

2. 女儿墙（包括泛水、挑砖）、栏板的内侧抹灰（不扣除 0.3m² 以内的花格孔洞所占面积）按投影面积乘以系数 1.1 计算，带压顶者乘以系数 1.3。

3. 阳台、雨篷、水平遮阳板抹灰面积，按水平投影面积计算，檐沟、装饰线条的抹灰长度按檐沟及装饰线条的中心线长度计算。

4. 凸出的线条抹灰增加费以凸出棱线的道数不同分别按延长米计算，两条及多条线条相互之间净距 100mm 以内的，每两条线条按一条计算工程量。

5. 柱面抹灰按设计图示尺寸以柱断面周长乘以高度计算。零星抹灰按设计图示尺寸以展开面积计算。

6. 墙、柱、梁面镶贴块料按设计图示尺寸以实铺面积计算。附墙柱、梁等侧壁并入相应的墙面面积内计算。

7. 大理石（花岗岩）柱墩、柱帽按其设计最大外径周长乘以高度以“m²”计算。

8. 墙面饰面的基层与面层面积按设计图示尺寸净长乘以净高计算，扣除门窗洞口及每个在 0.3m² 以上孔洞所占的面积；增加层按其增加部分计算工程量。

9. 柱、梁饰面面积按图示外围饰面面积计算。

10. 抹灰、镶贴块料及饰面的柱墩、柱帽（大理石、花岗岩除外）其工程量并入相应柱内计算，每个柱墩、柱帽另增加人工：抹灰增加 0.25 工日；镶贴块料增加 0.38 工日；饰面增加 0.5 工日。

11. 隔断按设计图示尺寸以框外围面积计算，扣除门窗洞口及每个在 0.3m² 以上孔洞所占面积。浴厕门的材质与隔断相同时，门的面积并入隔断面积内计算。

12. 幕墙面积按设计图示尺寸以外围面积计算。全玻幕墙带肋部分并入幕墙面积内计算。

【例 12-1】 外墙面 16 厚 1∶3 水泥砂浆底，6 厚，1∶2.5 水泥砂浆面三遍抹灰。

【解】 套用定额 11-2＋11－26H　换算后基价＝12.02＋[0.39＋0.12×(195.13－228.22)/100]×2＝12.72（元/m^2）；

抹灰厚度不同调整时，注意厚度增减定额使用的同时对砂浆配合比与定额不同的换算。

【例 12-2】 内墙面 9 厚 1∶3 水泥砂浆底，6 厚 1∶2.5 水泥砂浆面二遍抹灰。

【解】 套用定额 11-2＋11－26H

换算后基价＝12.02－[0.39＋0.12×(195.13－228.22)/100] ×5－4.89×50/100＝7.82（元/m^2）；

抹灰遍数不同调整时，注意同时对人工工日和砂浆配合比与定额不同的调整。

【例 12-3】 某房屋工程平面图、剖面图、墙身大样图如图 12-1 所示，设计室内外高差 0.3m，门居墙内平安装，窗安装居墙中，门窗框厚 90mm；外墙面 1∶3 水泥砂浆打底厚 15mm，50×230×8 外墙砖，1∶2 水泥砂浆厚 5mm 粘贴，试按定额取定价计算面砖铺贴直接工程费。

【解】 查定额贴面砖 11-61，定额基价为 51.81 元/m^2。

抹底灰 11-8，定额基价为 7.92 元/m^2。

工程量计算：外墙长＝[(9＋0.24)＋(5＋0.24)]×2＝28.96（m）

块料面层高度＝2.8＋0.3＋0.3＝3.4（m）

扣除门面积 M1＝1.2×2.5×2＝6（m^2）

窗面积C2＝(1.2×1.5)×5＝9（m^2）

C1＝1.5×1.5×1＝2.25（m^2）

外墙砖面积＝28.96×3.4－(6＋9＋2.25)＝81.21（m^2）（同时就是 1∶3 水泥砂浆打底面积）

粉刷层厚度增减：外墙 0.028×2×3.4×4＝0.76（m^2）

门窗洞[1.2×1.5－(1.2－0.028×2)×(1.5－0.028×2)]×5＝0.74（m^2）

[1.5×1.5－(1.5－0.028×2)×(1.5－0.028×2)]×1＝0.16（m^2）

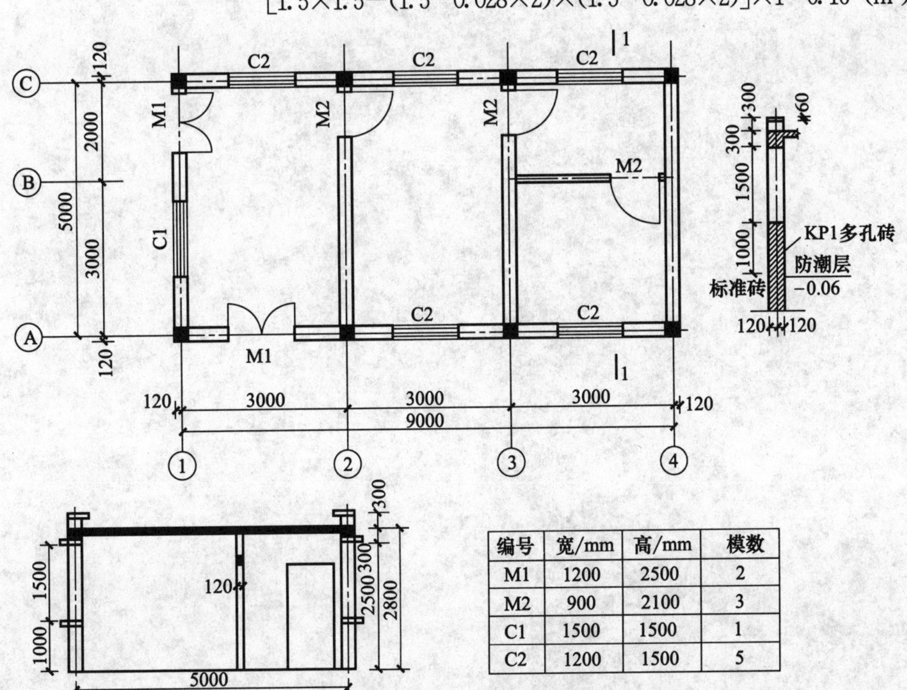

编号	宽/mm	高/mm	模数
M1	1200	2500	2
M2	900	2100	3
C1	1500	1500	1
C2	1200	1500	5

图 12-1　某房屋工程平面图、剖面图、墙身大样图

门窗侧面积：窗(0.24－0.09＋0.028)/2×(1.2－0.028×2＋1.5－0.028×2)×2×5
＝2.30 (m^2)

(0.24－0.09＋0.028)/2×(1.5－0.028×2＋1.5－0.028×2)×2×1
＝0.51 (m^2)

门 (0.24－0.09＋0.028)×[1.2－0.028×2＋(2.5－0.028)×2]×2＝2.17 (m^2)

外墙面砖工程量＝81.21＋0.76＋0.74＋0.16＋2.30＋0.51＋2.17＝87.85 (m^2)

直接工程费为：87.85×51.81＋81.21×7.92＝5194.69 (元)

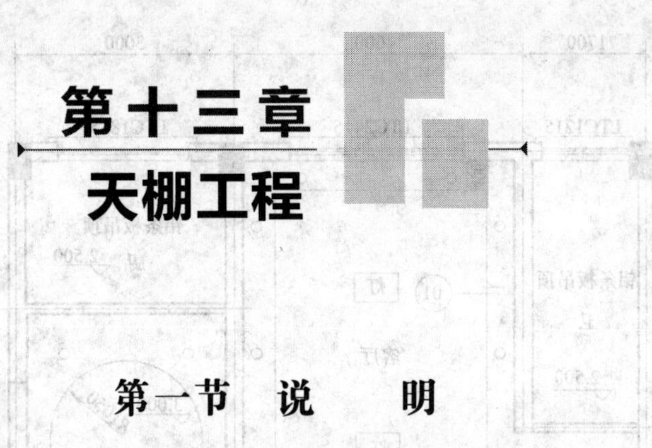

第十三章 天棚工程

第一节 说　　明

1. 本章定额抹灰厚度及砂浆配合比如设计与定额不同时可以换算。

2. 天棚抹灰，设计基层需涂刷水泥浆或界面剂的，按第十二章相应定额执行，人工乘以系数 1.10。

3. 楼梯底面单独抹灰，套用天棚抹灰定额。

4. 本章定额龙骨、基层、面层材料的种类、型号，如设计与定额不同时，材料品种及用量可作相应调整。

5. 本章吊顶定额吊杆按打膨胀螺栓考虑，如设计为预埋铁件时另行换算。

6. 在夹板基层上贴石膏板，套用每增加一层石膏板定额。

7. 天棚不锈钢板嵌条、镶块等小型块料套用零星、异形贴面定额。

8. 定额中玻璃按成品玻璃考虑，送风口和回风口按成品安装考虑。

9. 定额已综合考虑石膏板、木板面层上开灯孔、检修孔等孔洞的费用，如在金属板、玻璃、石材面板上开孔时，费用另行计算。检修孔、风口等洞口加固的费用已包含在吊天棚定额中。

10. 天棚吊筋高按 1.5m 以内综合考虑。如设计需做二次支撑时，应另行计算。

11. 灯槽内侧板高度在 15cm 以内的套用灯槽子目，高度大于 15cm 的套用天棚侧板子目。

第二节　工程量计算规则

1. 天棚抹灰面积，按设计图示尺寸以水平投影面积计算。不扣除间壁墙、垛、柱、附墙烟囱、检查口和管道所占的面积，带梁天棚梁两侧抹灰面积并入天棚面积内，板式楼梯底面抹灰按斜面积计算，锯齿形楼梯底板抹灰按展开面积计算。

2. 天棚吊顶不分跌级天棚与平面天棚，基层和饰面板工程量均按设计图示尺寸以展开面积计算，不扣除间壁墙、检查口、附墙烟囱、柱、垛和管道所占面积，扣除单个 $0.3m^2$ 以外的独立柱、孔洞（石膏板、夹板天棚面层的灯孔面积不扣除）及与天棚相连的窗帘盒所占的面积。

3. 天棚侧龙骨工程量按跌级高度乘以相应的跌级长度以“m^2”计算。

4. 拱形及下凸弧形天棚在起拱或下弧起止范围内，按展开面积以“m^2”计算。

5. 灯槽按展开面积以“m^2”计算。

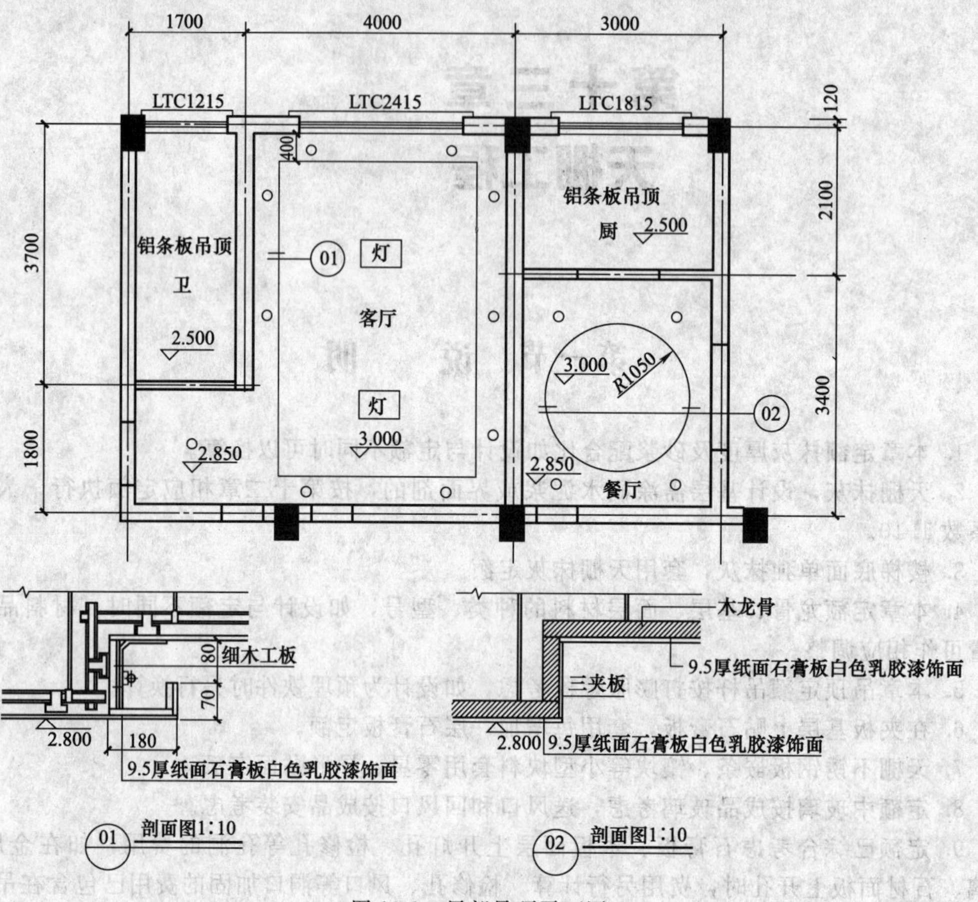

图 13-1　局部吊顶平面图

【例 13-1】 如图 13-1 建筑物局部吊顶平面，餐厅为单层木龙骨、客厅为 U38 不上人型轻钢龙骨石膏板吊顶（木龙骨、轻钢龙骨消耗量、人工、材料价格与10版定额一致），厨房、卫生间为铝条板吊顶，客厅与餐厅间下挂梁宽 250mm（不考虑梁装饰），不考虑吊顶的角线，试计算天棚装饰直接工程费。

【解】 (1) 餐厅

1) 天棚木龙骨：平面，查定额 12-7，基价为 37.93 元/m^2。

侧面弧线型，查定额 12-10，基价为 57.89 元/m^2。

工程量：平面 $S=(3-0.12-0.125)\times(3.4-0.12-0.06)=8.87$ (m^2)

侧面 $S=2.10\times3.14\times0.15=0.99$ (m^2)

天棚龙骨直接工程费为：$8.87\times37.93+0.99\times57.89=393.75$ (元)

2) 天棚面层：石膏板平面，查定额 12-42，基价为 16.77 元。

三夹板曲边侧面，查定额 12-35，基价为 32.28 元。

工程量：平面 $S=(3-0.12-0.125)\times(3.4-0.12-0.06)=8.87$ (m^2)

侧面 $S=2.10\times3.14\times0.15=0.99$ (m^2)

天棚面层（含基层）直接工程费为：8.87×16.77＋0.99×32.28＝180.71（元）

（2）客厅：灯槽暂不考虑

1）天棚龙骨：平面，查定额 12-16，基价为 22.30 元/m^2。

侧面，查定额 12-17，基价为 20.09 元/m^2。

工程量：平面 S＝(4－0.12－0.125)×(5.5－0.12×2)＋(1.8－0.12－0.06)×1.7
＝22.51（m^2）

侧面 S＝(4－0.12－0.125－0.22×2＋5.5－0.12×2－0.22×2)×2×0.15
＝2.44（m^2）

天棚龙骨直接工程费为：22.51×22.30＋2.44×20.09＝550.99（元）

2）天棚面层：石膏板平面，查定额 12-40，基价为 17.08 元/m^2。

因侧面高度≤15cm 且带有灯槽，故侧面面层全部计入灯槽。

工程量：平面 S＝(4－0.12－0.125)×(5.5－0.12×2)＋(1.8－0.12－0.06)×1.7
＝22.51（m^2）

天棚面层（含基层）直接工程费为：22.51×17.08＝384.47（元）

（3）卫生间、厨房吊顶：铝合金条板天棚，查定额 12-24，基价为 127.18 元/m^2。

工程量：S＝(3.7－0.12－0.06)×(1.7－0.12×2)＋(3－0.12×2)×(2.1－0.12－0.06)
＝10.44（m^2）

铝合金条板天棚直接工程费为：10.44×127.18＝1327.76（元）

【例 13-2】 某钢筋混凝土天棚如图 13-2 所示，已知板厚 100mm，天棚水泥砂浆抹灰，计算天棚抹灰直接工程费。（柱尺寸为：400×500）

【解】 （1）工程量计算

① 主墙间净面积 S_1＝(4－0.24)×(10.1－0.24)＝37.08（m^2）

② L1 的侧面抹灰面积 S_2＝(4.2－0.24)×(0.4－0.1)×2×2＝4.75（m^2）

③ WKL2 的侧面抹灰面积 S_3＝(4.2－0.38×2)×(0.45－0.1)×2＝2.41（m^2）

④ 天棚抹灰面积：S＝37.08＋4.75＋2.41＝44.24（m^2）

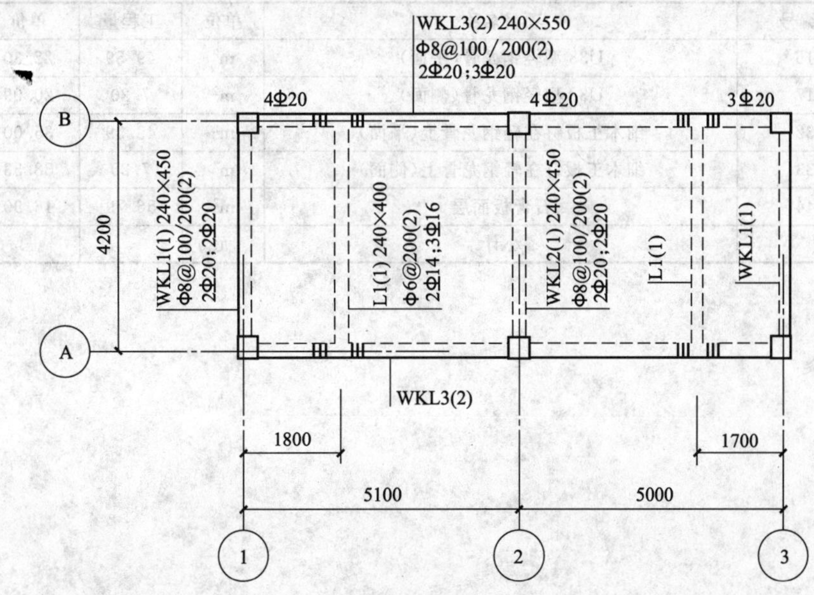

图 13-2 结构平面图

(2) 天棚抹灰直接工程费：

定额编号 12-2　基价 10.85 元/m^2

抹灰费用＝44.24×10.85＝480（元）

【例 13-3】 某工程天棚平面如图 13-3 所示。设计为 U38 轻钢龙骨，细木工板基层石膏板面吊顶。计算天棚装饰直接工程费。

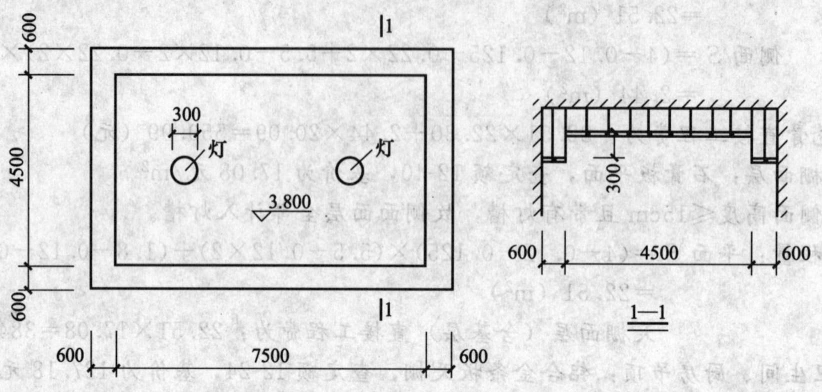

图 13-3　某天棚吊顶示意图

【解】　(1) 天棚龙骨工程量

平面工程量：(4.5＋0.6＋0.6)×(7.5＋0.6＋0.6)＝49.59（m^2）

侧面工程量：(4.7＋7.5)×2×0.3＝7.2（m^2）

(2) 天棚基层工程量

平面工程量：(4.5＋0.6＋0.6)×(7.5＋0.6＋0.6)＝49.59（m^2）

侧面工程量：(4.7＋7.5)×2×0.3＝7.2（m^2）

(3) 面层工程量：49.59＋7.2＝56.79（m^2）

(4) 分项工程直接费计价表见表 13-1。

表 13-1　分项工程直接费计价表

序号	定额编号	项目名称	单位	工程量	单价	合价/元
1	12-16	U38 型轻钢龙骨(平面)	m^2	49.59	22.30	1106
2	12-17	U38 型轻钢龙骨(侧面)	m^2	7.20	20.09	145
3	12-32	细木工板钉在轻钢龙骨上(平面)	m^2	49.59	35.00	1736
4	12-33	细木工板钉在轻钢龙骨上(侧面)	m^2	7.20	38.53	277
5	12-44	石膏板面层	m^2	56.79	16.90	960
		小计	元			4224

第十四章 门窗工程

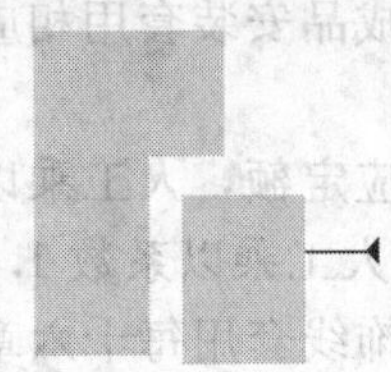

第一节 说 明

1. 本章中木门窗、厂库房大门等定额按现场制作安装编制；金属门窗定额按现场制作安装与成品安装两种形式编制；金属卷帘门、特种门等定额按成品安装编制。

2. 采用一、二类木材木种编制的定额，如设计采用三、四类木种时，除木材单价调整外，定额人工和机械乘以系数 1.35。

3. 定额所注木材断面、厚度均以毛料为准，如设计为净料，应另加刨光损耗：板枋材单面加 3mm，双面加 5mm，其中普通门门板双面刨光加 3mm，木材断面、厚度如设计与表 14-1 不同时，木材用量按比例调整，其余不变。

表 14-1 木门窗用料断面规格尺寸表 单位：cm

门窗名称		门窗框	门窗扇立梃	纱门窗扇立梃	门板
普通门	镶板门	5.5×10	4.5×8	3.5×8	1.5
	胶合板门		3.9×3.9		
	半玻门		4.5×10		1.5
自由门	全玻门	5.5×12	5×10.5		
	带玻胶合板门	5.5×10	4.5×6.5		
厂库房木板大门	带框平开门	5.3×12	5×10.5		2.1
	不带框平开门		5.5×12.5		
	不带框推拉门				
普通窗	平开窗	5.5×8	4.5×6	3.5×6	
	翻窗	5.5×9.5			

4. 装饰木门门扇与门框分别立项，发生时应分别套用。

5. 厂库房大门、特种门定额的门扇上所用铁件均已列入，除成品门附件以外，墙、柱、楼地面等部位的预埋铁件，按设计要求另行计算。

6. 厂库房大门、特种门定额取定的钢材品种、比例与设计不同时，可按设计比例调整；设计木门中的钢构件及铁件用量与定额不同时，按设计图示用量调整。

7. 厂库房大门、特种门定额中的金属件已包括刷一遍防锈漆的工料。

8. 普通木门窗一般小五金，如普通折页、蝴蝶折页、铁插销、风钩、铁拉手、木螺钉等已综合在五金材料费内，不另计算。地弹簧、门锁、门拉手、闭门器及铜合页另套用相应定额计算。

9. 木门窗定额采用普通玻璃，如设计玻璃品种与定额不同时，单价调整；厚度增加时，另按定额的玻璃面积每 10m^2 增加玻璃工 0.73 工日。

10. 铝合金门窗制作安装定额子目中，如设计门窗所用的型材重量与定额不同时，定额型材用量进行调整，其他不变；设计玻璃品种与定额不同时，玻璃单价进行调整。

11. 断桥铝合金门窗成品安装套用相应铝合金门窗定额，除材料单价换算外，人工乘以系数 1.1。

12. 弧形门窗套用相应定额，人工乘以系数 1.15；型材弯弧形费用另行增加；内开内倒窗套用平开窗相应定额，人工乘以系数 1.1。

13. 门窗木贴脸、装饰线套用每十六章“其他工程”中相应定额。

第二节　工程量计算规则

1. 普通木门窗按设计门窗洞口面积计算，单独木门框按设计框外围尺寸以延长米计算。装饰木门扇工程量按门扇外围面积计算。成品木门安装工程量按“扇”计算。

2. 金属门窗安装，工程量按设计门窗洞口面积计算。其中：纱窗扇按扇外围面积计算，防盗窗按外围展开面积计算，不锈钢拉栅门按框外围面积计算。

3. 金属卷帘门按设计门洞口面积计算。电动装置按“套”计算，活动小门按“个”计算。

4. 木板大门、钢木大门、特种门及铁丝门的制作与安装工程量，均按设计门洞口面积计算。无框门按扇外围面积计算。

5. 全钢板大门及大门钢骨架制作工程量，按设计图纸的全部钢材几何尺寸以“t”计算，不包括电焊条重量，不扣除孔眼、切肢、切边的重量。

6. 电子电动门按“樘”计算。

7. 无框玻璃门按门扇外围面积计算，固定门扇与开启门扇组合时，应分别计算工程量。

8. 无框玻璃门门框及横梁的包面工程量以实包面积展开计算。

9. 弧形门窗工程量按展开面积计算。

10. 门与窗相连时，应分别计算工程量，门算至门框外边线。

11. 门窗套按设计图示尺寸以展开面积计算。

12. 窗帘盒基层工程量按单面展开面积计算，饰面板按实铺面积计算。

【例 14-1】 某工程有 1500mm×2200mm 双开无框 12 厚钢化玻璃门 1 樘。每扇门均配置 ϕ50 不锈钢门拉手 1 副，地弹簧 1 副，门夹 2 只，地锁 1 把，试计算该门的直接工程费。设定材料单价为：12 厚钢化玻璃单价 120 元/m^2，地弹簧 150 元/副，门夹 40 元/只，门拉手 180 元/副，地锁 70 元/把。

【解】 本例中人工、材料、机械台班消耗量以及人工、除上述定价以外的材料、机械台班单价按预算定额取定。

(1) 项目名称：门夹玻璃门（平开门）

① 套定额 13-86，定额基价为 279.69 元/m^2，12 厚钢化玻璃主材单价 120 元/m^2，门夹主材单价 40 元/只，主材单价换算，计算式：279.69＋(120－126)×1.05＋(40－80)×1.02＝244.75 (元/m^2)；

② 工程量：1.5×2.2＝3.3 (m^2)；

③ 门夹玻璃门直接工程费：244.75×3.3＝807.68（元）。

（2）项目名称：ϕ50 不锈钢门拉手安装

① 套定额 13-150；定额基价 45.3 元/副，门拉手主材价 180 元/副，主材单价换算，计算式：45.3＋(180－30)×1.01＝196.8（元/副）；

② 工程量：2 副；

③ ϕ50 不锈钢门拉手安装直接工程费：196.8×2＝393.6（元）。

（3）项目名称：地弹簧安装

① 套定额 13-155；定额基价 299.5 元/副，地弹簧主材价 150 元/副，主材单价换算，计算式：299.5＋(150－252)×1.01＝196.48（元/副）；

② 数量：2 副；

③ 地弹簧安装直接工程费：196.48×2＝392.96（元）。

（4）项目名称：地锁安装

① 套定额 13-146；定额基价 35.2 元/把，地锁主材价 70 元/把，主材单价换算，计算式：35.2＋(70－20)×1.01＝85.7（元/把）；

② 数量：2 副；

③ 地锁安装直接工程费：85.7×2＝171.4（元）。

（5）该门的直接工程费合计：807.68＋393.6＋392.96＋171.4＝1765.64（元）。

【例 14-2】 某工程有 900mm×2100mm 的单开无框 12 厚钢化玻璃门 1 樘和 1500mm×2200mm 双开无框 12 厚钢化玻璃门 1 樘。每扇门均配置 ϕ50 不锈钢门拉手 1 副，地弹簧 1 副，门夹 2 只，地锁 1 把，试编制该工程无框玻璃门的清单项目。

【解】 （1）清单项目设置：

本例门窗工程的工程量清单项目为全玻自由门，工程内容有无框玻璃门、不锈钢门拉手、地弹簧、门夹、地锁。

（2）工程量清单编制：

清单项目有两个：单开 900mm×2100mm 全玻自由门（无扇框）（020404006001）和双开 1500mm×2100mm 全玻自由门（无扇框）（020404006002）

020404006001 全玻自由门项目特征：

（1）门类型：无框玻璃门。

（2）扇材质、外围尺寸：材质玻璃、900mm×2200mm。

（3）玻璃品种、厚度，五金材料、品种、规格：12 厚钢化玻璃，每扇配 ϕ50 不锈钢门拉手 1 副、地弹簧 1 副、门夹 2 只、地锁 1 把。

清单工程量的计算：1 樘。

020404006002 全玻自由门项目特征：

（1）门类型：无框玻璃门。

（2）扇材质、外围尺寸：材质玻璃、1500×2200。

（3）玻璃品种、厚度，五金材料、品种、规格：12 厚钢化玻璃，每扇配 ϕ50 不锈钢门拉手 1 副、地弹簧 1 副、门夹 2 只、地锁 1 把。

清单工程量的计算：1 樘。分部分项工程量清单见表 14-2。

表 14-2 分部分项工程量清单

序号	项目编码	项目名称	项目特征	计量单位	工程数量
1	020404006001	全玻自由门(无扇框)	900×2100 单开无框门；12 厚钢化玻璃；ϕ50 不锈钢门拉手、地弹簧、门夹、地锁	樘	1
2	020404006002	全玻自由门(无扇框)	1500×2100 双开无框门；12 厚钢化玻璃；ϕ50 不锈钢门拉手、地弹簧、门夹、地锁	樘	1

【例 14-3】 某工程有亮镶板门，采用硬木制作，求基价。

【解】 查定额 13-1 基价 117.39 元/m²

换算后基价＝原基价＋木材价差＋木种不同引起的人工机械差价

$$=117.39+(3600-1450)\times(0.01908+0.01632+0.01016+0.00461)+(31.435+1.0625)\times0.35$$

$$=236.63\ (元/m^2)$$

其中：3600 为硬木框扇料单价，31.435、1.0625 分别为定额的人工费和机械费。

【例 14-4】 某工程杉木平开窗，设计断面尺寸（净料）窗框为 5.5cm×8cm，窗扇梃为 4.5cm×6cm，求基价。

【解】 (1) 设计为净料尺寸，加刨光损耗后的尺寸为：

窗框 (5.5＋0.3)×(8＋0.5)＝5.8cm×8.5cm

窗扇梃 (4.5＋0.5)×(6＋0.5)＝5cm×6.5cm

定额平开窗断面尺寸取定：

窗框：5.5cm×8cm

窗扇梃：4.5cm×6cm

设计断面与定额不同，需换算。

(2) 设计木材用量按比例调整：

查定额 13-90，窗框杉木含量为 0.02015m³，窗扇为 0.01887m³。

窗框：$\dfrac{5.8\times8.5}{5.5\times8}\times0.02015=0.02257$

窗扇梃：$\dfrac{5\times6.5}{4.5\times6}\times0.01887=0.02271$

(3) 木开窗定额编号 13-90，基价 116.79 元/m²：

换算后基价＝原基价＋木材量差引起的差价

$$=116.79+(0.02257-0.02015+0.02271-0.01887)\times1450$$

$$=116.79+9.077$$

$$=125.87\ (元/m^2)$$

【例 14-5】 某工程楼面建筑平面如例 11-12 图 11-3 所示，设计门窗为有亮胶合板木门和铝合金推拉窗，计算门窗分项工程直接费。

【解】 (1) 木门 $S=0.9\times2.4\times2=4.32\ (m^2)$

定额编号 13-3 基价 121.94 元/m²

(2) 铝合金窗 $S=1.8\times1.8\times2=6.48\ (m^2)$

定额编号 13-97 基价 451.05 元/m²

(3) 门窗工程分项直接费计价表见表 14-3。

表 14-3 门窗工程分项直接费计价表

序号	定额编号	项目名称	单位	工程量	单价	合价/元
1	13-3	有亮胶合板木门	m²	4.32	121.94	527
2	13-97	铝合金推拉窗	m²	6.48	451.05	2923
		小计	元			3450

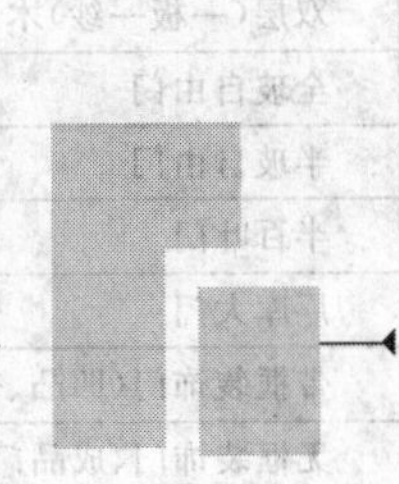

第十五章 油漆、涂料、裱糊工程

第一节 说 明

1. 本定额中油漆不分高光、半哑光、哑光，已综合考虑。

2. 本定额未考虑做美术图案，发生时另行计算。

3. 调和漆定额按二遍考虑，聚酯清漆、聚酯混漆定额按三遍考虑，磨退定额按五遍考虑。硝基清漆、硝基混漆按五遍考虑，磨退定额按十遍考虑。木材面金漆按底漆一遍、面漆（金漆）二遍考虑。设计遍数与定额取定不同时，按每增减一遍定额调整计算。

4. 裂纹漆做法为腻子两遍，硝基色漆三遍，喷裂纹漆一遍和喷硝基清漆三遍。

5. 木线条、木板条适用于单独木线条、木板条油漆。

6. 隔墙、护壁、柱、天棚面层及木地板刷防火涂料，执行其他木材面刷防火涂料相应子目。

7. 乳胶漆定额中的腻子按满刮一遍、复补一遍考虑。

8. 乳胶漆线条定额适用于木材面、抹灰面的单独线条面刷乳胶漆项目。

9. 金属镀锌定额是按热镀锌考虑的。

10. 本定额中的氟碳漆子目仅适用于现场涂刷。

第二节 工程量计算规则

1. 楼地面、墙柱面、天棚的喷（刷）涂料及抹灰面油漆、其工程量的计算，除本章定额另有规定外，按设计图示尺寸以面积计算。

2. 混凝土栏杆、花格窗按单面垂直投影面积计算；套用抹灰面油漆时，工程量乘以系数 2.5。

3. 木材面油漆、涂料的工程量按下表计算方法计算。

套用单层木门定额其工程量乘以表 15-1 系数：

表 15-1　系数

定额项目	项目名称	系数	工程量计算规则
单层木门	单层木门	1.00	按门洞口面积
	双层(一板一纱)木门	1.36	
	全玻自由门	0.83	
	半玻自由门	0.93	
	半百叶门	1.30	
	厂库大门	1.10	
	带框装饰门(凹凸、带线条)	1.10	
	无框装饰门、成品门	1.10	按门扇面积

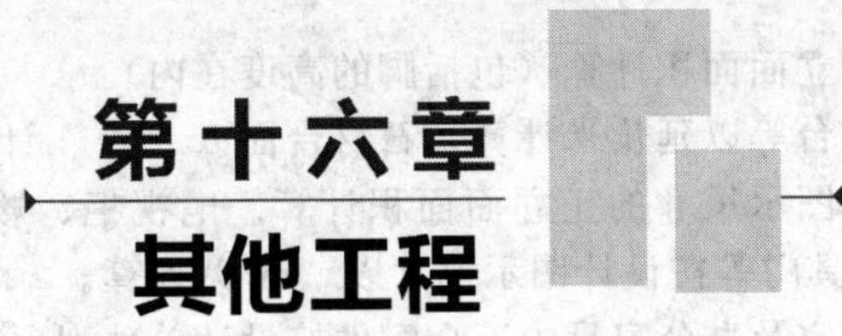

第十六章 其他工程

第一节 说 明

1. 柜类、货架、家具设计使用的材料品种、规格与定额取定不同时，按设计调整。

2. 住宅及办公家具柜除注明者外，定额均不包括柜门，柜门另套用相应定额，柜内除注明者外，定额也均不考虑饰面，发生时另行计算。五金配件、饰面板上贴其他材料的花饰，发生时另列项目计算。弧形家具（包括家具柜类及服务台），定额乘以系数 1.15。

3. 各种装饰线条定额均以成品安装考虑为准，装饰线条做图案者，人工乘以系数 1.80，材料乘以系数 1.10。

4. 弧形石材装饰线条安装，套用相应石装饰线条定额，石线条用量不变，单价换算，人工、机械乘以系数 1.10，其他材料乘以系数 1.05。

5. 石材磨边、磨斜边、磨半圆边、块料倒角磨边、铣槽及台面开孔子目均考虑现场磨制。石材、块料磨边定额按磨单边考虑，设计图纸为双边叠合板磨边时，定额乘以系数 1.85。

6. 平面招牌是指直接安装在墙上的平板式招牌；箱式招牌是指直接安装在墙上或挑出墙面的箱体招牌。

7. 平面招牌定额分钢结构及木结构，又分一般与复杂，复杂指平面招牌基层有凸凹或造型等复杂情况。

8. 招牌的灯饰均不包括在定额内。招牌面层套用天棚或墙面相应子目。

9. 美术字不分字体，定额均以成品安装为准。美术字安装基层分混凝土面、砖墙面及其他面，混凝土面、砖墙面包括粉刷或贴块料后的基层，其他面指铝合金扣板面、幕墙玻璃面、铝塑板面等。

10. 本章定额中铁件已包括刷防锈漆一遍，若刷防火漆、镀锌等另列项目计算。

11. 本定额拆除子目适用于建筑物非整体拆除，饰面拆除子目包含基层拆除工作内容。门窗套拆除包括与其相连的木线条拆除。

12. 混凝土拆除项目中未考虑钢筋、铁件等的残值回收费用。

13. 垃圾外运按人工装车、5t 以内自卸汽车考虑。

第二节　工程量计算规则

1. 货架、收银台按正立面面积计算（包括脚的高度在内）。

2. 柜台、吧台、服务台等以延长米计算，石材台面以“m^2”计算。

3. 家具衣柜、书柜按图示尺寸的正立面面积计算。电视柜、矮柜、写字台等以延长米计算，博古架、壁柜、家具门等按设计图示尺寸以“m^2”计算。

4. 除定额注明外，住宅及办公家具中五金配件按设计单独列项计算。

5. 大理石洗漱台按设计图示尺寸的台面外接矩形面积计算，不扣除孔洞面积及挖弯、削角面积，挡板、挂板面积并入台面面积内计算。

6. 石材磨边按设计图示按延长米计算。

7. 镜面玻璃按设计图示尺寸的边框外围面积计算，成品镜箱安装以“个”计算。

8. 压条、装饰条按图示尺寸以延长米计算。

9. 吊挂雨篷按设计图示尺寸的水平投影面积计算。

10. 空调管洞按设计图示以“个”计算。

11. 平面招牌基层按正立面面积计算，复杂形的凹凸造型部分不增减。

12. 钢结构招牌基层按设计图示钢材的净用量计算。

13. 招牌、灯箱面层按展开面积以“m^2”计算。

14. 美术字安装按字的最大外围矩形面积以“个”计算。

15. 饰面拆除，按装饰工程相应工程量计算规则计算。栏板、窗台板、门窗套等拆除项目工程量按延长米计算。

第十七章 脚手架工程

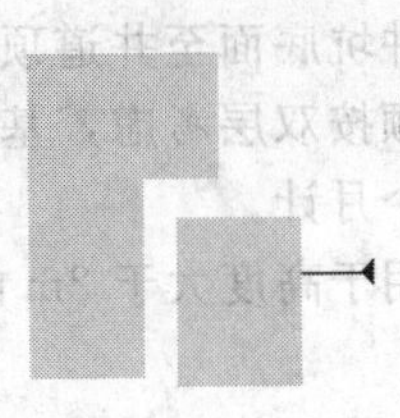

第一节 说 明

1. 本章定额适用于房屋工程、构筑物及附属工程的脚手架。

2. 本章定额脚手架不分搭设材料及搭设方法，均执行同一定额。

3. 综合脚手架

(1) 综合脚手架定额适用于房屋工程及地下室脚手架。不适用于房屋加层脚手架、构筑物及附属工程脚手架，以上应套用单项脚手架相应定额。

(2) 本定额已综合内、外墙砌筑脚手架，外墙饰面脚手架，斜道和上料平台。高度在3.6m以内的内墙及天棚装饰脚手架费已包含在定额内。

(3) 地下室综合脚手架中已综合了基础超深脚手架。

(4) 本定额房屋层高以6m以内为准，层高超过6m，另按每增加1m以内定额计算；檐高30m以上的房屋，层高超过6m时，按檐高30m以内每增加1m定额执行。

(5) 本定额未包括高度在3.6m以上的内墙和天棚饰面或吊顶安装脚手架、基础深度超过2m（自设计室外地坪起）的混凝土运输脚手架、电梯安装井道脚手架、人行过道防护脚手架，发生时，按单项脚手架规定另列项目计算。

(6) 综合脚手架定额是按不同檐高划分的，同一建筑物檐高不同时，应根据不同高度的垂直分界面分别计算建筑面积，套用相应定额。

4. 单项脚手架

(1) 外墙脚手架定额未综合斜道和上料平台，发生时另列项目计算。

(2) 高度超过3.6～5.2m的天棚饰面或吊顶安装，按满堂脚手架基本层计算。高度超过5.2m另按增加层定额计算。

如仅勾缝、刷浆或油漆时，按满堂脚手架定额，人工乘以系数0.4，材料乘以系数0.1。满堂脚手架在同一操作地点进行多种操作时（不另行搭设），只可计算一次脚手架费用。

(3) 外墙外侧饰面应利用外墙砌筑脚手架，如不能利用须另行搭设时，按外墙脚手架定额，人工乘以系数0.6，材料乘以系数0.3。如仅勾缝、刷浆、油漆时，人工乘以系数0.4，材料乘以系数0.1。采用吊篮施工时，应按施工组织设计规定计算并套用相应定额。吊篮安装，拆除以套为单位计算，使用以套·天计算，如采用吊篮在另一垂直面上工作的方案，所发生的整体挪移费按吊篮安拆定额扣除载重汽车台班后乘以系数0.7计算。

(4) 高度在3.6m以上的内墙饰面脚手架，如不能利用满堂脚手架，须另行搭设时，按内墙脚手架定额，人工乘以系数 0.6，材料乘以系数 0.3。如仅勾缝、刷浆、或油漆时，人工乘以系数 0.4，材料乘以系数 0.1。

(5) 砖墙厚度在一砖半以上，石墙厚度在 40cm 以上，应计算双面脚手架，外侧套用外脚手架，内侧套内用墙脚手架定额。

(6) 电梯井高度按井坑底面至井道顶板底的净空高度再减去 1.5m 计算。

(7) 防护脚手架定额按双层考虑，基本使用期为六个月，不足或超过六个月按相应定额调整，不足一个月按一个月计。

(8) 砖柱脚手架适用于高度大于 2m 的独立砖柱；房上烟囱高度超出屋面 2m 者，套用砖柱脚手架定额。

(9) 围墙高度在 2m 以上者，套用内墙脚手架定额。

(10) 基础深度超过 2m 时（自设计室外地坪起）应计算混凝土运输脚手架（使用泵送混凝土除外），按满堂脚手架基本层定额乘以系数 0.6。深度超过 3.6m 时，另按增加层定额乘以系数 0.6。

(11) 构筑物钢筋混凝土贮仓（非滑模的）、漏斗、风道、支架、通廊、水（油）池等，构筑物高度在 2m 以上者，每 $10m^3$ 混凝土（不论有无饰面）的脚手架费按 99 元（其中人工 1.2 工日）计算。

(12) 网架安装脚手架高度（指网架最低支点的高度）按 6m 以内为准，超过 6m 按每增加 1m 定额计算。

(13) 钢筋混凝土倒锥形水塔的脚手架，按水塔脚手架的相应定额乘以系数 1.3。

(14) 屋面构架等建筑构造的脚手架，高度在 5.2m 以内时，按满堂脚手架基本层计算。高度超过 5.2m 另按增加层定额计算。其高度在 3.6m 以上的装饰脚手架，如不能利用满堂脚手架，须另行搭设时，按内墙脚手架定额，人工乘以系数 0.6，材料乘以系数 0.3。构筑物砌筑按单项定额计算砌筑脚手架。

(15) 二次装饰、单独装饰工程的脚手架，按施工组织设计规定的内容计算单项脚手架。

(16) 钢结构专业工程的脚手架发生时套用相应的单项脚手架定额。对有特殊要求的钢结构专业工程脚手架应根据施工组织设计规定计算。

第二节　工程量计算规则

1. 综合脚手架

(1) 工程量按房屋建筑面积计算，有地下室时，地下室与上部建筑面积分别计算，套用相应定额。半地下室并入上部建筑物计算。

(2) 以下内容并入综合脚手架计算

1) 骑楼、过街楼下的人行通道和建筑物通道，以及建筑物底层无围护结构的架空层，层高在 2.2m 及以上者按墙（柱）外围水平面积计算；层高不足 2.2m 者计算 1/2 面积。

2) 设备管道夹层（原称技术层）层高在 2.2m 及以上者按墙外围水平面积计算；层高不足 2.2m 者计算 1/2 面积。

3) 有墙体、门窗封闭的阳台，按其外围水平投影面积计算。

以上涉及面积计算的内容，仅适用于计取综合脚手架、垂直运输费和建筑物超高施工用水加压增加的水泵台班费用。

2. 砌墙脚手架工程量按内、外墙面积计算（不扣除门窗洞口、空洞等面积）。外墙乘以系数 1.15，内墙乘以系数 1.1。

3. 围墙脚手架高度自设计室外地坪算至围墙顶，长度按围墙中心线计算，洞口面积不扣砖垛（柱），也不折加长度。

4. 满堂脚手架工程量按天棚水平投影面积计算，工作面高度为房屋层高；斜天棚（屋面）按房屋平均层高计算；局部层高超过 3.6m 以上的房屋，按层高超过 3.6m 以上部分的面积计算。

无天棚的屋面构架等建筑构造的脚手架，按施工组织设计规定的脚手架搭设的外围水平投影面积计算。

5. 电梯安装井道脚手架，按单孔（一座电梯）以“座”计算。

6. 人行过道防护脚手架，按水平投影面积计算。

7. 砖（石）柱脚手架按柱高以“m”计算。

8. 基础深度超过 2m 的混凝土运输满堂脚手架工程量，按底层外围面积计算；局部加深时，按加深部分基础宽度每边各增加 50cm 计算。

9. 混凝土、钢筋混凝土构筑物高度在 2m 以上，混凝土工程量包括 2m 以下至基础顶面以上部分体积。

10. 烟囱、水塔脚手架高度，按“座”计算。

11. 采用钢滑模施工的钢筋混凝土烟囱筒身、水塔筒式塔身、贮仓筒壁是按无井架施工考虑的，除设计采用涂料工艺外不得再计算脚手架或竖井架。

12. 网架安装脚手架按网架水平投影面积计算。

【例 17-1】 某房屋天棚饰面为抹灰面，层高为 5.5m，求天棚抹灰脚手架单价。

【解】 层高为 5.5m，应计算天棚满堂脚手架，

16-40＋41，6.03＋1.24＝7.27（元/m^2）

【例 17-2】 某房屋基础为带型基础，埋深为 4.2m，求基础混凝土运输脚手架单价。

【解】 埋深为 4.2m，应计算基础混凝土运输脚手架，

16-40＋41，(6.03＋1.24)×0.6＝7.27×0.6＝4.36（元/m^2）

【例 17-3】 某建筑屋面混凝土构架进行装饰施工，需单独搭设脚手架，已知其高度为 4.5m，计算其脚手架费单价。

【解】 单独搭设构架脚手架，套用内墙脚手架定额，

16-39H，3.53＋2.0081×(0.6－1)＋1.3839×(0.3－1) ＝1.76（元/m^2）

【例 17-4】 某办公楼檐高 18m，其中第一层层高 8.2m。试求脚手架定额单价。

【解】 查定额编号 16-5，基价为 15.46 元/m^2。该层层高大于 6m，应另套定额，每增加 1m，增加系数为 3，则：

换算后基价＝15.46＋1.54×3＝20.08（元/m^2）

【例 17-5】 某层房屋天棚油漆层高 5.6m，因不能利用先期搭设的脚手架需重新搭设进行油漆，求该项目单价。

【解】 该项目首先套用满堂脚手架基本层，查定额编号 16-40，基价 6.03 元/m^2。该层层高大于 5.2m，每增加 1.2m 应另套定额计算。

查定额编号 16-41，基价 1.24 元/m^2，单价按定额规定换算如下：

换算后基价＝6.03－4.1753×0.6－1.605×0.9＋1.24－0.8256×0.6－0.3625×0.9

＝2.50（元/m^2）

【例 17-6】 某建筑物基础混凝土浇筑（非泵送），深度 4.5m，求该项目单价。

【解】 查定额编号 16-40 基价 6.03 元/m^2

查定额编号 16-41 基价 1.24 元/m^2

换算后基价=(6.03+1.24)×0.6=4.362（元/m^2）

【例 17-7】 某工程如图 17-1 所示，钢筋混凝土基础深度 $H=5.2$m，采用非泵送混凝土浇筑，每层建筑面积 800m^2，其中第二层为技术管道设备层，天棚投影面积 720m^2，楼板厚 100mm。

求：(1) 综合脚手架费用；

(2) 天棚抹灰脚手架费用；

(3) 基础混凝土运输脚手架费用。

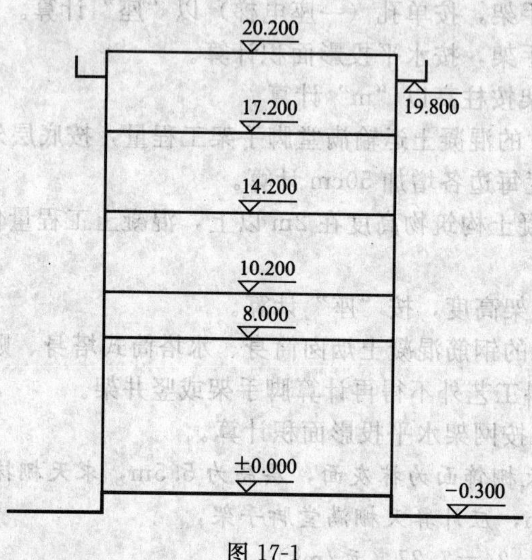

图 17-1

【解】 (1) 综合脚手架费用：

底层层高 $H=8\text{m}>6\text{m}$，计算工程量：

$S_1=800\text{m}^2$

二～五层层高 $H<6\text{m}$，中间有一技术层层高 2.2m，按墙外围水平面积计算脚手架工程量：

$$S_2=800\times4=3200\ (\text{m}^2)$$

沿高 $H=19.8+0.3=20.1>20$m，套 30m 以内定额。

底层：定额编号 16-7+8×2

19.32+1.75×2=22.82（元/m^2）

二～五层：定额编号 16-7 基价 19.32 元/m^2

综合脚手架费用=800×22.82+3200×19.32=80080（元）

(2) 天棚抹灰脚手架费用：

底层高度为 8m，第三层高度为 4m，有两层高度大于 3.6m，其中底层 8m>5.2m，第三层 3.6m<3.9m<5.2m，则：

底层定额套用 16-40+41×3，单价为：6.03+1.24×3=9.75（元/m^2）

第三层定额套用 16-40，基价为：6.03（元/m^2）

天棚抹灰脚手架费用=9.75×720+6.03×720=11362（元）

(3) 基础混凝土运输脚手架费用：

基础 $H=5.2>2$m，应计算脚手架费用。

定额套用：ΔH＝5.2－3.6＝1.6（m）

换算后基价＝（6.03＋1.24×2）×0.6＝5.106（元/m^2）

基础混凝土运输脚手架费用＝5.106×800＝4085（元）

【例 17-8】 如图 17-2 所示，设某单层高低跨工业厂房，高跨沿高 21m，层高 20.6m；低跨沿高 15m，层高 14.6m，屋面采用大型屋面板仅勾缝刷面，屋面板厚 12cm，柱 600mm×400mm，墙厚 240mm。

试计算：(1) 综合脚手架费用；

(2) 满堂脚手架费用。

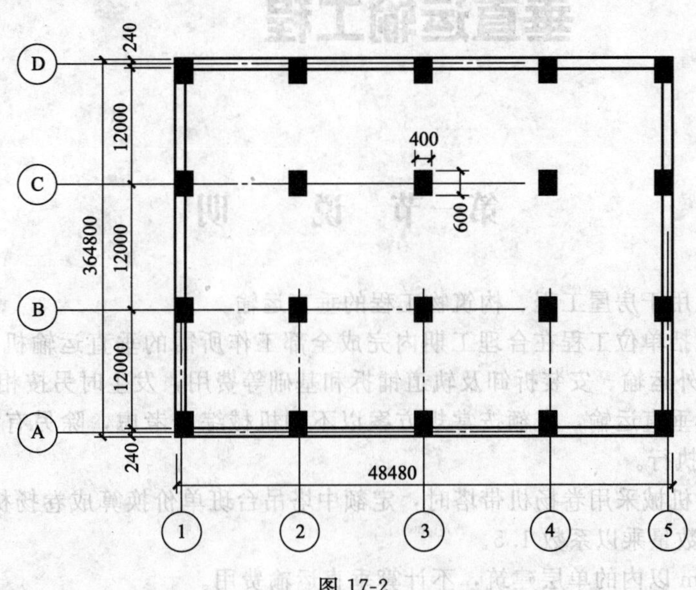

图 17-2

【解】 (1) 综合脚手架费用

① 高跨 $S_{建}$＝48.48×(12＋0.3×2)＝610.85（m^2）

套定额 16-7＋8×15，单价为：19.32＋1.75×15＝45.57（元/m^2）

高跨综合脚手架费用＝610.85×36.32＝27836（元）

② 低跨 $S_{建}$＝48.48×(12－0.3＋0.24)×2＝1157.70（m^2）

套定额 16-5＋6×9，单价为：15.46＋1.54×9＝29.32（元/m^2）

低跨综合脚手架费用＝1157.70×29.32＝33944（元）

(2) 满堂脚手架费用

① 高跨 $S_{天棚}$＝48×12.6＝604.80（m^2）

套定额 $(16\text{-}40+16-41\times13)_H$＝(6.03－0.6×4.1753－0.9×1.605)＋(1.24－0.6×0.8256－0.9×0.3625)×13

＝7.53（元/m^2）

高跨满堂脚手架费用＝604.80×7.53＝4554（元）

② 低跨 $S_{天棚}$＝48×11.7×2＝1123.20（m^2）

套定额 $(16\text{-}40+16-41\times8)_H$＝(6.03－0.6×4.1753－0.9×1.605)＋(1.24－0.6×0.8256－0.9×0.3625)×8

＝5.43（元/m^2）

低跨满堂脚手架费用＝1123.2×5.43＝6099（元）

第十八章 垂直运输工程

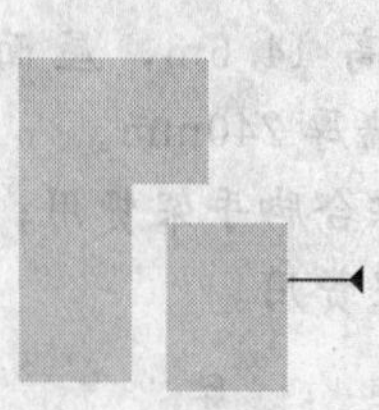

第一节 说 明

1. 本定额适用于房屋工程、构筑物工程的垂直运输。

2. 本定额包括单位工程在合理工期内完成全部工作所需的垂直运输机械台班。但不包括大型机械的场外运输、安装拆卸及轨道铺拆和基础等费用，发生时另按相应定额计算。

3. 建筑物的垂直运输，定额按常规方案以不同机械综合考虑，除另有规定或特殊要求者外，均按定额执行。

4. 垂直运输机械采用卷扬机带塔时，定额中塔吊台班单价换算成卷扬机带塔台班单价，数量按塔吊台班数量乘以系数 1.5。

5. 檐高 3.6m 以内的单层建筑，不计算垂直运输费用。

6. 建筑物层高超过 3.6m 时，按每增加 1m 相应定额计算，超高不足 1m 的，每增加 1m 相应定额按比例调整。地下室层高定额已综合考虑。

7. 同一建筑物檐高不同时，应根据不同高度的垂直分界面分别计算建筑面积，套用相应定额。

8. 如采用泵送混凝土施工时，定额子目中的塔吊台班应乘以系数 0.98。

9. 加层工程按加层建筑面积和房屋总高套用相应定额。

10. 构筑物高度指设计室外地坪至结构最高点为准。

11. 钢筋混凝土水（油）池套用贮仓定额乘以系数 0.35 计算。贮仓或水（油）池池壁高度小于 4.5m 时，不计算垂直运输费用。

12. 滑模施工的贮仓定额只适用于圆形仓壁，其底板及顶板套用普通贮仓定额。

第二节 工程量计算规则

1. 地下室垂直运输以首层室内地坪以下的建筑面积计算，半地下室并入上部建筑计算。

2. 上部建筑的垂直运输以首层室内地坪以上建筑面积计算，另应增加按房屋综合脚手架计算规则规定增加内容的面积。

3. 非滑模施工的烟囱、水塔，根据高度按座计算；钢筋混凝土水（油）池及贮仓按基础底板以上实体积以“m^3”计算。

4. 滑模施工的烟囱、筒仓，按筒座或基础底板上表面以上的筒身实体积以“m^3”计算；水塔根据高度按“座”计算，定额已包括水箱及所有依附构件。

【例 18-1】 某房屋建筑檐高 16.5m，施工垂直运输机械采用卷扬机带塔，未使用塔吊。求垂直运输单价。

【解】 根据檐高条件，

套用定额 17-4H，(2.24×1.5＋7.76)×92.63＝1030.05（元/100m^2）

【例 18-2】 某拟建综合楼，檐高 25m，建筑面积 12000m^2，施工采用 60kN·m 起重量的塔式起重机（双轨式轨道长 133.5m），计算：

(1) 建筑物垂直运输费用；

(2) 塔式起重机基础费用；

(3) 安装拆除费用；

(4) 场外运输费用。

【解】 (1) 建筑物垂直运输费用：

檐高 25m，套用 30m 以下定额编号 17-5，基价 18.55 元/m^2

垂直运输费＝12000×18.55＝222600（元）

(2) 塔式起重机基础费用：

查附录（二），定额编号 1002，基价 218.2 元/m

基础费用＝133.5×218.2＝29130（元）

(3) 安装拆卸费用：

定额编号 2001　基价 6756.73 元/台次

安装拆卸费用＝6756.73×1＝6757（元）

(4) 场外运输费用：

定额编号 3017　基价 8406.86 元/台次

场外运输费用＝8406.86×1＝8407（元）

【例 18-3】 如图 18-1 所示某建筑物分三个单元，第一个单元共 20 层，檐口高度为 62.7m，建筑面积每层 300m^2；第二个单元共 18 层，檐口高度为 49.7m，建筑面积每层 500m^2；第三个单元共 15 层，檐口高度为 35.7m，建筑面积每层 200m^2；有地下室一层，建筑面积 1000m^2。以上层高均小于 3.6m。试计算该工程垂直运输增加费。

【解】 确定建筑物三个不同标高的建筑面积应垂直分割计算。

(1) 檐口高度 70m 以内：

S＝20×300＝6000（m^2）

定额套用 17-8　基价 35.1 元/m^2

垂直运输增加费＝6000×35.1＝222600（元）

(2) 檐口高度 50m 以内：

S＝18×500＝9000（m^2）

定额套用 17-6　基价 28.45 元/m^2

垂直运输增加费＝9000×28.45＝256050（元）

(3) 檐口高度 40m 以内：

S＝15×200＝3000（m^2）

定额套用 17-5　基价 27.4 元/m^2

垂直运输增加费＝3000×27.4＝82200（元）

(4) 地下室垂直运输：

$S=1000\ (m^2)$

定额套用 17-1　基价 29.37 元/m^2

垂直运输增加费＝1000×29.37＝29370（元）

合计：590220 元。

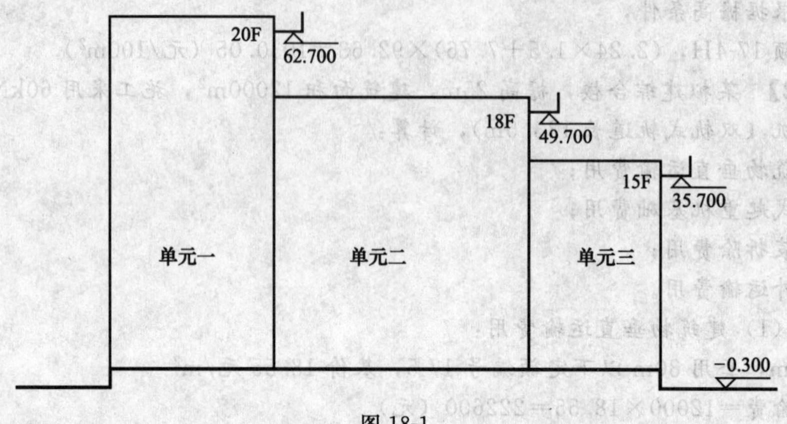

图 18-1

【例 18-4】 某写字楼檐高 35m，层高 3.5m，采用商品混凝土，试求垂直运输的单价。

【解】 查定额 17-6　基价 27.4 元/m^2

换算后基价＝27.4＋0.04×335.48×(0.98－1)

＝27.13（元/m^2）

【例 18-5】 某小高层住宅檐高 25m，层高 3m，垂直运输机械采用卷扬机带塔，试求垂直运输单价。

【解】 查定额 17-5　基价 18.55 元/m^2

换算后基价＝18.55＋(92.63×0.0367×1.5－0.0367×335.48)

＝11.34（元/m^2）

【例 18-6】 某办公楼檐高 33m，采用商品混凝土，其中顶层层高 5m，试求该顶层垂直运输单价。

【解】 查定额 17-5　基价 18.55 元/m^2

层高超过 3.6m，每增加 1m，定额 17-24，基价 2.97 元/m^2。

换算后基价＝18.55＋0.0367×335.48×(0.98－1)＋[2.97＋0.0045×335.48×(0.98－1)]×(5－3.6)÷1

＝22.42（元/m^2）

【例 18-7】 某施工企业承担某建筑物装饰施工，工程分 A、B 两个部分，已知 A 楼檐口总高度为 28.60m，层高均小于 3.6m，建筑面积 3306m^2，无地下室。B 楼檐口总高度为 45.6m，层高均小于 3.6m，建筑面积 6800m^2，其中地下室一层 1000m^2。已知该工程总的定额直接费为 2021.2 万元，其中人工费为 404.24 万元、材料费为 1414.84 万元、机械费为 202.12 万元（其中垂直运输费为 25.5706 万元），试计算其超高施工增加费。

【解】 (1) A 楼檐高 $H=28.6m$，则超高施工增加费用如下：

① 建筑物超高人工降效增加费：

定额套用 18-1　200 元/万元

人工降效费用＝404.24×200×3306/(3306＋6800－1000) ＝29352（元）

② 建筑物超高机械降效增加费：

定额套用 18-19　200 元/万元

机械降效费用＝(202.12－25.5706)×200×3306/(3306＋6800－1000)

＝12820（元）

③ 建筑物超高加压水泵台班及其他费用：

定额套用 18-37　1.70 元/m^2

加压水泵台班及其他费用＝3306×1.7＝5620.2（元）

(2) B 楼檐高 H＝45.6m，则超高施工增加费用如下：

① 建筑物超高人工降效增加费：

定额套用 18-3　686 元/万元

人工降效费用＝404.24×686×5800/(3306＋6800－1000)＝176618（元）

② 建筑物超高机械降效增加费：

定额套用 18-21　686 元/万元

机械降效费用＝(202.12－25.5706)×686×5800/(3306＋6800－1000)

＝77137（元）

③ 建筑物超高加压水泵台班及其他费用：

定额套用 18-39　6.43 元/m^2

加压水泵台班及其他费用＝5800×6.43＝37294（元）

(3) 建筑物超高施工增加费小计：

① 建筑物超高人工降效费：205970 元；

② 建筑物超高机械降效费：89957 元；

③ 建筑物超高加压水泵台班费：42914 元。

第十九章 建筑物超高施工增加费

第一节 说明

1. 本定额适用于建筑物檐高 20m 以上的工程。

2. 同一建筑物檐高不同时，应分别计算套用相应定额。

3. 建筑物层高超过 3.6m 时，按每增加 1m 相应定额计算，超高不足 1m 的，每增加 1m 相应定额按比例调整。

第二节 工程量计算规则

1. 各项降效系数中包括的内容指建筑物首层室内地坪以上的全部工程项目，不包括垂直运输、各类构件单独水平运输、各项脚手架、预制混凝土及金属构件制作项目。

2. 人工降效的计算基数为规定内容中的全部定额人工费。

3. 机械降效的计算基数为规定内容中的全部定额机械台班费。

4. 建筑物有高低层时，应按首层室内地坪以上不同檐高建筑面积的比例分别计算超高人工降效费和超高机械降效费。

5. 建筑物超高施工用水加压增加的水泵台班及其他费用，按首层室内地坪以上垂直运输工程量的面积计算。

【例 19-1】 某房屋建筑檐高 16.5m，其中底层层高为 4.5m。求底层超高垂直运输增加费单价。

【解】 根据已知条件，底层层高 4.5m 已经超过 3.6m，需计算超高垂直运输增加费

套用定额 17-23H，(4.5－3.6) ÷1×1.49＝1.34 (元/100m^2)

【例 19-2】 某民用建筑如图 19-1 所示，已知该楼由裙房和主楼两部分组成，设计室外地坪为－0.45m。主楼每层建筑面积 1200m^2，裙房每层建筑面积 1000m^2，设备层层高 2.1m，楼板厚度均为 100mm。见表 19-1。计算：脚手架费用（综合脚手架、天棚抹灰脚手架）；垂直运输费；超高施工增加费（假设地面以上人工费为 1260 万元，机械费 450 万元）。

表 19-1

楼层	层高/m	每层建筑面积/m²	每层天棚水平面积/m²
1	6.4	1200(主楼)+1000(裙房)	1120+950
2	5.1	1200+1000	1120+950
3	3.6	1200+1000	1120+950
4～6	3	1200+1000	1120+950
7～10	3.6	1200	1120
地下一层	3	2500	
阳台	3.6	48	7～10层,封闭式

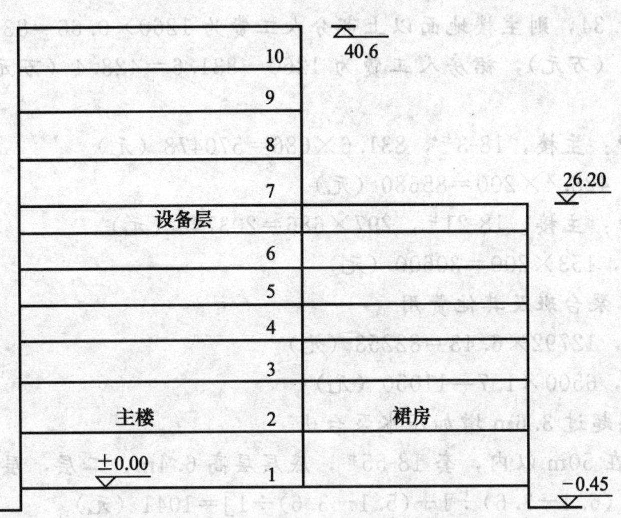

图 19-1

【解】 (1) 脚手架费用

1) 综合脚手架

① 地下室 S=2500m²，套 16-26#

地下室脚手架费=2500×9=22500（元）

② 主楼，檐高 40.6+0.45=41.05（m），套 16-10#

S=1200×10+1200×1/2+48×4=12792（m²），脚手架费=12792×27.38=350245（元）

底层层高 6.4m，增加 16-8#，1200×1.75=2100（元）

裙房，檐高 26.2+0.45=26.65（m），套 16-7#

S=100×6+1000×1/2=6500（m²），脚手架费=6500×19.32=125580（元）

2) 天棚抹灰脚手架

① 底层，层高 6.4m，天棚面积 1120+950=2070（m²），套 16-40+41#

脚手架费用=2070×(6.03+1.24) =15049（元）

② 二层，层高 5.1m，天棚面积同上，为 2070m²，套 16-40

脚手架费用=2070×6.03=12482（元）

(2) 垂直运输费

1) 地下室垂直运输：17-1#，2500×29.37=73425（元）

2) 建筑物垂直运输：主楼，17-7#，S=1200×10+1200×1/2+48×4=12792（m²）

垂直运输费为 12782×28.45＝363648（元）

裙房，17-5#，$S=1000\times6+1000\times1/2=6500$（$m^2$）

垂直运输费为 6500×18.55＝120575（元）

3）层高超过 3.6m 每增加 1m 费用：

主楼和裙房檐高都在 50m 内，套 17-24H，底层层高 6.4m，二层层高 5.1m

2200×2.97×[(6.4－3.6)÷1＋(5.1－3.6)÷1] ＝28096（元）

(3) 建筑物超高施工增加费

主楼与裙房檐高不同，分别计算，主楼建筑面积比例是 12792÷(12792＋6500)≈0.66，裙房为 1－0.66＝0.34，则主楼地面以上部分人工费为 1260×0.66＝831.6（万元），机械费为 450×0.66＝297（万元），裙房人工费为 1260－831.6＝428.4（万元），机械费为 450－297＝153（万元）。

1）人工降效费：主楼，18-3#，831.6×686＝570478（元）

裙房，18-1#，428.4×200＝85680（元）

2）机械降效费：主楼，18-21#，297×686＝203742（元）

裙房，18-19#，153×200＝30600（元）

3）超高加压水泵台班及其他费用

主楼，18-39#，12792×6.43＝82253（元）

裙房，18-37#，6500×1.7＝11050（元）

4）建筑物层高超过 3.6m 增加压水泵台班

主楼及裙房均在 50m 以内，套 18-55#，底层层高 6.4m，二层，层高 5.1m

2200×0.11×[(6.4－3.6)÷1＋(5.1－3.6)÷1]＝1041（元）

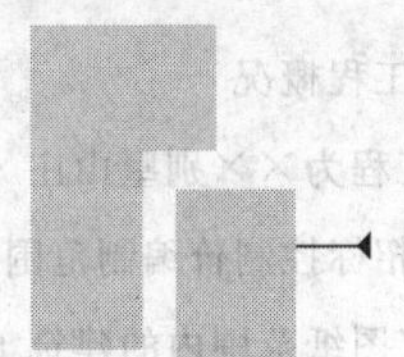

第二十章 建筑工程计量与计价实例

本章通过××别墅山庄A型别墅——建筑工程的实例来讲解建筑工程造价的编制。

下面分别给出两种计价方法：工料单价法，参见工程预算书、预算编制说明、单位（专业）工程预（结）算费用计算表（表20-1）、分部分项工程费计算表（表20-2）、主要工日价格表（表20-3）、主要材料价格表（表20-4）、主要机械台班价格表（表20-5）；国标清单综合单价法计价，参见工程招标控制价、单位工程招标控制价汇总表（表20-6）、分部分项工程和单价措施项目清单与计价表（表20-7）、总价措施项目清单与计价表（表20-8）、其他项目清单与计价汇总表（表20-9）、主要工日价格表（表20-10）、主要材料价格表（表20-11）、主要机械台班价格表（表20-12）；工程量计算书、工程量计算稿（表20-13～表20-32）以及图纸目录（表20-33、表20-38）、相关图纸（图20-1～图20-22）。

××别墅山庄A型别墅建筑工程　　工程

预算书

预（结）算价　（小写）：1284330元

（大写）：壹佰贰拾捌万肆仟叁佰叁拾元整

发包人：＿＿＿＿　承包人：＿＿＿＿　工程造价咨询人：＿＿＿＿

（单位盖章）　（单位盖章）　（单位资质专用章）

法定代表人或其授权人：＿＿＿＿＿＿　法定代表人或其授权人：＿＿＿＿＿＿

（造价人员签字盖专用章）　（造价人员签字盖专用章）

编　制　人：＿＿＿＿＿＿　复　核　人：＿＿＿＿＿＿

（造价人员签字盖专用章）　（造价工程师签字盖专用章）

编制时间：　　年　月　日　　复核时间：　　年　月　日

预算价编制说明

工程名称：(××别墅山庄 A 型别墅——建筑工程)

一、工程概况

本工程为××别墅山庄 A 型别墅建筑工程，建筑面积 556.84m^2，框架结构。

二、招标控制价编制范围

施工图纸范围内的建筑工程。

三、招标控制价编制依据

(1)××建筑设计研究院设计的本工程建筑施工图；

(2)《浙江省建设工程施工费用定额》(2010 版)；

(3)《浙江省建筑工程预算定额》(2010 版)。

四、相关费率按《浙江省建设工程施工取费定额》(2010 版)及有关补充规定计取

(1)企业管理费：取费基数为人工费＋机械费，费率 15%；

(2)利润：取费基数为人工费＋机械费，费率 8.5%；

(3)已完工程及设备保护费：取费基数为人工费＋机械费，费率 0.05%；

(4)夜间施工增加费：取费基数为人工费＋机械费，费率 0.04%；

(5)冬、雨季施工增加费：取费基数为人工费＋机械费，费率 0.2%；

(6)安全文明施工措施费用：取费基数为人工费＋机械费，费率 5.25%；

(7)检验试验费：建筑工程，取费基数为人工费＋机械费，费率 1.12%；

(8)规费：取费基数为人工费＋机械费，费率 10.40%；

(9)农民工工伤保险：按杭州市有关文件规定计取，取费基数为分部分项工程量清单费＋措施项目清单费＋其他项目清单费＋规费，费率 0.114%；危险作业意外伤害保险未计；

(10)税金均按 3.577%(市区)计入。

五、其他有关问题的说明

(1)自然地坪按设计室外地坪－0.5m 计入，土方类别按三类土计入，湿土不考虑，场地狭小，土方挖出后全部外运，运距按 10km 计入；

(2)本工程的混凝土采用商品混凝土；

(3)本工程的模板工程量按混凝土与模板的实际接触面积计入；

(4)桩数量以桩位平面布置图为准计入；

(5)门窗数量以建筑平面图为准计入；

(6)地梁的节点设计无，其下垫层、砖胎膜及防水层的做法参见独立基础计入；

(7)砖砌体做法结构说明与建筑说明不符，以结构说明为准计入，采用专用粘接剂砌筑；

(8)屋面卷材及找坡层，节能设计与建筑设计不符，以节能设计为准计入；

(9)外墙石材业主分包，分包造价暂定 20 万元，总包服务费按 2%计入。

表 20-1　单位（专业）工程预（结）算费用计算表

单位（专业）工程名称：（××别墅山庄 A 型别墅建筑工程）　　　　第 1 页　共 1 页

序号	费用名称		计算公式	金额/元
一	预算定额分部分项工程费		按计价规则规定计算	1158269
	其中	(1)人工费＋机械费	Σ(定额人工费＋定额机械费)	188118
二	施工组织措施费			12528
	其中	(2)安全文明施工费	(1)×5.25%	9876
		(3)建设工程检验试验费	(1)×1.12%	2107
		(4)冬雨季施工增加费	(1)×0.2%	376
		(5)夜间施工增加费	(1)×0.04%	75
		(6)已完工程及设备保护费	(1)×0.05%	94
		(7)二次搬运费	(1)×0	0
		(8)行人、行车干扰增加费	(1)×0	0
		(9)提前竣工增加费	(1)×0	0
		(10)其他施工组织措施费	按相关规定计算	
三	企业管理费		(1)×15%	28218
四	利润		(1)×8.5%	15990
五	规费			20971
	(11)排污费、社保费、公积金		(1)×10.4%	19564
	(12)民工工伤保险费		按各市有关规定计算	1407
	(13)危险作业意外伤害保险费		按各市有关规定计算	0
六	总承包服务费			4000
	(14)总承包管理和协调费		分包项目工程造价×0	0
	(15)总承包管理、协调和服务费		分包项目工程造价×0	0
	(16)甲供材料设备管理服务费		甲供材料设备费×0	0
七	风险费		(一＋二＋三＋四＋五＋六)×0	0
八	暂列金额		(一＋二＋三＋四＋五＋六＋七)×0	0
九	单列费用		单列费用	0
十	税金		(一＋二＋三＋四＋五＋六＋七＋八＋九)×3.577%	44354
十一	建设工程造价		一＋二＋三＋四＋五＋六＋七＋八＋九＋十	1284330

表 20-2　分部分项工程费计算表

单位（专业）工程名称：（××别墅山庄 A 型别墅建筑工程）　　　　第 1 页　共 9 页

序号	定额编号	名称及说明	单位	工程数量	工料单价/元	合价/元
		土方工程				49709.05
1	1-46 换	反铲挖掘机挖土、装车 三类土　深度 4m 以内挖桩承台土方	m^3	55.320	4.96	274.39
2	1-67	自卸汽车运土 1km 内	m^3	55.320	6.49	359.03
3	1-68＊j9 换	自卸汽车运土 每增加 1km	m^3	55.320	14.11	780.57
4	2-155	凿预制管桩桩头	个	2.000	24.33	48.66
5	1-46 换	反铲挖掘机挖土、装车 三类土　深度 4m 以内挖桩承台土方	m^3	66.930	4.96	331.97
6	1-67	自卸汽车运土 1km 内	m^3	66.930	6.49	434.38
7	1-68＊j9 换	自卸汽车运土　每增加 1km	m^3	66.930	14.11	944.38
8	1-46 换	反铲挖掘机挖土、装车　三类土　深度 4m 以内挖桩承台土方	m^3	13.060	4.96	64.78
9	1-67	自卸汽车　运土 1km 内	m^3	13.060	6.49	84.76
10	1-68＊j9 换	自卸汽车运土　每增加 1km	m^3	13.060	14.11	184.28
11	1-46 换	反铲挖掘机挖土、装车　三类土　深度 4m 以内挖桩承台土方	m^3	29.690	4.96	147.26
12	1-67	自卸汽车　运土 1km 内	m^3	29.690	6.49	192.69
13	1-68＊j9 换	自卸汽车运土　每增加 1km	m^3	29.690	14.11	418.93
14	1-46 换	反铲挖掘机挖土、装车　三类土　深度 4m 以内挖桩承台土方	m^3	42.350	4.96	210.06
15	1-67	自卸汽车　运土 1km 内	m^3	42.350	6.49	274.85
16	1-68＊j9 换	自卸汽车运土　每增加 1km	m^3	42.350	14.11	597.56
17	1-46 换	反铲挖掘机挖土、装车　三类土　深度 4m 以内挖桩承台土方	m^3	1.700	4.96	8.43
18	1-67	自卸汽车　运土 1km 内	m^3	1.700	6.49	11.03
19	1-68＊j9 换	自卸汽车运土　每增加 1km	m^3	1.700	14.11	23.99
20	1-46	反铲挖掘机挖土、装车　三类土　深度 4m 以内	m^3	1113.400	4.51	5021.43
21	1-67	自卸汽车　运土 1km 内	m^3	1113.400	6.49	7225.97
22	1-68＊j9 换	自卸汽车运土　每增加 1km	m^3	1113.400	14.11	15710.07
23	2-155	凿预制管桩桩头	个	39.000	24.33	948.87
24	1-46 换	反铲挖掘机挖土、装车　三类土　深度 4m 以内地下室底板下翻构件机械开挖	m^3	122.540	5.86	718.08
25	1-66	装载机装土	m^3	563.800	1.82	1026.12
26	1-67	自卸汽车　运土 1km 内	m^3	563.800	6.49	3659.06
		本页小计				39701.60

单位（专业）工程名称：（××别墅山庄 A 型别墅建筑工程） 第 2 页 共 9 页

序号	定额编号	名称及说明	单位	工程数量	工料单价/元	合价/元
27	1-68 * j9 换	自卸汽车运土 每增加 1km	m^3	563.800	14.11	7955.22
28	1-19	借土回填 夯实	m^3	563.800	3.64	2052.23
		桩基工程				129236.51
29	2-27	静压增强型预应力混凝土离心桩，T-PTC-400-370(60)	m	576.000	156.16	89948.16
30	2-31	静压送增强型预应力混凝土离心桩，T-PTC-400-370(60)	m	122.020	16.09	1963.30
31	2-28	静压增强型预应力混凝土离心桩，T-PTC-500-460(60)	m	162.000	218.88	35458.56
32	2-32	静压送增强型预应力混凝土离心桩，T-PTC-500-460(60)	m	32.600	17.88	582.89
33	2-84	灌注混凝土钻孔桩 非泵送水下商品混凝土 C30	m^3	2.630	488.06	1283.60
		砌筑工程				47187.05
34	3-13 换	实心水泥砖基础 240×115×53 水泥砂浆 M7.5	m^3	4.200	307.00	1289.40
35	3-13 换	实心水泥砖基础 240×115×53 水泥砂浆 M7.5	m^3	8.620	307.00	2646.34
36	3-20 换	实心水泥砖 墙厚 1 砖墙水泥砂浆 M7.5	m^3	18.770	328.97	6174.77
37	3-22 换	实心水泥砖 墙厚 1/2 砖水泥砂浆 M7.5	m^3	2.280	356.23	812.20
38	3-59 换	砌烧结页岩多孔砖墙 厚 1 砖混合砂浆 M5.0	m^3	66.750	371.52	24798.96
39	3-60 换	砌烧结页岩多孔砖墙 厚 1/2 砖混合砂浆 M5.0	m^3	3.890	394.07	1532.93
40	3-88 换	砌蒸压砂加气混凝土砌块墙 厚 240mm 柔性材料嵌缝 1∶3	m^3	22.460	323.69	7270.08
41	3-86 换	砌蒸压砂加气混凝土砌块墙 厚 120mm 柔性材料嵌缝 1∶3	m^3	4.130	339.73	1403.08
42	3-90 换	轻质砌块专用连接件 L 形铁件轻质砌块间的连接	个	159.000	5.43	863.37
43	3-91	聚氨酯(PU)发泡剂嵌缝	m	50.500	7.84	395.92
		A.4 混凝土及钢筋混凝土工程(编码:0104)				482633.52
44	4-75 换	现浇商品(泵送)混凝土基础浇捣泵送商品混凝土 C30	m^3	0.770	409.53	315.34
45	4-76 换	现浇商品(泵送)混凝土地下室底板满堂基础浇捣泵送商品抗渗混凝土 C30/P6	m^3	84.390	419.25	35380.51
		本页小计				222126.86

序号	定额编号	名称及说明	单位	工程数量	工料单价/元	合价/元
46	4-82 换	现浇商品(泵送)混凝土基础梁浇捣　泵送商品混凝土 C30	m^3	2.680	413.70	1108.72
47	4-73 换	现浇商品(泵送)混凝土基础垫层浇捣　泵送商品混凝土 C15	m^3	35.140	351.15	12339.41
48	4-79 换	现浇商品(泵送)混凝土矩形柱、异形柱、圆形柱浇捣　泵送商品混凝土 C30	m^3	3.640	447.89	1630.32
49	4-79 换	现浇商品(泵送)混凝土矩形柱、异形柱、圆形柱浇捣　泵送商品混凝土 C30	m^3	0.640	447.89	286.65
50	4-79 换	现浇商品(泵送)混凝土矩形柱、异形柱、圆形柱浇捣　泵送商品混凝土 C25	m^3	10.760	429.62	4622.71
51	4-79 换	现浇商品(泵送)混凝土矩形柱、异形柱、圆形柱浇捣　泵送商品混凝土 C25	m^3	12.210	429.62	5245.66
52	4-80 换	现浇商品(泵送)混凝土构造柱浇捣　非泵送商品混凝土 C25	m^3	0.530	457.81	242.64
53	4-83 换	现浇商品(泵送)混凝土单梁、连续梁、异形梁、弧形梁、吊车梁浇捣　泵送商品混凝土 C35	m^3	46.010	443.20	20391.63
54	4-84 换	现浇商品(泵送)混凝土圈梁、过梁、拱形梁浇捣　泵送商品混凝土 C30(素混凝土翻口)	m^3	0.580	448.94	260.39
55	4-84	现浇商品(泵送)混凝土圈梁、过梁、拱形梁浇捣　C20(素混凝土翻口)	m^3	3.780	409.35	1547.34
56	4-77 换	现浇商品(泵送)混凝土及钢筋混凝土挡土墙、地下室墙(直、弧形)浇捣　泵送商品抗渗混凝土 C30/P6	m^3	69.510	428.96	29817.01
57	4-89 换	现浇商品(泵送)混凝土直形、弧形墙厚 10 以上浇捣　泵送商品抗渗混凝土 C30/P8	m^3	3.950	451.90	1785.01
58	4-86 换	现浇商品(泵送)混凝土板浇捣　泵送商品混凝土 C25	m^3	29.210	417.44	12193.42
59	4-86 换	现浇商品(泵送)混凝土板浇捣　泵送商品混凝土 C25	m^3	20.060	417.44	8373.85
60	4-98 换	现浇商品(泵送)混凝土栏板、翻檐浇捣　泵送商品混凝土 C25	m^3	0.450	467.48	210.37
61	4-94 换	现浇商品(泵送)混凝土楼梯(直形)浇捣　泵送商品混凝土 C25	m^2	22.500	102.13	2297.93
62	4-100 换	现浇商品(泵送)混凝土小型构件浇捣　非泵送商品混凝土 C25	m^3	0.320	484.57	155.06
63	4-279 换	预制圈、过梁浇捣　非泵送商品混凝土 C25	m^3	2.630	446.82	1175.14
		本页小计				103683.26

单位（专业）工程名称：（××别墅山庄A型别墅建筑工程） 第4页 共9页

序号	定额编号	名称及说明	单位	工程数量	工料单价/元	合价/元
64	4-485	小型构件有焊	m^3	2.630	179.60	472.35
65	4-282换	预制薄板浇捣　非泵送商品混凝土C25	m^3	0.050	590.14	29.51
66	4-485	小型构件有焊	m^3	0.050	179.60	8.98
67	4-416	现浇构件　圆钢	t	0.375	5330.83	1999.06
68	4-416	现浇构件　圆钢	t	9.086	5330.83	48435.92
69	4-417	现浇构件　螺纹钢	t	57.890	4947.42	286406.14
70	4-437	钢筋机械连接　直螺纹	个	133.000	6.06	805.98
71	4-421	桩钢筋笼　圆钢	t	0.137	5542.83	759.37
72	4-422	桩钢筋笼　螺纹钢	t	0.729	5054.07	3684.42
73	4-433	预埋　铁件25kg/块以内	t	0.072	8871.07	638.72
74	14-138	预埋件　防锈漆　一遍	t	0.095	146.86	13.96
		屋面及防水工程				96604.68
75	7-11	屋面杉木条基层上挂盖陶瓦	m^2	233.890	54.93	12847.58
76	7-14	陶瓦屋脊	m	66.770	20.01	1336.07
77	7-1换	屋面细石混凝土防水层　厚4cm　非泵送商品混凝土C20	m^2	233.890	25.74	6020.33
78	4-414	冷拔钢丝　绑扎	t	0.236	5877.01	1386.97
79	8-34	屋面40厚挤塑聚苯乙烯泡沫板一层	m^2	233.890	34.78	8134.69
80	7-61换	1.5厚APF高分子复合膜自粘卷材	m^2	250.580	46.03	11534.20
81	10-1	水泥砂浆找平层　厚20mm	m^2	233.890	9.66	2259.38
82	7-1换	屋面细石混凝土防水层　厚4cm　商品混凝土非泵送C20(16)	m^2	8.740	25.74	224.97
83	4-414	冷拔钢丝 绑扎	t	0.010	5877.01	58.77
84	8-34	屋面40厚挤塑聚苯乙烯泡沫板一层	m^2	8.740	34.78	303.98
85	7-61换	1.5厚APF高分子复合膜自粘卷材	m^2	13.880	46.03	638.90
86	10-1	水泥砂浆找平层　厚20mm	m^2	8.740	9.66	84.43
87	10-7换	细石混凝土楼地面　厚30mm　非泵送商品混凝土C20	m^2	8.740	16.43	143.60
88	7-1换	屋面细石混凝土防水层　厚4cm　非泵送商品混凝土C20	m^2	7.030	25.74	180.95
89	4-414	冷拔钢丝　绑扎	t	0.011	5877.01	64.65
90	8-34	屋面40厚挤塑聚苯乙烯泡沫板一层	m^2	7.030	34.78	244.50
91	7-61换	1.5厚APF高分子复合膜自粘卷材	m^2	11.990	46.03	551.90
		本页小计				389270.28

序号	定额编号	名称及说明	单位	工程数量	工料单价/元	合价/元
92	10-1	水泥砂浆找平层　厚20mm	m^2	7.030	9.66	67.91
93	10-7换	细石混凝土楼地面　厚30mm　非泵送商品混凝土C20	m^2	7.030	16.43	115.50
94	10-7换	细石混凝土楼地面　厚30mm　非泵送商品混凝土C20	m^2	333.120	16.43	5473.16
95	10-1换	水泥砂浆找平层　厚20mm　水泥砂浆1∶2	m^2	333.120	10.48	3491.10
96	7-75换	水乳型防水涂料　FJS　厚1.5mm平面	m^2	333.120	32.96	10979.64
97	7-52换	干铺聚酯无纺布一层	m^2	333.120	4.00	1332.48
98	10-1换	水泥砂浆找平层　厚20mm　防水砂浆1∶2	m^2	333.120	10.48	3491.10
99	8-8	墙柱面40厚聚苯乙烯泡沫保温板	m^2	259.380	24.25	6289.97
100	7-75换	水乳型防水涂料　FJS　厚1.5mm平面	m^2	263.720	32.96	8692.21
101	7-52换	干铺聚酯无纺布一层	m^2	263.720	4.00	1054.88
102	11-2换	墙面水泥砂浆抹灰　(14＋6)mm　防水砂浆1∶2	m^2	263.720	16.24	4282.81
103	7-104	钢板止水带	m	75.220	70.70	5318.05
		楼地面装饰工程				42824.03
104	10-3	水泥砂浆楼地面　厚20mm	m^2	3.720	12.42	46.20
105	补	7深礓面层	m^2	3.720	1.00	3.72
106	4-73换	现浇商品(泵送)混凝土基础垫层浇捣　非泵送商品混凝土C15	m^3	0.223	346.12	77.25
107	3-10换	卵石灌浆垫层　混合砂浆M2.5	m^3	1.116	220.98	246.61
108	7-87	沥青砂浆　缝断面30×150mm²	m	3.100	14.13	43.80
109	10-7换	细石混凝土楼地面　厚50mm　非泵送商品混凝土C25	m^2	21.550	24.55	529.05
110	11-38	刷水泥浆一道(内掺建筑胶)	m^2	21.550	1.47	31.68
111	10-7换	细石混凝土楼地面　厚60mm　非泵送商品混凝土C15	m^2	21.550	29.04	625.81
112	3-10换	卵石灌浆垫层　混合砂浆M2.5	m^3	3.233	220.98	714.32
113	10-7换	细石混凝土楼地面　厚50mm　非泵送商品混凝土C20	m^2	115.640	23.69	2739.51
114	10-5换	水泥砂浆随捣随抹　水泥砂浆1∶1	m^2	115.640	3.88	448.68
115	11-38	刷水泥浆一道(内掺建筑胶)	m^2	115.640	1.47	169.99
116	10-7换	细石混凝土楼地面　厚30mm　非泵送商品混凝土C20	m^2	204.710	16.43	3363.39
117	10-5换	水泥砂浆随捣随抹　水泥砂浆1∶1	m^2	204.710	3.88	794.27
		本页小计				60423.09

序号	定额编号	名称及说明	单位	工程数量	工料单价/元	合价/元
118	11-38	刷水泥浆一道(内掺建筑胶)	m^2	204.710	1.47	300.92
119	10-3 换	水泥砂浆楼地面　厚 15mm　水泥砂浆1∶2.5	m^2	9.110	9.96	90.74
120	10-7 换	细石混凝土楼地面　厚 35mm　非泵送商品混凝土 C20	m^2	9.110	18.25	166.26
121	7-75 换	1.5 厚聚氨酯防水层(两道)	m^2	12.420	47.96	595.66
122	10-3 换	水泥砂浆楼地面　厚 20mm　水泥砂浆 1∶3	m^2	9.110	11.32	103.13
123	11-38	刷水泥浆一道(内掺建筑胶)	m^2	9.110	1.47	13.39
124	10-3 换	水泥砂浆楼地面　厚 15mm　水泥砂浆1∶2.5	m^2	84.640	9.96	843.01
125	10-7 换	细石混凝土楼地面　厚 35mm　非泵送商品混凝土 C20	m^2	84.640	18.25	1544.68
126	7-75 换	1.5 厚聚氨酯防水层(两道)	m^2	117.600	47.96	5640.10
127	10-3 换	水泥砂浆楼地面　厚 20mm　水泥砂浆 1∶3	m^2	84.640	11.32	958.12
128	11-38	刷水泥浆一道(内掺建筑胶)	m^2	84.640	1.47	124.42
129	10-3 换	水泥砂浆楼地面　厚 20mm　水泥砂浆1∶2.5	m^2	84.640	11.71	991.13
130	8-42	1∶6 水泥焦渣填充层	m^3	21.510	247.83	5330.82
131	10-17 换	20 厚花岗岩楼地面湿铺　水泥砂浆　水泥砂浆 1∶3	m^2	32.510	102.16	3321.22
132	10-2＊j2 换	水泥砂浆找平层　每增减 5mm	m^2	32.510	3.29	106.96
133	9-65	砖砌台阶	m^2	27.460	179.33	4924.40
134	10-80	20 厚花岗岩楼梯面	m^2	6.120	193.82	1186.18
135	补	30 宽粗磨平防滑条	m	21.600	10.00	216.00
136	11-38	刷水泥浆一道(内掺建筑胶)	m^2	6.120	1.47	9.00
137	11-38	刷水泥浆一道(内掺建筑胶)	m^2	7.956	1.47	11.70
138	14-155	墙、柱、天棚面　乳胶漆　二遍	m^2	7.956	17.18	136.68
139	10-76	水泥砂浆楼梯面	m^2	16.220	62.72	1017.32
140	10-65	踢脚线　花岗岩	m^2	1.480	108.18	160.11
141	补	楼梯栏杆及木扶手 H＝1050	m	5.940	170.00	1009.80
142	补	预制成品葫芦栏杆 H＝800	m	27.920	150.00	4188.00
		墙、柱面工程				123711.68
143	11-2 换	墙面水泥砂浆抹灰　(14＋6)mm　防水水泥砂浆 1∶2	m^2	563.350	16.24	9148.80
144	11-2 换	墙面水泥砂浆抹灰　8＋12　水泥砂浆1∶1.25	m^2	624.070	16.40	10234.75
145	补	进口高级外墙涂料	m^2	132.470	80.00	10597.60
		本页小计				62970.90

序号	定额编号	名称及说明	单位	工程数量	工料单价/元	合价/元
146	11-2 换	墙面水泥砂浆抹灰　(14＋6)mm 水泥砂浆1∶2	m^2	132.470	15.59	2065.21
147	补	进口高级外墙涂料	m^2	322.040	80.00	25763.20
148	8-22	墙柱面耐碱玻纤网格布抗裂砂浆　4 厚	m^2	322.040	21.54	6936.74
149	8-24 换	墙柱面热镀锌钢丝网抗裂砂浆　11 厚	m^2	322.040	52.94	17048.80
150	8-1 换	30 厚聚合物保温砂浆	m^2	322.040	34.72	11181.23
151	8-24 换	墙柱面界面砂浆 5 厚	m^2	322.040	36.70	11818.87
152	11-48	水泥砂浆湿挂 20 厚火烧面花岗岩墙面	m^2	13.060	150.92	1971.02
153	11-10	墙面 钉(贴)钢丝网	m^2	13.060	12.88	168.21
154	8-1 换	30 厚聚合物保温砂浆	m^2	13.060	34.72	453.44
155	11-40	装饰线条抹灰增加费(凸出宽 200 以内)　三道以内	m	67.500	6.19	417.83
156	11-10	墙面 钉(贴)钢丝网	m^2	989.220	12.88	12741.15
157	11-97	零星项目　水泥砂浆粘贴 20 厚火烧面花岗岩	m^2	20.130	144.64	2911.60
158	11-26＊j24 换	水泥砂浆抹灰层　每增减 1mm	m^2	20.130	11.11	223.64
159	11-38	刷水泥浆一道(内掺建筑胶)	m^2	20.130	1.47	29.59
		天棚工程				7410.17
160	12-4	水泥石灰纸筋砂浆底　纸筋灰面	m^2	265.240	16.28	4318.11
161	12-4	水泥石灰纸筋砂浆底　纸筋灰面	m^2	184.270	16.28	2999.92
162	补	玻璃纤维补价差	m^2	184.270	0.50	92.14
		门窗工程				74537.39
163	补	钢木安全户门	m^2	4.125	180.00	742.50
164	13-42 换	断热铝合金单框低辐射中空玻璃外开门	m^2	7.830	680.48	5328.16
165	13-42 换	断热铝合金单框低辐射中空玻璃外开门	m^2	6.525	680.48	4440.13
166	13-42 换	断热铝合金单框低辐射中空玻璃外开门	m^2	2.387	680.48	1624.31
167	13-42 换	断热铝合金单框低辐射中空玻璃外开门	m^2	7.487	680.48	5094.41
168	13-42 换	断热铝合金单框低辐射中空玻璃外开门	m^2	8.670	680.48	5899.76
169	13-42 换	断热铝合金单框低辐射中空玻璃外开门	m^2	5.738	680.48	3904.25
170	13-58	金属卷帘门安装(高 3m 以内)	m^2	6.760	278.52	1882.80
171	13-63	电动装置安装	套	1.000	2070.00	2070.00
172	13-100 换	断热铝合金单框低辐射中空玻璃平开窗	m^2	7.175	660.38	4738.23
173	13-100 换	断热铝合金单框低辐射中空玻璃平开窗	m^2	5.288	660.38	3491.76
174	13-100 换	断热铝合金单框低辐射中空玻璃平开窗	m^2	4.613	660.38	3046.00
		本页小计				143403.01

单位（专业）工程名称：（××别墅山庄A型别墅建筑工程）　　　　　　　　第8页　共9页

序号	定额编号	名称及说明	单位	工程数量	工料单价/元	合价/元
175	13-100换	断热铝合金单框低辐射中空玻璃平开窗	m^2	5.040	660.38	3328.32
176	13-100换	断热铝合金单框低辐射中空玻璃平开窗	m^2	3.075	660.38	2030.67
177	13-100换	断热铝合金单框低辐射中空玻璃平开窗	m^2	5.610	660.38	3704.73
178	13-100换	断热铝合金单框低辐射中空玻璃平开窗	m^2	5.950	660.38	3929.26
179	13-100换	断热铝合金单框低辐射中空玻璃平开窗	m^2	9.585	660.38	6329.74
180	13-100换	断热铝合金单框低辐射中空玻璃平开窗	m^2	0.644	660.38	425.28
181	13-100换	断热铝合金单框低辐射中空玻璃平开窗	m^2	3.976	660.38	2625.67
182	13-100换	断热铝合金单框低辐射中空玻璃平开窗	m^2	4.290	660.38	2833.03
183	13-100换	断热铝合金单框低辐射中空玻璃平开窗	m^2	2.080	660.38	1373.59
184	13-100换	断热铝合金单框低辐射中空玻璃平开窗	m^2	4.686	660.38	3094.54
185	13-100换	断热铝合金单框低辐射中空玻璃平开窗	m^2	3.938	660.38	2600.25
		其他工程				250.00
186	补	排风道风帽	只	1.000	250.00	250.00
		措施项目				
		通用项目				20468.47
187	3011	静力压桩机900kN 场外运输费用	台班	1.000	14912.49	14912.49
188	3001	履带式挖掘机$1m^3$以内 场外运输费用	台班	1.000	3555.98	3555.98
189	补	其他技术措施费	项	1.000	2000.00	2000.00
		混凝土、钢筋混凝土模板及支架工程				62428.39
190	4-135	现浇混凝土基础垫层模板	m^2	44.900	34.41	1545.01
191	4-141	现浇混凝土独立基础　复合木模	m^2	4.420	27.55	121.77
192	4-162	现浇混凝土基础梁　复合木模	m^2	17.080	35.11	599.68
193	4-156	现浇混凝土矩形柱　复合木模　支模高度3.6m	m^2	152.070	33.68	5121.72
194	4-156换	现浇混凝土矩形柱　复合木模　支模高度3.65m	m^2	17.520	35.85	628.09
195	4-158	现浇混凝土异形柱、圆形柱　复合木模　支模高度3.6m	m^2	135.320	50.25	6799.83
196	4-158	现浇混凝土异形柱、圆形柱　复合木模　支模高度3.6m	m^2	8.340	50.25	419.09
197	4-165	现浇混凝土矩形梁　复合木模　支模高度3.6m	m^2	391.610	42.24	16541.61
198	4-182	现浇混凝土直形墙　复合木模　支模高度3.6m	m^2	484.980	26.27	12740.42
199	4-174	现浇混凝土板　复合木模　支模高度3.6m	m^2	246.460	31.10	7664.91
200	4-174换	现浇混凝土板　复合木模　支模高度3.6m坡度大于10°小于30°	m^2	163.200	33.09	5400.29
		本页小计				110575.97

单位（专业）工程名称：（××别墅山庄 A 型别墅建筑工程） 第 9 页 共 9 页

序号	定额编号	名称及说明	单位	工程数量	工料单价/元	合价/元
201	4-194	现浇混凝土栏板、翻檐 直形	m^2	7.450	30.21	225.06
202	4-189	现浇混凝土楼梯 直行	m^2	22.500	127.60	2871.00
203	4-170	现浇混凝土直形圈过梁 复合木模	m^2	40.180	29.24	1174.86
204	4-199	现浇混凝土小型构件模板	m^2	2.580	54.40	140.35
205	4-191	现浇混凝土线条模板增加费 三道以内	m	67.500	6.44	434.70
		脚手架工程				6450.96
206	16-1	综合脚手架 檐高 7m 内 层高 6m 内	m^2	556.840	11.29	6286.72
207	16-40	满堂脚手架 基本层 3.6～5.2m	m^2	21.030	7.81	164.24
		垂直运输工程				14816.60
208	17-1	一层地下室垂直运输	m^2	210.370	32.06	6744.46
209	17-4 换	建筑物垂直运输 檐高 20m 内 采用泵送混凝土施工	m^2	346.470	11.61	4022.52
210	总说明 1	洞库照明费	m^2	210.370	19.25	4049.62
		本页小计				26113.53
		合计				1158268.50

表 20-3 主要工日价格表

工程名称：（××别墅山庄 A 型别墅建筑工程） 第 1 页 共 1 页

序号	工种	单位	数量	单价/元
1	一类人工	工日	83.529	55
2	二类人工	工日	1573.416	60
3	三类人工	工日	869.424	70
4	人工(机械)	工日	224.092	60

建筑工程计量与计价实例解析

表 20-4　主要材料价格表

工程名称：(××别墅山庄 A 型别墅建筑工程)　　　　　　　　　　第 1 页　共 2 页

序号	材料编码	材料(设备)名称	规格、型号等	单位	数量	单价/元	合价/元
1	0000001	一类人工		工日	83.53	55	4594
2	0000011	二类人工		工日	1573.42	60	94405
3	0000021	三类人工		工日	869.42	70	60860
4	j0000011	人工(机械)		工日	224.09	60	13446
5		钢木安全户门		m^2	4.13	180	743
6	0101001	螺纹钢		t	59.81	4402	263270
7	0109001	圆钢		t	9.83	4510	44311
8	0109021	冷拔钢丝		t	0.26	4600	1205
9	0123001	型钢		t	0.01	4510	32
10	0129021	中厚钢板		t	0.04	4459	178
11	0129105	薄钢板	δ3	t	0.85	4713	3982
12	0359131	预埋铁件		kg	19.61	6.9	135
13	0401011	水泥	32.5	kg	41.46	0.35	15
14	0401031	水泥	42.5	kg	38352.86	0.39	14958
15	0401071	白水泥		kg	12.00	0.66	8
16	0403043	黄砂(净砂)	综合	t	125.39	63	7900
17	0405001	碎石	综合	t	6.59	55	362
18	0405001	卵石	综合	t	6.74	70	472
19	0407021	炉渣		m^3	25.76	125	3220
20	0409021	生石灰		kg	3209.40	0.35	1123
21	0413091	实心水泥砖	240×115×53	千块	23.39	380	8889
22	0413125	烧结页岩多孔砖	240×115×90	千块	23.86	800	19091
23	0417121	陶瓦		千张	2.60	4500	11714
24	0417131	陶瓦屋脊		千张	0.20	4500	918
25	0431105	30厚聚合物保温砂浆		m^3	10.56	780	8233
26	0431107	抗裂抹面砂浆		kg	6651.74	1.9	12638
27	0431111	砌块砌筑黏结剂		kg	701.71	1.68	1179
28	0433002	非泵送商品混凝土	C15	m^3	1.53	309	474
29	0433003	非泵送商品混凝土	C20	m^3	37.31	332	12388
30	0433004	非泵送商品混凝土	C25	m^3	4.67	349	1631
31	0433021	泵送商品混凝土	C15	m^3	35.67	323	11520
32	0433022	泵送商品混凝土	C20	m^3	3.84	344	1320
33	0433023	泵送商品混凝土	C25	m^3	79.25	365	28926
34	0433024	泵送商品混凝土	C30	m^3	8.44	383	3231
35	0433025	泵送商品混凝土	C35	m^3	46.70	399	18633

工程名称：(××别墅山庄A型别墅建筑工程) 第2页 共2页

序号	材料编码	材料(设备)名称	规格、型号等	单位	数量	单价/元	合价/元
36	0433042	泵送商品抗渗混凝土	C30/P6	m^3	156.21	393	61390
37	0433043	泵送商品抗渗混凝土	C30/P8	m^3	4.01	393	1576
38	0433063	非泵送水下商品混凝土	C30	m^3	3.16	395	1247
39	0701101	20厚火烧面花岗岩		m^2	13.32	80	1066
40	0701101	20厚花岗岩板		m^2	64.83	75	4862
41	0909051	断热铝合金单框低辐射中空玻璃平开窗		m^2	62.68	620	38860
42	0909061	断热铝合金单框低辐射中空玻璃外开门		m^2	37.17	650	24159
43	0923035	金属卷帘门		m^2	8.45	180	1521
44	0925021	电动装置		套	1.00	2000	2000
45	1103241	红丹防锈漆		kg	9.48	12.8	121
46	1103701	防水涂料 FJS 厚1.5mm		kg	1790.52	10	17905
47	1103701	1.5厚聚氨酯防水层(两道)		kg	390.06	15	5851
48	1111341	乳胶漆		kg	2.30	18	41
49	1155001	石油沥青		kg	45.94	5.56	255
50	1157191	1.5厚APF高分子复合膜自粘卷材		m^2	315.15	33	10400
51	1201021	汽油	综合	kg	102.18	10.28	1050
52	1307153	耐碱玻璃纤维网格布		m^2	376.79	2.8	1055
53	1307201	聚酯无纺布一层		m^2	656.52	3	1970
54	1312111	聚苯乙烯泡沫板	30	m^2	264.57	12.6	3334
55	1312121	40厚挤塑聚苯乙烯泡沫板一层		m^2	254.65	27.2	6927
56	3001001	钢支撑		kg	799.87	4.51	3607
57	3201021	木模板		m^3	5.62	2000	11248
58	3203001	脚手架钢管		kg	189.89	4.561	866
59	j1201011	柴油(机械)		kg	3161.80	9	28456
60	j1201021	汽油(机械)		kg	223.57	10.28	2298
61	j3115031	电(机械)		kW·h	8712.70	0.908	7911
62	补	厨房排风道风帽	2008浙J44-24	只	1.00	250	250
63	补	楼梯栏杆及木扶手		m	5.94	170	1010
64	0427231-1	增强型预应力混凝土离心桩，T-PTC-500-460(60)		m	163.62	200	32724
65	0427231-1	增强型预应力混凝土离心桩，T-PTC-400-370(60)		m	581.76	140	81446
		合计					1011410

表 20-5 主要机械台班价格表

工程名称：(××别墅山庄 A 型别墅建筑工程)　　　　第 1 页　共 1 页

序号	机械设备名称	单位	数量	单价/元
1	其他机械费	元	73.20	1.00
2	电动卷扬机带塔 30m 以内单筒慢速 10kN	台班	26.89	92.44
3	石料切割机	台班	0.55	18.48
4	直螺纹连滚丝机	台班	1.38	53.20
5	履带式推土机 90kW	台班	0.35	879.01
6	轮胎式装载机 $2m^3$	台班	1.15	763.64
7	履带式单斗挖掘机(液压)$1m^3$	台班	3.43	1262.33
8	电动夯实机 20～62kg・m	台班	11.45	22.69
9	履带式起重机 15t	台班	2.66	634.80
10	汽车式起重机 5t	台班	2.26	421.30
11	汽车式起重机 20t	台班	2.00	1112.16
12	汽车式起重机 25t	台班	0.12	1273.49
13	门式起重机 10t	台班	0.02	280.40
14	塔式起重机 20kN	台班	7.61	202.21
15	塔式起重机 80kN	台班	14.94	451.50
16	载货汽车 4t	台班	6.71	380.46
17	载货汽车 15t	台班	5.00	910.90
18	自卸汽车 12t	台班	47.81	802.24
19	平板拖车组 40t	台班	3.00	1179.08
20	电动卷扬机单筒慢速 50kN	台班	12.66	112.56
21	双锥反转出料混凝土搅拌机 500L	台班	0.13	143.43
22	灰浆搅拌机 200L	台班	19.89	76.04
23	钢筋调直机 ϕ40mm	台班	0.39	36.10
24	钢筋切断机 ϕ40mm	台班	7.11	40.56
25	钢筋弯曲机 ϕ40mm	台班	16.94	21.64
26	木工圆锯机 ϕ500mm	台班	8.39	26.68
27	剪板机 20×2500	台班	0.08	153.23
28	剪板机 40×3100	台班	0.01	442.50
29	型钢剪断机 500mm	台班	0.00	92.22
30	交流弧焊机 32kV・A	台班	6.72	95.57
31	直流弧焊机 32kW	台班	26.98	99.33
32	对焊机容量 75kV・A	台班	4.75	129.69
33	电焊条烘干箱 45×35×45cm	台班	0.03	12.19
34	多功能压桩机 2000kN	台班	5.62	1468.64
35	混凝土振捣器平板式 BLL	台班	7.50	17.77
36	混凝土振捣器插入式	台班	21.99	5.04

××别墅山庄A型别墅-建筑工程　　工程

招标控制价

招标控制价　（小写）：1284312元

　　　　　　（大写）：壹佰贰拾捌万肆仟叁佰壹拾贰元

招　标　人：＿＿＿＿＿＿＿＿　　工程造价咨询人：＿＿＿＿＿＿＿＿

（单位盖章）　　　　　　　　　（单位资质专用章）

法定代表人　　　　　　　　　　法定代表人

或其授权人：＿＿＿＿＿＿＿＿　　或其授权人：＿＿＿＿＿＿＿＿

（签字或盖章）　　　　　　　　（签字或盖章）

编　制　人：＿＿＿＿＿＿＿＿　　复　核　人：＿＿＿＿＿＿＿＿

（造价人员签字盖专用章）　　　（造价工程师签字盖专用章）

编制时间：　　　　　　　　　　复核时间：

表 20-6　单位工程招标控制价汇总表

工程名称：××别墅山庄 A 型别墅-建筑工程　　　标段：　　　第 1 页　共 1 页

序号	汇总内容	金额/元	其中:暂估价/元
1	分部分项	1086827	0
1.1	土方工程	59021	0
1.2	桩基工程	131947	0
1.3	砌筑工程	48677	0
1.4	混凝土及钢筋混凝土工程	489626	0
1.5	屋面及防水工程	99814	0
1.6	楼地面装饰工程	39542	0
1.7	墙、柱面工程	115498	0
1.8	天棚工程	8233	0
1.9	门窗工程	75008	0
1.10	其他工程	19462	0
2	措施项目	128155	—
2.1	其中:安全文明施工费	9876	—
3	其他项目	4000	—
3.1	其中:暂列金额	0	—
3.2	其中:专业工程暂估价	0	—
3.3	其中:计日工	0	—
3.4	其中:总承包服务费	4000	—
4	规费	20977	—
5	税金	44353	—
	招标控制价合计=1+2+3+4+5	1284312	0

表 20-7 分部分项工程和单价措施项目清单与计价表

工程名称：××别墅山庄 A 型别墅-建筑工程 　　　　第 1 页 共 16 页

序号	项目编码	项目名称	项目特征描述	计量单位	工程量	金额/元		
						综合单价	合价	其中 暂估价
		土方工程					59021	0
1	010101003001	挖沟槽土方	1. 土方类别详见地质报告 2. 独立基础 CT-1，800×800×600，2 只 3. 垫层底面积 1m² 4. 自然地坪 －0.5m，挖土深度 H＝3.55m 5. 凿预制管桩桩头 2 只	m³	7.10	244.71	1737	0
2	010101003002	挖沟槽土方	1. 土方类别详见地质报告 2. 基础梁 JL-X1、JL-Y1，a ＝ 300，L＝8490 3. 垫层底面积 4.24m² 4. 自然地坪－0.5m，挖土深度 H＝3.5m 5. 土方全部外运，弃土运距、土方处置费自行考虑	m³	14.84	137.01	2033	0
3	010101003003	挖沟槽土方	1. 土方类别详见地质报告 2. 基础梁 JL-Y4，a＝240，L＝1700 3. 垫层底面积 0.748m² 4. 自然地坪－0.5m，挖土深度 H＝3.5m 5. 土方全部外运，弃土运距、土方处置费自行考虑	m³	2.62	151.43	397	0
4	010101003004	挖沟槽土方	1. 土方类别详见地质报告 2. 基础梁 JL-Y11，a＝300，L＝2230 3. 垫层底面积 1.115m² 4. 自然地坪－0.5m，挖土深度 H＝4.9m 5. 土方全部外运，弃土运距、土方处置费自行考虑	m³	5.46	165.2	902	0
5	010101003005	挖沟槽土方	1. 土方类别详见地质报告 2. 基础梁 JL-Y10，a＝360，L＝5340 3. 垫层底面积 2.99m² 4. 自然地坪－0.5m，挖土深度 H＝3.45m 5. 土方全部外运，弃土运距、土方处置费自行考虑	m³	10.32	124.67	1287	0
6	010101003006	挖沟槽土方	1. 土方类别详见地质报告 2. 基础梁 JL-Y10，a＝300，L＝220 3. 垫层底面积 0.11m² 4. 自然地坪－0.5m，挖土深度 H＝3.45m 5. 土方全部外运，弃土运距、土方处置费自行考虑	m³	0.38	135.91	52	0
7	010101004001	挖基坑土方	1. 土方类别详见地质报告 2. 机械大开挖土方 3. 垫层底面积 227.83m² 4. 自然地坪－0.5m，挖土深度 H＝3.28m 5. 凿预应力管桩桩头 39 只 6. 土方全部外运，弃土运距、土方处置费自行考虑	m³	747.29	45.95	34338	0
			本页小计				40746	0

序号	项目编码	项目名称	项目特征描述	计量单位	工程量	金额/元		
						综合单价	合价	其中 暂估价
8	010101004002	挖基坑土方	1. 土方类别详见地质报告 2. 地下室底板承台及地梁下翻土方 3. 自然地坪－0.5m 4. 土方全部外运，弃土运距、土方处置费自行考虑	m^3	122.54	6.97	854	0
9	010103001001	回填方	1. 土方运回回填，运距自行考虑 2. 借土回填	m^3	563.80	30.9	17421	0
		桩基工程					131947	0
10	010301002001	预制钢筋混凝土管桩	1. 增强型预应力混凝土离心桩 2. YZZ-1，T-PTC-400-370(60)-10，8b 3. 32根，有效桩长18m 4. 送桩共122.02m，自然地坪－0.5m 5. 详见2008浙G32第12页	m	576.00	163.15	93974	0
11	010301002002	预制钢筋混凝土管桩	1. 增强型预应力混凝土离心桩 2. YZZ-1，T-PTC-500-460(60)-10，8b 3. 9根，有效桩长18m 4. 送桩共32.6m，自然地坪－0.5m 5. 详见2008浙G32第12页	m	162.00	226.44	36683	0
12	010302002001	沉管灌注桩	1. C30非泵送水下混凝土，管桩桩顶加灌 2. 详见2008浙G32，桩顶与承台连接详见第25页，结合第13页及第12页 3. 预埋件、钢筋笼另计	m	2.63	490.18	1289	0
		砌筑工程					48677	0
13	010401001001	砖基础	1. 墙体部位及厚度：砖胎膜，120厚 2. 砖品种：MU10实心水泥砖 3. 砂浆强度等级：M7.5水泥砂浆	m^3	4.20	317.83	1335	0
14	010401001002	砖基础	1. 墙体部位及厚度：砖基础，240厚 2. 砖品种：MU10实心水泥砖 3. 砂浆强度等级：M7.5水泥砂浆	m^3	8.62	317.83	2740	0
			本页小计				154297	0

序号	项目编码	项目名称	项目特征描述	计量单位	工程量	金额/元		
						综合单价	合价	其中 暂估价
15	010401003001	实心砖墙	1. 墙体部位及厚度：±0.000 以下内外墙，240 厚 2. 砖品种：MU10 实心水泥砖 3. 砂浆强度等级：M7.5 水泥砂浆	m^3	18.77	343.05	6439	0
16	010401003002	实心砖墙	1. 墙体部位及厚度：±0.000 以下内墙，120 厚 2. 砖品种：MU10 实心水泥砖 3. 砂浆强度等级：M7.5 水泥砂浆	m^3	2.28	374.47	854	0
17	010401004001	多孔砖墙	1. 墙体部位及厚度：±0.000 以上外墙、卫生间墙，240 厚 2. 砖品种：烧结页岩多孔砖 3. 砂浆强度等级：M5 混合砂浆	m^3	66.75	382.47	25530	0
18	010401004002	多孔砖墙	1. 墙体部位及厚度：±0.000 以上卫生间墙 120 厚 2. 砖品种：烧结页岩多孔砖 3. 砂浆强度等级：M5 混合砂浆	m^3	3.89	408.15	1588	0
19	010404008001	填充墙	1. 墙体部位及厚度：±0.000 以上内墙 240 厚 2. 砖品种：加气混凝土砌块 B06 3. 砂浆强度等级：Ma5.0 黏结剂 4. 含嵌缝剂、PU 发泡剂、修补材料、连接件等	m^3	22.46	379.49	8523	0
20	010404008002	填充墙	1. 墙体部位及厚度：±0.000 以上内墙 120 厚 2. 砖品种：加气混凝土砌块 B06 3. 砂浆强度等级：Ma5.0 黏结剂 4. 含嵌缝剂、PU 发泡剂、修补材料、连接件等	m^3	4.13	403.95	1668	0
		混凝土及钢筋混凝土工程					489626	0
21	010501003001	独立基础	1. 混凝土强度等级：C30 泵送商品混凝土 2. 独立基础	m^3	0.77	412.32	317	0
22	010501004001	满堂基础	1. 混凝土强度等级：C30 泵送商品混凝土，抗渗等级为 P6 2. 包括地下室底板、集水井、独立基础、基础梁等下翻	m^3	84.39	421.77	35593	0
			本页小计				80513	0

序号	项目编码	项目名称	项目特征描述	计量单位	工程量	金额/元 综合单价	合价	其中 暂估价
23	010503001001	基础梁	1. 混凝土强度等级：C30 泵送商品混凝土 2. 基础梁	m^3	2.68	416.88	1117	0
24	010501001001	垫层	混凝土强度等级：C15 泵送商品混凝土	m^3	35.14	354.47	12456	0
25	010502001001	矩形柱	混凝土强度等级：C30 泵送商品混凝土	m^3	3.64	457.2	1664	0
26	010502003001	异形柱	混凝土强度等级：C30 泵送商品混凝土	m^3	0.64	457.2	293	0
27	010502001002	矩形柱	混凝土强度等级：C25 泵送商品混凝土	m^3	10.76	438.93	4723	0
28	010502003002	异形柱	混凝土强度等级：C25 泵送商品混凝土	m^3	12.21	438.93	5359	0
29	010502002001	构造柱	混凝土强度等级：C25 非泵送商品混凝土	m^3	0.53	474.84	252	0
30	010503002001	矩形梁	混凝土强度等级：C25 泵送商品混凝土	m^3	46.01	448.45	20633	0
31	010503004001	圈梁	1. 混凝土强度等级：C30 泵送商品混凝土 2. 素混凝土翻口	m^3	0.58	457.18	265	0
32	010503004002	圈梁	1. 混凝土强度等级：C25 泵送商品混凝土 2. 素混凝土翻口	m^3	3.78	417.59	1578	0
33	010504001001	直形墙	1. 混凝土强度等级：C30 泵送商品混凝土，抗渗等级为 P6 2. 地下室外墙	m^3	69.51	433.52	30134	0
34	010504001002	直形墙	1. 混凝土强度等级：C30 泵送商品混凝土，抗渗等级为 P6 2. 地下室内墙，厚度 100 以上	m^3	3.95	460.03	1817	0
35	010505003001	平板	1. 混凝土强度等级：C25 泵送商品混凝土 2. 平板	m^3	29.21	422.48	12341	0
36	010505003002	平板	1. 混凝土强度等级：C25 泵送商品混凝土 2. 斜平板，30 度以内	m^3	20.06	422.48	8475	0
37	010505006001	栏板	混凝土强度等级：C25 泵送商品混凝土	m^3	0.45	482.55	217	0
38	010506001001	直形楼梯	1. 混凝土强度等级：C25 泵送商品混凝土 2. 底板厚 180 内	m^2	22.50	103.93	2338	0
39	010507007001	其他构件	1. 混凝土强度等级：C25 非泵送商品混凝土 2. 混凝土压顶	m^3	0.32	500.11	160	0
40	010510003001	过梁	1. C25 预制过梁 2. 含制作、安装、运输	m^3	2.49	704.51	1754	0
			本页小计				105577	0

序号	项目编码	项目名称	项目特征描述	计量单位	工程量	金额/元 综合单价	合价	其中 暂估价
41	010512001001	平板	1. C25 预制混凝土板 2. 规格：800×800×600 3. 部位：污水提升井，结施 11/11 4. 含制作、安装、运输	m^3	0.05	828.98	41	0
42	010515001001	现浇构件钢筋	1. 圆钢，HPB235 2. 墙体拉结筋	t	0.375	5447.09	2043	0
43	010515001002	现浇构件钢筋	1. 圆钢，HPB235 2. 现浇构件	t	9.086	5447.09	49492	0
44	010515001003	现浇构件钢筋	1. 螺纹钢，HRB335，含直螺纹连接接头 133 个 2. 现浇构件	t	57.890	5032.24	291316	0
45	010515004001	钢筋笼	1. 圆钢，HPB235 2. 详见 2008 浙 G32，桩顶与承台连接详见第 25 页，结合第 13 页及第 12 页	t	0.137	5703.29	781	0
46	010515004002	钢筋笼	1. 螺纹钢，HRB335 2. 详见 2008 浙 G32，桩顶与承台连接详见第 25 页，结合第 13 页及第 12 页	t	0.729	5150.77	3755	0
47	010516002001	预埋铁件	1. 管桩内 3 厚钢托板 2. 防锈漆 3. 详见 2008 浙 G32 第 25 页	t	0.072	9840.84	709	0
		屋面及防水工程					99814	0
48	010901001001	瓦屋面	屋面 1(W1)瓦屋面： 1. 陶瓦，阳角屋脊，$L=66.77$m 2. 30×25 挂瓦条，4×60 水泥钉中距按瓦材规格 3. 30×25 顺水条，4×60 水泥钉中距 500 4. 40 厚 C20 细石混凝土内配双向钢筋 Φ4@200 5. 40 厚挤塑聚苯乙烯泡沫板一层，配套胶黏剂粘贴 6. 1.5 厚 APF 高分子复合膜自粘卷材(转角处附加一道)，翻边详见节点图 7. 20 厚 1:3 水泥砂浆找平 8. 现浇钢筋混凝土屋面板，表面清扫干净	m^2	233.89	190.47	44549	0
本页小计							392687	0

序号	项目编码	项目名称	项目特征描述	计量单位	工程量	金额/元		
						综合单价	合价	其中 暂估价
49	010902003001	屋面刚性层	屋面 2(W2)带保温露台屋面： 1. 上铺建筑面层，业主自理 2. 40 厚 C20 细石混凝土内配Φ 4@200 钢筋双向 3. 40 厚挤塑聚苯乙烯泡沫板一层，配套胶黏剂粘贴 4. 1.5 厚 APF 高分子复合膜自粘卷材(转角处附加一道)，翻边详见节点详图 5. 20 厚 1∶3 水泥砂浆找平 6. C20 细石混凝土找坡，起坡 30 厚 7. 现浇钢筋混凝土屋面板，表面清扫干净	m^2	8.74	171.29	1497	0
50	010902003002	屋面刚性层	屋面 3(W3)带保温不上人屋面： 1. 40 厚 C20 细石混凝土内配Φ 4@200 钢筋双向 2. 40 厚挤塑聚苯乙烯泡沫板一层，配套胶黏剂粘贴 3. 1.5 厚 APF 高分子复合膜自粘卷材(转角处附加一道)，翻边详见节点详图 4. 20 厚 1∶3 水泥砂浆找平 5. C20 细石混凝土找坡，起坡 30 厚 6. 现浇钢筋混凝土屋面板，表面清扫干净	m^2	7.03	179.33	1261	0
51	010904003001	楼(地)面砂浆防水(防潮)	防水 A(用于地下底板外防水)： 1. 防水混凝土底板(另计) 2. 40 厚 C20 细石混凝土保护层 3. 20 厚 1∶2 水泥砂浆保护层 4. 1.5 厚 FJS 防水涂料(2.5kg/m^2)中夹聚酯无纺布一道 5. 20 厚 1∶2 防水砂浆找平层 6. 混凝土垫层(另计) 7. 已包括下翻承台及下翻基础梁	m^2	333.12	77.61	25853	0
52	010903003001	墙面砂浆防水(防潮)	防水 B(用于地下墙体外防水)： 1. 40 厚聚苯乙烯泡沫板保护层 2. 1.5 厚 FJS 防水涂料(2.5kg/m^2)中夹聚酯无纺布一道，翻边详见节点详图 3. 20 厚 1∶2 防水砂浆找平层 4. 基层修补平整，裂缝处理 5. 防水混凝土侧板(另计)	m^2	259.38	81.63	21173	0
53	010903004001	墙面变形缝	1. 300×4 厚钢板止水带 2. 地下室混凝土外墙与底板交界处	m	75.22	72.86	5481	0
		楼地面装饰工程					39542	0
		本页小计					94807	0

工程名称：××别墅山庄 A 型别墅-建筑工程　　第 7 页　共 16 页

序号	项目编码	项目名称	项目特征描述	计量单位	工程量	金额/元		
						综合单价	合价	其中 暂估价
54	011101001001	水泥砂浆楼地面	水泥砂浆防滑坡道： 1. 20厚水泥砂浆抹面，作出 60 宽，7 深硬面层 2. 素水泥浆结合层一道 3. 60 厚 C15 混凝土 4. 300 厚卵石灌 M2.5 混合砂浆 5. 素土夯实 6. 坡道做法详见 02J003 第 8/31 节点	m^2	3.72	116.75	434	0
55	011101003001	细石混凝土楼地面	耐磨混凝土地面(用于一层车库)： 1. 50 厚 C25 细石混凝土掺钢纤维 1.0%～2%(体积比) 2. 水泥浆一道(内掺建筑胶) 3. 60 厚 C15 细石混凝土垫层 4. 150 厚 5～32 卵石灌 M2.5 混合砂浆振捣密实 5. 素土夯实	m^2	21.55	92.56	1995	0
56	011101003002	细石混凝土楼地面	细石混凝土楼面一(用于地下层其余房间)： 1. 50 厚 C20 细石混凝土，表面撒 1∶1 水泥砂子随打随抹光 2. 水泥砂浆一道(内掺建筑胶)	m^2	115.64	30.83	3565	0
57	011101003003	细石混凝土楼地面	细石混凝土楼面二(用于地下层采光井、一层及二层其余房间)： 1. 其上建筑层，业主自理 2. 30 厚 C20 细石混凝土，表面撒 1∶1 水泥砂子随打随抹光 3. 水泥砂浆一道(内掺建筑胶)	m^2	204.71	23.48	4807	0
58	011101001002	水泥砂浆楼地面	水泥砂浆楼面一(带防水)(用于一层厨房)： 1. 15 厚 1∶2.5 水泥砂浆 2. 35 厚 C20 细石混凝土 3. 1.5 厚聚氨酯防水层(两道)，翻边详见节点详图 4. 1∶3 水泥砂浆找坡层最薄处 20 厚抹平 5. 水泥浆一道(内掺建筑胶)	m^2	9.11	110.26	1004	0
			本页小计				11805	0

序号	项目编码	项目名称	项目特征描述	计量单位	工程量	金额/元		
						综合单价	合价	其中
								暂估价
59	011101001003	水泥砂浆楼地面	水泥砂浆楼面二(带防水)(用于地下层设备房、卫生间、洗衣房、工人房、下沉庭院、一层及二层卫生间)： 1. 15 厚 1：2.5 水泥砂浆 2. 35 厚 C20 细石混凝土 3. 1.5 厚聚氨酯防水层(两道)，翻边详见节点详图 4. 1：3 水泥砂浆找坡层最薄处 20 厚抹平 5. 水泥浆一道(内掺建筑胶) 6. 20 厚 1：2.5 水泥砂浆 7. 1：6 水泥焦渣填充层，$V=21.51m^3$	m^2	84.64	189.19	16013	0
60	011102001001	石材楼地面	花岗岩室外台阶面： 1. 20 厚花岗岩水泥浆擦缝，石材展开面积 $32.51m^2$ 2. 30 厚 1：3 干硬性水泥砂浆结合层，表面撒水泥粉 3. 水泥浆一道(内掺建筑胶) 4. 砖砌台阶	m^2	27.46	319.4	8771	0
61	011106001001	石材楼梯面层	石材面层室外楼梯(用于下沉庭院楼梯)： 1. 20 厚花岗岩、干水泥粉擦缝 2. 30 宽粗磨平防滑条，详见 06J403-1 第 20/150 节点，$L=21.6m$ 3. 30 厚 1：3 干硬性水泥砂浆结合层，表面撒水泥粉 4. 刷水泥浆一道(内掺建筑胶) 5. 板底素水泥浆一道内掺建筑胶、乳胶漆刷白二度	m^2	6.12	268.01	1640	0
62	011106004001	水泥砂浆楼梯面层	水泥砂浆楼梯(用于室内楼梯)： 1. 20 厚 1：2.5 水泥砂浆地面，5 厚 1：3：9 混合砂浆楼梯天棚 2. 室内楼梯	m^2	16.22	70.66	1146	0
本页小计							27570	0

序号	项目编码	项目名称	项目特征描述	计量单位	工程量	金额/元		
						综合单价	合价	其中 暂估价
63	011105002001	石材踢脚线	石材踢脚(用于下沉庭院楼梯) 1. 20厚花岗岩踢脚，120高 2. 1∶2水泥砂浆结合层	m^2	1.48	112.69	167	0
		墙、柱面工程					115498	0
64	011201001001	墙面一般抹灰	防水水泥砂浆抹面(用于地下层房间、厨房、卫生间内墙面)： 1. 20厚1∶2防水水泥砂浆分层抹平抹面 2. 基层处理	m^2	563.35	17.97	10123	0
65	011201001002	墙面一般抹灰	混合砂浆抹面(用于一层、二层的其他房间内墙面)： 1. 8厚1∶2水泥砂浆面层，压实赶光 2. 12厚1∶1.25水泥砂浆底层，扫毛或划出纹道 3. 基层处理	m^2	624.07	18.13	11314	0
66	011201001003	墙面一般抹灰	外墙涂料饰面(WQ1)无保温： 1. 进口高档涂料 2. 6厚1∶2水泥砂浆光面 3. 14厚1∶3水泥砂浆分层抹平	m^2	132.47	97.32	12892	0
67	011201001004	墙面一般抹灰	外墙涂料饰面(WQ2)带保温： 1. 进口高档涂料 2. 15厚聚合物抗裂砂浆抹面，压入耐碱玻纤网格布增强 3. 铺设一层镀锌钢丝网 4. 30厚聚合物保温砂浆抹平 5. 5厚界面剂砂浆	m^2	322.04	233.13	75077	0
本页小计							109574	0

工程名称：××别墅山庄 A 型别墅-建筑工程　　　　第 10 页　共 16 页

序号	项目编码	项目名称	项目特征描述	计量单位	工程量	金额/元		
						综合单价	合价	其中 暂估价
68	011204001001	石材墙面	挂帖花岗岩饰面(WQ4)有保温： 1. 穿 18 号铜丝将 20 厚火烧面花岗岩板与钢筋网绑牢 2. 20 厚 1∶2.5 水泥砂浆分层灌缝，每次灌入高度不大于 200，电焊 6 双向钢筋网 3. 30 厚聚合物保温砂浆抹平 4. 钻孔剔槽预埋 6 钢筋长 150	m²	13.06	209.15	2732	0
69	011206001001	石材零星项目	花岗岩零星项目(用于室外台阶侧面)： 1. 20 厚火烧面花岗岩水泥浆擦缝 2. 30 厚 1∶3 干硬性水泥砂浆结合层，表面撒水泥粉 3. 水泥浆一道(内掺建筑胶)	m²	20.13	166.87	3359	0
		天棚工程					8233	0
70	020301001001	天棚抹灰	纸筋灰抹面(用于一层、二层的其他房间天棚面)： 1. 板底基层处理 2. 3 厚 1∶0.5 水泥纸筋灰抹平 3. 10 厚 1∶1∶4 水泥纸筋灰砂分层抹平 4. 2 厚纸筋灰面	m²	265.24	18.11	4804	0
71	020301001002	天棚抹灰	玻璃纤维灰抹面(用于地下层房间，一层二层厨房、卫生间天棚面)： 1. 板底基层处理 2. 3 厚 1∶0.5 水泥纸筋灰抹平 3. 10 厚 1∶1∶4 水泥纸筋灰砂分层抹平 4. 2 厚玻璃纤维灰面	m²	184.27	18.61	3429	0
		门窗工程					75008	0
72	010801001001	木质门	1. 门编号：M1 2. 洞口尺寸：1500×2750 3. 钢木安全门	樘	1	742.5	742	0
			本页小计				15066	0

工程名称：××别墅山庄 A 型别墅-建筑工程　　　　　　　　　　第 11 页　共 16 页

序号	项目编码	项目名称	项目特征描述	计量单位	工程量	金额/元 综合单价	合价	其中 暂估价
73	010802001001	金属（塑钢）门	1. 门编号：M2 2. 洞口尺寸：2700×2900 3. 断热铝合金单框低辐射中空玻璃外开门 4. 含门锁及相应的五金配件、油漆等 5. 具体详见门窗表及说明	樘	1	5358.46	5358	0
74	010802001002	金属（塑钢）门	1. 门编号：M3 2. 洞口尺寸：2250×2900 3. 断热铝合金单框低辐射中空玻璃外开门 4. 含门锁及相应的五金配件、油漆等 5. 具体详见门窗表及说明	樘	1	4465.4	4465	0
75	010802001003	金属（塑钢）门	1. 门编号：M6 2. 洞口尺寸：1100×2170 3. 断热铝合金单框低辐射中空玻璃外开门 4. 含门锁及相应的五金配件、油漆等 5. 具体详见门窗表及说明	樘	1	1633.54	1634	0
76	010802001004	金属（塑钢）门	1. 门编号：M7 2. 洞口尺寸：1150×2170 3. 断热铝合金单框低辐射中空玻璃外开门 4. 含门锁及相应的五金配件、油漆等 5. 具体详见门窗表及说明	樘	3	1707.79	5123	0
77	010802001005	金属（塑钢）门	1. 门编号：M9 2. 洞口尺寸：3400×2550 3. 断热铝合金单框低辐射中空玻璃外开门 4. 含门锁及相应的五金配件、油漆等 5. 具体详见门窗表及说明	樘	1	5933.31	5933	0
本页小计							22514	0

工程名称：××别墅山庄A型别墅-建筑工程　　第12页　共16页

序号	项目编码	项目名称	项目特征描述	计量单位	工程量	金额/元 综合单价	合价	其中 暂估价
78	010802001006	金属（塑钢）门	1. 门编号:M10 2. 洞口尺寸:2250×2550 3. 断热铝合金单框低辐射中空玻璃外开门 4. 含门锁及相应的五金配件、油漆等 5. 具体详见门窗表及说明	樘	1	3926.45	3926	0
79	010803001001	金属卷帘(闸)门	1. 门编号:JLM 2. 洞口尺寸:2600×2600 3. 车库翻板卷帘门 4. 含电动装置等 5. 具体详见门窗表及说明	樘	1	4011.87	4012	0
80	010807001001	金属（塑钢、断桥）窗	1. 窗编号:C1 2. 洞口尺寸:3500×2050 3. 断热铝合金单框低辐射中空玻璃平开窗 4. 含相应的五金配件及油漆 5. 具体详见门窗表及说明	樘	1	4766.78	4767	0
81	010807001002	金属（塑钢、断桥）窗	1. 窗编号:C2 2. 洞口尺寸:2250×2350 3. 断热铝合金单框低辐射中空玻璃平开窗 4. 含相应的五金配件及油漆 5. 具体详见门窗表及说明	樘	1	3512.8	3513	0
82	010807001003	金属（塑钢、断桥）窗	1. 窗编号:C3 2. 洞口尺寸:2250×2050 3. 断热铝合金单框低辐射中空玻璃平开窗 4. 含相应的五金配件及油漆 5. 具体详见门窗表及说明	樘	1	3064.37	3064	0
			本页小计				19282	0

序号	项目编码	项目名称	项目特征描述	计量单位	工程量	金额/元		
						综合单价	合价	其中
								暂估价
83	010807001004	金属（塑钢、断桥）窗	1. 窗编号：C4 2. 洞口尺寸：800×2100 3. 断热铝合金单框低辐射中空玻璃平开窗 4. 含相应的五金配件及油漆 5. 具体详见门窗表及说明	樘	3	1116.13	3348	0
84	010807001005	金属（塑钢、断桥）窗	1. 窗编号：C5 2. 洞口尺寸：1500×2050 3. 断热铝合金单框低辐射中空玻璃平开窗 4. 含相应的五金配件及油漆 5. 具体详见门窗表及说明	樘	1	2042.91	2043	0
85	010807001006	金属（塑钢、断桥）窗	1. 窗编号：C6 2. 洞口尺寸：1100×1700 3. 断热铝合金单框低辐射中空玻璃平开窗 4. 含相应的五金配件及油漆 5. 具体详见门窗表及说明	樘	3	1242.35	3727	0
86	010807001007	金属（塑钢、断桥）窗	1. 窗编号：C7 2. 洞口尺寸：700×1700 3. 断热铝合金单框低辐射中空玻璃平开窗 4. 含相应的五金配件及油漆 5. 具体详见门窗表及说明	樘	5	790.58	3953	0
87	010807001008	金属（塑钢、断桥）窗	1. 窗编号：C8 2. 洞口尺寸：2250×1420 3. 断热铝合金单框低辐射中空玻璃平开窗 4. 含相应的五金配件及油漆 5. 具体详见门窗表及说明	樘	3	2122.63	6368	0
本页小计							19439	0

序号	项目编码	项目名称	项目特征描述	计量单位	工程量	金额/元		
						综合单价	合价	其中 暂估价
88	010807001009	金属（塑钢、断桥）窗	1. 窗编号:C9 2　洞口尺寸:700×920 3. 断热铝合金单框低辐射中空玻璃平开窗 4. 含相应的五金配件及油漆 5. 具体详见门窗表及说明	樘	1	427.85	428	0
89	010807001010	金属（塑钢、断桥）窗	1. 窗编号:C10 2. 洞口尺寸:700×1420 3. 断热铝合金单框低辐射中空玻璃平开窗 4. 含相应的五金配件及油漆 5. 具体详见门窗表及说明	樘	4	660.37	2641	0
90	010807001011	金属（塑钢、断桥）窗	1. 窗编号:C11 2. 洞口尺寸:1100×1300 3. 断热铝合金单框低辐射中空玻璃平开窗 4. 含相应的五金配件及油漆 5. 具体详见门窗表及说明	樘	3	950.03	2850	0
91	010807001012	金属（塑钢、断桥）窗	1. 窗编号:C12 2. 洞口尺寸:800×1300 3. 断热铝合金单框低辐射中空玻璃平开窗 4. 含相应的五金配件及油漆 5. 具体详见门窗表及说明	樘	2	690.94	1382	0
92	010807001013	金属（塑钢、断桥）窗	1. 窗编号:C13 2. 洞口尺寸:1100×1420 3. 断热铝合金单框低辐射中空玻璃平开窗 4. 含相应的五金配件及油漆 5. 具体详见门窗表及说明	樘	3	1037.73	3113	0
			本页小计				10414	0

序号	项目编码	项目名称	项目特征描述	计量单位	工程量	金额/元		
						综合单价	合价	其中
								暂估价
93	010807001014	金属（塑钢、断桥）窗	1. 窗编号:C14 2. 洞口尺寸:2250×1750 3. 断热铝合金单框低辐射中空玻璃平开窗 4. 含相应的五金配件及油漆 5. 具体详见门窗表及说明	樘	1	2615.92	2616	0
		其他工程					19462	0
94	011503001001	金属扶手、栏杆、栏板	楼梯栏杆(用于下沉庭院楼梯): 1. $H=1050$ 2. 详见图集06J403-1,B1/18	m	5.94	170	1010	0
95	011503002001	硬木扶手、栏杆、栏板	预制成品葫芦栏杆(用于采光井、阳台、台阶等): 1. $H=800$ 2. 详见建施19/11节点	m	27.92	150	4188	0
96	AB001	排风道风帽	风帽:详见建施4/10	只	1	250	250	0
97	AB002	装饰线条抹灰增加费	宽度200以内,三道以内	m	67.50	7.13	481	0
98	AB003	钉（贴）钢丝网	1.300mm宽Φ1@20钢丝网 2. 外墙砌体与钢筋混凝土柱、梁交接处	m²	989.22	13.68	13533	0
		通用项目					22923	0
99	011705001001	大型机械设备进出场及安拆		台次	1	20922.53	20923	0
100	AB004	其他技术措施费	由投标人根据施工组织设计自行考虑报价	项	1	2000	2000	0
		混凝土、钢筋混凝土模板及支架工程					67921	0
101	011702001001	基础	垫层模板	m²	44.90	37.29	1674	0
102	011702001001	基础	独立基础模板	m²	4.42	29.76	132	0
103	011702005001	基础梁	基础梁模板	m²	17.08	37.93	648	0
104	011702002001	矩形柱	1. 矩形柱模板 2. 层高3.6m内	m²	152.07	36.78	5593	0
		本页小计					53047	0

工程名称：××别墅山庄A型别墅-建筑工程　　第16页　共16页

序号	项目编码	项目名称	项目特征描述	计量单位	工程量	金额/元		
						综合单价	合价	其中
								暂估价
105	011702002001	矩形柱	1. 矩形柱模板 2. 层高4.6m内	m^2	17.52	39.17	686	0
106	011702002001	矩形柱	1. 异形柱模板 2. 层高3.6m内	m^2	135.32	54.7	7402	0
107	011702002001	矩形柱	构造柱模板	m^2	8.34	54.7	456	0
108	011702006001	矩形梁	1. 矩形梁模板 2. 层高3.6m内	m^2	391.61	46.19	18088	0
109	011702011001	直形墙	1. 直形墙模板 2. 层高3.6m内	m^2	484.98	28.55	13846	0
110	011702016001	平板	1. 混凝土板模板 2. 层高3.6m内	m^2	246.46	33.64	8291	0
111	011702016001	平板	1. 斜混凝土板模板 2. 层高3.6m内 3. 坡度22.61°	m^2	163.20	35.86	5852	0
112	011702021001	栏板	直形栏板模板	m^2	7.45	33.17	247	0
113	011702024001	楼梯	直形楼梯模板	m^2	22.50	137.99	3105	0
114	011702025001	其它现浇构件	翻边模板	m^2	40.18	32.42	1303	0
115	011702025001	其它现浇构件	压顶模板	m^2	2.58	57.83	149	0
116	011702025001	其它现浇构件	三道以内线条模板增加费	m^2	67.50	6.64	448	0
		脚手架工程					7102	0
117	011701001001	综合脚手架	檐高7m内,层高6m以内	m^2	556.84	12.42	6916	0
118	011701006001	满堂脚手架	一层车库,层高为3.779m	m^2	21.03	8.85	186	0
		垂直运输工程					17680	0
119	011703001001	地下室垂直运输		m^2	210.37	38.97	8198	0
120	011703001001	建筑物垂直运输	檐高20m内	m^2	346.47	14.15	4903	0
121	011301001001	洞库照明费		项	1	4579.76	4580	0
			本页小计				84657	0
			合　计				1202453	0

表 20-8　总价措施项目清单与计价表

工程名称：××别墅山庄 A 型别墅-建筑工程　　　　标段：　　　　第 1 页　共 1 页

序号	项目编码	项 目 名 称	计算基础	费率/%	金额/元	调整费率/%	调整后金额/元	备注
1	011707001001	安全防护、文明施工措施费	人工费＋机械费	5.25	9876			
2	011707002001	夜间施工增加费	人工费＋机械费	0.04	75			
3		缩短工期增加费	人工费＋机械费					
4	011707004001	二次搬运费	人工费＋机械费					
5		检验试验费	人工费＋机械费	1.12	2107			
6	011707005001	冬雨季施工增加费	人工费＋机械费	0.2	376			
7	011707007	已完工程及设备保护	人工费＋机械费	0.05	94			
		合计			12529			

编制人（造价人员）：　　　　复核人（造价工程师）：

表 20-9　其他项目清单与计价汇总表

工程名称：××别墅山庄 A 型别墅-建筑工程　　　　标段　　　　第 1 页　共 1 页

序号	项 目 名 称	金额/元	结算金额/元	备 注
1	暂列金额	0		
2	暂估价	0		
2.1	材料(工程设备)暂估价	—		
2.2	专业工程暂估价	0		
3	计日工	0		
4	总承包服务费	4000		
	合计	4000		—

表 20-10　主要工日价格表

工程名称：××别墅山庄 A 型别墅-建筑工程　　　　标段：　　　　第 1 页　共 1 页

序号	工　种	单位	数量	单价/元
1	一类人工	工日	83.530	55.00
2	二类人工	工日	1573.410	60.00
3	三类人工	工日	869.428	70.00
4	人工(机械)	工日	224.085	60.00

表 20-11　主要材料价格表

工程名称：××别墅山庄 A 型别墅-建筑工程　　　　标段：　　　　第 1 页　共 2 页

序号	编码	材料名称	规格型号	单位	数量	单价/元	备注
1		钢木安全户门		m^2	4.125	180.000	原量：1
2	0101001	螺纹钢		t	59.806	4402.000	
3	0109001	圆钢		t	9.823	4510.000	
4	0109021	冷拔钢丝		t	0.262	4600.000	
5	0123001	型钢		t	0.007	4510.000	
6	0129021	中厚钢板		t	0.040	4459.000	
7	0129105	薄钢板	δ3	t	0.845	4713.000	原量：1.123
8	0359131	预埋铁件		kg	19.610	6.900	原量：0.82
9	0401011	水泥	32.5	kg	41.459	0.350	
10	0401071	白水泥		kg	11.998	0.660	原量：10
11	0403043	黄砂(净砂)	综合	t	0.316	63.000	
12	0405001	卵石	综合	t	6.740	70.000	原量：15.5
13	0405001	碎石	综合	t	6.590	55.000	原量：2.4
14	0413091	实心水泥砖	240×115×53	千块	23.392	380.000	原量：5.29
15	0413125	烧结页岩多孔砖	240×115×90	千块	23.864	800.000	原量：3.37
16	0417121	陶瓦		千张	2.603	4500.000	原量：1.113
17	0417131	陶瓦屋脊		千张	0.204	4500.000	原量：0.306
18	0431105	30 厚聚合物保温砂浆		m^3	10.556	780.000	原量：2.625
19	0431107	抗裂抹面砂浆		kg	6651.736	1.900	原量：550.8
20	0431111	砌块砌筑黏结剂		kg	701.710	1.680	原量：263.9
21	0433002	非泵送商品混凝土	C15	m^3	1.532	309.000	原量：10.15
22	0433003	非泵送商品混凝土	C20	m^3	37.312	332.000	原量：4.56
23	0433004	非泵送商品混凝土	C25	m^3	4.672	349.000	原量：10.15
24	0433021	泵送商品混凝土	C15	m^3	35.667	323.000	原量：10.15
25	0433022	泵送商品混凝土	C20	m^3	3.837	344.000	原量：10.15
26	0433023	泵送商品混凝土	C25	m^3	79.248	365.000	原量：10.15
27	0433024	泵送商品混凝土	C30	m^3	8.435	383.000	原量：10.15
28	0433025	泵送商品混凝土	C35	m^3	46.700	399.000	原量：10.15
29	0433042	泵送商品抗渗混凝土	C30/P6	m^3	156.209	393.000	原量：10.15

工程名称：××别墅山庄 A 型别墅-建筑工程　　　标段：　　　　　　　　　第 2 页　共 2 页

序号	编码	材料名称	规格型号	单位	数量	单价/元	备注
30	0433043	泵送商品抗渗混凝土	C30/P8	m^3	4.009	393.000	原量：10.15
31	0433063	非泵送水下商品混凝土	C30	m^3	3.156	395.000	原量：12
32	0701101	20 厚火烧面花岗岩		m^2	13.321	80.000	原量：102
33	0701101	20 厚花岗岩板		m^2	64.830	75.000	原量：102
34	0909051	断热铝合金单框低辐射中空玻璃平开窗		m^2	62.677	620.000	原量：95.04
35	0909061	断热铝合金单框低辐射中空玻璃外开门		m^2	37.168	650.000	原量：96.2
36	0923035	金属卷帘门		m^2	8.450	180.000	原量：125
37	0925021	电动装置		套	1.000	2000.000	
38	1103241	红丹防锈漆		kg	9.481	12.800	原量：1.59
39	1103701	1.5 厚聚氨酯防水层(两道)		kg	390.060	15.000	原量：300
40	1103701	防水涂料 FJS 厚 1.5mm		kg	1790.520	10.000	原量：300
41	1111341	乳胶漆		kg	2.295	18.000	原量：28.84
42	1157191	1.5 厚 APF 高分子复合膜自粘卷材		m^2	315.153	33.000	原量：114
43	1307153	耐碱玻璃纤维网格布		m^2	376.787	2.800	原量：117
44	1307201	聚酯无纺布一层		m^2	656.524	3.000	原量：110
45	1312111	聚苯乙烯泡沫板	30	m^2	264.568	12.600	原量：102
46	1312121	40 厚挤塑聚苯乙烯泡沫板一层		m^2	254.653	27.200	原量：102
47	3001001	钢支撑		kg	799.871	4.510	
48	3201021	木模板		m^3	5.623	2000.000	
49	3203001	脚手架钢管		kg	189.892	4.561	原量：3.22
50	补	厨房排风道风帽	2008 浙 J44—24	只	1.000	250.000	
51	补	楼梯栏杆及木扶手		m	5.940	170.000	
52	0427231-1	增强型预应力混凝土离心桩，T-PTC-400-370(60)		m	581.760	140.000	原量：101
53	0427231-1	增强型预应力混凝土离心桩，T-PTC-500-460(60)		m	163.620	200.000	原量：101

表 20-12　主要机械台班价格表

工程名称:××别墅山庄 A 型别墅-建筑工程　　标段:　　第 1 页　共 1 页

序号	机械设备名称	单　位	数　量	单价/元
1	其他机械费	元	73.203	1.00
2	履带式推土机 90kW	台班	0.346	879.01
3	轮胎式装载机 $2m^3$	台班	1.150	763.64
4	履带式单斗挖掘机(液压)$1m^3$	台班	3.426	1262.33
5	电动夯实机 20～62kg·m	台班	11.450	22.69
6	履带式起重机 15t	台班	2.661	634.80
7	汽车式起重机 5t	台班	2.261	421.30
8	汽车式起重机 20t	台班	2.000	1112.16
9	汽车式起重机 25t	台班	0.116	1273.49
10	门式起重机 10t	台班	0.016	280.40
11	塔式起重机 20kN	台班	7.606	202.21
12	塔式起重机 80kN	台班	14.936	451.50
13	载货汽车 4t	台班	6.707	380.46
14	载货汽车 15t	台班	5.000	910.90
15	自卸汽车 12t	台班	47.809	802.24
16	平板拖车组 40t	台班	3.000	1179.08
17	电动卷扬机单筒慢速 50kN	台班	12.658	112.56
18	双锥反转出料混凝土搅拌机 500L	台班	0.131	143.43
19	灰浆搅拌机 200L	台班	19.885	76.04
20	钢筋调直机 ϕ40mm	台班	0.387	36.10
21	钢筋切断机 ϕ40mm	台班	7.109	40.56
22	钢筋弯曲机 ϕ40mm	台班	16.935	21.64
23	木工圆锯机 ϕ500mm	台班	8.392	26.68
24	剪板机 20×2500	台班	0.083	153.23
25	剪板机 40×3100	台班	0.013	442.50
26	型钢剪断机 500mm	台班	0.003	92.22
27	交流弧焊机 32kV·A	台班	6.719	95.57
28	直流弧焊机 32kW	台班	26.976	99.33
29	对焊机容量 75kV·A	台班	4.745	129.69
30	电焊条烘干箱 45×35×45cm	台班	0.026	12.19
31	多功能压桩机 2000kN	台班	5.617	1468.64
32	混凝土振捣器平板式 BLL	台班	7.497	17.77
33	混凝土振捣器插入式	台班	21.988	5.04
34	电动卷扬机带塔 30m 以内单筒慢速 10kN	台班	26.886	92.44
35	石料切割机	台班	0.546	18.48
36	直螺纹连滚丝机	台班	1.383	53.20

工程量计算书

工程名称：××别墅山庄A型别墅-建筑工程（签字盖章）

建设单位：________________（签字盖章）

编制单位：________________（签字盖章）

编 制 人：________________（签字盖章）

编制时间：________________

表 20-13　工程量计算稿

工程名称：××别墅山庄 A 型别墅-建筑工程　　　　　　　　　　　　　　　　　　　　　　桩基工程

序号	分项名称	计算式或说明		小计	单位
	结施-01，桩位平面布置图				
1	增强型预应力混凝土离心桩，YZZ-1，T-PTC-400-370(60)-10，8b，详见 2008 浙 G32，详见第 12 页，32 根，有效桩长 18m				
	长度 L	18×32		576	
			合计	576	m
2	增强型预应力混凝土离心桩，YZZ-1，T-PTC-500-460(60)-10，8b，详见 2008 浙 G32，详见第 12 页，9 根，有效桩长 18m				
	长度 L	18×9		162	
			合计	162	m
3	送桩，T-PTC-400-370(60)，自然地坪 −0.5m				
	T-PTC-400-370(60)，注明桩顶标高 −3.9m	(3.9−0.5)×3		10.2	
	T-PTC-400-370(60)，注明桩顶标高 −4.87m	(4.87−0.5)×1		4.37	
	T-PTC-400-370(60)，注明桩顶标高 −4.2m	(4.2−0.5)×6		22.2	
	T-PTC-400-370(60)，注明桩顶标高 −4.1m	(4.1−0.5)×1		3.6	
	T-PTC-400-370(60)，注明桩顶标高 −4.25m	(4.25−0.5)×1		3.75	
	T-PTC-400-370(60)，注明桩顶标高 −5.45m	(5.45−0.5)×4		19.8	
	T-PTC-400-370(60)，注明桩顶标高 −4.35m	(4.35−0.5)×6		23.1	
	T-PTC-400-370(60)，未注明桩顶标高 −4m	(4−0.5)×10		35	
			合计	122.02	m
4	送桩，T-PTC-500-460(60)，自然地坪 −0.5m				
	T-PTC-500-460(60)，注明桩顶标高 −3.9m	(3.9−0.5)×2		6.80	
	T-PTC-500-460(60)，注明桩顶标高 −4.25m	(4.25−0.5)×1		3.75	
	T-PTC-500-460(60)，注明桩顶标高 −4.1m	(4.1−0.5)×1		3.60	

续表

序号	分项名称	计算式或说明	小计	单位
	T-PTC-500-460(60)，注明桩顶标高－4.95m	(4.95－0.5)×1	4.45	
	T-PTC-500-460(60)，未注明桩顶标高－4m	(4－0.5)×4	14.00	
		合计	32.60	m
5	3厚钢托板，详见2008浙G32第25页			
	T-PTC-400-370(60)－10,8b	0.25×0.25×0.003×7850×32	47	
	T-PTC-500-460(60)－10,8b	0.34×0.34×0.003×7850×9	25	
		合计	72	kg
6	螺纹钢，详见2008浙G32，桩顶与承台连接详见第25页结合第13页及第12页			
	T-PTC-400-370(60)，4ϕ20	(1.1＋35×0.02)×4×2.468×32	569	
	T-PTC-500-460(60)，4ϕ20	(1.1＋35×0.02)×4×2.468×9	160	
		合计	729	kg
7	圆钢，详见2008浙G32，桩顶与承台连接详见第25页结合第13页及第12页			
	T-PTC-400-370(60)，加强筋2ϕ8	[3.14×(0.4－0.015×2－0.025×2)＋10×0.008]×2×0.395×32	27	
	螺旋箍筋ϕ8@150其中上下两根水平箍筋	3.14×(0.25－2×0.025＋0.008)×(1.5×2)	2	
	螺旋箍筋ϕ8@150	{[3.14×(0.25－2×0.025＋0.008)]^2＋0.15^2}×0.395×8×32	68	
	T-PTC-500-460(60)，加强筋2ϕ8	[3.14×(0.5－0.02×2－0.025×2)＋10×0.008]×2×0.395×9	10	
	螺旋箍筋ϕ8@150其中上下两根水平箍筋	3.14×(0.34－2×0.025＋0.008)×(1.5×2)	3	
	螺旋箍筋ϕ8@150	{[3.14×(0.34－2×0.025＋0.008)]^2＋0.15^2}×0.395×8×9	27	
		合计	137	kg
8	C30桩混凝土加灌，详见2008浙G32，桩顶与承台连接详见第25页结合第13页及第12页			
	T-PTC-400-370(60)－10,8b	3.14×0.25×0.25/4×1.1×32	1.73	
	T-PTC-500-460(60)－10,8b	3.14×0.34×0.34/4×1.1×9	0.90	
		合计	2.63	m^3

表 20-14　工程量计算稿

工程名称：××别墅山庄 A 型别墅-建筑工程　　　　土方工程（清单）

序号	分项名称	计算式或说明	小计	单位
	结施-01,基础平面布置图;结施-02,基础详图			
1	挖独立基础土方 CT1:800×800×600			
	CT1	(0.8+0.1×2)×(0.8+0.1×2)×(3.95+0.1−0.5)×2	7.10	
		合计	7.10	m^3
2	挖基础梁土方			
	JL-X1 单独基础梁	(0.3+0.1×2)×(3.6−0.43×2)×(3.9+0.1−0.5)	4.80	
	JL-Y1 单独基础梁	(0.3+0.1×2)×(2.5+4−0.43−0.33)×(3.9+0.1−0.5)	10.04	
		合计	14.84	m^3
3	挖基础梁土方			
	JL-Y4 单独基础梁	(0.24+0.1×2)×(2.5−0.43−0.37)×(3.9+0.1−0.5)	2.62	
		合计	2.62	m^3
4	挖基础梁土方			
	JL-Y11 单独基础梁	(0.3+0.1×2)×(4.3−0.6−1.5−0.15+0.18)×(5.3+0.1−0.5)	5.46	
		合计	5.46	m^3
5	挖基础梁土方			
	JL-Y10 单独基础梁	(0.36+0.1×2)×(5.1+0.12×2)×(3.35+0.5+0.1−0.5)	10.32	
		合计	10.32	m^3
6	挖基础梁土方			
	JL-Y10 单独基础梁	(0.3+0.1×2)×(0.62+0.12−0.27−0.36)×(3.35+0.5+0.1−0.5)×2	0.38	
		合计	0.38	m^3
7	机械大开挖土方			
	250 厚地下室底板下(混凝土外墙范围内),板面标高为−3.35	(211.47+0.1×76.53)×(3.35+0.25+0.08+0.1−0.5)	718.72	
	凸出混凝土外墙的承台面积	(0.44+0.2+0.49+0.89+0.14+0.44+0.32+1.09+0.59+0.67+0.37+0.89+0.88+0.22+0.22+0.6+0.26)×(3.35+0.25+0.08+0.1−0.5)	28.57	
		合计	747.29	m^3
8	地下室底板承台及地梁下翻土方			
	(1)降板下翻土方			
	地下室底降板下翻土方,板面标高为−3.55,面积及长度利用 CAD 量取	48.26×(3.55−3.35)+0.3×45.032	23.16	
	地下室底降板下翻土方,板面标高为−3.7,面积及长度利用 CAD 量取	26.46×(3.7−3.35)+0.3×29.32	18.06	

续表

序号	分项名称	计算式或说明	小计	单位
	地下室底降板下翻土方，板面标高为－4.8，面积及长度利用CAD量取	6.91×(4.8－3.35)＋0.3×18.79	15.66	
	(2)承台下翻土方			
	CT-1、1a、1b、1C下凸	(0.8＋0.3×2)×(0.8＋0.3×2)×(0.6－0.25)×4	2.74	
	CT-2、2a、2b、2C下凸	(1＋0.3×2)×(1＋0.3×2)×(0.6－0.25)×5	4.48	
	CT-3、3a、3b、3C下凸	(0.8＋0.3×2)×(2.2＋0.3×2)×(0.7－0.25)×12	21.17	
	CT-4、4a下凸	(1＋0.3×2)×(2.75＋0.3×2)×(0.7－0.25)×3	7.24	
	(3)基础梁下翻土方			
	JL-X4，E轴，下凸底板，240宽	(0.24＋0.3×2)×0.58×(0.4－0.25)	0.07	
	JL-Y6(2)⑥轴，下凸底板，240宽	(0.24＋0.3×2)×0.92×(0.5－0.25)	0.19	
	其余300宽，600高梁下凸，长度参C30地下室底板工程量计算稿	(0.3＋0.3×2)×2.83×(0.6－0.25)	0.89	
	其余300宽，500高梁下凸，长度参C30地下室底板工程量计算稿扣240宽梁长度	(0.3＋0.3×2)×(15.78－0.92)×(0.5－0.25)	3.34	
	AL梁下凸，长度参C30地下室底板工程量计算稿	(0.3＋0.3×2)×50.24×(0.5－0.25)	11.30	
	其余300宽，450高梁下凸，长度参C30地下室底板工程量计算稿	(0.3＋0.3×2)×11.35×(0.45－0.25)	2.04	
	其余300宽，400高梁下凸，长度参C30地下室底板工程量计算稿扣240宽梁长度	(0.3＋0.3×2)×(23.65－0.58)×(0.4－0.25)	3.11	
	(4)集水井下翻土方			
	结施13a/11，900×900×1000井	1×(1.36×1.36＋2.36×2.36＋3.72×3.72)/6＋0.35×0.35×1＋0.3×0.75×(0.79＋1.35)	4.15	
	结施13b/11，1000×1000×1000井	1×(1.46×1.46＋2.46×2.46＋3.92×3.92)/6＋0.35×0.66×1＋0.3×0.85×(2.11＋0.915)	4.93	
		合计	122.54	m^3
9	土方回填			
	(1)总土方工程量	55.32＋153.72＋1113.4＋94.6	1417.04	
	(2)扣余土外运工程量			
	250厚地下室底板下(混凝土外墙范围内)，用CAD量取底板面积 S＝211.47，混凝土外墙外围长度 L＝76.53)	211.47×(3.35－0.05)	－697.85	
	降板空间，参降板下翻土方	9.65＋9.26＋10.02	－28.93	
	独立基础＋基础梁＋地下室底板＋垫层＋砖胎膜	0.77＋2.68＋84.39＋35.14＋4.2	－127.18	
		合计	563.08	m^3

表 20-15　工程量计算稿

工程名称：××别墅山庄 A 型别墅-建筑工程　　　　土方工程（定额）

序号	分项名称	计算式或说明	小计	单位
	结施-01,基础平面布置图;结施-02,基础详图			
1	挖独立基础土方 CT1:800×800×600	公式:$(B+2C+KH)\times(L+2C+KH)\times H+K^2\times H_3/3$		
	CT1	[(0.8+0.1×2+2×0.3+0.33×3.55)×(0.8+0.1×2+2×0.3+0.33×3.55)×(3.95+0.1−0.5)+$0.33^2\times3.55^3/3$]×2	55.32	
		合计	55.32	m^3
2	挖基础梁土方	公式:$(B+2C+KH)\times LH$		
	JL-X1 单独基础梁	(0.3+0.1×2+2×0.3+0.33×3.5)×(3.6−0.43×2)×(3.9+0.1−0.5)	21.63	
	JL-Y1 单独基础梁	(0.3+0.1×2+2×0.3+0.33×3.5)×(2.5+4−0.43−0.33)×(3.9+0.1−0.5)	45.30	
		合计	66.93	m^3
3	挖基础梁土方	公式:$(B+2C+KH)\times LH$		
	JL-Y4 单独基础梁	(0.24+0.1×2+2×0.3+0.33×3.5)×(2.5−0.43−0.37)×(3.9+0.1−0.5)	13.06	
		合计	13.06	m^3
4	挖基础梁土方	公式:$(B+2C+KH)\times LH$		
	JL-Y11 单独基础梁	(0.3+0.1×2+2×0.3+0.33×4.9)×(4.3−0.6−1.5−0.15+0.18)×(5.3+0.1−0.5)	29.69	
		合计	29.69	m^3
5	挖基础梁土方	公式:$(B+2C+KH)\times LH$		
	JL-Y10 单独基础梁	(0.36+0.1×2+2×0.3+0.33×3.45)×(5.1+0.12×2)×(3.35+0.5+0.1−0.5)	42.35	
		合计	42.35	m^3
6	挖基础梁土方	公式:$(B+2C+KH)\times LH$		
	JL-Y10 单独基础梁	(0.3+0.1×2+2×0.3+0.33×3.45)×(0.62+0.12−0.27−0.36)×(3.35+0.5+0.1−0.5)×2	1.70	
		合计	1.70	m^3
7	机械大开挖土方			
	250 厚地下室底板下(混凝土外墙范围内),板面标高为−3.35,用 CAD 量取底板面积 S=211.47,混凝土外墙外围长度 L=76.53)	211.47×(3.35+0.25+0.08+0.1−0.5)+(1.1×76.53×3.28)+0.33×3.28×3.28/2×(76.53+1.1×4)	1113.40	
		合计	1113.40	m^3
8	地下室底板承台及地梁下翻土方			
	(1)降板下翻土方			

续表

序号	分项名称	计算式或说明	小计	单位
	地下室底降板下翻土方，板面标高为-3.55，面积及长度利用CAD量取	48.26×(3.55-3.35)+0.3×45.032	23.16	
	地下室底降板下翻土方，板面标高为-3.7，面积及长度利用CAD量取	26.46×(3.7-3.35)+0.3×29.32	18.06	
	地下室底降板下翻土方，板面标高为-4.8，面积及长度利用CAD量取	6.91×(4.8-3.35)+0.3×18.79	15.66	
	(2)承台下翻土方			
	CT-1、1a、1b、1C下凸	(0.8+0.3×2)×(0.8+0.3×2)×(0.6-0.25)×4	2.74	
	CT-2、2a、2b、2C下凸	(1+0.3×2)×(1+0.3×2)×(0.6-0.25)×5	4.48	
	CT-3、3a、3b、3C下凸	(0.8+0.3×2)×(2.2+0.3×2)×(0.7-0.25)×12	21.17	
	CT-4、4a下凸	(1+0.3×2)×(2.75+0.3×2)×(0.7-0.25)×3	7.24	
	(3)基础梁下翻土方			
	JL-X4，E轴，下凸底板，240宽	(0.24+0.3×2)×0.58×(0.4-0.25)	0.07	
	JL-Y6(2)⑥轴，下凸底板，240宽	(0.24+0.3×2)×0.92×(0.5-0.25)	0.19	
	其余300宽，600高梁下凸，长度参C30地下室底板工程量计算稿	(0.3+0.3×2)×2.83×(0.6-0.25)	0.89	
	其余300宽，500高梁下凸，长度参C30地下室底板工程量计算稿扣240宽梁长度	(0.3+0.3×2)×(15.78-0.92)×(0.5-0.25)	3.34	
	AL梁下凸，长度参C30地下室底板工程量计算稿	(0.3+0.3×2)×50.24×(0.5-0.25)	11.30	
	其余300宽，450高梁下凸，长度参C30地下室底板工程量计算稿	(0.3+0.3×2)×11.35×(0.45-0.25)	2.04	
	其余300宽，400高梁下凸，长度参C30地下室底板工程量计算稿扣240宽梁长度	(0.3+0.3×2)×(23.65-0.58)×(0.4-0.25)	3.11	
	(4)集水井下翻土方			
	结施13a/11，900×900×1000井	1×(1.36×1.36+2.36×2.36+3.72×3.72)/6+0.35×0.35×1+0.3×0.75×(0.79+1.35)	4.15	
	结施13b/11，1000×1000×1000井	1×(1.46×1.46+2.46×2.46+3.92×3.92)/6+0.35×0.66×1+0.3×0.85×(2.11+0.915)	4.93	
		合计	122.54	m^3
9	土方回填			
	(1)总土方工程量	55.32+153.72+1113.4+94.6	1417.04	
	(2)扣余土外运工程量			
	250厚地下室底板下(混凝土外墙范围内)，用CAD量取底板面积 $S=211.47$，混凝土外墙外围长度 $L=76.53$)	211.47×(3.35-0.05)	-697.85	
	降板空间，参降板下翻土方	9.65+9.26+10.02	-28.93	
	独立基础+基础梁+地下室底板+垫层+砖胎膜	0.77+2.68+84.39+35.14+4.2	-127.18	
		合计	563.08	m^3

表 20-16 工程量计算稿

工程名称：××别墅山庄 A 型别墅-建筑工程　　　　现浇混凝土基础

序号	分项名称	计算式或说明	小计	单位	供参考工程量				
					AL 长度/m	600 高梁长度/m	500 高梁长度/m	450 高梁长度/m	400 高梁长度/m
	结施-01，基础平面布置图；结施-02，基础详图								
1	C30 独立基础								
	CT1	0.8×0.8×0.6×2	0.77						
		合计	0.77	m^3					
2	C30 基础梁								
	JL-X1	0.3×0.4×(3.6−0.43×2)	0.33						2.74
	JL-Y1	0.3×0.5×(2.5+4−0.43−0.33)	0.86				5.74		
	JL-Y4	0.24×0.4×(2.5−0.43−0.37)	0.16						1.70
	JL-Y11	0.3×0.5×(4.3−0.6−1.5−0.15+0.18)	0.34				2.23		
	JL-Y10	0.36×0.5×(5.1+0.12×2)	0.96				5.34		
	JL-Y10	0.3×0.5×(0.62+0.12−0.27−0.36)×2	0.03				0.22		
		合计	2.68	m^3			13.53		4.44
3	C30 地下室底板，抗渗等级 S6								
	250 厚地下室底板（混凝土外墙范围内，用 CAD 量取面积 $S=211.47$，$L=89.413$）	0.25×211.47	52.87						
	CT-1 下凸底板	0.8×0.8×(0.6−0.25)	0.22						
	CT-1a 下凸底板	0.8×0.8×(0.6−0.25)	0.22						
	CT-1b 下凸底板	0.8×0.8×(0.6−0.25)	0.22						
	CT-1c 下凸底板	0.8×0.8×(0.6−0.25)	0.22						
	CT-2 下凸底板	1×1×(0.6−0.25)×2	0.70						
	CT-2a 下凸底板	1×1×(0.6−0.25)	0.35						
	CT-2b 下凸底板	1×1×(0.6−0.25)	0.35						
	CT-2c 下凸底板	1×1×(0.6−0.25)	0.35						
	CT-3 下凸底板	0.8×2.2×(0.7−0.25)×5	3.96						

续表

序号	分项名称	计算式或说明	小计	单位	供参考工程量				
					AL长度/m	600高梁长度/m	500高梁长度/m	450高梁长度/m	400高梁长度/m
	CT-3a 下凸底板	0.8×2.2×(0.7－0.25)×3	2.38						
	CT-3b 下凸底板	0.8×2.2×(0.7－0.25)×3	2.38						
	CT-3c 下凸底板	0.8×2.2×(0.7－0.25)	0.79						
	CT-4 下凸底板	1×2.75×(0.7－0.25)×2	2.48						
	CT-4a 下凸底板	1×2.75×(0.7－0.25)	1.24						
	AL1,①轴,下凸底板	0.3×(0.5－0.25)×(0.15＋1.5＋0.6＋2.8＋1.7＋2.8＋1.5＋0.6－0.6－0.8－0.3－0.55)	0.71		9.40				
	AL1,②轴,下凸底板	0.3×(0.5－0.25)×(4.3－0.776－0.469)	0.23		3.05				
	JL-Y3(3)③轴,下凸底板	0.3×(0.40－0.25)×(1.5＋0.6－1.02－0.15)	0.04					0.93	
	JL-Y3(3)③轴,下凸底板	0.3×(0.4－0.25)×(2.8－0.43－0.53)	0.08						1.84
	JL-Y3(3)③轴,下凸底板	0.3×(0.45－0.25)×(1.7＋2.8－0.469－1.18)	0.17					2.85	
	AL1,④轴,下凸底板	0.3×(0.5－0.25)×(4－0.63－1.23)	0.16		2.15				
	JL-Y5(2)⑤轴,下凸底板	0.3×(0.6－0.25)×(4.3＋2.8－0.97－2.2－1.1)	0.30			2.83			
	JL-Y6(2)⑥轴,下凸底板	0.3×(0.4－0.25)×(1.7＋2.8－0.12－0.43)	0.18						3.96
	JL-Y6(2)⑥轴,下凸底板	0.24×(0.5－0.25)×(1.5＋0.6－0.37－0.814)	0.06				0.92		
	JL-Y7(2)⑦轴,下凸底板	0.3×(0.4－0.25)×(4－0.728－1.13)	0.10						2.13
	JL-Y7(2)⑦轴,下凸底板	0.3×(0.45－0.25)×(4.3－0.12－1.07)	0.19					3.12	
	JL-Y8(1)⑨轴,下凸底板	0.3×(0.5－0.25)×(1.7＋2.8－0.77－1.305)	0.18				2.43		
	AL1,⑨轴,下凸底板	0.3×(0.5－0.25)×(4.3＋2.8－1.17－1.445)	0.34		4.48				
	JL-Y9(1)⑩轴,下凸底板	0.3×(0.5－0.25)×(4－0.28－0.66)	0.23				3.07		
	AL1,1/⑩轴,下凸底板	0.3×(0.5－0.25)×(4－0.53×2)	0.22		2.95				
	AL1,⑪轴,下凸底板	0.3×(0.5－0.25)×(5.1－1.23×2)	0.20		2.64				
	AL1,L 轴,下凸底板	0.3×(0.5－0.25)×(1.1＋1.9＋2.1＋1.7－0.6－0.47)	0.43		5.73				
	AL1,K 轴,下凸底板	0.3×(0.5－0.25)×(3.7－0.53－0.37)	0.21		2.80				
	AL1,J 轴,下凸底板	0.3×(0.5－0.25)×(4.5－0.43－0.53)	0.27		3.55				
	JL-X2,H 轴,下凸底板	0.3×(0.45－0.25)×(2.1＋1.7＋3.7－0.48－2.2－0.37)	0.27					4.45	

续表

序号	分项名称	计算式或说明	小计	单位	供参考工程量				
					AL长度/m	600高梁长度/m	500高梁长度/m	450高梁长度/m	400高梁长度/m
	JL-X5,F轴,下凸底板	0.3×(0.5−0.25)×(1.7+3.7−0.37−0.57)	0.34				4.47		
	JL-X5,F轴,下凸底板	0.3×(0.4−0.25)×(2.1−0.53−0.43)	0.05						1.13
	AL1,F轴,下凸底板	0.3×(0.5−0.25)×(4.5−0.43−0.53)	0.27		3.55				
	JL-X4,E轴,下凸底板	0.3×(0.5−0.25)×(1.7+3.7−0.12−0.37)	0.37				4.91		
	JL-X4,E轴,下凸底板	0.3×(0.4−0.25)×(2.1−0.43×2)	0.06						1.24
	JL-X4,E轴,下凸底板	0.24×(0.4−0.25)×(0.59)	0.02						0.58
	JL-X6(1),1/D轴,下凸底板	0.3×(0.4−0.25)×(3.7−0.12−0.02)	0.16						3.56
	AL1,1/D轴,轴下凸底板	0.3×(0.5−0.25)×(1.1−0.15−0.12)	0.06		0.83				
	JL-X3(2),D轴,轴下凸底板	0.3×(0.4−0.25)×(2.4+3.2−0.55−0.8−0.27)	0.18						3.98
	AL1,D轴,轴下凸底板	0.3×(0.5−0.25)×(3.6−1.23−0.25)	0.16		2.12				
	AL1,D轴,下凸底板	0.3×(0.5−0.25)×(1.6−0.53−0.62)	0.03		0.45				
	AL1,1/C轴,下凸底板	0.3×(0.5−0.25)×(1.8−0.38−0.53)	0.07		0.89				
	AL1,C轴,下凸底板	0.3×(0.5−0.25)×(2.4−0.63−0.59)	0.09		1.19				
	AL1,C轴,下凸底板	0.3×(0.5−0.25)×(1.8−0.48−0.53)	0.06		0.79				
	AL1,B轴,下凸底板	0.3×(0.5−0.25)×(3.2+1.6−0.6−0.52)	0.28		3.68				
	JL-Y2 下凸底板	0.3×(0.4−0.25)×(2.538+2.683)	0.24						5.22
	CT-2a 凸出混凝土外墙	0.44×0.25	0.11						
	CT-1a 凸出混凝土外墙	0.2×0.25	0.05						
	CT-4a 凸出混凝土外墙	0.49×0.25	0.12						
	CT-3C 凸出混凝土外墙	0.89×0.25	0.22						
	CT-3b 凸出混凝土外墙	0.14×0.25	0.04						
	CT-2 凸出混凝土外墙	(0.44+0.32)×0.25	0.19						
	CT-4 凸出混凝土外墙	(1.09+0.59)×0.25	0.42						
	CT-3 凸出混凝土外墙	(0.67+0.37+0.89+0.88)×0.25	0.70						
	CT-1b 凸出混凝土外墙	0.22×0.25	0.06						
	CT-1 凸出混凝土外墙	0.22×0.25	0.06						
	CT-3a 凸出混凝土外墙	0.6×0.25	0.15						
	CT-2C 凸出混凝土外墙	0.26×0.25	0.07						

续表

序号	分项名称	计算式或说明	小计	单位	供参考工程量				
					AL 长度/m	600 高梁长度/m	500 高梁长度/m	450 高梁长度/m	400 高梁长度/m
	结施 13a/11,900×900×1000 井	1×(1.36×1.36+2.36×2.36+3.72×3.72)/6−0.9×0.9×0.92−1.02×1.02×0.08−0.35×0.35×1+0.3×0.75×(0.79+1.35)	3.07						
	结施 13b/11,1000×1000×1000 井	1×(1.46×1.46+2.46×2.46+3.92×3.92)/6−1×1×0.92−1.12×1.12×0.08−0.35×0.66×1+0.3×0.85×(2.11+0.915)	3.45						
		合计	84.39	m^3	50.24	2.83	15.78	11.35	23.65
4	100 厚 C15 混凝土垫层								
	250 厚地下室底板下(混凝土外墙范围内)	211.47×0.1	21.15						
	CT-1、1a、1b、1C 下凸	(0.8+0.3)×4×0.3×0.1×4	0.53						
	CT-2、2a、2b、2C 下凸	(1+0.3)×4×0.3×2×0.1×5	1.56						
	CT-3、3a、3b、3C 下凸	[(0.8+0.3)×2+(2.2+0.3)×2]×0.3×0.1×12	2.59						
	CT-4、4a 下凸	[(1+0.3)×2+(2.75+0.3)×2]×0.3×0.1×3	0.78						
	600 高梁下凸,参 C30 地下室底板工程量计算稿	2.83×0.1×0.3×2	0.17						
	500 高梁下凸,参 C30 地下室底板工程量计算稿	15.78×0.1×0.3×2	0.95						
	AL 梁下凸,参 C30 地下室底板工程量计算稿	50.24×0.1×0.3×2	3.01						
	450 高梁下凸,参 C30 地下室底板工程量计算稿	11.35×0.1×0.3×2	0.68						
	400 高梁下凸,参 C30 地下室底板工程量计算稿	23.65×0.1×0.3×2	1.42						
	凸出混凝土外墙的承台面积	(0.44+0.2+0.49+0.89+0.14+0.44+0.32+1.09+0.59+0.67+0.37+0.89+0.88+0.22+0.22+0.6+0.26)×0.1	0.87						
	结施 13a/11,900×900×1000 井	(1.414−1)×3.72×0.1	0.15						

续表

序号	分项名称	计算式或说明	小计	单位	供参考工程量				
					AL长度/m	600高梁长度/m	500高梁长度/m	450高梁长度/m	400高梁长度/m
	结施 13b/11,1000×1000×1000井	(1.414－1)×3.72×0.1	0.15						
	CT1独立基础	(0.8＋0.1×2)×(0.8＋0.1×2)×0.1×2	0.20						
	JL-X1单独基础梁	(0.3＋0.1×2)×(3.6－0.43×2)×0.1	0.14						
	JL-Y1单独基础梁	(0.3＋0.1×2)×(2.5＋4－0.43－0.33)×0.1	0.29						
	JL-Y4单独基础梁	(0.24＋0.1×2)×(2.5－0.43－0.37)×0.1	0.08						
	JL-Y11单独基础梁	(0.3＋0.1×2)×(4.3－0.6－1.5－0.15＋0.18)×0.1	0.11						
	JL-Y10单独基础梁	(0.36＋0.1×2)×(5.1＋0.12×2)×0.1	0.30						
	JL-Y10单独基础梁	(0.3＋0.1×2)×(0.62＋0.12－0.27－0.36)×0.1×2	0.01						
		合计	35.14	m^3					
5	M7.5水泥砂浆实心水泥砖胎膜								
	CT-1、1a、1b、1C下凸	0.115×0.25×(0.8＋0.08×2＋0.12)×4×4	0.50						
	CT-2、2a、2b、2C下凸	0.115×0.25×[(1＋0.08×2＋0.12)×2＋(2.2＋0.08×2＋0.12)×2]×5	1.08						
	CT-3、3a、3b、3C下凸	0.115×0.35×(0.8＋0.08×2＋0.12)×12	0.52						
	CT-4、4a下凸	0.115×0.35×[(1＋0.08×2＋0.12)×2＋(2.75＋0.08×2＋0.12)×2]×3	1.04						
	600高梁下凸,参C30地下室底板工程量计算稿	0.115×(0.6－0.25－0.08－0.1)×2.83×2	0.11						
	500高梁下凸,参C30地下室底板工程量计算稿	0.115×(0.5－0.25－0.08－0.1)×15.78×2	0.25						
	AL梁下凸,参C30地下室底板工程量计算稿	0.115×(0.5－0.25－0.08－0.1)×50.24×2	0.81						
	450高梁下凸,参C30地下室底板工程量计算稿	0.115×(0.45－0.25－0.08－0.1)×11.35×2	0.05						
	400高梁下凸,参C30地下室底板工程量计算稿	0.115×(0.4－0.25－0.08－0.1)×23.65×2	－0.16						
		合计	4.20	m^3					
6	木模,独立基础侧模								
	CT1独立基础	0.6×(0.8＋0.12)×4×2	4.42						
		合计	4.42	m^3					

续表

序号	分项名称	计算式或说明	小计	单位	供参考工程量				
					AL长度/m	600高梁长度/m	500高梁长度/m	450高梁长度/m	400高梁长度/m
7	木模，基础梁侧模								
	JL-X1等400高基础梁，参C30基础梁工程量计算稿	0.4×4.44×2	3.55						
	JL-Y1等500高基础梁，参C30基础梁工程量计算稿	0.5×13.53×2	13.53						
		合计	17.08	m^3					
8	木模，垫层侧模								
	CT-1、1a、1b、1C下凸	(0.8+0.3×2)×4×0.1×4	2.24						
	CT-2、2a、2b、2C下凸	(1+0.3×2)×4×2×0.1×5	6.40						
	CT-3、3a、3b、3C下凸	[(0.8+0.3×2)×2+(2.2+0.3×2)×2]×0.1×12	10.08						
	CT-4、4a下凸	[(1+0.3×2)×2+(2.75+0.3×2)×2]×0.1×3	2.97						
	600高梁下凸，参C30地下室底板工程量计算稿	2.83×0.1×2	0.57						
	500高梁下凸，参C30地下室底板工程量计算稿	15.78×0.1×2	3.16						
	AL梁下凸，参C30地下室底板工程量计算稿	50.24×0.1×2	10.05						
	450高梁下凸，参C30地下室底板工程量计算稿	11.35×0.1×2	2.27						
	400高梁下凸，参C30地下室底板工程量计算稿	23.65×0.1×2	4.73						
	CT1独立基础	0.1×(0.8+0.12)×4×2	0.74						
	JL-X1等400高基础梁，参C30基础梁工程量计算稿	0.1×0.4×4.44×2	0.36						
	JL-Y1等500高基础梁，参C30基础梁工程量计算稿	0.1×0.5×13.53×2	1.35						
		合计	44.90	m^2					
9	300×4厚钢板止水带								
	混凝土外墙上	78.32－2.9－0.2	75.22						
		合计	75.22	m					

表 20-17 工程量计算稿

工程名称：××别墅山庄 A 型别墅-建筑工程 现浇混凝土墙

序号	部位	类别	宽度	墙底标高	墙顶标高	墙净高	墙长 L 计算式	墙长 L	墙面积	地下室混凝土外墙 C30	地下室混凝土内墙 C30	模板	单位
			1	2	3	4		5	6	1×4×5	1×4×5		
	结施 03,基础顶～一层墙柱平面配筋图												
1	Q2,AL 梁底标高－4.05,①轴,L 轴	外	0.3	－3.55	－0.5	3.05	0.6－0.45＋2.8＋1.7＋2.8＋1.5＋0.6＋1.1＋1.9＋2.1＋1.7＋0.6＋0.18＋3.7－0.18＋0.12＋0.9＋0.42－0.12	21.97	67.01	20.10			
2	Q2,AL 梁底标高－5.3,①轴	外	0.3	－4.8	－0.5	4.3	0.45＋0.15＋4.3－0.6－1.5＋0.15＋0.18＋0.3	3.43	14.749	4.42			
3	Q2,AL 梁底标高－5.3,1/D 轴,②轴	内	0.3	－4.8	－0.5	4.3	(1.1－0.15－0.12)＋(1.5＋0.6＋0.12－0.15)	2.9	12.47		3.74		
4	GJZ4,E 轴	内	0.24	－4.8	－0.5	4.3	0.2	0.2	0.86		0.21		
5	Q2a,AL 梁底标高－5.3,结 11/11,①轴,1/D 轴	外	0.3	－4.8	－0.8	4	1.5＋.1－0.12	1.48	5.92	1.78			
6	Q2,AL 梁底标高－4.2,D 轴	外	0.3	－3.7	－0.5	3.2	3.6－0.48－0.12	3	9.6	2.88			
7	Q1a,AL 梁底标高－3.85,④⑦⑩轴,B 轴,C 轴	外	0.3	－3.35	－0.35	3	0.52＋0.12＋4－0.18＋0.12＋2.4＋1.1－0.12＋0.12＋0.36＋3.2＋1.6－0.18×2＋0.36＋1.1＋0.35＋1.8－0.12＋0.12＋0.48－0.18	16.79	50.37	15.11			
8	Q3a,AL 梁底标高－3.85,1/10 轴	外	0.3	－3.35	－0.5	2.85	4－0.37－0.48－0.17－0.48	2.5	7.125	2.14			
9	Q1a,AL 梁底标高－3.85,D 轴	外	0.3	－3.35	－0.35	3	0.48＋0.12＋1.8－0.18＋0.18＋0.37－0.12＋0.12＋1.6－0.18－0.48	3.71	11.13	3.34			
10	Q3,AL 梁底标高－3.85,⑧轴	外	0.3	－3.35	－0.05	3.3	0.48＋0.12＋2.8＋4.3－0.12＋0.18＋0.2＋0.28－0.18	8.06	26.60	7.98			
11	Q2,AL 梁底标高－3.85,F 轴,J 轴,11 轴	外	0.3	－3.35	－0.5	2.85	4.5－0.42＋0.12＋5.1－0.18＋0.12＋4.5－0.18－0.28	13.28	37.85	11.35			
							合计			69.10	3.95		m^3
							合计	77.32					m
							合计		243.68				m^2
	现浇混凝土墙模板面积												
	外混凝土墙模板,参以上工程量小计						(243.68－12.47－0.86)×2－(77.32－2.9－0.2)×0.12					451.79	
	内混凝土墙模板,参以上工程量小计						(12.47＋0.86)×2－0.12×(2.9＋0.2)×2					25.92	
							合计					477.71	m^2

表 20-18　工程量计算稿

工程名称：××别墅山庄 A 型别墅-建筑工程　　　　　　　　　　　　　　现浇混凝土柱

序号	部　位	计算式或说明							矩形柱	异形柱	矩形柱模板	异形柱模板	单位
		类别	件数	长度 A	宽度 B	柱底标高	柱顶标高	柱净高 h'	C30 1.8 上	C30 1.8 上			
			1	2	3	4	5	6	1×2×3×6	1×2×3×6			
	结施 03，基础顶～一层墙柱平面配筋图												
1	外柱 KZ1a，在 CT-1 上	框	2	0.3	0.3	−3.35	−0.05	3.3	0.59		7.92		
2	外柱 KZ9，在 JL-Y10 上	框	2	0.36	0.26	−3.35	−0.05	3.3	0.62		8.18		
3	扣外柱 KZ9 缺口，在 JL-Y10 上	框	2	0.06	0.06	−3.35	−0.05	3.3	−0.02				
4	内柱 KZ1，在 CT-1C、CT-2b、CT-3b 上	框	4	0.3	0.3	−3.7	−0.05	3.65	1.31		17.52		
5	内柱 KZ2，在 CT-3 上	框	1	0.64	0.3	−3.35	−0.05	3.3	0.63		6.20		
6	内柱 KZ6，在 CT-3a 上	框	1	0.3	0.48	−3.55	−0.05	3.5	0.50		5.46		
7	内柱 KZ3，在 CT-3a 上	异	1	0.24	0.76	−3.55	−0.05	3.5		0.64		6.76	
	合计								3.64	0.64			m^3
	合计										45.29	6.76	m^2

表 20-19　工程量计算稿

工程名称：××别墅山庄 A 型别墅-建筑工程　　　　　　　　　　　　　　现浇混凝土柱

序号	部　位	计算式或说明							矩形柱	异形柱	矩形柱模板	异形柱模板	单位
		类别	件数	长度 A	宽度 B	柱底标高	柱顶标高	柱净高 h'	C30 1.8 上	C30 1.8 上			
			1	2	3	4	5	6	1×2×3×6	1×2×3×6			
	结施 04，一层～二层框架柱平面布置图												
1	KZ1	框	6	0.3	0.3	−0.05	3.25	3.3	1.78		22.90		
2	KZ1	框	2	0.3	0.3	−0.05	3	3.05	0.55		7.03		
3	KZ1a	框	2	0.3	0.3	−0.05	3.079	3.129	0.56		7.22		
4	KZ2	框	2	0.64	0.3	−0.05	3.25	3.3	1.27		11.96		
5	KZ3	异	7	0.24	0.76	−0.05	3.25	3.3		4.21		44.52	
6	KZ4	异	1	0.24	0.77	−0.05	3.25	3.3		0.61		6.42	
7	KZ5a	异	1	0.24	0.78	−0.05	3.25	3.3		0.62		6.49	
8	KZ5	异	1	0.24	0.83	−0.05	3.25	3.3		0.66		6.81	
9	KZ6	框	1	0.3	0.48	−0.05	3.25	3.3	0.48		4.96		
10	KZ6	框	1	0.3	0.48	−0.05	3	3.05	0.44		4.57		
11	KZ7	框	1	0.3	0.6	−0.05	3	3.05	0.55		5.27		
12	KZ9	框	2	0.36	0.26	−0.05	3.25	3.3	0.62		7.89		
13	扣 KZ9 缺口	框	2	0.06	0.06	−0.05	3.25	3.3	−0.02				
	结 05，二层～屋面框架柱平面												
14	KZ1	框	4	0.3	0.3	3.25	6.604	3.354	1.21		15.52		
15	KZ1	框	2	0.3	0.3	3.25	7.479	4.229	0.76		9.86		
16	KZ2	框	1	0.64	0.3	3.25	6.604	3.354	0.64		6.08		
17	KZ2	框	1	0.64	0.3	3.25	7.603	4.353	0.84		7.96		
18	KZ3	异	2	0.24	0.76	3.25	6.354	3.104		1.13		11.94	

续表

序号	部位	计算式或说明							矩形柱	异形柱	矩形柱模板	异形柱模板	单位
		类别	件数	长度 A	宽度 B	柱底标高	柱顶标高	柱净高 h'	C30 1.8上	C30 1.8上			
			1	2	3	4	5	6	1×2×3×6	1×2×3×6			
19	KZ3	异	5	0.24	0.76	3.25	6.604	3.354		3.06		32.34	
20	KZ4	异	1	0.24	0.77	3.25	6.604	3.354		0.62		6.53	
21	KZ5a	异	1	0.24	0.78	3.25	6.604	3.354		0.63		6.60	
22	KZ5	异	1	0.24	0.83	3.25	6.604	3.354		0.67		6.92	
23	KZ6	框	1	0.3	0.48	3.25	6.604	3.354	0.48		5.05		
24	KZ9	框	2	0.36	0.26	3.25	6.611	3.361	0.63		8.04		
25	扣 KZ9 缺口	框	2	0.06	0.06	3.25	6.611	3.361	−0.02				
	合计								10.76	12.21			m^3
	合计										124.30	128.56	m^2

表 20-20 工程量计算稿

工程名称：××别墅山庄 A 型别墅-建筑工程　　　　现浇混凝土梁

序号	部位	计算过程				梁长	梁体积	模板	单位
		件数	宽度 B	高度 H	梁净长计算式		C25 梁		
		1	2	3	4	5	1×2×3×5		
	结 06,一层结构平面及梁配筋图								
1	KL-Y9(1)	1	0.24	0.5	4+2.5−0.18×2	6.14	0.74	6.14	
2	KL-Y10(1)	1	0.24	0.4	2.5−0.18−0.12	2.2	0.21	1.76	
3	KL-Y1(2)	1	0.24	0.45	2.8−0.18×2	2.44	0.26	2.20	
4		1	0.24	0.7	1.7+2.8−0.12−0.38	4	0.67	5.60	
5	KL-Y2(3)	1	0.24	0.5	4.3−0.12×2	4.06	0.49	4.06	
6		1	0.24	0.47	2.8+1.7−0.18−0.3−0.12	3.9	0.44	3.67	
7	KL-Y3(1)	1	0.24	0.4	3−0.12×2	2.76	0.26	2.21	
8	KL-Y4(2)	1	0.24	0.47	1.7+2.8−0.12−0.18	4.2	0.47	3.95	
9		1	0.24	0.4	1.5−0.12−0.18	1.2	0.12	0.96	
10	KL-Y5(1)	1	0.24	0.4	4−0.18×2	3.64	0.35	2.91	
11	KL-Y6(1)	1	0.24	0.5	5.1−0.18−0.18	4.74	0.57	4.74	
12	KL-Y7(1)	2	0.24	0.4	4−0.18−0.37−0.18	3.27	0.63	5.23	
13	KL-Y8(1)	1	0.36	0.4	1.2−0.14×2	0.92	0.13	0.85	
14	KL-Y11(1)	1	0.35	0.6	3+4.1−0.12×2	6.86	1.44	8.99	
15	KL-X5(1)	1	0.24	0.4	2.1+1.7−0.38−0.36	3.06	0.29	2.45	
16	L-X1(1)	1	0.24	0.47	2.1+1.7−0.24	3.56	0.40	3.35	
17	KL-X4(2)	1	0.24	0.5	1.7+3.7−0.12×2−0.2	4.96	0.60	4.96	
18		1	0.24	0.42	2.1−0.18×2	1.74	0.18	1.46	
19	KL-X2a(1)	2	0.26	0.4	0.62−0.24−0.12	0.26	0.05	0.43	
20	KL-X3(2)	1	0.24	0.4	1.9+2.1−0.38−0.3−0.18	3.14	0.30	2.51	
21	KL-X2(1)	1	0.24	0.45	1.7+3.7−0.12×2−0.2	4.96	0.54	4.46	
22	KL-X1(2)	1	0.24	0.5	2.4+3.2−0.52−0.64−0.12	4.32	0.52	4.32	

续表

序号	部位	计算过程					梁体积	模板	单位
		件数	宽度 B	高度 H	梁净长计算式	梁长	C25 梁		
		1	2	3	4	5	1×2×3×5		
23	KL-X6(1)	1	0.24	0.4	3.6－0.18×2	3.24	0.31	2.59	
					小计		9.97	79.79	
结07,二层结构平面及梁配筋图									
24	WKL-Y1	1	0.24	0.6	2.5＋4－0.12－0.18	6.2	0.89	7.44	
25	KL-Y2(1)	1	0.24	0.4	4.3－0.38－0.38	3.54	0.34	2.83	
26	KL-Y3(2)	1	0.24	0.5	1.7＋2.8－0.12－0.38	4	0.48	4.00	
27		1	0.24	0.5	2.8－0.18×2	2.44	0.29	2.44	
28	KL-Y6(3)	1	0.24	0.45	2.8－0.18×2	2.44	0.26	2.20	
29		1	0.24	0.47	1.7＋2.8－0.12×2	4.26	0.48	4.00	
30		1	0.24	0.4	4.3－0.12×2	4.06	0.39	3.25	
31	KL-Y5(1)	1	0.24	0.5	4－0.18－0.38	3.44	0.41	3.44	
32	WKL-Y4(1)	1	0.24	0.6	2.5－0.18－0.12	2.2	0.32	2.64	
33	WKL-Y9(2)	1	0.24	0.47	4－0.18－0.12	3.7	0.42	3.48	
34		1	0.24	0.55	1.1－0.32－0.12	0.66	0.09	0.73	
35	KL-Y7(1)	1	0.24	0.4	7.1－0.12－0.12	6.86	0.66	5.49	
36	KL-Y8(2)	1	0.45	0.47	1.7＋2.8－0.12×2	4.26	0.90	4.90	
37		1	0.24	0.45	1.5－0.18－0.12	1.2	0.13	1.08	
38	KL-Y11(2)	1	0.24	0.5	5.1－0.12－0.18	4.8	0.58	4.80	
39		1	0.24	0.45	0.9－0.12－0.18	0.6	0.06	0.54	
40	KL-Y10(1)	1	0.24	0.6	7.1－0.38×2	6.34	0.91	7.61	
41	KL-Y12(2)	1	0.24	0.6	4－0.4＋0.02	3.62	0.52	4.34	
42		1	0.24	0.45	1.1－0.3－0.12－0.02	0.66	0.07	0.59	
43	KL-Y13(1)	1	0.24	0.6	5.1－0.38×2	4.34	0.62	5.21	
44	KL-Y1a(1)	1	0.24	0.5	1.2－0.14×2	0.92	0.11	0.92	
45	KL-X10(1)	1	0.24	0.45	3.7－0.18×2	3.34	0.36	3.01	
46	KL-X9(1)	1	0.24	0.4	4.5－0.18－0.38	3.94	0.38	3.15	
47	KL-X8(2)	1	0.24	0.5	2.1＋1.7－0.38－0.36	3.06	0.37	3.06	
48		1	0.24	0.4	3.7－0.12×2	3.46	0.33	2.77	
49	L-X1(1)	1	0.24	0.47	1.7－0.12－0.33	1.25	0.14	1.18	
50	KL-X1a	2	0.26	0.4	0.62－0.12－0.24	0.26	0.05	0.43	
51	KL-X7(3)	1	0.24	0.5	1.7＋3.7－0.12－0.12－0.2	4.96	0.60	4.96	
52		1	0.24	0.42	2.1－0.18×2	1.74	0.18	1.46	
53		1	0.24	0.4	4.5－0.38－0.18	3.94	0.38	3.15	
54	KL-X6(2A)	1	0.24	0.4	1.9＋2.1－0.38－0.3－0.18	3.14	0.30	2.51	
55		1	0.24	0.4	1.7－0.18×2	1.34	0.13	1.07	
56	KL-X5(4)	1	0.24	0.4	3.2－0.12－0.12＋1.6－0.38×2＋3.6－0.38－0.12	6.9	0.66	5.52	
57		1	0.24	0.47	2.4－0.4－0.12－0.22－0.3	1.36	0.15	1.28	
58	KL-X4(1)	1	0.24	0.4	2.4－0.45×2	1.5	0.14	1.20	
59	KL-X3(1)	1	0.24	0.4	3.2＋1.6－0.12－0.18	4.5	0.43	3.60	

续表

序号	部位	计算过程					梁体积	模板	单位
		件数	宽度 B	高度 H	梁净长计算式	梁长	C25 梁		
		1	2	3	4	5	1×2×3×5		
60	WKL-X2(2)	1	0.24	0.45	3.2+1.6−0.18×2	4.44	0.48	4.00	
61		1	0.24	0.4	2.4−0.12×2	2.16	0.21	1.73	
62	WKL-X1(1)	1	0.24	0.4	3.6−0.18×2	3.24	0.31	2.59	
					小计		14.55	118.58	
	结施08,屋面结构平面及梁配筋图								
63	WKL-Y1(1)	1	0.24	0.4	4.3−0.38×2	3.54	0.34	2.83	
64	WKL-Y2(2)	1	0.24	0.4	2.8+1.7+2.8−0.18−0.3−0.38	6.44	0.62	5.15	
65	WKL-Y3(1)	1	0.24	0.4	4−0.18−0.38	3.44	0.33	2.75	
66	WKL-Y4(2)	1	0.24	0.4	4.3+2.8−0.18−0.3−0.12	6.5	0.62	5.20	
67	WKL-Y5(1)	1	0.24	0.4	1.4	1.4	0.13	1.12	
68		1	0.24	0.4	(1.7+2.8−0.18−0.12−1.4)×1.083	3.032	0.29	2.43	
69	WKL-Y6(1)	1	0.24	0.4	1.42	1.42	0.14	1.14	
70		1	0.24	0.4	(4−0.18−0.12−1.42)×1.083	2.469	0.24	1.98	
71	WKL-Y7(1)	1	0.24	0.6	7.1−0.38−0.38	6.34	0.91	7.61	
72	WKL-Y8(1)	1	0.24	0.5	(5.1−0.12−0.18)×1.083	5.198	0.62	5.20	
73	WKL-Y9(1)	1	0.24	0.4	4−0.4+0.02	3.62	0.35	2.90	
74	WKL-Y10(1)	1	0.24	0.6	5.1−0.38−0.38	4.34	0.62	5.21	
75	WL-Y1(1)	1	0.24	0.33	0.7−0.24	0.46	0.04	0.30	
76	WKL-X7(1)	1	0.24	0.4	4.5−0.18−0.38	3.94	0.38	3.15	
77	WKL-X6(2)	1	0.24	0.4	2.1+1.7+3.7−0.12−0.48−0.38	6.52	0.63	5.22	
78	WKL-X5(3)	1	0.24	0.5	(2.1+1.7+3.7−0.2−0.12−0.3−0.18−0.5)×1.083	6.715	0.81	6.72	
79		1	0.24	0.5	0.5	0.5	0.06	0.50	
80		1	0.24	0.4	4.5−0.38−0.18	3.94	0.38	3.15	
81	WKL-X4(3)	1	0.24	0.4	1.9−0.38−0.12	1.4	0.13	1.12	
82		1	0.24	0.4	(2.1+1.7+3.7−0.2−0.12−0.3−0.18)×1.083	7.256	0.70	5.80	
83	WKL-X3(4)	1	0.24	0.4	3.6−0.38−0.12+1.6−0.38−0.38+0.48	4.42	0.42	3.54	
84		1	0.24	0.4	2.4+3.2−0.52−0.64−0.12−0.48	3.84	0.37	3.07	
85	WKL-X2(1)	1	0.24	0.4	2.4−0.45×2	1.5	0.14	1.20	
86	WKL-X1(1)	1	0.24	0.5	3.2+1.6−0.12−0.18	4.5	0.54	4.50	
87	XL-X1	2	0.24	0.33	0.62−0.24	0.38	0.03	0.50	
					小计		9.84	82.28	
					合计		34.36	280.65	m^3

表 20-21　工程量计算稿

工程名称：××别墅山庄 A 型别墅-建筑工程　　　　现浇混凝土板

序号	自行编号	件数	板厚	计算式或说明	板面积	C25 平板	C25 斜平板＜30°	模板	单位
			1	2	3	1×3	1×3		
结 06，一层板配筋图									
1	1#		0.14	(3.2＋1.6－0.12－0.18)×(4＋1.1－0.12－0.18)	21.60	3.02		21.60	
2	2#		0.13	(1.7＋3.7－0.24－0.2)×(4.1－0.24)	19.15	2.49		19.15	
3	3#		0.13	(4.5－0.12－0.18)×(5.1－0.18×2)	19.91	2.59		19.91	
4	4#		0.12	(2.1－0.24)×(1.7－0.24)	2.72	0.33		2.72	
5	5#		0.12	(1.9＋2.1－0.12－0.18)×(4.3－0.24)	15.02	1.80		15.02	
6	6#		0.11	(3.7－0.24)×(0.9＋5.1－0.12－0.18)	19.72	2.17		19.72	
7	7#		0.1	(2.1＋1.7－0.24)×(2.8－0.24)	9.11	0.91		9.11	
8	8#		0.1	(1.7－0.24)×(1.7－0.24)	2.13	0.21		2.13	
9	9#		0.1	(2.1－0.24)×(2.8－0.24)	4.76	0.48		4.76	
10	10#		0.1	(1.7－0.24－0.1)×(3－0.24)	3.75	0.38		3.75	
11	11#		0.1	(2.4－0.12－0.18)×(4－0.12－0.18)	7.77	0.78		7.77	
				小计		15.15		125.65	
结 07，二层板配筋图									
12	12#		0.13	(4.5－0.24)×(5.1－0.24)	20.70	2.69		20.70	
13	13#		0.12	(3.2＋1.6－0.24)×(4－0.12＋0.08)	18.06	2.17		18.06	
14	14#		0.12	(2.4－0.24)×(4＋1.1－0.24×2)	9.98	1.20		9.98	
15	15#		0.12	(1.9＋2.1－0.24)×(4.3－0.24)	15.27	1.83		15.27	
16	16#		0.12	(2.1－0.24)×(1.7＋2.8－0.24)	7.92	0.95		7.92	
17	17#		0.12	(1.7－0.12－0.33)×(2.8－0.24)	3.20	0.38		3.20	
18	18#		0.11	(3.7－0.24)×(1.7＋2.8－0.24)	14.74	1.62		14.74	
19	19#		0.1	(3.7－0.24)×(1.5－0.24)	4.36	0.44		4.36	
20	20#		0.1	(1.7－0.12－0.33)×(1.7－0.24)	1.83	0.18		1.83	
21	21#		0.1	(1.7－0.24－0.1)×(2.8－0.24)	3.48	0.35		3.48	
22	22#		0.1	(1.7－0.24－0.1)×(4.3－0.24)	5.52	0.55		5.52	
23	23#		0.1	(3.2＋1.6－0.24)×(1.1－0.2－0.12＋0.24－0.12)	4.10	0.41		4.10	
24	24#		0.1	(2.1－0.24)×(2.8－0.24)	4.76	0.48		4.76	
25	25#	斜 B	0.12	(3.6－0.24)×(4＋2.5－0.24)×1.083	22.78		2.73	22.78	
				小计		13.25	2.73	136.71	
结施 08，屋面板配筋图									
26	26#	斜 B	0.13	(4.5－0.24)×(5.1－0.24)×1.083	22.42		2.91	22.42	
27	27#	斜 B	0.13	(1.7＋3.7－0.2－0.24)×(4.3－0.24)×1.083	21.81		2.84	21.81	
28	28#	斜 B	0.12	(2.1＋1.7＋3.7－0.24×2)×(1.7＋2.8－0.24)×1.083	32.39		3.89	32.39	
29	29#	斜 B	0.12	(2.1＋1.7＋3.7－0.24×2－0.2)×(2.8－0.24)×1.083	18.91		2.27	18.91	
30	30#	斜 B	0.12	(1.9＋2.1－0.24)×(4.3－0.24)×1.083	16.53		1.98	16.53	
31	31#	斜 B	0.12	(3.2＋1.6－0.24)×(4－0.12＋0.08)×1.083	19.56		2.35	19.56	
32	32#	斜 B	0.12	(2.4－0.24)×(4－0.24)×1.083	8.80		1.06	8.80	
				小计			17.29	140.41	
				合计		28.40	20.03	402.76	m^3

表 20-22 工程量计算稿

工程名称：××别墅山庄 A 型别墅-建筑工程　　　　现浇混凝土节点

序号	部位	计算式或说明	小计	C30 钢混凝土外墙，P6	C25 混凝土预制盖板	C25 素混凝土翻口	C25 钢混凝土压顶	C25 平板	C25 构造柱	C25 框架梁	C25 栏板	C25 斜平板	模板	三道以内线角	单位
	结施 06，一层结构平面及梁配筋图														
1	结施 11/11，C30 钢混凝土墙，凸出节点	0.2×0.15×(1.1−0.15−0.12+1.5−0.15×2)	0.06	0.06									1.12		
2	结施 11/11，扣 C30 钢混凝土墙，缺口	0.1×0.1×(1.1−0.15−0.12+1.5−0.15×2)	−0.02	−0.02											
3	结施 11/11，C25 混凝土预制盖板	0.8×0.8×0.08	0.05		0.05										
4	结施 9/11，建施 3，C25 素混凝土翻口	0.24×0.3×(1.1−0.12+0.6+2.8+1.7+2.8+1.5+0.6+0.15)	0.80			0.80							6.68		
5	结施 9/11，C25 钢混凝土压顶	0.24×0.1×(1.1−0.12+0.6+2.8+1.7+2.8+1.5+0.6+0.15)	0.27				0.27						2.23		
6	结施 10/11，建施 3，C30 钢混凝土墙 长度用 CAD 量取	0.12×0.25×(5.33+0.63)	0.18	0.18									2.98		
7	结施 8/11，C25 平板，标高 −0.5	0.12×0.26×(1.2−0.24)	0.03					0.03					0.25		
8	结施 8/11，C25 压顶，标高 0.29	0.3×0.12×(1.2+0.24)	0.05				0.05						0.35		
9	结施 8/11，C25 挑板，平板，标高 1.2	0.18×0.88×(1.2+0.24)+0.24×0.24×(1.2+0.24)	0.31					0.31					1.61		
10	结施 10/11，建施 3，C30 钢混凝土墙	0.12×0.25×(1.56×2+3.22)	0.19	0.19									3.17		
11	GZ1，C25	0.24×0.24×(0.55+0.5)×2	0.12						0.12				2.02		
	结施 07，二层结构平面及梁配筋图														
12	结施 4/11，C25 框架梁	[0.24×(0.55+0.2)−0.12×0.33]×(7.1−0.24)	0.96							0.96			11.25		
13	结施 4/11，C25 平板	0.1×0.66×(7.1−0.24)	0.45					0.45					4.53		
14	结施 3/11，C25 框架梁	0.3×0.6×(4−0.25−0.05)	0.67							0.67			1.11		

续表

序号	部　位	计算式或说明	小计	C30钢混凝土外墙,P6	C25混凝土预制盖板	C25素混凝土翻口	C25钢混凝土压顶	C25平板	C25构造柱	C25框架梁	C25栏板	C25斜平板	模板	三道以内线角	单位
15	结施 5/11 建施 04，C25 栏板	0.12×0.95×(0.66+2.16+1.1)	0.45								0.45		7.45		
16	结施 1/11，C25 框架梁（挑沿）	0.114×(1.4+4.79+7.21)	1.53							1.53			15.17		
17	结施 6/11，C25 框架梁	0.24×0.536×0.5×(3.6−0.38−0.12)	0.20							0.20			1.66		
18	结施 8/11，C25 框架梁	(0.3×0.1+0.24×0.3)×(1.2−0.12×2)	0.10							0.10			0.88		
19	结施 7/11，C25 框架梁	(0.3×0.1+0.24×0.3)×(0.62−0.12−0.24)×2	0.05							0.05			0.42		
20	GZ1，C25	0.2×0.2×(4.34−3)×4	0.21						0.21				4.29		
	结施 08，屋面结构平面及梁配筋图														
21	结施 1/11，C25 框架梁（挑沿），标高 6.15，②\E\D 轴	0.114×(4.3+0.595×2+1.9+3.6+7.1−0.24)	2.04							2.04			20.21	17.85	
22	结施 1/11，C25 框架梁（挑沿），标高 6.4，C\④\⑩\D 轴	0.114×(2.4+3.2+1.6+0.595×2+4×2+0.2×2+0.24+0.595+1.6−0.12)	2.18							2.18			21.63	19.11	
23	结施 1/11，C25 框架梁（挑沿），标高 6.4，H\③\⑨\11\F 轴	0.114×(2.8+1.7+2.8+0.595−0.12+2.1+1.7+3.7+0.6−0.595+0.595+4.5+0.595+0.12+5.1+0.595+4.5+0.2−0.94)	3.48							3.48			34.58	30.54	
24	结施 2/11，C25 斜平板	0.2×0.1×(0.45+0.2×2)×2	0.03									0.03	0.34		
25	结施 8/11，C25 框架梁	0.24×0.84×(0.7×2+0.62×2−0.24×2)+0.06×0.08×(0.7×2+0.62×2)	0.45							0.45			4.05		
26	结施 8/11，C25 混凝土平板，标高 7.45	0.1×0.38×(0.7−0.24)	0.02					0.02					0.17		
27	GZ1，C25	0.24×0.24×0.839×2	0.10						0.10				1.61		
		合计		0.41	0.05	0.80	0.32	0.81	0.43	11.65	0.45	0.03			m^3
		合计											149.73		m^2
		合计												67.50	m

表 20-23　工程量计算稿

工程名称：××别墅山庄 A 型别墅-建筑工程　　现浇混凝土楼梯

序号	自行编号	件数	板厚	计算式或说明	C25 楼梯面积	C25 构造柱	模板	单位
结 09,室内楼梯平面,室外楼梯平面图及详图								
1	结 11/12			不计				
2	室外楼梯		0.16	(1.1−0.15+0.25)×(0.35+4.75)	6.12			
3	室内楼梯，共 2 层		0.13	[(3.6−0.24)×(3−0.24)−0.52×2.24]×2	16.22			
				合计	22.50		22.50	m²
4	TZ,构造柱			0.24×(0.24+0.03×2)×(1.36+0.05)		0.10		
				合计		0.10		m³
5	构造柱木模			(0.24+0.03×2)×(1.36+0.05)			0.42	
				合计			0.42	m²

表 20-24　工程量计算稿

工程名称：××别墅山庄 A 型别墅-建筑工程　　钢筋

序号	自行编号	件数	规格	计算式或说明	重量	单位
结 02,基础详图						
1	独立基础钢筋案例					
	CT-1	1	ϕ12@200	[(0.8−0.05×2)×2+(0.6−0.05−0.1)×2+2×10×0.012]×5×2×0.888	23	
	CT-2	1	ϕ12@200	[(1−0.05×2)×2+(0.6−0.05−0.1)×2+2×10×0.012]×6×2×0.888	31	
结 06,一层结构板配筋图-板钢筋案例						
	B,⑨～⑩/J～F 轴		ϕ10@150	(4.5+0.24−0.015×2+2×10×0.01)×33×0.617	100	
			ϕ10@150	(5.1+0.24−0.015×2+2×10×0.01)×29×0.617	99	
			ϕ8@200	(1.25×2+0.24+0.11×2−0.015×2×2)×25×0.395	29	
	GZ1					
			4ϕ12	(0.5+0.55+35×0.012)×4×0.888	5	
			ϕ6@200	0.24×4×7×0.261	2	
结 06,一层结构平面及梁配筋图-梁钢筋案例						
	KL-X6(1)		3ϕ16 底筋	(3.6+0.12×2−0.05+15×0.016×2)×1.58×3	20	
			3ϕ16 面筋	(3.6+0.12×2−0.05+15×0.016×2)×1.58×3	20	
			ϕ8@100/200(2)	(0.24+0.4)×2×(6×2+12)×0.395	12	
				合计	341	kg

表 20-25　工程量计算稿

工程名称：××别墅山庄 A 型别墅-建筑工程　　　　砌筑工程

序号	计算式或说明	内外	类别	厚度 B	底标高	顶标高	层高 H	梁高	净高	墙净长计算	墙长	墙面积(按层高)	体积							
													砖基础	实心水泥砖	实心水泥砖	外墙-多	内墙-卫-多	内墙-卫-多	内墙-加	内墙-加
													内 240	240 厚	120 厚	240 厚	240 厚	120 厚	240 厚	120 厚
				1	2	3	4	5	6	7	8	4×8	1×6×8	1×6×8	1×6×8	1×6×8	1×6×8	1×6×8	1×6×8	1×6×8
1	建施 03，花园层平面																			
2	4 轴	砖基础	实心水泥砖	0.24	−3.5		3.5	0.4	3.1	2.5−0.12−0.18	2.2	7.70	1.64							
3	A 轴	砖基础	实心水泥砖	0.24	−3.5		3.5	0.4	3.1	3.6−0.18×2	3.24	11.34	2.41							
4	2 轴	砖基础	实心水泥砖	0.24	−3.5		3.5	0.4	3.1	2.5+4−0.18×2	6.14	21.49	4.57							
5										小计	11.58	40.53								
6	3 轴	外	实心水泥砖	0.24	−3.35		3.35	0.7	2.65	1.7+2.8−0.38−0.12	4	13.40		2.54						
7	3 轴	外	实心水泥砖	0.24	−3.35		3.35	0.45	2.9	2.8−0.18×2	2.44	8.17		1.70						
8	H 轴	外	实心水泥砖	0.24	−3.35		3.35	0.4	2.95	2.1+1.7−0.38−0.36	3.06	10.25		2.17						
9	E 轴	外	实心水泥砖	0.24	−3.35		3.35	0.4	2.95	1.9−0.38−0.12	1.4	4.69		0.99						
10	6 轴	外	实心水泥砖	0.24	−3.35		3.35	0.4	2.95	1.5−0.12−0.18	1.2	4.02		0.85						
11										小计	12.1	40.54								
12	1/3 轴	内	实心水泥砖	0.115	−3.35		3.35	0.12	3.23	2.36	2.36	7.91			0.88					
13	F 轴	内	实心水泥砖	0.115	−3.35		3.35	0.42	2.93	2.1−0.18×2	1.74	5.83			0.59					
14	2/D 轴	内	实心水泥砖	0.115	−3.35		3.35	0.12	3.23	1.9+2.1−0.18−0.12	3.7	12.40			1.37					
15	5 轴	内	实心水泥砖	0.24	−3.35		3.35	0.47	2.88	2.8−0.18−0.18	2.44	8.17		1.69						
16	5 轴	内	实心水泥砖	0.24	−3.35		3.35	0.5	2.85	4.3−0.12−0.12	4.06	13.60		2.78						
17	9 轴	内	实心水泥砖	0.24	−3.35		3.35	0.5	2.85	5.1−0.18×2	4.74	15.88		3.24						
18	10 轴	内	实心水泥砖	0.24	−3.35		3.35	0.4	2.95	4−0.18×2	3.64	12.19		2.58						
19	H 轴	内	实心水泥砖	0.24	−3.35		3.35	0.11	3.24	3.7−0.12−0.12	3.46	11.59		2.69						
20	E 轴	内	实心水泥砖	0.24	−3.35		3.35	0.13	3.22	2.1−0.18×2	1.74	5.83		1.34						
21	1/D 轴	内	实心水泥砖	0.24	−3.35		3.35	0.45	2.9	1.6+3.6−0.12−0.12	4.96	16.62		3.45						
22	D 轴	内	实心水泥砖	0.24	−3.35		3.35	0.5	2.85	1.6+3.6−0.12×2−0.64	4.32	14.47		2.95						
23										小计	37.16	124.49								

续表

序号	计算式或说明	内外	类别	厚度 B	底标高	顶标高	层高 H	梁高	净高	墙净长计算	墙长	墙面积(按层高)	体积							
													砖基础	实心水泥砖	实心水泥砖	外墙-多	内墙-卫-多	内墙-卫-多	内墙-加	内墙-加
													内 240	240 厚	120 厚	240 厚	240 厚	120 厚	240 厚	120 厚
				1	2	3	4	5	6	7	8	4×8	1×6×8	1×6×8	1×6×8	1×6×8	1×6×8	1×6×8	1×6×8	1×6×8
24	建施 03,一层平面																			
25	2 轴	外	烧结页岩多孔砖	0.24		3.079	3.25	0.6	2.65	4.3－0.38×2	3.54	11.51				2.25				
26	2 轴	外	烧结页岩多孔砖	0.24		3.25	3.079	0.4	2.679	2.5＋4－0.18－0.12	6.2	19.09				3.99				
27	E 轴	外	烧结页岩多孔砖	0.24		3.25	3.25	0.4	2.85	1.9－0.38－0.12	1.4	4.55				0.96				
28	3 轴	外	烧结页岩多孔砖	0.24		3.25	3.25	0.5	2.75	2.8＋1.7＋2.8＋1.5－0.18－0.3－0.38	7.94	25.81				5.24				
29	H 轴	外	烧结页岩多孔砖	0.24		3.25	3.25	0.5	2.75	2.1＋1.7－0.38－0.36	3.06	9.95				2.02				
30	6 轴	外	烧结页岩多孔砖	0.24		3.25	3.25	0.45	2.8	1.5－0.12－0.18	1.2	3.90				0.81				
31	K 轴	外	烧结页岩多孔砖	0.24		3.25	3.25	0.45	2.8	3.7－0.18×2	3.34	10.86				2.24				
32	9 轴	外	烧结页岩多孔砖	0.24		3.25	3.25	0.45	2.8	0.9－0.18－0.12	0.6	1.95				0.40				
33	J 轴	外	烧结页岩多孔砖	0.24		3.25	3.25	0.4	2.85	4.5－0.18－0.38	3.94	12.81				2.69				
34	11 轴	外	烧结页岩多孔砖	0.24		3.25	3.25	0.6	2.65	5.1－0.38×2	4.34	14.11				2.76				
35	F 轴	外	烧结页岩多孔砖	0.24		3.25	3.25	0.4	2.85	4.5－0.38×2	3.74	12.16				2.56				
36	9 轴	外	烧结页岩多孔砖	0.24		3.25	3.25	0.6	2.65	4.1＋3－0.38×2	6.34	20.61				4.03				
37	D 轴	外	烧结页岩多孔砖	0.24	－0.3	3.25	3.55	0.4	3.15	1.6－0.38×2	0.84	2.98				0.64				

续表

序号	计算式或说明	内外	类别	厚度 B	底标高	顶标高	层高 H	梁高	净高	墙净长计算	墙长	墙面积(按层高)	体积							
													砖基础	实心水泥砖	实心水泥砖	外墙-多	内墙-卫-多	内墙-卫-多	内墙-加	内墙-加
													内 240	240 厚	120 厚	240 厚	240 厚	120 厚	240 厚	120 厚
				1	2	3	4	5	6	7	8	4×8	1×6×8	1×6×8	1×6×8	1×6×8	1×6×8	1×6×8	1×6×8	1×6×8
38	10 轴	外	烧结页岩多孔砖	0.24	−0.3	3.25	3.55	0.6	2.95	4+0.02−0.4	3.62	12.85				2.56				
39	10 轴	外	烧结页岩多孔砖	0.24	−0.3	3.25	3.55	0.45	3.1	1.1−0.3−0.12	0.68	2.41				0.51				
40	C 轴	外	烧结页岩多孔砖	0.24	−0.3	3.25	3.55	0.4	3.15	0.3	0.3	1.07				0.23				
41	B 轴	外	烧结页岩多孔砖	0.48	−0.3	3.25	3.55	0.45	3.1	3.2+1.6−0.18×2	4.44	15.76				6.61				
42	7 轴	外	烧结页岩多孔砖	0.24	−0.3	3.25	3.55	0.55	3	1.1−0.32−0.12	0.66	2.34				0.48				
43	C 轴	外	烧结页岩多孔砖	0.24	−0.3	3.25	3.55	0.4	3.15	2.4−0.45×2	1.5	5.33				1.13				
44	4 轴	外	烧结页岩多孔砖	0.24		3.079	3.079	0.6	2.479	1.1+1.4−0.12−0.18	2.2	6.77				1.31				
45	A 轴	外	烧结页岩多孔砖	0.24		3.079	3.079	0.4	2.679	3.6−0.18×2	3.24	9.98				2.08				
46										小计	63.12	206.76								
47	G 轴	卫 240	烧结页岩多孔砖	0.24		3.25	3.25	0.12	3.13	2.1−0.24	1.86	6.05					1.40			
48	G 轴	卫 240	烧结页岩多孔砖	0.24		3.25	3.25	0.47	2.78	1.7	1.7	5.53					1.13			
49	E 轴	卫 240	烧结页岩多孔砖	0.24		3.25	3.25	0.4	2.85	2.1−0.18×2	1.74	5.66					1.19			
50	5 轴	卫 240	烧结页岩多孔砖	0.24		3.25	3.25	0.45	2.8	1.7+2.8−0.3−0.18−0.12	3.9	12.68					2.62			
51	F 轴	卫 240	烧结页岩多孔砖	0.115		3.25	3.25	0.42	2.83	2.1−0.18×2	1.74	5.66						0.57		

续表

序号	计算式或说明	内外	类别	厚度 B	底标高	顶标高	层高 H	梁高	净高	墙净长计算	墙长	墙面积(按层高)	体积							
													砖基础	实心水泥砖	实心水泥砖	外墙-多	内墙-卫-多	内墙-卫-多	内墙-加	内墙-加
													内 240	240 厚	120 厚	240 厚	240 厚	120 厚	240 厚	120 厚
				1	2	3	4	5	6	7	8	4×8	1×6×8	1×6×8	1×6×8	1×6×8	1×6×8	1×6×8	1×6×8	1×6×8
52	4 轴	内 240	加气混凝土砌块	0.24		3.25	3.25	0.5	2.75	4−0.38−0.18−1.08	2.36	7.67							1.56	
53	4 轴	内 120	加气混凝土砌块	0.115		3.25	3.25	0.12	3.13	0.4+1.02	1.42	4.62								0.51
54	5 轴	内 240	加气混凝土砌块	0.24		3.25	3.25	0.4	2.85	1.3+3−0.12×2	4.06	13.20							2.78	
55	6 轴	内 240	加气混凝土砌块	0.24		3.25	3.25	0.47	2.78	2.8+1.7−0.18−0.12	4.2	13.65							2.80	
56	F 轴	内 240	加气混凝土砌块	0.24		3.25	3.25	0.5	2.75	1.7+3.7−0.12×2	5.16	16.77							3.41	
57	D 轴	内 240	加气混凝土砌块	0.24		3.25	3.25	0.4	2.85	1.9+2.1+0.2−0.38−0.52	3.3	10.73							2.26	
58	S 井	内 240	加气混凝土砌块	0.24		3.25	3.25	0.47	2.78	1.2−0.18	1.02	3.32							0.68	
59	S 井	内 120	加气混凝土砌块	0.115		3.25	3.25	0.12	3.13	0.4+0.32+1.2−0.18	1.74	5.66								0.63
60	S 井	内 60	加气混凝土砌块	0.06		3.25	3.25	0.1	3.15	0.31+0.66−0.06	0.91	2.96								0.17
61										小计	35.11	114.11								
62	建施 04,二层平面																			
63	2 轴	外	烧结页岩多孔砖	0.24	3.25	6.354	3.104	0.4	2.704	3+1.3−0.38×2	3.54	10.99				2.30				
64	E 轴	外	烧结页岩多孔砖	0.24	3.25	6.354	3.104	0.4	2.704	1.9−0.38−0.12	1.4	4.35				0.91				

续表

序号	计算式或说明	内外	类别	厚度 B	底标高	顶标高	层高 H	梁高	净高	墙净长计算	墙长	墙面积(按层高)	体积：砖基础	体积：实心水泥砖	体积：实心水泥砖	体积：外墙-多	体积：内墙-卫-多	体积：内墙-卫-多	体积：内墙-加	体积：内墙-加
													内 240	240 厚	120 厚	240 厚	240 厚	120 厚	240 厚	120 厚
				1	2	3	4	5	6	7	8	4×8	1×6×8	1×6×8	1×6×8	1×6×8	1×6×8	1×6×8	1×6×8	1×6×8
65	3 轴	外	烧结页岩多孔砖	0.24	3.25	6.604	3.354	0.4	2.954	2.8+1.7+2.8−0.38−0.3−0.18	6.44	21.60				4.57				
66	H 轴	外	烧结页岩多孔砖	0.24	3.25	6.604	3.354	0.4	2.954	2.1+1.7+3.7−0.38−0.48−0.12	6.52	21.87				4.62				
67	9 轴	外	烧结页岩多孔砖	0.24	3.25	6.604	3.354	0.5	2.854	0.6+0.12−0.18	0.54	1.81				0.37				
68	J 轴	外	烧结页岩多孔砖	0.24	3.25	6.604	3.354	0.4	2.954	4.5−0.18−0.38	3.94	13.21				2.79				
69	11 轴	外	烧结页岩多孔砖	0.24	3.25	6.604	3.354	0.6	2.754	5.1−0.38×2	4.34	14.56				2.87				
70	F 轴	外	烧结页岩多孔砖	0.24	3.25	6.604	3.354	0.4	2.954	4.5+0.2−0.38×2	3.94	13.21				2.79				
71	8 轴	外	烧结页岩多孔砖	0.24	3.25	6.354	3.104	0.6	2.504	4.1+3−0.38×2	6.34	19.68				3.81				
72	D 轴	外	烧结页岩多孔砖	0.24	3.25	6.604	3.354	0.4	2.954	1.6−0.38×2	0.84	2.82				0.60				
73	10 轴	外	烧结页岩多孔砖	0.24	3.25	6.604	3.354	0.4	2.954	4−0.4+0.02	3.62	12.14				2.57				
74	1/B 轴	外	烧结页岩多孔砖	0.24	3.25	6.604	3.354	0.5	2.854	3.2+1.6−0.12−0.18	4.5	15.09				3.08				
75	C 轴	外	烧结页岩多孔砖	0.24	3.25	6.604	3.354	0.4	2.954	2.4−0.45×2	1.5	5.03				1.06				
76	4 轴	外	烧结页岩多孔砖	0.24	3.25	6.604	3.354	0.4	2.954	4−0.38−0.18	3.44	11.54				2.44				
77	D 轴	外	烧结页岩多孔砖	0.24	3.25	6.354	3.104	0.4	2.704	3.6−0.38−0.12	3.1	9.62				2.01				
78										小计	54	177.52								

续表

序号	计算式或说明	内外	类别	厚度 B	底标高	顶标高	层高 H	梁高	净高	墙净长计算	墙长	墙面积(按层高)	体积							
													砖基础	实心水泥砖	实心水泥砖	外墙-多	内墙-卫-多	内墙-卫-多	内墙-加	内墙-加
													内 240	240 厚	120 厚	240 厚	240 厚	120 厚	240 厚	120 厚
				1	2	3	4	5	6	7	8	4×8	1×6×8	1×6×8	1×6×8	1×6×8	1×6×8	1×6×8	1×6×8	1×6×8
79	7 轴	卫 240	烧结页岩多孔砖	0.24	3.25	7.04	3.79	0.4	3.39	2.68	2.68	10.16					2.18			
80	E 轴	卫 240	烧结页岩多孔砖	0.24	3.25	7.04	3.79	0.4	3.39	2.1−0.18×2	1.74	6.59					1.42			
81	5 轴	卫 240	烧结页岩多孔砖	0.24	3.25	7.04	3.79	0.4	3.39	2.8−0.18×2	2.44	9.25					1.99			
82	F 轴	卫 120	烧结页岩多孔砖	0.115	3.25	7.04	3.79	0.4	3.39	2.1−0.18×2	1.74	6.59						0.68		
83	6 轴	卫 120	烧结页岩多孔砖	0.115	3.25	7.19	3.94	0.4	3.54	2.8−0.18	2.62	10.32						1.07		
84	5 轴，G 轴	卫 120	烧结页岩多孔砖	0.115	3.25	7.77	4.52	0.12	4.4	1.7−0.2+1.7−0.12	3.08	13.92						1.56		
85	1/C 轴	卫 120	烧结页岩多孔砖	0.115	3.25	7.1	3.85	0.12	3.73	2.4−0.24	2.16	8.32						0.93		
86	F 轴	内墙 240	加气混凝土砌块	0.24	3.25	7.28	4.03	0.5	3.53	1.7+3.7−0.12×2	5.16	20.79							4.37	
87	D 轴	内墙 240	加气混凝土砌块	0.24	3.25	7.1	3.85	0.4	3.45	2.4 + 3.2 − 0.12 − 0.64 −0.12	4.72	18.17							3.91	
88	5 轴	内墙 240	加气混凝土砌块	0.24	3.25	7.207	3.957	0.4	3.557	1.3+3−0.12×2	4.06	16.07							3.47	
89	9 轴	内墙 240	加气混凝土砌块	0.24	3.25	7.051	3.801	0.5	3.301	1.7+2.8−0.24	4.26	16.19							3.37	
90	G 轴	内墙 120	加气混凝土砌块	0.115	3.25	7.498	4.248	0.12	4.128	3.7−0.12+0.56+0.08	4.22	17.93								2.00

续表

序号	计算式或说明	内外	类别	厚度B	底标高	顶标高	层高H	梁高	净高	墙净长计算	墙长	墙面积(按层高)	体积							
													砖基础	实心水泥砖	实心水泥砖	外墙-多	内墙-卫-多	内墙-卫-多	内墙-加	内墙-加
													内 240	240 厚	120 厚	240 厚	240 厚	120 厚	240 厚	120 厚
				1	2	3	4	5	6	7	8	4×8	1×6×8	1×6×8	1×6×8	1×6×8	1×6×8	1×6×8	1×6×8	1×6×8
91	1/6 轴	内墙 120	加气混凝土砌块	0.115	3.25	7.051	3.801	0.12	3.681	3	3	11.40								1.27
92	S井	内墙 60	加气混凝土砌块	0.06	3.25	6.604	3.354	0.12	3.234	0.31+0.66−0.06	0.91	3.05								0.18
93										小计	42.79	168.76								
94										合计	255.86		8.62	28.97	2.84	82.28	11.92	4.80	28.60	4.76
95																				
96			砖墙汇总							计算式，详见上面合计	墙体积(已扣框梁)	扣门窗，详见门窗表	扣过梁	扣梯GZ	扣素混凝土翻口	合计	单位			
97		1	M7.5 水泥砂浆 MU10 实心水泥砖砖基础							8.62	8.62					8.62	m³			
98		2	M7.5 水泥砂浆 MU10 实心水泥砖墙 240(±0.000以下内外墙)							28.97	28.97	−9.28	−0.48		−0.44	18.77	m³			
99		3	M7.5 水泥砂浆 MU10 实心水泥砖墙 120(±0.000以下内墙)							2.84	2.84	−0.48	−0.04		−0.04	2.28	m³			
100		4	M5 混合砂浆烧结页岩多孔砖 240(±0.000 以上外墙、卫生间墙)							82.28+11.92	94.2	−23.30	−1.42	−0.10	−2.63	66.75	m³			
101		5	M5 混合砂浆烧结页岩多孔砖 120(±0.000 以上卫生间墙)							4.8	4.8	−0.63			−0.28	3.89	m³			
102		6	M5 混合砂浆加气混凝土砌块内墙 240(±0.000 以上内墙)							28.6	28.6	−5.68	−0.46			22.46	m³			
103		7	M5 混合砂浆加气混凝土砌块内墙 120(±0.000 以上内墙							4.76	4.76	−0.53	−0.10			4.13	m³			

表 20-26　工程量计算稿

工程名称：××别墅山庄 A 型别墅-建筑工程　　　　　　　　　　　　　　　　砌筑工程扣门窗洞

门窗编号	汇总数	部位	宽度 B	高度 H	半地下室	一层	二层	扣门窗面积						
								实心水泥砖 240	实心水泥砖 120	外墙-多 240	内墙-卫-多 240	内墙-卫-多 120	内墙-加 240	内墙-加 120
砌体扣门窗体积														
M1	1	外墙 240	1.5	2.75		1.00				4.13				
M2	1	外墙 240	2.7	2.9		1.00				7.83				
M3	1	外墙 240	2.25	2.9		1.00				6.53				
M4	3	卫生间 240	0.8	2.3		2.00	1.00				5.52			
M4	3	内墙 120	0.8	2.3		1.00	2.00					5.52		
M4	1	半地下室 240	0.8	2.3	1.00			1.84						
M5	2	半地下室 120	0.9	2.3	2.00				4.14					
M5	1	半地下室 240	0.9	2.3	1.00			2.07						
M5	3	内墙 240	0.9	2.3		1.00	2.00						6.21	
M6	1	外墙 240	1.1	2.17			1.00			2.39				
M7	1	内墙 240	1.15	2.17			1.00						2.50	
M7	2	外墙 240	1.15	2.17			2.00			4.99				
M8	1	半地下室 240	1.2	2.2	1.00			2.64						
M9	1	半地下室 240	3.4	2.55	1.00			8.67						
M10	1	半地下室 240	2.25	2.55	1.00			5.74						
JLM	1	外墙 240	2.6	2.6		1.00				6.76				
C1	1	外墙 480	3.5	2.05		1.00				7.18				
C2	1	外墙 240	2.25	2.35		1.00				5.29				
C3	1	外墙 240	2.25	2.05		1.00				4.61				
C4	3	外墙 240	0.8	2.1	1.00	2.00		1.68		5.04				
C5	1	外墙 240	1.5	2.05		1.00				3.08				
C6	2	外墙 240	1.1	1.7		2.00				3.74				
C6	1	半地下室 240	1.1	1.7	1.00			1.87						
C7	1	半地下室 240	0.7	1.7	1.00			1.19						
C7	4	外墙 240	0.7	1.7		4.00				4.76				
C8	3	外墙 240	2.25	1.42			3.00			9.59				
C9	1	外墙 240	0.7	0.92			1.00			0.64				
C10	4	外墙 240	0.7	1.42			4.00			3.98				
C11	3	外墙 240	1.1	1.3			3.00			4.29				
C12	2	外墙 240	0.8	1.3			2.00			2.08				
C13	3	外墙 240	1.1	1.42			3.00			4.69				
C14	1	半地下室 240	2.25	1.75	1.00			3.94						
门洞	1	半地下室 240	1.2	2.3	1.00			2.76						
门洞	2	半地下室 240	1.36	2.3	2.00			6.26						
门洞	1	内墙 240	1.22	2.3		1.00							2.81	
门洞	1	内墙 240	1.6	2.3		1.00							3.68	
门洞	1	内墙 240	1.2	2.3		1.00							2.76	
门洞	1	内墙 240	1.34	2.3		1.00							3.08	
门洞	1	内墙 240	1.14	2.3			1.00						2.62	
门洞	2	内墙 120	1	2.3			2.00							4.60
		面积小计						38.65	4.14	91.57	5.52	5.52	23.66	4.60
		体积小计:面积×厚度						9.28	0.48	21.98	1.32	0.63	5.68	0.53

表 20-27 工程量计算稿

工程名称：××别墅山庄 A 型别墅-建筑工程　　　　楼地面工程

序号	分项名称	说明或部位	计算式或说明	小计	单位
1	水泥砂浆楼面一(带防水)：15 厚 1∶2.5 水泥砂浆，35 厚 C20 细石混凝土，1.5 厚聚氨酯防水层(两道)，1∶3 水泥砂浆找坡层最薄处 20 厚抹平，水泥浆一道(内掺建筑胶)				
		一层厨房	3.56×2.56	9.11	
		其中 1.5 厚聚氨酯防水层(两道)	9.11+0.3×(3.56×2+2.56×2−1.2)=12.42m²		
			合计	9.11	m²
2	水泥砂浆楼面二(带防水)：15 厚 1∶2.5 水泥砂浆，35 厚 C20 细石混凝土，1.5 厚聚氨酯防水层(两道)，1∶3 水泥砂浆找坡层最薄处 20 厚抹平，水泥浆一道(内掺建筑胶)，20 厚 1∶2.5 水泥砂浆，1∶6 水泥焦渣填充层(下面另计算)				
		地下层设备房	0.9×3.4+0.3×3.46	4.10	
		地下层卫生间	1.86×2.68−0.31×0.66+1.08×2.36	7.33	
		地下层洗衣房	3.7×1.58	5.85	
		地下层工人房	2.5×2.36	5.90	
		地下层下沉庭院	0.27×0.83+2.73×7.3+1.83×6.53	32.10	
		一层卫生间	1.86×1.46+1.86×2.68−0.31×0.66×2	7.29	
		二层卫生间	2.16×2.56+2.68×1.86+1.7×1.86−0.31×0.66+2.56×3.36	22.07	
		其中 1.5 厚聚氨酯防水层(两道)	84.64+0.3×(1.2×2+3.46×2−0.9+1.86×2+2.68×2−0.9+1.08×2+2.36×2−0.9×2−1.2−0.8+3.7×2+1.58×2−0.9+2.5×2+2.36×2−0.9+9.4×2+6.53×2−2.25−3.4+1.86×2+1.46×2−0.8+1.86×2+2.68×2−0.8+2.16×2+2.56×2−0.8+1.86×2+2.68×2−0.8+4.26×2+3.36×2−0.8)=117.6m²		
			合计	84.64	m²
3	细石混凝土楼面一：50 厚 C20 细石混凝土，表面撒 1∶1 水泥砂子随打随抹光，水泥砂浆一道(内掺建筑胶)				
		地下层其余房间-视听室	4.2×4.74	19.91	
		地下层其余房间-休息厅	4.26×7.26	30.93	
		地下层其余房间-多功能厅	4.9×4.36	21.36	
		地下层其余房间-健身房	1.1×4.44+0.36×3.1+3.64×6.84	30.90	
		地下层其余房间-楼梯间	2.56×4.9	12.54	
			合计	115.64	m²
4	细石混凝土楼面二：其上建筑层，业主自理，30 厚 C20 细石混凝土，表面撒 1∶1 水泥砂子随打随抹光，水泥砂浆一道(内掺建筑胶)				
		地下层采光井	1.2×3.1	3.72	
		一层其余房间-客卧	3.76×4.06	15.27	
		一层其余房间-家庭起居室	3.46×0.96+7.96×4.86+0.5×0.98+1.7×1.46	44.98	
		一层其余房间-餐厅、楼梯间	3.98×4.96+3×4.96−3.32×2.88	25.06	

续表

序号	分项名称	说明或部位	计算式或说明	小计	单位
		一层其余房间-门厅、客厅	1.27×4.56＋7.26×2.56＋1.14×1.36＋4.86×1.2－0.37×0.3	31.65	
		二层其余房间-客卧 1	3.96×4.56＋1.08×2.4	20.65	
		二层其余房间-客卧 2	3.76×4.06	15.27	
		二层其余房间-辅助用房	2×2.88	5.76	
		二层其余房间-更衣室	1.68×2.88	4.84	
		二层其余房间-主卧	4.86×4.26＋3.58×1.26＋1.58×1.58	27.71	
		二层其余房间-走道	1.43×6.86	9.81	
			合计	204.71	m^2
5	耐磨混凝土地面:50 厚 C25 细石混凝土掺钢纤维 1.0%～2%(体积比),水泥浆一道(内掺建筑胶),60 厚 C15 细石混凝土垫层,150 厚 5～32 卵石灌 M2.5 混合砂浆振捣密实,素土夯实				
		一层车库	6.26×3.36＋0.52×1	21.55	
			合计	21.55	m^2
6	室内楼梯:水泥砂浆楼梯				
		室内楼梯	16.22	16.22	
			合计	16.22	m^2
7	砖砌台阶,按水平投影面积计算(清单)				
		一层室外平台 B 轴,建施 7/10	9.84＋1.17	11.01	
		一层室外平台⑧轴	1.68×6.86	11.53	
		一层室外平台 J 轴	4.92	4.92	
			合计	27.46	m^2
8	砖砌台阶,花岗岩台阶面,20 厚花岗岩水泥浆擦缝,30 厚 1∶3 干硬性水泥砂浆结合层,表面撒水泥粉,水泥浆一道(内掺建筑胶),按展开面积计算(定额)				
		一层室外平台 B 轴,建施 7/10	9.84＋1.17＋1.625×(0.8－0.35)	11.74	
		一层室外平台⑧轴	1.68×6.86＋(0.5－0.05)×6.86	14.61	
		一层室外平台 J 轴	4.92＋(0.5－0.05)×2.75	6.16	
			合计	32.51	m^2
9	花岗岩零星项目,台阶侧面,20 厚花岗岩水泥浆擦缝,30 厚 1∶3 干硬性水泥砂浆结合层,表面撒水泥粉,水泥浆一道(内掺建筑胶)				
		一层 L 轴,建 9/11	5.05×0.3×2	3.03	
		一层采光井,建 9/11	(1.16×2＋3.22)×0.3×2	3.32	
		一层 J 轴,台阶,建 9/11	0.78×2×0.3×2	0.94	
		一层 B 轴,台阶,建 7/10	(0.927＋4.125)×(0.7＋0.25＋0.39)	6.77	
		二层,K 轴,建 8/10	(1.08＋0.48＋3.2)×(0.4＋0.25)	3.09	
		二层,8 轴,建 11/10	5.96×(0.4＋0.1)	2.98	
			合计	20.13	m^2
10	防滑坡道:坡道做法详见 02J003 第 8/31 节点,20 厚水泥砂浆抹面,作出 60 宽,7 深硬面层,素水泥浆结合层一道,60 厚 C15 混凝土,300 厚 3∶7 灰土,300 厚卵石灌 M2.5 混合砂浆,素土夯实				

续表

序号	分项名称	说明或部位	计算式或说明	小计	单位
		建施 03,A 轴	3.1×1.2	3.72	
			合计	3.72	m²
11	室外楼梯,花岗岩,防滑条做法参照06J403-1,20/150 节点				
		下沉庭院	(1.1−0.15+0.25)×(0.35+4.75)	6.12	
		其中防滑条长度	1.2×18=21.6m		
			合计	6.12	m²
12	楼梯花岗岩踢脚,120 高				
		下沉庭院	0.12×5.94+0.3×0.3×0.5×17	1.48	
			合计	1.48	m²
13	楼梯栏杆,H=1050,参照 06J403-1,B1/18				
		下沉庭院	5.94	5.94	
			合计	5.94	m²
14	预制成品葫芦栏杆,H=800,参照建19/11节点				
		一层 L 轴,建 9/11	5.05	5.05	
		一层采光井,建 9/11	1.16×2+3.22	5.54	
		一层 J 轴,台阶,建 9/11	0.78×2	1.56	
		一层 B 轴,台阶,建 7/10	0.927+4.125	5.05	
		二层,K 轴,建 8/10	1.08+0.48+3.2	4.76	
		二层,8 轴,建 11/10	5.96	5.96	
			合计	27.92	m²
15	结构沉降 1∶6 水泥焦渣填充层				
		地下层设备房	(0.9×3.4+0.3×3.46)×(3.55−3.32)	0.94	
		地下层卫生间	(1.86×2.68−0.31×0.66+1.08×2.36)×(3.7−3.32)	2.79	
		地下层洗衣房	(3.7×1.58)×(3.7−3.32)	2.22	
		地下层工人房	2.5×2.36×(3.7−3.3)	2.36	
		地下层下沉庭院	(0.27×0.83+2.73×7.3+1.83×6.53)×(3.55−3.4)	4.82	
		一层卫生间	2.68×1.86×(0.4−0.02)	1.89	
		二层卫生间	2.16×2.56×(3.28−2.9)	2.10	
		二层卫生间	(1.7×1.86−0.31×0.66+2.56×3.36)×(3.28−2.9)	4.39	
			合计	21.51	m²
16	C25 预制过梁				
		(0 米以下内外墙)240			

续表

序号	分项名称	说明或部位	计算式或说明	小计	单位
		M4	(0.8+0.5)×0.24×0.12×1	0.04	
		M5	(0.9+0.5)×0.24×0.12×1	0.04	
		M8	(1.2+0.5)×0.24×0.12×1	0.05	
		M0	(2.25+0.5)×0.24×0.18×1	0.12	
		C6	(1.1+0.5)×0.24×0.12×1	0.05	
		M11	(0.7+0.5)×0.24×0.12×1	0.04	
		门洞	(1.2+0.5)×0.24×0.12×1	0.05	
		门洞	(1.36+0.5)×0.24×0.12×2	0.11	
			小计	0.48	
		(0m 以下内墙)120			
		M5	(0.9+0.5)×0.115×0.12×2	0.04	
			小计	0.04	
		(0m 以上外墙、卫生间墙)240			
		M1	(1.5+0.5)×0.24×0.12×1	0.06	
		M4	(0.8+0.5)×0.24×0.12×3	0.11	
		M6	(1.1+0.5)×0.24×0.12×1	0.05	
		M7	(1.15+0.5)×0.24×0.12×1	0.05	
		JLM	(2.6+0.5)×0.24×0.18×1	0.13	
		C7	(0.7+0.5)×0.24×0.12×4	0.14	
		C8	(2.25+0.5)×0.24×0.18×3	0.36	
		C9	(0.7+0.5)×0.24×0.12×1	0.04	
		C10	(0.7+0.5)×0.24×0.12×4	0.14	
		C11	(1.1+0.5)×0.24×0.12×3	0.14	
		C12	(0.8+0.5)×0.24×0.12×2	0.08	
		C13	(1.1+0.5)×0.24×0.12×3	0.14	
			小计	1.42	
		(0m 以上内墙)240			
		M5	(0.9+0.5)×0.24×0.12×3	0.12	
		M7	(1.15+0.5)×0.24×0.12×1	0.05	
		门洞	(1.22+0.5)×0.24×0.12×1	0.05	
		门洞	(1.6+0.5)×0.24×0.18×1	0.09	
		门洞	(1.2+0.5)×0.24×0.12×1	0.05	
		门洞	(1.34+0.5)×0.24×0.12×1	0.05	
		门洞	(1.14+0.5)×0.24×0.12×1	0.05	
			小计	0.46	
		(0m 以上内墙)120			
		M4	(0.8+0.5)×0.115×0.12×3	0.05	
		门洞	(1+0.5)×0.115×0.12×2	0.04	
		小计		0.10	
		预制构件定额损耗另计	0.04m³		
			合计	2.49	m²
17	C30 素混凝土翻口				
		地下二层卫生间	0.24×0.2×(1.84+1.49+2.44−0.8)	0.24	

续表

序号	分项名称	说明或部位	计算式或说明	小计	单位
			0.115×0.2×1.74	0.04	
			0.06×0.2×(0.31+0.06)	0.00	
		下沉庭院交界处	0.24×0.2×(1.2+3.3+4+1.4−2.25−3.4)	0.20	
			0.1×0.2×(2.25+2.4)	0.09	
			合计	0.58	m²
18	C25 素混凝土翻口				
		一层卫生间	0.24×0.2×[(1.84+1.49+2.44−0.8)+(1.64+1.86+1.45−0.8)]	0.44	
			0.115×0.2×1.74	0.04	
			0.06×0.2×(0.31+0.6)×2	0.02	
		一层室外平台	0.24×0.2×(3.29−2.25+6.34−2.7+0.66+1.57−1.5)	0.26	
			0.48×0.2×4.5	0.43	
		二层卫生间	0.24×0.2×[(1.84+1.49+2.44−0.8)+(4+3.06)+2.68]	0.71	
			0.115×0.2×[1.74+(1.58+1.62+2.5)+(2.16−0.8)]	0.20	
			0.06×0.2×(0.31+0.6)×2	0.02	
		二层露台	0.24×0.2×(4.5−1.15×2+1.57+3.44+6.34+0.54+3.46−1.1)	0.79	
			0.1×0.2×(1.15×2+1.1)	0.07	
			合计	2.98	m²
19	素混凝土翻口模板				
		地下二层卫生间	2×0.2×(1.84+1.49+2.44−0.8)	1.99	
			2×0.2×1.74	0.70	
			2×0.2×(0.31+0.06)	0.15	
		下沉庭院交界处	2×0.2×(1.2+3.3+4+1.4−2.25−3.4)	1.70	
			2×0.2×(2.25+2.4)	1.86	
		一层卫生间	2×0.2×[(1.84+1.49+2.44−0.8)+(1.64+1.86+1.45−0.8)]	3.65	
			2×0.2×1.74	0.70	
			2×0.2×(0.31+0.6)×2	0.73	
		一层室外平台	2×0.2×(3.29−2.25+6.34−2.7+0.66+1.57−1.5)	2.16	
			2×0.2×4.5	1.80	
		二层卫生间	2×0.2×[(1.84+1.49+2.44−0.8)+(4+3.06)+2.68]	5.88	
			2×0.2×[1.74+(1.58+1.62+2.5)+(2.16−0.8)]	3.52	
			2×0.2×(0.31+0.6)×2	0.73	
		二层露台	2×0.2×(4.5−1.15×2+1.57+3.44+6.34+0.54+3.46−1.1)	6.58	
			2×0.2×(1.15×2+1.1)	1.36	
			合计	33.50	m²

表 20-28 工程量计算稿

工程名称：××别墅山庄 A 型别墅-建筑工程　　　　　　　　　　　　天棚工程

序号	分项名称	说明或部位	计算式或说明	小计	单位
1	纸筋灰抹面：板底基层处理，3 厚 1：0.5 水泥纸筋灰抹平，10 厚 1：1：4 水泥纸筋灰砂分层抹平，2 厚纸筋灰面				
		一层车库	6.26×3.36×1.083＋0.52×1＋(0.5－0.12)×1.02×2	24.08	
		一层其余房间-客卧	3.76×4.06	15.27	
		一层其余房间-家庭起居室	3.46×0.96＋7.96×4.86＋0.5×0.98＋1.7×1.46＋(0.5－0.13)×4.8＋(0.5－0.11)×4.8＋(0.4－0.11)×3.46×2＋(0.47－0.11)×2×1.46	51.69	
		一层其余房间-餐厅、楼梯间	3.98×4.96＋3×4.96－3.36×6.86＋(0.4－0.1)×(6.88＋1.36×2)＋0.4×6.88	17.20	
		一层其余房间-门厅、客厅	1.27×4.56＋7.26×2.56＋1.14×1.36＋4.86×1.2－0.37×0.3＋(0.4－0.12)×(4.5×2＋2.56×2)	35.60	
		二层其余房间-客卧 1	(3.96×4.56＋1.08×2.4)×1.083＋(0.4－0.12)×1.02×2	22.94	
		二层其余房间-客卧 2	3.76×4.06×1.083	16.53	
		二层其余房间-辅助用房	2×2.88×1.083	6.24	
		二层其余房间-更衣室	1.68×2.88×1.083	5.24	
		二层其余房间-主卧	(4.86×4.26＋3.58×1.26＋1.58×1.58)×1.083＋(0.4－0.12)×1.58×2	30.90	
		二层其余房间-走道	(1.43×6.86＋3.491×6.86)×1.083＋(0.4－0.12)×4.96×2×1.083	39.57	
			合计	265.24	m^2
2	玻璃纤维灰抹面：板底基层处理，3 厚 1：0.5 水泥纸筋灰抹平，10 厚 1：1：4 水泥纸筋灰砂分层抹平，2 厚玻璃纤维灰面				
		一层厨房	3.56×2.56＋(0.47－0.12)×2×2.56	10.91	
		地下层设备房	0.9×3.4＋0.3×3.46	4.10	
		地下层卫生间	1.86×2.68－0.31×0.66＋1.08×2.36	7.33	
		地下层洗衣房	3.7×1.58	5.85	
		地下层工人房	2.5×2.36	5.90	
		一层卫生间	1.86×1.46－0.31×0.66×2＋1.86×2.68－0.31×0.66	7.09	
		二层卫生间	2.16×2.56＋2.68×1.86＋1.7×1.86－0.31×0.66＋2.56×3.36	22.07	
		地下层其余房间-视听室	4.2×4.74	19.91	
		地下层其余房间-休息室	4.26×7.26＋(0.47－0.1)×(3.56×2＋1.46×2＋4.2)＋(0.47－0.11)×4.2	37.71	
		地下层其余房间-多功能厅	4.9×4.36＋(0.5－0.13)×2×4.9	24.99	
		地下层其余房间-健身房	1.1×4.44＋0.36×3.1＋3.64×6.84＋(0.4－0.14)×2×3.64	32.79	
		地下层其余房间-楼梯间	2.56×1.6＋(0.4－0.1)×2×2.56	5.63	
			合计	184.27	m^2

表 20-29　工程量计算稿

工程名称：××别墅山庄 A 型别墅-建筑工程　　　　屋面及防水工程

序号	分项名称	说明或部位	计算式或说明	小计	单位
1	屋面 1(W1)瓦屋面：陶瓦，30×25 挂瓦条，4×60 水泥钉中距按瓦材规格，30×25 顺水条，4×60 水泥钉中距 500，40 厚 C20 细石混凝土内配双向钢筋 ϕ4@200，40 厚挤塑聚苯乙烯泡沫板一层，配套胶黏剂粘贴，1.5 厚 APF 高分子复合膜自粘卷材(转角处附加一道)，20 厚 1∶3 水泥砂浆找平，现浇钢筋混凝土屋面板，表面清扫干净				
		屋顶层平面，利用 CAD 量取平面尺寸×斜度系数＋标高差叠加	185.25×1.083＋0.475×0.475×4×1.083	201.60	
		二层平面，利用 CAD 量取平面尺寸×斜度系数	29.81×1.083	32.28	
		其中双向钢筋 ϕ4@200	15.29×78×2×0.099＝0.236t		
		其中 1.5 厚 APF 高分子复合膜自粘卷材(转角处附加一道)	233.89＋0.25×66.77＝250.58m²		
		其中阳角屋脊线长度：上盖脊瓦，1∶2 水泥砂浆内配钢筋网，建施 2/9	(4.023×3＋0.6＋5.3＋1.556＋5.579＋4.3＋1.202＋2.546＋1.3＋3.882×2＋4.6＋4.377＋0.707＋1.404＋0.141＋0.6＋3.804×2)×1.083＝66.77m		
			合计	233.89	m²
2	屋面 2(W2)带保温露台屋面：上铺建筑面层，业主自理，40 厚 C20 细石混凝土内配 ϕ4@200 钢筋双向，40 厚挤塑聚苯乙烯泡沫板一层，配套胶黏剂粘贴，1.5 厚 APF 高分子复合膜自粘卷材(转角处附加一道)，20 厚 1∶3 水泥砂浆找平，C20 细石混凝土找坡，起坡 30 厚，现浇钢筋混凝土屋面板，表面清扫干净				
		建施 04，二层平面，1/B 轴	(3.2＋1.6－0.24)×(0.9＋0.3－0.24)	4.38	
		建施 04，二层平面，H 轴	(3.7－0.24)×(1.5－0.24)	4.36	
		其中双向钢筋 ϕ4@200	(4.58×6＋0.96×24＋3.46×8＋1.26×19)×0.099＝0.01t		
		其中 1.5 厚 APF 高分子复合膜自粘卷材(转角处附加一道)	8.74＋0.3×(4.58×2＋0.96×2＋3.46×2＋1.26×2－1.15×2－1.1)＝13.88m²		
			合计	8.74	m²
3	屋面 3(W3)带保温不上人屋面：40 厚 C20 细石混凝土内配 ϕ4@200 钢筋双向，40 厚挤塑聚苯乙烯泡沫板一层，配套胶黏剂粘贴，1.5 厚 APF 高分子复合膜自粘卷材(转角处附加一道)，20 厚 1∶3 水泥砂浆找平，C20 细石混凝土找坡，起坡 30 厚，现浇钢筋混凝土屋面板，表面清扫干净				
		建施 04，二层平面，1/B 轴	(2.4－0.24)×(1.1＋0.3－0.24)	2.51	
		建施 04，二层平面，⑨轴	(0.2＋0.7－0.24)×(4.1＋3－0.24)	4.53	
		其中双向钢筋 ϕ4@200	(2.16×17＋1.16×12＋0.66×35＋6.76×5)×0.099＝0.011t		
		其中 1.5 厚 APF 高分子复合膜自粘卷材(转角处附加一道)	7.03＋0.2×(6.76×2＋0.66×2)＋0.3×(2.16×2＋1.16×2)＝11.99m²		
				7.03	m²
4	成品风帽				
		建施 4/10	1	1.00	
			合计	1.00	只

续表

序号	分项名称	说明或部位	计算式或说明	小计	单位
5	80厚防水层A(地下室底板外防水)：防水混凝土底板，40厚C20细石混凝土保护层，20厚1∶2水泥砂浆保护层，1.5厚FJS防水涂料(2.5kg/m²)中夹聚酯无纺布一道，20厚1∶2防水砂浆找平层，混凝土垫层				
		250厚地下室底板下(混凝土外墙范围内)	211.47	211.47	
		CT-1、1a、1b、1C下凸	0.8×4×(0.6－0.25)×4	4.48	
		CT-2、2a、2b、2C下凸	1×4×(0.6－0.25)×5	7.00	
		CT-3、3a、3b、3C下凸	(0.8×2＋2.2×2)×(0.7－0.25)×12	32.40	
		CT-4、4a下凸	(1×2＋2.75×2)×(0.7－0.25)×3	10.13	
		600高梁下凸，参右边供参考工程量	2.83×(0.6－0.25)×2	1.98	
		500高梁下凸，参右边供参考工程量	15.78×(0.5－0.25)×2	7.89	
		AL梁下凸，参右边供参考工程量	50.24×(0.5－0.25)×2	25.12	
		450高梁下凸，参右边供参考工程量	11.35×(0.45－0.25)×2	4.54	
		400高梁下凸，参右边供参考工程量	23.65×(0.4－0.25)×2	7.10	
		凸出混凝土外墙的承台面积	0.44＋0.2＋0.49＋0.89＋0.14＋0.44＋0.32＋1.09＋0.59＋0.67＋0.37＋0.89＋0.88＋0.22＋0.22＋0.6＋0.26	8.71	
		结施13a/11，900×900×1000井	(1.414－1)×3.72	1.54	
		结施13b/11，1000×1000×1000井	(1.414－1)×3.72	1.54	
		所有承台凸出混凝土外墙部分外侧增加板厚防水	0.25×(2.5＋1.3＋1.998＋2.5＋1.18＋2.5＋3.73＋3.145＋1.9＋1.9＋1.81＋1.4＋1.895＋2.5＋2.5＋2.51＋1.665)	9.23	
			合计	333.12	m²
6	防水B(地下墙体外防水)：40厚聚苯乙烯泡沫板保护层，1.5厚FJS防水涂料(2.5kg/m²)中夹聚酯无纺布一道，20厚1∶2防水砂浆找平层，基层修补平整，裂缝处理，防水混凝土侧板				
		外墙墙面积，参混凝土墙计算稿	243.68－12.47－0.86	230.35	
		AL1下无承口翻口	(0.5＋0.1)×(5.73＋2.8＋3.54＋2.64＋3.54＋4.485＋0.45＋0.89＋2.4＋0.8＋3.68＋1.18＋2.14＋2.12＋1.63＋1.13＋1.21＋4.72＋3.3)	29.03	
		防水涂料增加的翻边面积：AL1有承台翻口，墙长L＝总长扣无承台部分	0.15×(77.32－48.385)＝4.34m²		
			合计	259.38	m²

第二十章 建筑工程计量与计价实例

表 20-30　工程量计算稿

工程名称：××别墅山庄 A 型别墅-建筑工程　　　　墙柱面工程

序号	分项名称	说明或部位	件数	计算式或说明	小计	单位
1	防水水泥砂浆抹面：20 厚 1∶2 防水水泥砂浆分层抹平抹面，基层处理，内墙面					
	地下层	视听室		(4.2×2+4.74×2)×(3.35－0.05－0.13)－1.2×2.2	54.04	
		多功能厅、休息厅		(7.26×2+8.56×2)×(3.35－0.05－0.13)－(1.2×2.2+0.9×2.3+2.25×2.55+3.4×2.55+1.2×2.3+1.36×2.3)	75.29	
		楼梯间		(2.56×2+4.9×2)×(3.35－0.05－0.1)－1.36×2.3×2	41.49	
		健身房		(7.2×2+4.74×2)×(3.35－0.35－0.14)－(1.36×2.3+2.25×1.75)	61.23	
		卫生间		(1.86×2+2.68×2)×(3.32－0.1－0.1)－(0.7×1.7+0.8×2.3)+(1.08×2+2.36×2)×(3.3－0.05－0.12)－(0.8×2.3+0.9×2.3×2+1.2×2.36)	38.02	
		工人房		(2.5×2+2.36×2)×(3.3－0.05－0.12)－(0.9×2.3+1.1×1.7)	26.48	
		洗衣房		(1.58×2+3.7×2)×(3.32－0.05－0.12)－0.9×2.3	31.19	
		设备房		(3.46×2+1.2×2)×(3.32－0.05－0.11)－(0.9×2.3+0.8×2.1)	25.70	
		污水提升井，建施15/11		(0.83×2+1.2×2)×(4.8－0.8－0.1)	15.83	
	一层	卫生间		(1.86×2+1.46×2)×(2.9+0.02－0.12)+(1.86×2+2.68×2)×(3.2+0.1－0.1)－(0.8×2.3×2+0.7×1.7×2)	41.59	
		厨房		(2.56×2+3.56×2)×(2.9+0.1－0.12)－(1.2×2.3+1.1×1.7)	30.62	
	二层	卫生间 1(高度取平均)		(1.86×2+2.68×2)×3.897－(0.8×2.3+0.7×1.42)	32.55	
		卫生间 2(高度取平均)		(3.36×2+4.26×2)×3.897－(0.8×2.3+1.1×1.42+0.7×1.42)	54.99	
		卫生间 3(高度取平均)		(2.16×2+2.56×2)×3.897－(0.8×2.3+0.7×0.92)	34.30	
				合计	563.35	m^2
2	混合砂浆抹面：8 厚 1∶2 水泥砂浆面层，压实赶光，12 厚 1∶1.25 水泥砂浆底层，扫毛或划出纹道，基层处理，内墙面					
	一层	车库		(3.36×2+6.26×2+0.52×2)×(2.875+0.204－0.12+0.7)－(2.6×2.6+0.8×2.3+0.6×0.8×2)	64.65	
		客卧		(3.76×2+4.06×2)×(3.25+0.05－0.12)－(0.8×2.3+0.9×2.3+1.1×1.7+0.7×1.7×2)	41.58	
		客厅、门厅		(7.26×2+4.86×2+1.14×2+0.2×2)×(3.25－0.12+0.35)－(2.25×2.35+3.5×2.05+1.5×2.75+0.8×2.3+1.36×2.3+2.76×3.13)－(2.4+3.7+2.4+1.14)×(3.25－2.9)	60.11	
		餐厅及梯间		(4.96×2+6.85×2)×(3.25+0.05－0.1)－(1.6×2.3+1.22×2.3+0.9×2.3+1.36×2.3+2.76×3.13+2.7×2.9)+2.08×(1.41+0.05)×0.5+1.24×(1.41+0.05)	50.76	
		起居室		(9.66×2+5.76×2+0.12×2)×(3.25+0.05－0.12)－(1.22×2.3+1.6×2.3+2.25×2.05+0.8×2.1×2+2.25×2.9+1.5×2.05+1.2×2.3+0.8×2.3)	70.18	
	二层	客卧 1(高度取平均)		(3.76×2+4.06×2)×(3.897－0.12)－(1.1×1.42+2.25×1.42+0.8×2.3+0.9×2.3)	50.41	

续表

序号	分项名称	说明或部位	件数	计算式或说明	小计	单位
		客卧 2(高度取平均)		(6.96×2+3.96×2)×(3.813−0.12)−(1.15×2.17×2+0.7×1.42×2+0.9×2.3+0.8×2.3)	69.77	
		楼梯间		(4.96×2+6.86×2)×(3.897−0.12)−(1.15×2.17+0.9×2.3+0.9×2.3+1.1×1.3×3)	78.36	
		主卧		(9.66×2+4.86×2+0.44×2+0.12×2)×(3.897−0.12)−(0.8×2.3+1.15×2.17+2.25×1.42×2+0.8×1.3×2+1×2.3×2)	96.51	
		更衣室		(2.88×2+3.78×2)×(3.897−0.12)−(1×2.3×2+1.1×2.17+1.1×1.42)	41.76	
				合计	624.07	m²
3	外墙涂料饰面(WQ1 无保温):进口高档涂料,三度饰面,清补基层,6 厚 1:2 水泥砂浆光面,14 厚 1:3 水泥砂浆分层抹平					
		采光井三边,建施 19/11		(1.2×2+3.22)×(3.35−0.5)	16.02	
		下沉庭院外侧,建施 17/11		(1.1+9.82)×(1.5+0.5−0.1)	20.75	
		下沉庭院内侧,建施 17/11,建施 19/11		(0.33+6.56)×(3.55−0.5)+(9.43+0.86)×(3.55+1.5−0.1)	71.95	
		二层阳台,建施 12/10		0.95×(2.03+1.21)	3.08	
		壁炉,建施 4/10		(0.62×2+1.44)×(7.45+0.05+0.06×6−0.125−0.02)	20.68	
				合计	132.47	m²
4	外墙涂料饰面(WQ2 带保温):进口高档涂料,三度饰面,15 厚聚合物抗裂砂浆抹面,压入耐碱玻纤网格布增强,(保温层厚度>60,距外表面 20,铺设一层镀锌钢丝网),30 厚聚合物保温砂浆抹平,5 厚界面剂砂浆					
		一层		75.852×2.445	185.46	
		二层		65.803×(5.75−2.445)	217.48	
		下沉庭院内侧		(0.3+1.9+7.3+3.8+1.5)×(3.55−0.5)	45.14	
		扣外墙门窗		1.5×2.75×1+2.7×2.9×1+2.25×2.9×1+1.1×2.17+1.15×2.17×2+3.4×2.55+2.25×2.55+2.6×2.6+3.5×2.05+2.25×2.35+2.25×2.05	−64.10	
		扣外墙门窗		0.8×2.1×3+1.5×2.05+1.1×1.7×3+0.7×1.7×5+2.25×1.42×3+0.7×0.92+0.7×1.42×4+1.1×1.3×3+0.8×1.3×2+1×1.42×3+1.1×1.42×3+2.25×1.75	−48.87	
		扣花岗岩饰面		13.06	−13.06	
				合计	322.04	m²
5	挂贴花岗岩饰面(WQ4 有保温):穿 18 号铜丝将 20 厚火烧面花岗岩板(带 $\phi5$ 钻孔)与钢筋网绑牢,20 厚 1:2.5 水泥砂浆分层灌缝,每次灌入高度不大于 200,电焊 $\phi6$ 双向钢筋网(双向钢筋间距按板材)30 厚聚合物保温砂浆抹平,钻孔剔槽预埋,$\phi6$ 钢筋长 150(预埋钢筋双向间距按板材尺寸)					
		南立面门斗		2.26×(2.9+0.35)−1.5×2.75	3.22	
		东立面采光井内		3.22×(3.32+2.6)−(2.25×2.35+2.25×1.75)	9.84	
				合计	13.06	m²
6	不同墙体材料之间 300 宽钢丝网					
		砖墙与梁交界面,墙长参砌筑工程		255.86×2×0.3	153.52	
		花园层砖墙与柱、混凝土墙交界面		27×2×(3.35−0.05−0.4)	156.60	
		一层砖墙与柱、混凝土墙交界面		58×2×(3.25+0.05−0.4)	336.40	
		二层砖墙与柱、混凝土墙交界面		49×2×(7.147−3.25−0.4)	342.71	
				合计	989.22	m²

续表

序号	分项名称	说明或部位	件数	计算式或说明	小计	单位
7	墙体拉结筋					
		地下层砖墙与柱、混凝土墙交界面		27×(2×5)×0.261	70	
		一层砖墙与柱、混凝土墙交界面		58×(2×5)×0.261	151	
		二层砖墙与柱、混凝土墙交界面		49×(2×6)×0.261	153	
				合计	375	kg

表 20-31 工程量计算稿

工程名称：××别墅山庄 A 型别墅-建筑工程　　门窗工程（定额）

序号	分项名称	编号	计算式或说明	小计	单位
1	钢木安全户门,甲方定				
		M1	1.5×2.75×1	4.13	
			合计	4.13	m^2
2	节能铝合金外开门				
		M2	2.7×2.9×1	7.83	
		M3	2.25×2.9×1	6.53	
		M6	1.1×2.17×1	2.39	
		M7	1.15×2.17×3	7.49	
		M9	3.4×2.55×1	8.67	
		M10	2.25×2.55×1	5.74	
			合计	38.64	m^2
3	车库翻板卷帘门				
		JLM	2.6×2.6	6.76	
			合计	6.76	m^2
4	节能铝合金平开窗				
		C1	3.5×2.05×1	7.18	
		C2	2.25×2.35×1	5.29	
		C3	2.25×2.05×1	4.61	
		C4	0.8×2.1×3	5.04	
		C5	1.5×2.05×1	3.08	
		C6	1.1×1.7×3	5.61	
		C7	0.7×1.7×5	5.95	
		C8	2.25×1.42×3	9.59	
		C9	0.7×0.92×1	0.64	
		C10	0.7×1.42×4	3.98	
		C11	1.1×1.3×3	4.29	
		C12	0.8×1.3×2	2.08	
		C13	1.1×1.42×3	4.69	
		C14	2.25×1.75×1	3.94	
		合计		65.95	m^2

表 20-32　工程量计算稿

工程名称：××别墅山庄 A 型别墅-建筑工程　　　　　　脚手架工程

序号	分项名称	说明或部位	计算式或说明	小计	单位
1	综合脚手架，檐高 $H=6.607\text{m}$				
		花园层平面，用 CAD 量取	210.37	210.37	
		一层平面，用 CAD 量取	191.71	191.71	
		二层平面，用 CAD 量取	154.76	154.76	
			合计	556.84	m^2
2	满堂脚手架				
		一层车库	(3.6－0.24)×(1.4＋1.1＋4－0.24)	21.03	
			合计	21.03	m^2
3	地下室垂直运输				
		花园层平面，用 CAD 量取	210.37	210.37	
			合计	210.37	m^2
4	建筑物垂直运输				
		一层平面，用 CAD 量取	191.71	191.71	
		二层平面，用 CAD 量取	154.76	154.76	
			合计	346.47	m^2
5	洞库照明费				
		花园层平面，用 CAD 量取	210.37	210.37	
			合计	210.37	m^2

表 20-33　图纸目录

表1 页　共1 页

工程号09-01　　　　　　项目名称××别墅山庄 A 型别墅

序号	图　　名	备　注
1	建筑设计总说明	见表 20-34
2	建筑装修一览表、建筑装修做法一览表	见表 20-35、表 20-36
3	花园层平面图、一层平面图	
4	二层平面图、屋顶层平面图	
5	②～⑩轴立面、Ⓐ～Ⓛ轴立面	
6	⑪～①轴立面、Ⓛ～Ⓐ轴立面	
7	1—1 剖面、2—2 剖面、3—3 剖面	
8	楼梯详图	
9	详图(一)	
10	详图(二)	
11	详图(三)	
12	详图(四)	
13	门窗一览表、门窗大样	
14	节能设计专篇	表 20-37
15		
16		
17		
18		
19		
20		
说明	1. 本目录(大工程)由各工种或(小工程)以单位工程在工程设计结束时填写，以图号为次序，每格填一张。 2. 如利用标准图，可在备注栏内注明。 3. 末端"工种负责人"等姓名不必本人签字，可由填写目录者填写。	

项目负责人＿＿＿＿＿＿　　　　专业负责人＿＿＿＿＿＿

表 20-34　建筑设计总说明

一、工程概况

1. 本套图为××别墅山庄A型别墅建筑施工图。

2. 本建筑总建筑面积 516.4m^2，地下室面积 171.4m^2（计入总建筑面积）；占地面积 190.4m^2；建筑地上为二层；花园层一层，建筑高度为 7.22m。

3. 本建筑为多层居住建筑；耐火等级为地上二级，地下室一级；设计使用年限 50 年；抗震设防烈度为六度；屋面防水等级为Ⅱ级；地下防水等级二级。

4. 图中所注室内地坪标高±0.000 相当于国家基准标高 12.70m。

5. 图中除标高以"米"计外，其余尺寸均以"毫米"计。

二、设计依据

1.《××别墅山庄初步设计》文本及其批复意见。

2. ×××建筑设计有限公司提供的总图及单体户型图。

3. 本工程设计合同。

4. 甲方有关修改意见纪要及函件。

5. 本工程适用的国家及地方相关的法规、规范主要有：

《民用建筑设计通则》(GB 50350—2005)、《住宅设计规范》(GB 50096—1999、(2003 版)《住宅建筑规范》(GB 50368—2005)、《建筑设计防火规范》(GB 50016—2006)、《夏热冬冷地区居住建筑节能设计标准》(JGJ 134—2001)、《浙江省居住建筑节能设计标准》(DB 33/1015—2003)

三、墙体工程

1. 工程采用的墙体材料：外墙为 240 厚烧结页岩多孔砖；内隔墙为 240 厚加气混凝土砌块。砌筑具体做法、各种砌体的材料标号、构造柱、圈梁、过梁详见结构图。

2. 不同墙体材料的连接处均应按结构构造配置拉墙筋，详见结构图，砌筑时应相互搭接，不能留通缝。遇框架结构与填充墙之间，以及不同墙体材料之间的相接处，做粉刷时应加设不小于 300 宽的 0.5 厚六角钢丝网搭接。顶层内墙面基层上铺一道 0.5 厚六角钢丝网，再做面层。

3. 除注明外，门垛宽均为 120。当填充墙边门垛小于 120，钢筋混凝土柱、墙边门垛小于 250 时，设现浇混凝土门垛，与柱墙同时浇捣，标号同柱，中间每隔 500 做 2Φ6 的拉筋。

4. 墙体留洞及封堵

(1)钢筋混凝土墙上的留洞见结施和设备图，填充墙预留洞口详见建施或设备图。

(2)墙上留孔，留洞表示方法

方孔：(洞宽×洞高)/洞底标高(或离地高度)；圆孔：直径/洞中心标高(或离地高度)

(3)管道设备安装完毕后，钢筋混凝土墙上的留洞封堵见结施，填充墙留洞封堵用 C20 细石混凝土填实。

(4)防火墙部位有设备管线穿过时应待设备管线安装好后再进行封砌，必须砌至梁板底，严密封死。

5. 凡墙内预埋木砖均需做防腐处理，预埋铁件均需除锈处理，刷防锈漆两道。

6. 所有卫生间、厨房四周墙体楼面标高处均做 200 高素混凝土翻边，宽度同墙体；阳台、空调板同垂直墙面交接处，墙内均沿板面浇素混凝土，上翻 200 高；屋面同垂直墙面交接处，墙内均沿屋面浇素混凝土，上翻 200 高。露台门做 100 高素混凝土门槛，宽度同墙体。以上素混凝土翻边及门槛，标号同楼面，应与楼面一起浇捣。

7. 外墙保温做法参见装修表相应做法。技术要求详见国标 02 J121—1。

8. 凡内墙面、柱面的阳角和门洞口一律用 1∶2 水泥砂浆做护角线，其高度为 2m，每侧宽度为 50mm；除成品排气井外，砖砌管道井内壁随砌随抹 20 厚 1∶3 水泥砂浆(分层抹平)，钢筋混凝土管井面可不处理。

四、楼地面工程

1. 厨房、卫生间的标高除注明外，比楼层建筑标高低 0.020m。

2. 室内楼地面做法详装修表。

五、屋面工程(坡屋面技术要求详见 00　J202—1，平屋面技术要求详见 99 J201—1)

1. 檐沟内放坡 1%，平屋面找坡 2%。

2. 屋面 1(W1)：(瓦屋面)

陶瓦

30×25(h)挂瓦条，中距按瓦材规格

30×25(h)顺水条，中距 500

40厚细石混凝土，内配双向Φ4@200钢筋双向
40厚挤塑聚苯乙烯泡沫板一层，配套胶黏剂粘贴
1.5厚无胎体自粘卷材（转角处附加一道）
20厚1∶3水泥砂浆找平
现浇钢筋混凝土屋面板，表面清扫干净

3. 屋面2(W2)：（带保温露台屋面）
上铺建筑面层，业主自理
40厚C20细石混凝土内配Φ4@200钢筋双向
40厚挤塑聚苯乙烯泡沫板一层，配套胶黏剂粘贴
1.5厚无胎体自粘卷材（转角处附加一道）
20厚1∶3水泥砂浆找平
矿渣混凝土找坡，起坡60厚
现浇钢筋混凝土屋面板，表面清扫干净

4. 屋面3(W3)：（带保温不上人屋面）
40厚C20细石混凝土内配Φ4@200钢筋双向
40厚挤塑聚苯乙烯泡沫板一层，配套胶黏剂粘贴
1.5厚无胎体自粘卷材（转角处附加一道）
20厚1∶3水泥砂浆找平
矿渣混凝土找坡，起坡60厚
现浇钢筋混凝土屋面板，表面清扫干净

六、门窗工程

1. 立樘位置：未注明的门窗，内门均立墙中，开启方向与墙面平，所有外门窗均立墙中。

2. 门窗材料

(1)室内木门均为胶合板门，均做一底二度浅灰色调和漆。

(2)外门窗为热阻隔断型铝合金节能门窗（外侧蓝灰色，内侧白色），配白色低辐射中空玻璃(5+9+5)。[传热系数≤3.0W/(m²·K)，遮阳系数≤0.64]门窗抗风压性能和气密性不低于3级，水密性不低于2级。

3. 本设计提供门窗洞口尺寸及基本要求，由生产厂家据此进行具体设计加工。

4. 外墙门窗玻璃厚度及安全选型，厂家应根据《建筑玻璃应用技术规程》及原建设部“发改运行[2003]2116号”文件确定。

七、外装饰工程

所有外装饰做法详见装修做法一览表（表20-36）及立面图。

八、内装饰工程

所有地面、内墙、顶棚装修详见装修一览表（表20-35）及装修做法一览表（表20-36）。

九、油漆工程

1. 木材面采用调和漆底漆一道，树脂漆面漆二度。所有室外木制构件均做防腐处理。

2. 铁件、栏杆及露明管道均刷红丹底漆两度，黑色面漆两度。

十、设备工程

卫生间的洁具及厨房成品设备仅作定位用，由业主自理。

十一、室外工程

1. 室外台阶做法参02J003 $\frac{5A}{8}$。

2. 建筑四周做600宽散水，散水坡度4%，做法参02 J003 $\frac{7}{5}$。

十二、地下防水工程（技术要求详见02 J301）。

1. 地下室防水工程必须执行《地下工程防水技术规范》(GB 50108—2001)。

2. 地下室外墙均为防水混凝土，有管道穿过处均设刚性防水套管，穿管集中时，采用止水钢板。

3. 地下室侧壁、底板（含地梁、承台）建筑防水做法如下：

(1)防水A：（地下底板外防水）
防水混凝土底板
40厚C20细石混凝土保护层

20厚1∶2水泥砂浆保护层
1.5厚FJS防水涂料(2.5kg/m^2)中夹聚酯无纺布一道
20厚1∶2防水砂浆找平层
混凝土垫层
(2)防水B:(地下墙体外防水)
40厚聚苯乙烯泡沫板保护层
1.5厚FJS防水涂料(2.5kg/m^2)中夹聚酯无纺布一道
20厚1∶2水泥砂浆找平层
基层修补平整,裂缝处理
防水混凝土侧板

4. 变形缝、转角防水面交接处等特殊节点做法由防水材料厂家参见02 J301提供,经设计人员认可后方可施工。

5. 涂膜防水层对地下建筑应全封闭。

6. 涂膜防水层在室外地坪至地坪以上500处改用防水水泥砂浆防水。

十三、其他

1. 外墙窗台、窗、雨篷、挑台、女儿墙顶及突出腰线等,上面均做流水坡度,下面做鹰嘴滴水。

2. 设计中有采用标准图、通用图者,不论使用其中多少详图,均应按照各图纸要求全面结合施工。

3. 凡给排水、电气、空调、动力等设备管道,如穿过钢筋混凝土板、预制构件、墙身者,均需预留孔、洞或预埋,不宜临时开凿,并密切配合各工种图纸施工。遇有问题请会同本院共同商量解决,不得任意变更。

4. 本工程各工种图纸应相互配合施工,如发现本工程所发各工种图纸存在矛盾和碰头处,应及时与设计单位联系解决,施工过程中如因材料供应困难或建设单位提出改变原设计的布置或用料时,均应在事前征得设计单位同意后方可施工。

5. 本工程所选用的建筑材料和装修材料必须符合《民用建筑工程室内环境污染控制规范》及国家、地方相应规范文件规定。

(1)本工程所选用的无机非金属建筑材料,包括砂、石、砖、水泥、商品混凝土、预制构件和墙体材料等,其放射性指标限量应符合:内照射指数(I_{Ra})≤1.0,外照射指数(I_r)≤1.0。

(2)本工程所选用的无机非金属装修材料,包括石材、建筑卫生陶瓷、石膏板、吊顶材料等,应为A类,其放射性指标限量应符合:内照射指数(I_{Ra})≤1.0,外照射指数(I_r)≤1.0。

(3)本工程所选用的木板游离甲醛含量或游离甲醛释放量根据环境测试舱法测定游离甲醛释放量限量(E_1)≤0.12。

(4)本工程所选用的室内涂料,应测定总挥发性有机化合物(TVOC)和游离甲醛的含量,其限量应符合TVOC(g/L)≤200,游离甲醛(g/kg)≤0.1。

6. 凡装修工程材料选用及做法均需符合设计要求(必要时做样板),装修材料样本须经设计方同意方可采购与施工。

7. 本说明以外或与本说明不符者均以具体设计图为准。

8. 凡图纸及本说明未详之处,均严格按国家有关现行规范、规程、规定执行。

9. 验收均按国家和浙江省有关施工验收规范规定执行。

十四、主要参考和选用标准图集

《工程做法》(05 J909)
《坡屋面建筑构造(一)》(00 J202—1)
《木门窗》(04 J601—1)
《室外工程》(02 J003)
《地下室防水》(02 J301)
《铝合金节能门窗》(03 J603—2)
《楼地面建筑构造》(01 J304)
《楼梯　栏杆　栏板(一)》(06 J403—1)
《平屋面建筑构造(一)》(99 J201—1)
《住宅建筑构造》(03 J930—1)
《外墙外保温建筑构造(一)》(02 J121—1)
《太阳能热水器选用及安装》(06 J908—6)
《内装修》(J 502—3)

表 20-35　建筑装修一览表

楼层	装修部位	楼地面	内墙面	踢脚	顶棚（吊顶）	备注
地下层	设备房、卫生间、洗衣房、工人房	水泥砂浆楼面二	防水水泥砂浆抹面		玻璃纤维灰抹面	邻室内外墙为白色涂料饰面(WQ2)，挡土墙面为白色涂料饰面(WQ1)
	下沉庭院	水泥砂浆楼面二				邻室内外墙为干挂花岗岩饰面(WQ6)，挡土墙面为白色涂料饰面(WQ1)
	采光井	细石混凝土楼面二				邻室内外墙为白色涂料饰面(WQ2)，挡土墙面为白色涂料饰面(WQ1)
	其余房间	细石混凝土楼面一	防水水泥砂浆抹面		玻璃纤维灰抹面	
一层	室外平台	花岗岩楼面				
	厨房	水泥砂浆楼面一	防水水泥砂浆抹面		玻璃纤维灰抹面	
	卫生间	水泥砂浆楼面二	防水水泥砂浆抹面		玻璃纤维灰抹面	
	车库	耐磨混凝土地面	混合砂浆抹面		纸筋灰抹面	
	其余房间	细石混凝土楼面二	混合砂浆抹面		纸筋灰抹面	
二层	卫生间	水泥砂浆楼面二	防水水泥砂浆抹面		玻璃纤维灰抹面	
	其余房间	细石混凝土楼面二	混合砂浆抹面		纸筋灰抹面	

表 20-36 建筑装修做法一览表

分类	名称	做法及用料(选用标准图)
楼地面	耐磨混凝土地面	50 厚 C25 细石混凝土掺钢纤维 1.0%～2.0%(体积比)水泥浆一道(内掺建筑胶) 60 厚 C15 细石混凝土垫层 150 厚 5～32 卵石灌 M2.5 混合砂浆振捣密实素土夯实
	细石混凝土楼面一	50 厚 C20 细石混凝土,表面撒 1∶1 水泥砂子 随打随抹光 水泥浆一道(内掺建筑胶) 现浇钢筋混凝土板
	细石混凝土楼面二	其上建筑面层,业主自理 30 厚 C20 细石混凝土,表面撒 1∶1 水泥砂子 随打随抹光 水泥浆一道(内掺建筑胶) 现浇钢筋混凝土板
	水泥砂浆楼面一(带防水)	15 厚 1∶2.5 水泥砂浆 35 厚 C20 细石混凝土 1.5 厚聚氨酯防水层(两道) 1∶3 水泥砂浆找坡层最薄处 20 厚抹平 水泥浆一道(内掺建筑胶) 现浇钢筋混凝土板
	水泥砂浆楼面二(带防水)	15 厚 1∶2.5 水泥砂浆 35 厚 C20 细石混凝土 1.5 厚聚氨酯防水层(两道) 1∶3 水泥砂浆找坡层最薄处 20 厚抹平 水泥浆一道(内掺建筑胶) 20 厚 1∶2.5 水泥砂浆 1∶6 水泥焦渣填充层 现浇钢筋混凝土板
	花岗岩楼面	20 厚花岗岩水泥浆擦缝 30 厚 1∶3 干硬性水泥砂浆结合层,表面撒水泥粉 水泥浆一道(内掺建筑胶) 现浇钢筋混凝土板
内墙面	防水水泥砂浆抹面	20 厚 1∶2 防水水泥砂浆分层抹平抹面 基层处理
	混合砂浆抹面	8 厚 1∶2 水泥砂浆面层,压实赶光 12 厚 1∶1.25 水泥砂浆底层,扫毛或划出纹道 基层处理
顶棚	纸筋灰抹面	板底基层处理 3 厚 1∶0.5 水泥纸筋灰抹平 10 厚 1∶1∶4 水泥纸筋灰砂分层抹平 2 厚纸筋灰面
	玻璃纤维灰抹面	板底基层处理 3 厚 1∶0.5 水泥纸筋灰抹平 10 厚 1∶1∶4 水泥玻璃纤维灰砂分层抹平 2 厚玻璃纤维灰面
外墙面	外墙涂料饰面(WQ1)(无保温)	水溶性或其他涂料三度饰面 清补基层 6 厚 1∶2 水泥砂浆光面 14 厚 1∶3 水泥砂浆分层抹平
	外墙涂料饰面(WQ2)(带保温)	水溶性或其他涂料三度饰面 15 厚聚合物抗裂砂浆抹面,压入耐碱玻纤网格布增强 (保温层厚度＞60,距外表面 20 铺设一层镀锌钢丝网) 30 厚聚合物保温砂浆抹平 5 厚界面剂砂浆
	挂贴花岗岩饰面(WQ3)(无保温)	穿 18 号铜丝将 20 厚火烧面花岗岩板(带 $\phi5$ 钻孔)与钢筋网绑牢 20 厚 1∶2.5 水泥砂浆分层灌缝,每次灌入高度不大于 200 电焊Φ6 双向钢筋网(双向钢筋间距按板材) 钻孔剔槽预埋Φ6 钢筋长 150(预埋钢筋双向间距按板材尺寸)
	挂贴花岗岩饰面(WQ4)(有保温)	穿 18 号铜丝将 20 厚火烧面花岗岩板(带 $\phi5$ 钻孔)与钢筋网绑牢 20 厚 1∶2.5 水泥砂浆分层灌缝,每次灌入高度不大于 200 电焊Φ6 双向钢筋网(双向钢筋间距按板材) 30 厚聚合物保温砂浆抹平 钻孔剔槽预埋Φ6 钢筋长 150(预埋钢筋双向间距按板材尺寸)
	干挂花岗岩饰面(WQ5)(无保温)	20 厚火烧面花岗岩板 ∟60×6 竖向角钢龙骨(根据石板大小调整角钢尺寸) 中距为石板宽度＋缝宽 角钢龙骨距墙 10,焊于墙内预埋钢板
	干挂花岗岩饰面(WQ6)(有保温)	20 厚火烧面花岗岩板 ∟60×6 竖向角钢龙骨(根据石板大小调整角钢尺寸) 中距为石板宽度＋缝宽 角钢龙骨距墙 10,焊于墙内预埋钢板 30 厚聚合物保温砂浆抹平

说明:
1. 外装修用材划分及色彩详见单体立面图。
2. 室内装修本设计只做到装饰基层，室内二次装修不在本设计范围内。

表 20-37 节能设计专篇

一、工程概况

1. 工程名称:××别墅山庄 A 型别墅

2. 建筑物性质:☑居住建筑 □公共建筑

3. 建筑所处气候分区:夏热冬冷地区

4. 建筑面积:地上 330.8m²;花园层 171.4m²;

5. 建筑层数:地上 2 层;花园层 1 层

6. 建筑高度:7.22m

7. 建筑类型:框架结构

8. 建筑设计使用年限:50 年

9. 建筑体积:1139.66m²;建筑表面积:658.73m²;建筑体形系数:0.58

10. 架空层:□有 ☑无

11. 屋顶花园:□有 ☑无

12. 建筑地上耐火等级:□一级 ☑二级 □三级

13. 建筑屋面防水等级:□一级 ☑二级 □三级

14. 建筑朝向(示意):

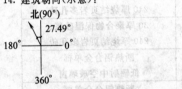

北(90°) 27.49° 180° 0° 360°

二、设计依据

1.《××别墅山庄初步设计》文本及其批复意见。

2.×××建筑设计有限公司提供的总图及单体户型图。

3. 甲方有关修改意见纪要及函件。

4.《民用建筑设计通则》(GB 50350—2005)

5.《住宅设计规范》(GB 50096—1999)(2003 版)

6.《住宅建筑规范》(GB 50368—2005)

7.《建筑设计防火规范》(GB 50016—2006)

8.《夏热冬冷地区居住建筑节能设计标准》(JGJ 134—2001)

9.《民用建筑热工设计规范》(GB 50176—93)

10.《建筑外窗气密性能分级及其检测方法》(GB/T 7017—2002)

11.《浙江省居住建筑节能设计标准》(DB 33/1015—2003)

12. 国家、省、市现行的相关节能法律、法规。

三、计算软件及版本

北京天正工程软件有限公司《夏热冬冷地区居住建筑节能设计标准》,天正建筑节能分析软件 TBEC(浙江版),所用气象数据文件:HangZTg. BIN.

四、构造做法

1. 屋面保温隔热做法

(1)屋面保温隔热做法(瓦屋面)[坡屋顶传热系数:0.85W/(m²·K)]:

陶瓦或页岩板瓦

30×25(h)挂瓦条,4×60 水泥钉中距按瓦材规格

30×25(h)顺水条,4×60 水泥钉中距 500

40 厚 C20 细石混凝土,内配双向Φ4@200 钢筋双向

40 厚挤塑聚苯乙烯泡沫板一层[FM250,热导率<0.03W/(m·K)],配套胶黏剂点粘

1.5 厚 APF 高分子复合膜自粘卷材(转角处附加一道)

20 厚 1:3 水泥砂浆找平

现浇钢筋混凝土屋面板,表面清扫干净

(2)屋面保温隔热做法(平屋面)[平屋顶传热系数:0.83W/(m²·K)]:

40 厚 C20 细石混凝土内配Φ4@200 钢筋双向

40 厚挤塑聚苯乙烯泡沫板一层[FM250,热导率<0.03W/(m·K)],配套胶黏剂点粘

1.5 厚 APF 高分子复合膜自粘卷材(转角处附加一道)

20 厚 1:3 水泥砂浆找平

C20 细石混凝土找坡,起坡 30 厚

现浇钢筋混凝土屋面板,表面清扫干净

2. 外墙保温隔热做法

(1)外墙保温隔热做法(地上部分)

① 外墙保温隔热做法(涂料)[外墙主体传热系数:1.59W/(m²·K)]:

外墙涂料

10 厚水泥砂浆

30 厚聚合物保温砂浆

5 厚界面剂砂浆

240 厚烧结页岩多孔砖

20 厚混合砂浆

② 外墙保温隔热做法(挂贴花岗岩)[外墙主体传热系数:1.55W/(m²·K)]:

穿 18 号铜丝将 20 厚火烧面花岗岩板(带 $\phi5$ 钻孔)与钢筋网绑牢

20 厚 1:2.5 水泥砂浆分层灌缝,每次灌入高度不大于 200

电焊Φ6 双向钢筋网(双向钢筋间距按板材)

30 厚聚合物保温砂浆

5 厚界面剂砂浆

240 厚烧结页岩多孔砖

20 厚混合砂浆

(2)外墙保温隔热做法(花园层部分)

①外墙保温隔热做法(外墙邻土)[外墙主体传热系数:0.72W/(m²·K)]:

40 厚聚苯乙烯泡沫板保护层

1.5 厚 FJS 防水涂料(2.5kg/m²)中夹聚酯无纺布一道

20 厚 1:2 水泥砂浆找平层

300 厚钢筋混凝土侧墙

②外墙保温隔热做法(挂贴花岗岩)[外墙主体传热系数:1.55W/(m²·K)]:

穿 18 号铜丝将 20 厚火烧面花岗岩板(带 $\phi5$ 钻孔)与钢筋网绑牢

20 厚 1:2.5 水泥砂浆分层灌缝,每次灌入高度不大于 200

电焊Φ6 双向钢筋网(双向钢筋间距按板材)

30 厚聚合物保温砂浆

5 厚界面剂砂浆

240 厚烧结页岩多孔砖

20 厚混合砂浆

3. 外门窗保温隔热做法

(1)外门窗为热阻隔断型铝合金节能门窗。

(2)外门窗玻璃采用白色低辐射中空玻璃(5+9A+5)。

(3)窗框窗洞面积比:≤20%。

(4)平均窗墙面积比为 $C_m \leqslant 0.25$。

(5)外门窗抗风压性能和气密性不低于 3 级,水密性不低于 2 级。

(6)外门窗隔声性能不低于 3 级。

(7)外门窗传热系数≤3.0W/(m²·K)。

(8)外门窗遮阳系数 $S_c \leqslant 0.84$。

续表

(9)外墙门窗玻璃厚度及安全选型，厂家应根据《建筑玻璃应用技术规程》及原建设部“发改运行[2003]2116号”文件确定。

4. 无底面接触空气的架空楼板。

5. 无天窗。

五、围护结构热工性能参数汇总表

部位		传热系数限值 K[W/(m²·K)] 2.5≤D≤3	传热系数限值 K[W/(m²·K)] D≥3	热惰性指标 D	朝向窗墙面积比	节能做法的(平均)传热系数 K[W/(m²·K)]	保温材料(节能构造措施)	备注
屋顶	坡屋顶	0.8	1.0	6.17	—	0.85	40厚挤塑聚苯乙烯泡沫板	
	平屋顶	0.8	1.0	6.50	—	0.83	40厚挤塑聚苯乙烯泡沫板	
外墙	南	1.0	1.5	3.08	0.16	1.70	30厚聚合物保温砂浆、240厚烧结页岩多孔砖	
	北	1.0	1.5	3.06	0.14	1.69	30厚聚合物保温砂浆、240厚烧结页岩多孔砖	
	东	1.0	1.5	2.99	0.19	1.68	30厚聚合物保温砂浆、240厚烧结页岩多孔砖	
	西	1.0	1.5	2.91	0.04	1.66	30厚聚合物保温砂浆、240厚烧结页岩多孔砖	
外窗(含阳台透明部分)	南(偏东30°至偏西30°)	—			0.16	3.0	断热铝合金单框低辐射中空玻璃窗	
	北(偏东60°至偏西60°)				0.14	3.0	断热铝合金单框低辐射中空玻璃窗	
	东(偏南60°至偏北30°)	遮阳:有 无√			0.19	3.0	断热铝合金单框低辐射中空玻璃窗	
	西(偏南60°至偏北30°)	遮阳:有 无√			0.04	3.0	断热铝合金单框低辐射中空玻璃窗	
户门		3.0		—	—	1.5	多功能户门(保温、隔声、防盗)	
		3.0				6.5	金属单层实体门	
		3.0				3.0	断热铝合金单框低辐射中空玻璃门	
分户墙		2.0		—	—	—		
楼板		2.0		1.29	—	3.37		
底层自然通风的架空楼板		1.5		—	—	—		
天窗		—		—	—	—		

六、设备

建筑设备节能另见设备施工图节能部分。

七、节能材料及抽样送检要求

1. 外墙填充墙体主要材料(材料名称:烧结页岩多孔砖)的热导率限值$\lambda \leqslant 1.10$W/(m·K)，外墙☑外保温 □内保温材料(材料名称:30厚聚合物保温砂浆)的热导率限值$\lambda \leqslant 0.11$W/(m·K)，屋面构造主要隔热材料(材料名称:40厚挤塑聚苯乙烯泡沫板)的热导率限值$\lambda \leqslant 0.03$W/(m·K)，门窗工程采用:断热铝合金单框低辐射中空玻璃门(窗)，遮阳系数$S_c \leqslant 0.84$，传热系数$K \leqslant 3.0$W/(m²·K)，可见光透射比≤0.70；多功能户门(保温、隔声、防盗)门，传热系数$K \leqslant 1.5$W/(m²·K)；金属单层实体门，传热系数$K \leqslant 6.5$W/(m²·K)

以上项目为施工和验收环节的节能抽样送检项目。

2. 以上项目在施工安装前必须由监理人员督促施工单位抽样送检合格并签字后方可施工。

八、结论

1. 该工程未能完全满足《浙江省居住建筑节能设计标准》(DB 33/1015—2003)的相应要求，需要进行热工权衡判断计算。

2. 通过围护结构热工性能的权衡判断，该工程的全年能耗未超过参考建筑的全年能耗(详见本工程居住建筑节能计算书)，完全满足《浙江省居住建筑节能设计标准》(DB 33/1015—2003)节能建筑的规定。

表 20-38 图纸目录

工程号09-01　　　　　　　　　　　　　　　　　　　　项目名称××别墅山庄 A 型别墅

序号	图　　名	备　　注
1	结构设计总说明	见表 20-39
2	桩位平面布置图、基础平面布置图	
3	基础详图	
4	基础顶～一层墙柱平面配筋图	
5	一层～二层框架柱平面布置图	
6	二层～屋面框架柱平面布置图	
7	一层结构平面及梁配筋图、一层板配筋图	
8	二层结构平面及梁配筋图、二层板配筋图	
9	屋面结构平面及梁配筋图、屋面板配筋图	
10	室内楼梯平面图、室外楼梯平面图及详图	
11	室内楼梯详图	
12	节点详图	
13		
14		
15		
16		
17		
18		
19		
20		
说明	1. 本目录(大工程)由各工种或(小工程)以单位工程在工程设计结束时填写,以图号为次序,每格填一张。 2. 如利用标准图,可在备注栏内注明。 3. 末端的"工种负责人"等姓名不必本人签字,可由填写目录者填写。	

项目负责人____________　　　　　　　　　　　　专业负责人____________

表 20-39 结构设计总说明

一、概述

1. 本设计标高以“米”计外，其余均以“毫米”计。

2. 本设计按下列现行国家规范进行设计

《建筑结构荷载规范》(GB 50009—2006)

《混凝土结构设计规范》(GB 50010—2002)

《建筑抗震设计规范》(GB 50011—2001)(2008 年版)

《建筑桩基技术规范》(JGJ 94—2008)

《建筑结构可靠度设计统一标准》(GB 50068—2001)

《砌体结构设计规范》(GB 50003—2001)

《建筑地基基础设计规范》(GB 50007—2002)

浙江省标准《建筑地基基础设计规范》(DB 33/1001—2003)

3. 本工程基础根据《××别墅山庄工程岩土工程勘察报告》(详勘)进行设计。

4. 本工程抗震设防烈度 6 度，设计基本地震加速度值 0.05g，地震特征周期为 0.35s，场地土类别为Ⅱ类。采用现浇钢筋混凝土异形柱框架结构，结构抗震等级：四级。

5. 本工程±0.000 相当于国家基准标高，详见建施图。

6. 本建筑物结构安全等级为二级，结构重要性系数 1.0，地基基础设计等级为丙级。

7. 环境类别：上部结构除卫生间，屋面等潮湿环境为二(a)类外，其余为一类，基础部分为二(a)类。

8. 本设计采用中国建科院 PKPMCAD 工程部研制的 PMCAD 建模，SATWE 软件计算分析，梁柱施工图按《混凝土结构施工图平面整体表示法制图规则和构造详图》(03G101—1)表示。

9. 本设计未考虑冬季施工措施，必要时应根据有关规范另定。

10. 施工中应严格遵守国家现行规定的各项施工及验收规范，其中砌体的施工质量控制等级为 B 级。

11. 本工程设计使用年限为 50 年，未经技术鉴定或设计许可，不得改变结构的用途和使用环境。

二、荷载

住宅：2.0kN/m²；卫生间：4.0kN/m²；

楼梯：2.5kN/m²；不上人屋面：0.5kN/m²；

露台：2.5kN/m²；上人屋面：2.0kN/m²；

基本风压：0.45kN/m²(地面粗糙度：B 类)，

基本雪压：0.45kN/m²。

三、材料

1. 混凝土强度等级：上部结构为 C25，±0.000 以下结构为 C30，混凝土最大水灰比及最小水泥用量分别为 0.65，225kg/m³(一类)，0.60，250kg/m³(二 a 类)，混凝土不得采用氯盐作为防冻、早强的掺合料。

2. 钢筋：Φ表示 HPB235 钢筋，强度设计值为 210N/mm²；

Φ表示 HRB335 钢筋，强度设计值为 300N/mm²。

3. 预埋件：预埋钢板采用 Q235 钢，所有吊钩用钢筋制作，严禁冷拉。

外露的预埋件须做防锈处理，一般红丹漆二度，防锈漆一度。

4. 电弧焊接用的焊条

HPB235 及 3 号钢，采用 E43××焊条。

HRB335 及 HRB335 与其他钢种间的焊接，采用 E50××焊条。

5. 填充墙

(1)填充墙±0.000 以下采用 MU10 实心水泥砖，M7.5 水泥砂浆砌筑；

填充墙±0.000 以上墙体：外墙采用烧结页岩多孔砖，M5 混合砂浆砌筑；内隔墙采用加气混凝土砌块，干容重不超过 8kN/m³，M5 混合砂浆砌筑；卫生间隔墙采用烧结页岩多孔砖，M5 混合砂浆砌筑。

(2)以上填充墙变更材料必须经设计单位允许；且材料自重必须小于以上所列。

(3)凡本次建筑施工图中未设填充墙处均不得设各类墙体。

四、钢筋混凝土结构构造要求

1. 上部结构板、梁、柱受力钢筋的混凝土保护层最小厚度分别为：

板：一类环境为 15mm，二(a)环境为 20mm

梁：一类环境为 25mm，二(a)环境为 30mm

柱：均为 30

2. 梁、柱中箍筋和构造钢筋的保护层厚度不应小于 15mm。

3. 钢筋的锚固及搭接长度

(1)非框架梁、柱结构中钢筋锚固长度 l_a 详见 03 G101—1 第 33 页受拉钢筋最小锚固长度 l_a 并且在任何情况下均应＞250mm。

(2)框架梁(含基础梁)、柱结构中钢筋锚固长度 $l_{aE}=l_a$。

(3)框架柱、结构中钢筋连接采用相邻纵筋机械连接或闪光接触对焊连接。

(4)框架梁结构中非焊接钢筋搭接长度 $l_{LE}=\zeta l_{aE}$

(5)非框架梁、柱结构中非焊接钢筋搭接长度 $l_L=\zeta l_a$。

(6)钢筋搭接长度修正系数 ζ：

纵向钢筋搭接接头面积百分率/%	≤25	50	100
ζ	1.2	1.4	1.6

非焊接钢筋搭接长度为 ζl_a，且在任何情况下均应≥300。

框架梁结构中非焊接钢筋纵向钢筋搭接接头面积百分率≤50%。

(7)板底筋应伸至支承构件(梁或墙)中心线，且锚入支座不小于 20d，板面负筋若在支座处不能拉通(含端支座)，则需锚入支座内不小于 l_a。

(8)非焊接的接头长度范围内，其箍筋的间距应不大于 5d 且不大于 100mm。

(9)梁内纵向受力钢筋需现场搭接时，下部钢筋应在支座处搭接；上部钢筋应在跨中 1/3 跨度范围内搭接。

4. 梁上有次梁、集中荷载或柱时，按图 1 设附加箍筋或吊筋，图中未注明时均按每侧 3 道箍筋附加(箍筋肢数及直径同主梁)。

5. 框架柱、构造柱与填充墙拉接见图 2，施工时必须配合建施图纸，按要求位置在柱内预留拉结筋，墙、柱(构造柱)边砖垛小于 240mm 时，与柱(构造柱)同时浇捣，2Φ12，沿高度设 2Φ6@500 拉接筋。

6. 当板跨大于 3.9m 时，要求起拱 L/400，对配有双层钢筋的楼板，均应加设支撑筋，支撑筋的高度为 h＝板厚－20，以保证上下层钢筋位置的准确，每平方米设置一个支撑筋。

7. 填充墙上遇有不能利用框架梁兼作过梁时，应另设预制过梁，预制过梁配筋见图 3、图 10，对于柱或钢筋混凝土墙边的现浇过梁，施工时应在现浇过梁处由柱或墙内预留出钢筋，见图 4。

8. 钢筋混凝土结构施工中必须密切配合建施、水施、电施等有关专业图纸施工，如：配合建施图的楼梯栏杆，钢梯、平顶、门窗安装等设置埋件或预留≤300 孔洞，配合电施图的防雷装置及接地，其作为下引线的柱内主筋须与基础柱筋焊成整体；配合水施图中的预埋管、预留洞，做到预先埋设，严禁事后凿洞；当孔洞直径或宽度(长边)不大于 200mm，不配附加筋，使受力筋绕过洞口，不得切断，当孔洞直径或宽度(长边)大于 200 而小于 1000 时，洞口边加强按图 5 施工。

9. 跨度大于 4m 的梁应起拱 0.003l(l 为两端支承梁的跨度或悬臂梁跨度的两倍)，悬臂梁起拱最小高度为 20。

10. 梁上立柱大样详图 6。

11. 有关电梯埋件及留孔详见厂家土建图；基坑缓冲器位置预埋 4Φ14 插筋。

12. 悬臂梁配筋中的二角筋下弯，并做弯起钢筋，如图 1 所示。

13. 梁上预埋套管详图如图 7 所示。板内预埋管，须敷设在板内上下两层钢筋网之间，当埋管处无板面筋时则须沿管长方向加Φ6@200，见图 8，所有屋面开洞均应做翻口见图 9。

14. 构造柱应于主体结构达到设计强度后施工，先砌砖墙后浇注、预留墙体马牙槎，构造柱设置位置详见平面图。

15. 在房屋四角及适当位置设沉降观测点，位置详基础结构平面。

16. 跨度大于 3.6m 的板板角需附加钢筋，做法详见图 11。

17. 剪力墙构造及洞口加强详 03 G101。

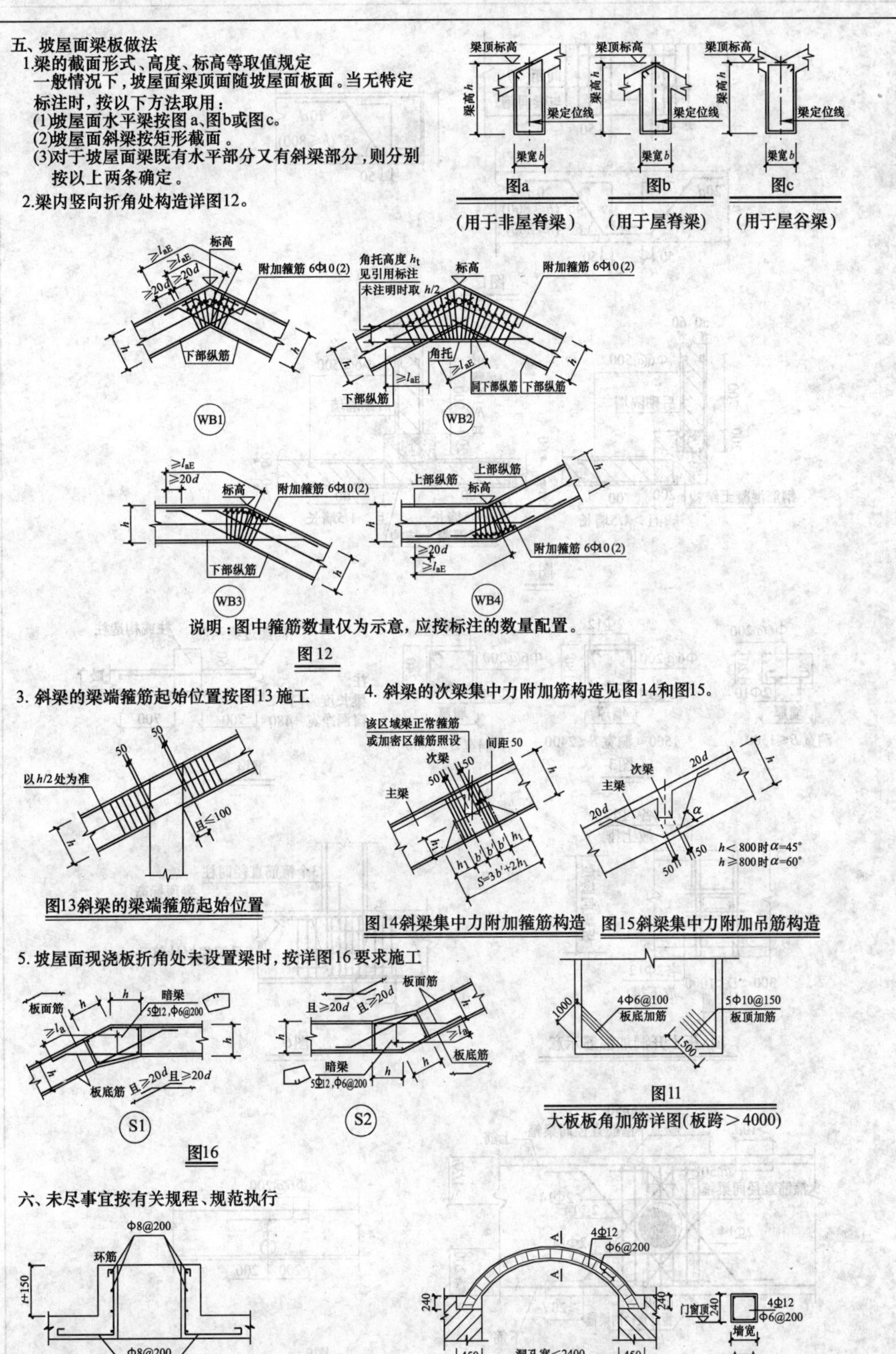
五、坡屋面梁板做法
1.梁的截面形式、高度、标高等取值规定
一般情况下，坡屋面梁顶面随坡屋面板面。当无特定标注时，按以下方法取用：
(1)坡屋面水平梁按图a、图b或图c。
(2)坡屋面斜梁按矩形截面。
(3)对于坡屋面梁既有水平部分又有斜梁部分，则分别按以上两条确定。
2.梁内竖向折角处构造详图12。
梁顶标高
梁高h
梁定位线
梁宽b
图a
(用于非屋脊梁)
图b
(用于屋脊梁)
图c
(用于屋谷梁)
标高
附加箍筋 6Φ10(2)
下部纵筋
WB1
角托高度 h_t 见引用标注 未注明时取 $h/2$
角托
同下部纵筋
WB2
上部纵筋
WB3
WB4
说明：图中箍筋数量仅为示意，应按标注的数量配置。
图12
3. 斜梁的梁端箍筋起始位置按图13 施工
以h/2处为准
且≤100
图13斜梁的梁端箍筋起始位置
4. 斜梁的次梁集中力附加筋构造见图14和图15。
该区域梁正常箍筋或加密区箍筋照设
间距50
次梁
主梁
S=3b'+2h₁
图14斜梁集中力附加箍筋构造
h＜800时α=45°
h≥800时α=60°
图15斜梁集中力附加吊筋构造
5. 坡屋面现浇板折角处未设置梁时，按详图16要求施工
板面筋
暗梁
5Φ12,Φ6@200
板底筋
且≥20d
S1
S2
图16
4Φ6@100
板底加筋
5Φ10@150
板顶加筋
图11
大板板角加筋详图(板跨＞4000)
六、未尽事宜按有关规程、规范执行
Φ8@200
环筋
t+150
图9
屋面开洞泛水施工详图
(t为保温防水层厚度)
4Φ12
Φ6@200
门窗顶
墙宽
洞孔宽＜2400
A—A
图10
圆弧门窗过梁立面图

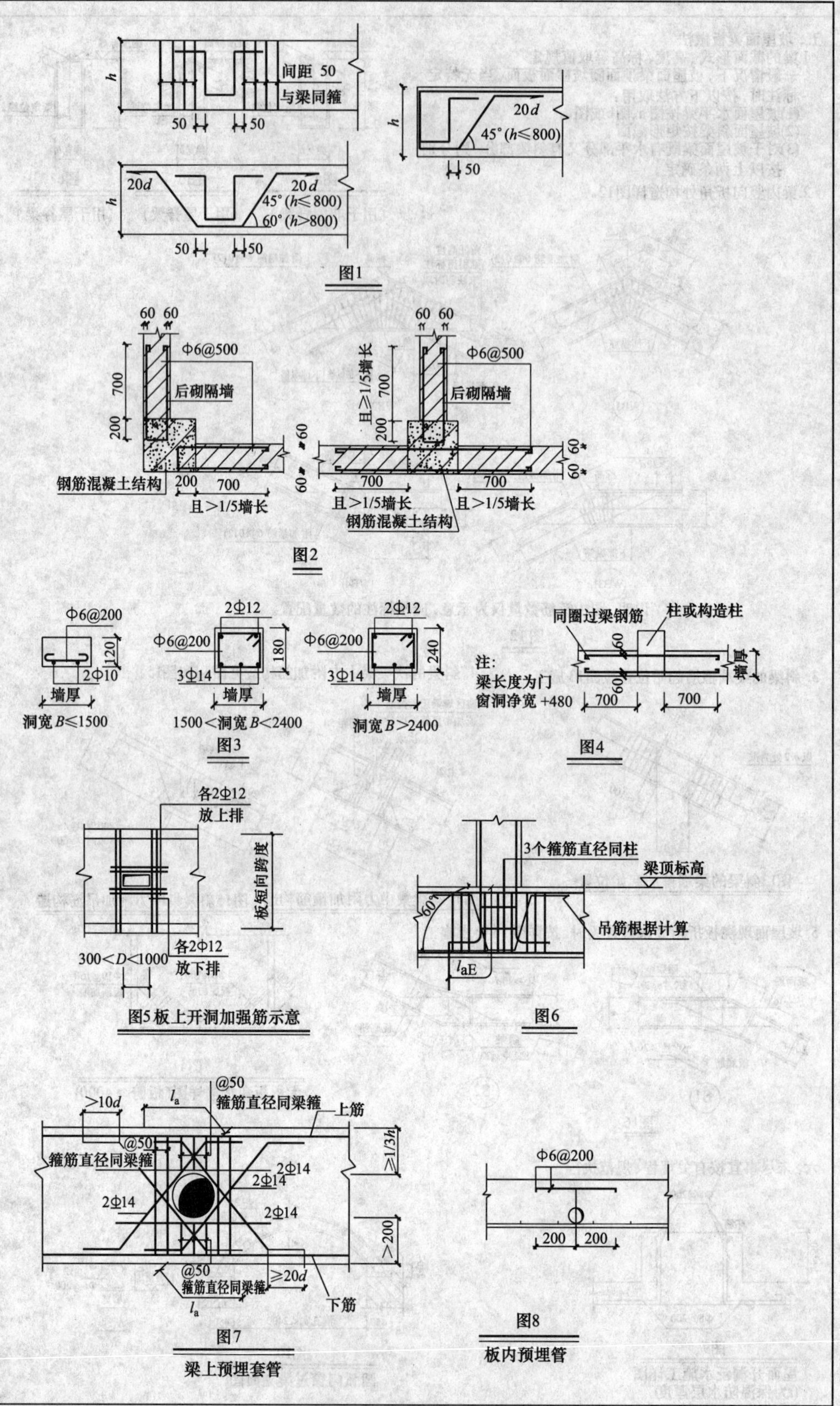

间距 50
与梁同箍
h
50
50
20d
45°(h≤800)
60°(h>800)
图1
60 60
Φ6@500
后砌隔墙
700
200
钢筋混凝土结构
且>1/5墙长
且≥1/5墙长
图2
Φ6@200
2Φ10
墙厚
洞宽B≤1500
2Φ12
3Φ14
1500<洞宽B<2400
洞宽B>2400
图3
同圈过梁钢筋
柱或构造柱
注:
梁长度为门
窗洞净宽 +480
墙厚
图4
各2Φ12
放上排
板短向跨度
300<D<1000
放下排
图5 板上开洞加强筋示意
3个箍筋直径同柱
梁顶标高
吊筋根据计算
图6
@50
箍筋直径同梁箍
上筋
≥10d
≥1/3h
2Φ14
>200
≥20d
下筋
图7
梁上预埋套管
Φ6@200
200 200
图8
板内预埋管

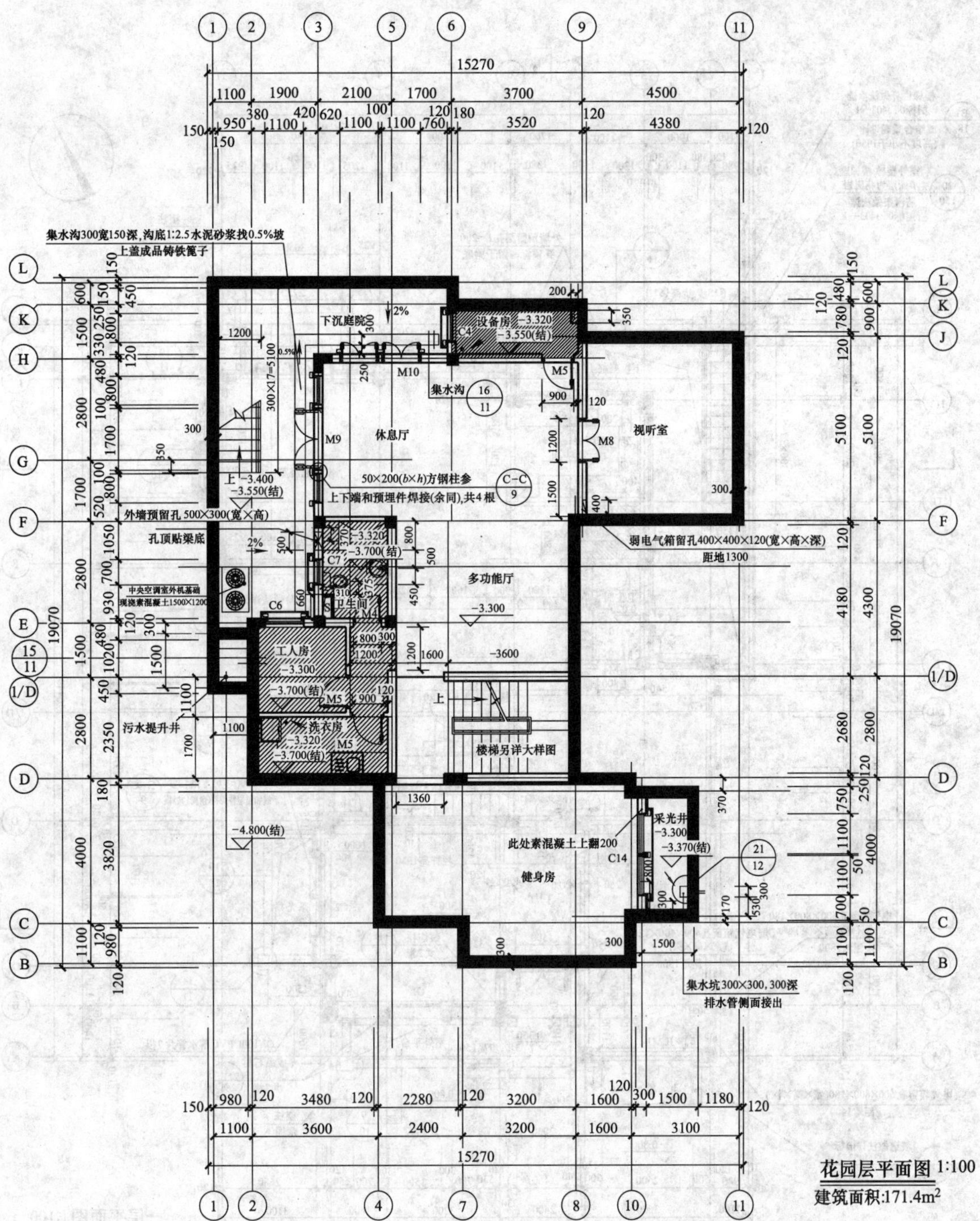

说明:

1. 图中“S”表示水管井。
2. 地下层平面中卫生间、洗衣房、工人房结构标高为-3.700，下沉广场、设备房结构标高为-3.550，其余房间及采光井结构标高为-3.350。
3. 一层平面中卫生间结构标高为-0.400，中餐厨房结构标高为-0.100，主入口室外平台结构标高为-0.100，其余房间结构标高为-0.050。
4. 方钢柱上下端和预埋件焊接，预埋件为-240×240×8扁钢，锚筋4Φ6L120，有过梁处预埋件预埋在过梁上，无过梁处预埋件预埋在240×240×240(长×宽×高)C20混凝土块上。

图 20-1

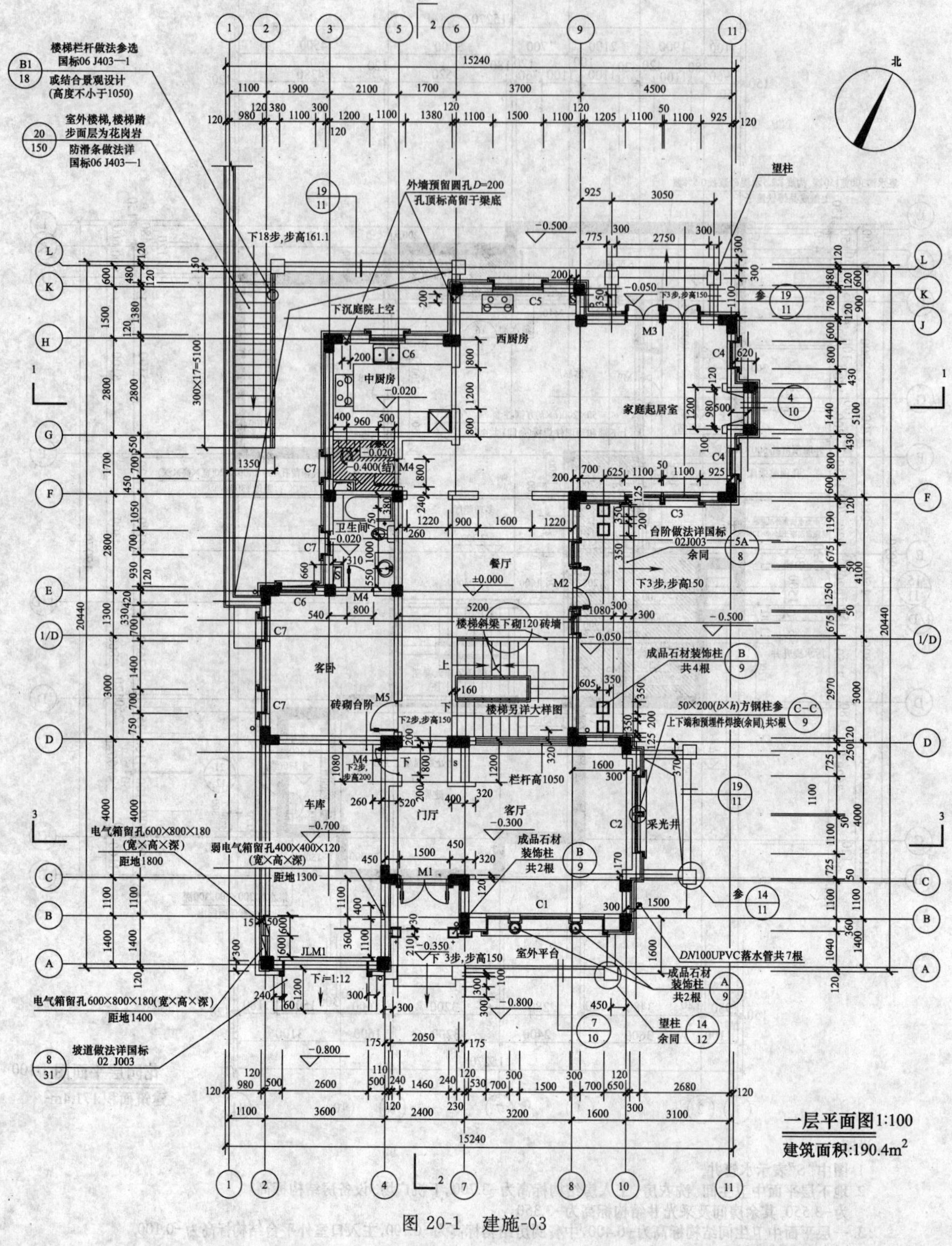
楼梯栏杆做法参选
国标06 J403—1
或结合景观设计
(高度不小于1050)
室外楼梯,楼梯踏
步面层为花岗岩
防滑条做法详
国标06 J403—1
外墙预留圆孔D=200
孔顶标高留于梁底
下18步,步高161.1
300×17=5100
下沉庭院上空
西厨房
中厨房
家庭起居室
卫生间
餐厅
客卧
车库
门厅
客厅
采光井
室外平台
望柱
望柱
余同
台阶做法详国标
02J003
余同
下3步,步高150
楼梯斜梁下砌120砖墙
成品石材装饰柱
共4根
50×200(b×h)方钢柱参
上下端和预埋件焊接(余同),共5根
楼梯另详大样图
砖砌台阶
下2步,步高150
栏杆高1050
成品石材
装饰柱
共2根
电气箱留孔600×800×180
(宽×高×深)
距地1800
弱电气箱留孔400×400×120
(宽×高×深)
距地1300
电气箱留孔600×800×180(宽×高×深)
距地1400
坡道做法详国标
02 J003
DN100UPVC落水管共7根
下i=1:12
下 3步,步高150
北
15240
20440
一层平面图1:100
建筑面积:190.4m²

图 20-1 建施-03

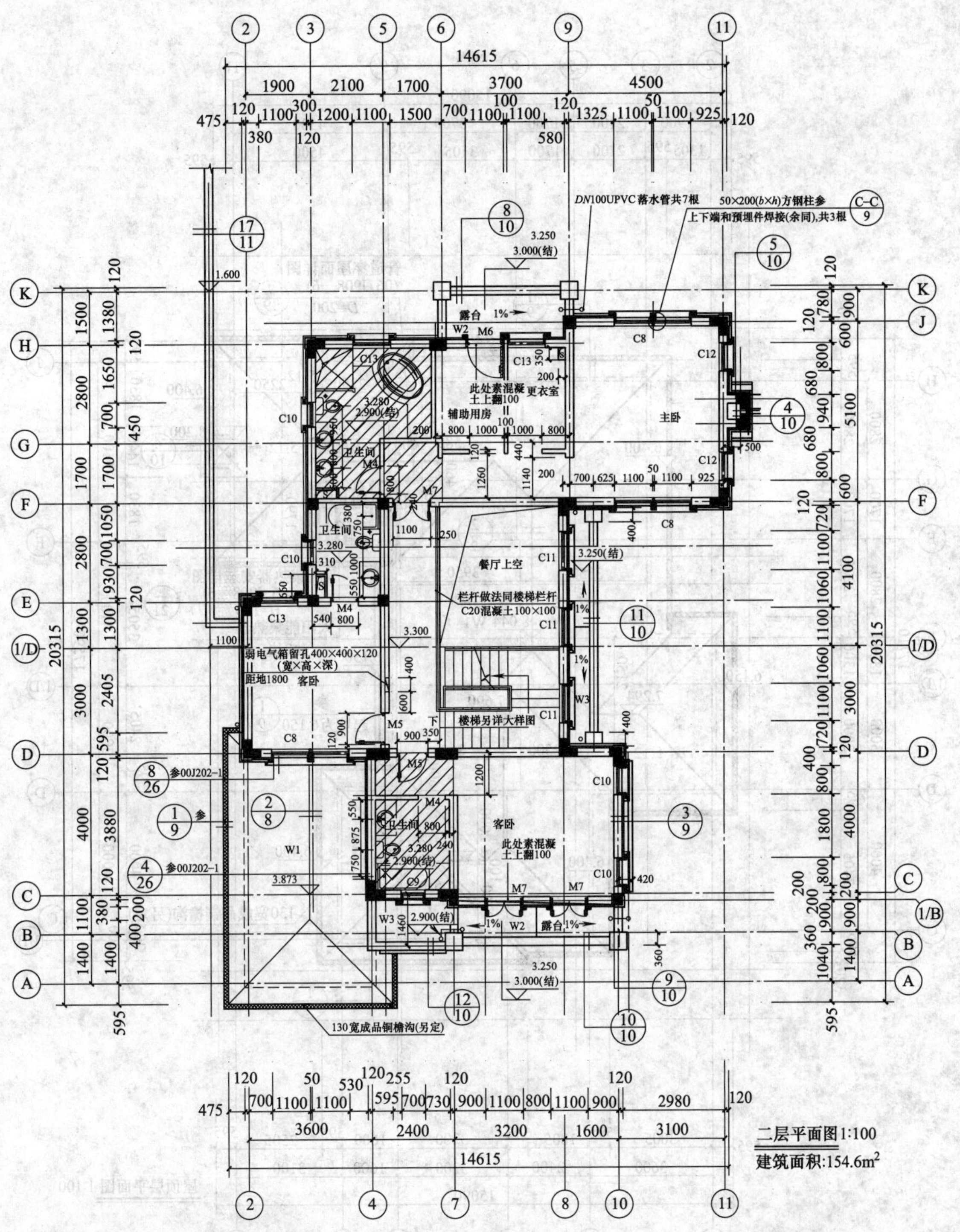

说明:

1.图中"S"表示水管井。

2.二层平面中卫生间结构标高为2.900,其余房间结构标高为3.250。

图 20-2

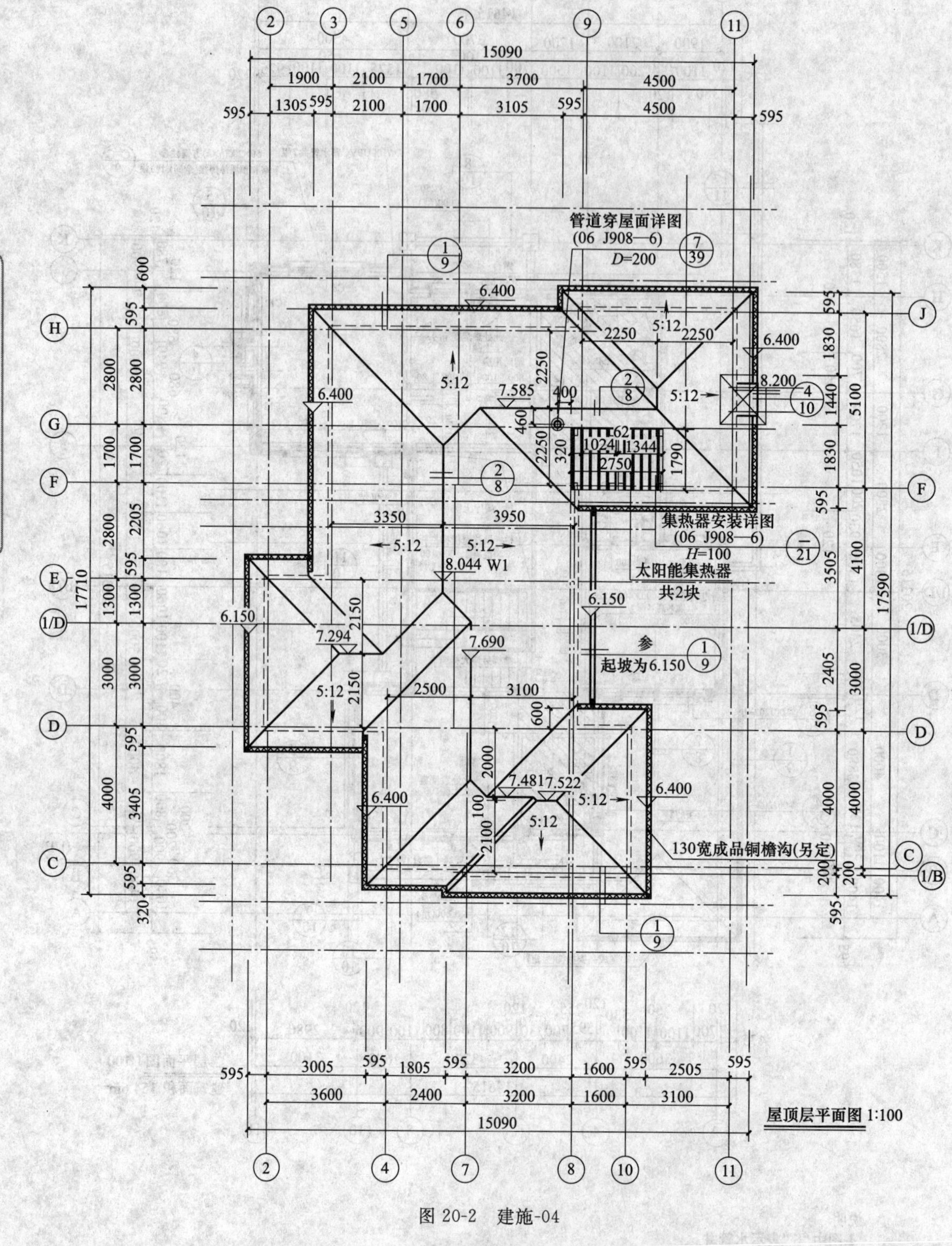
管道穿屋面详图
(06 J908—6)
D=200
集热器安装详图
(06 J908—6)
H=100
太阳能集热器
共2块
参
起坡为6.150
130宽成品铜檐沟(另定)
屋顶层平面图 1:100

图 20-2 建施-04

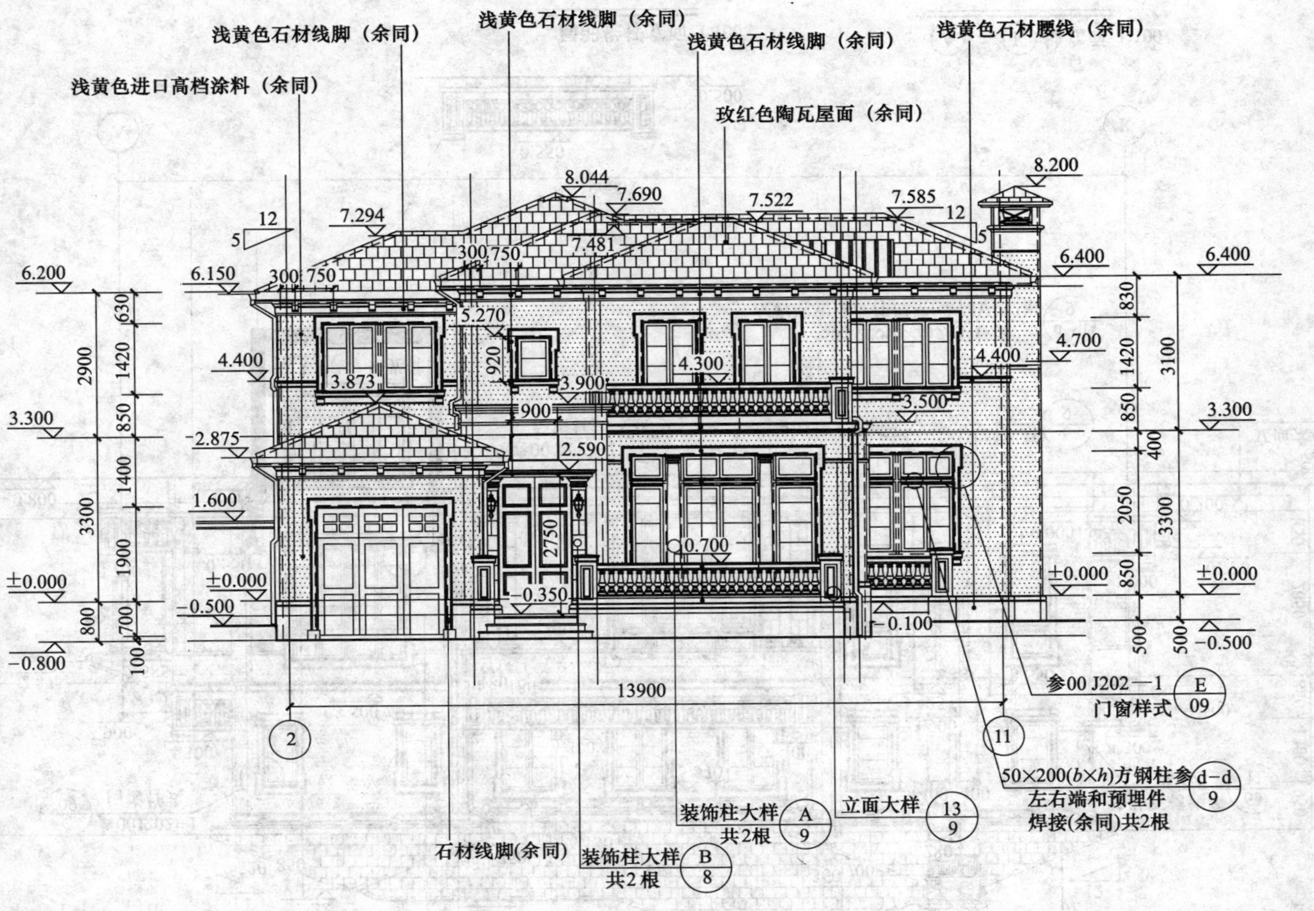

②～⑩轴立面 1:100

图 20-3

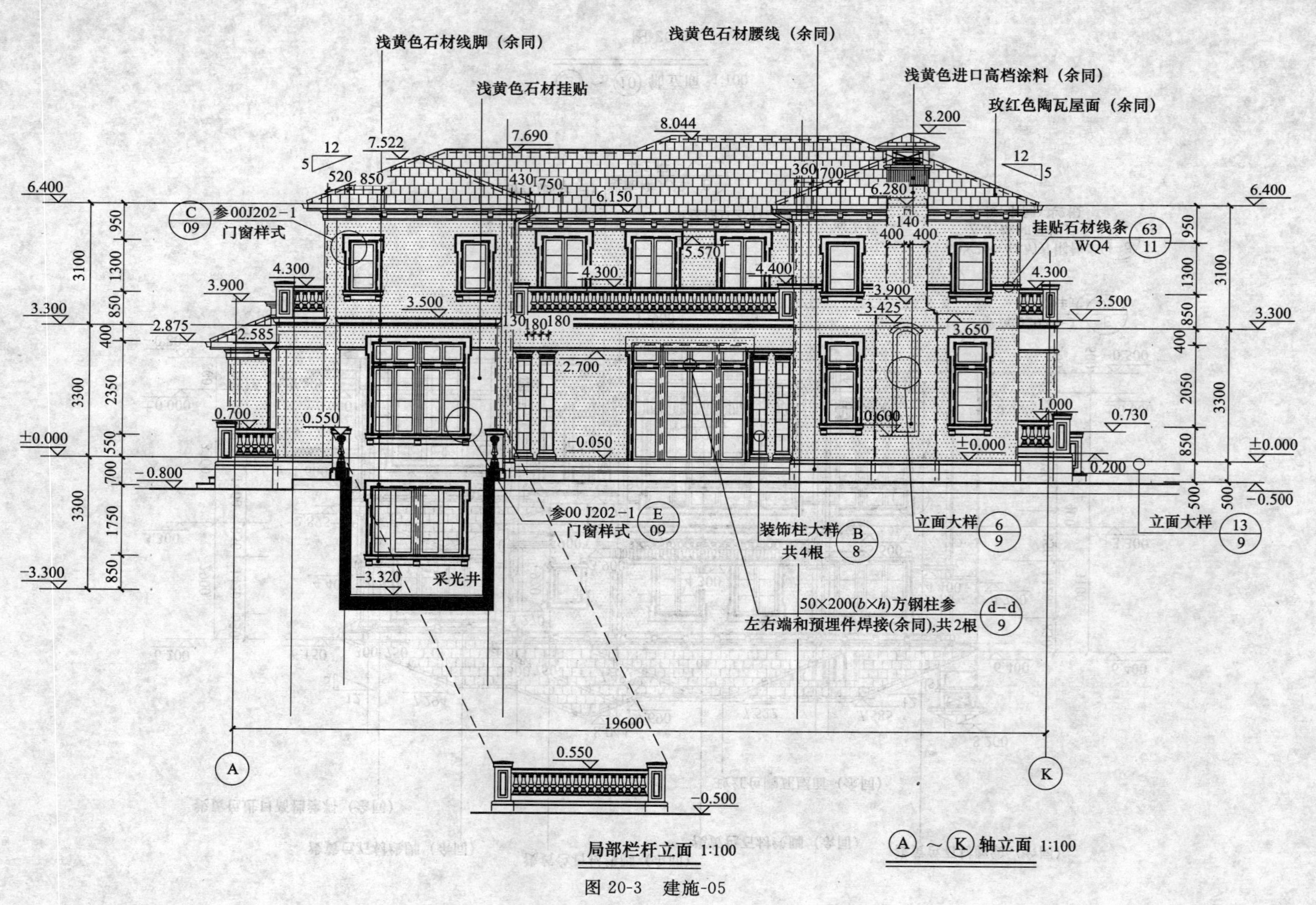

浅黄色石材线脚（余同）
浅黄色石材腰线（余同）
浅黄色石材挂贴
浅黄色进口高档涂料（余同）
玫红色陶瓦屋面（余同）
参00J202-1
门窗样式
挂贴石材线条
WQ4
参00 J202-1
门窗样式
装饰柱大样
共4根
立面大样
立面大样
50×200(b×h)方钢柱参
左右端和预埋件焊接(余同),共2根
采光井
6.400
3.300
±0.000
-0.500
-0.800
-3.300
-3.320
8.200
8.044
7.690
7.522
6.280
6.150
5.570
4.400
4.300
3.900
3.650
3.500
3.425
2.875
2.700
2.585
1.000
0.730
0.700
0.600
0.550
0.200
-0.050
3100
3300
950
1300
850
400
2050
2350
550
700
1750
500
19600
A
K
局部栏杆立面 1:100
A～K轴立面 1:100

图 20-3　建施-05

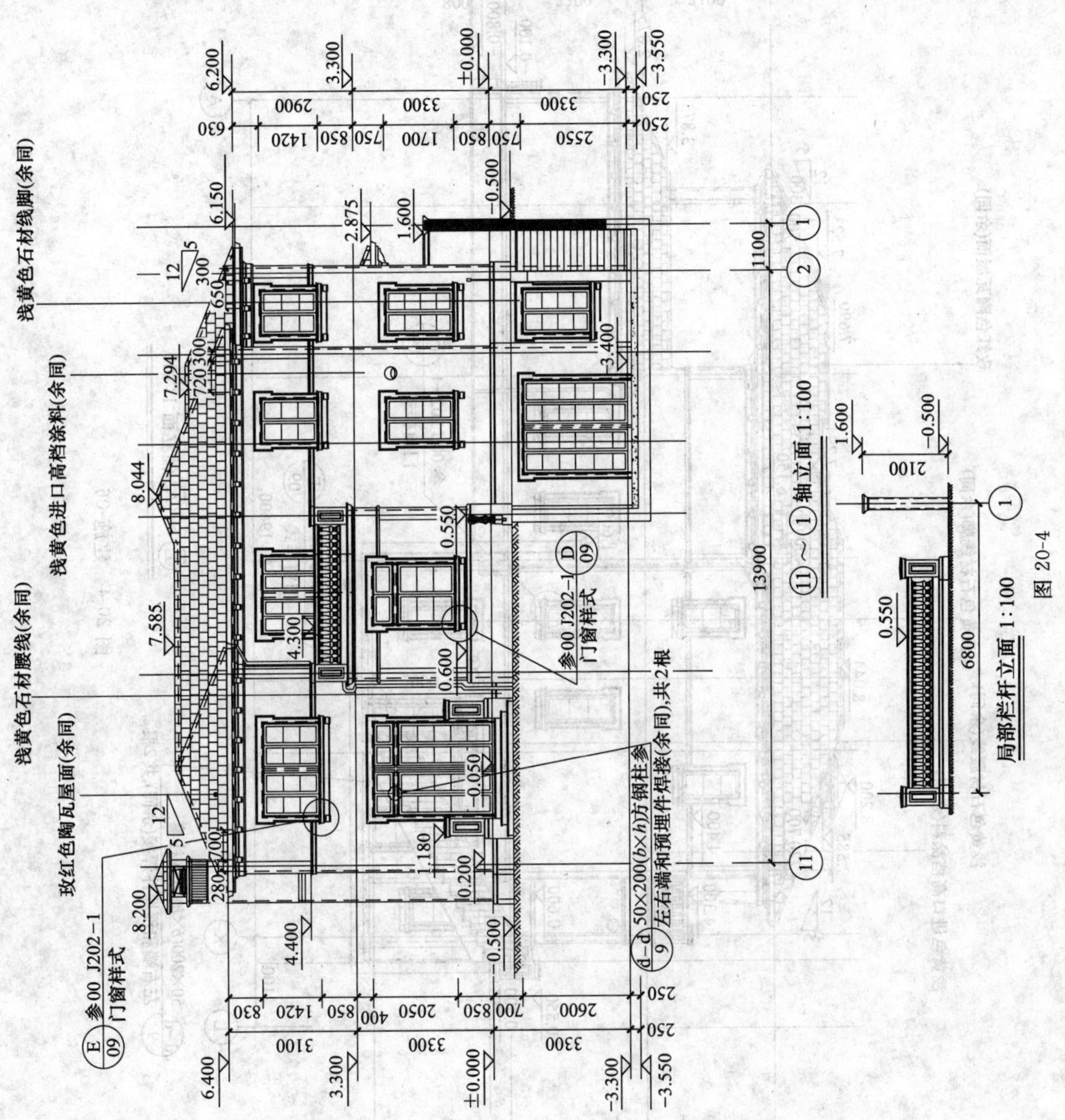
浅黄色石材腰线(余同)
浅黄色石材线脚(余同)
玫红色陶瓦屋面(余同)
浅黄色进口高档涂料(余同)
参00 J202-1 门窗样式
50×200(b×h)方钢柱参 左右端和预埋件焊接(余同),共2根
⑪～① 轴立面 1:100
局部栏杆立面 1:100
13900
6800
2100

图 20-4

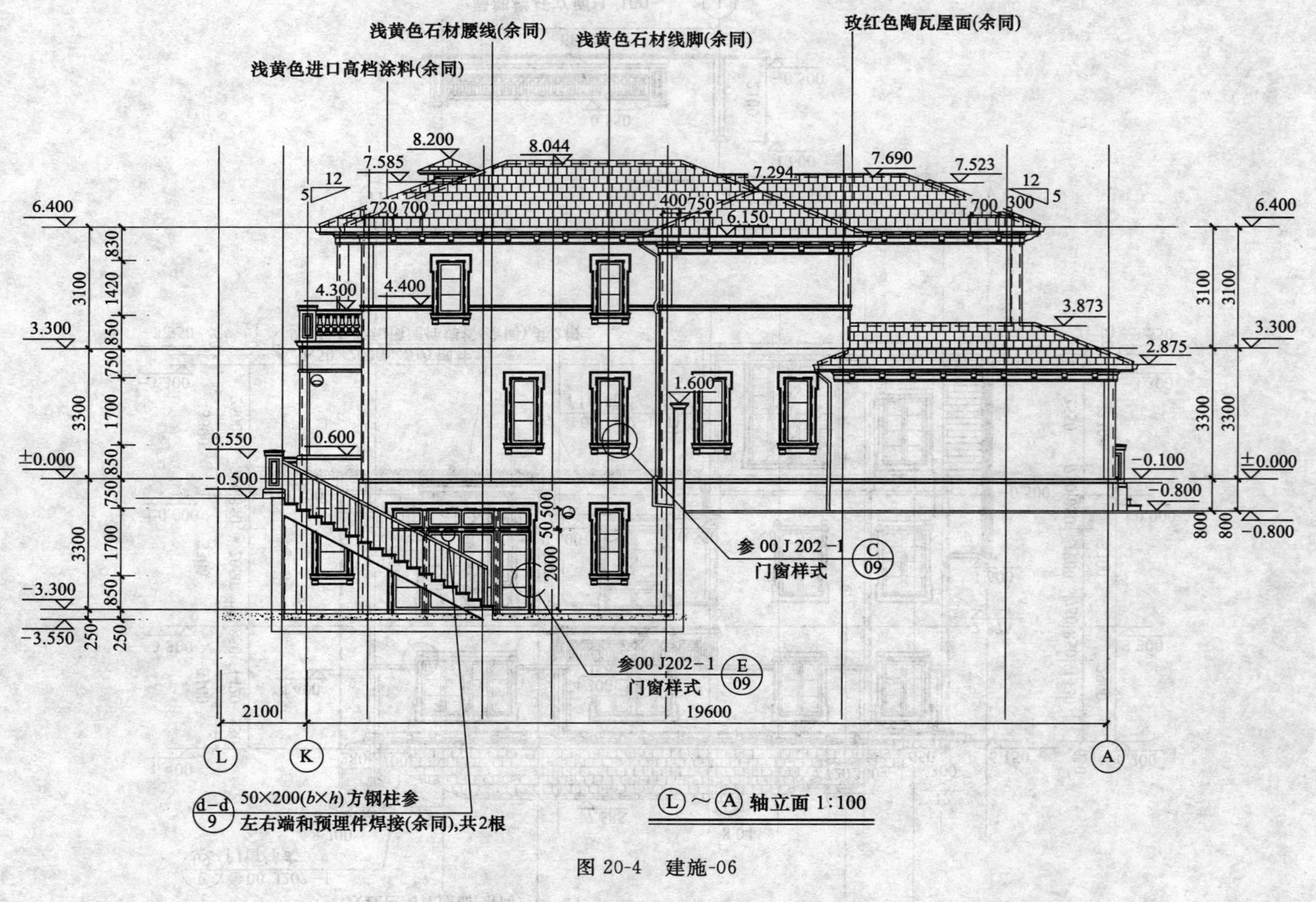

浅黄色石材腰线(余同)
浅黄色石材线脚(余同)
玫红色陶瓦屋面(余同)
浅黄色进口高档涂料(余同)
8.200
8.044
7.585
7.690
7.523
7.294
6.150
6.400
4.300
4.400
3.873
3.300
2.875
1.600
0.550
0.600
±0.000
-0.100
-0.500
-0.800
-3.300
-3.550
参 00 J 202-1 门窗样式
参00 J202-1 门窗样式
2000
50 500
2100
19600
50×200(b×h)方钢柱参
左右端和预埋件焊接(余同),共2根
Ⓛ～Ⓐ轴立面 1:100

图 20-4　建施-06

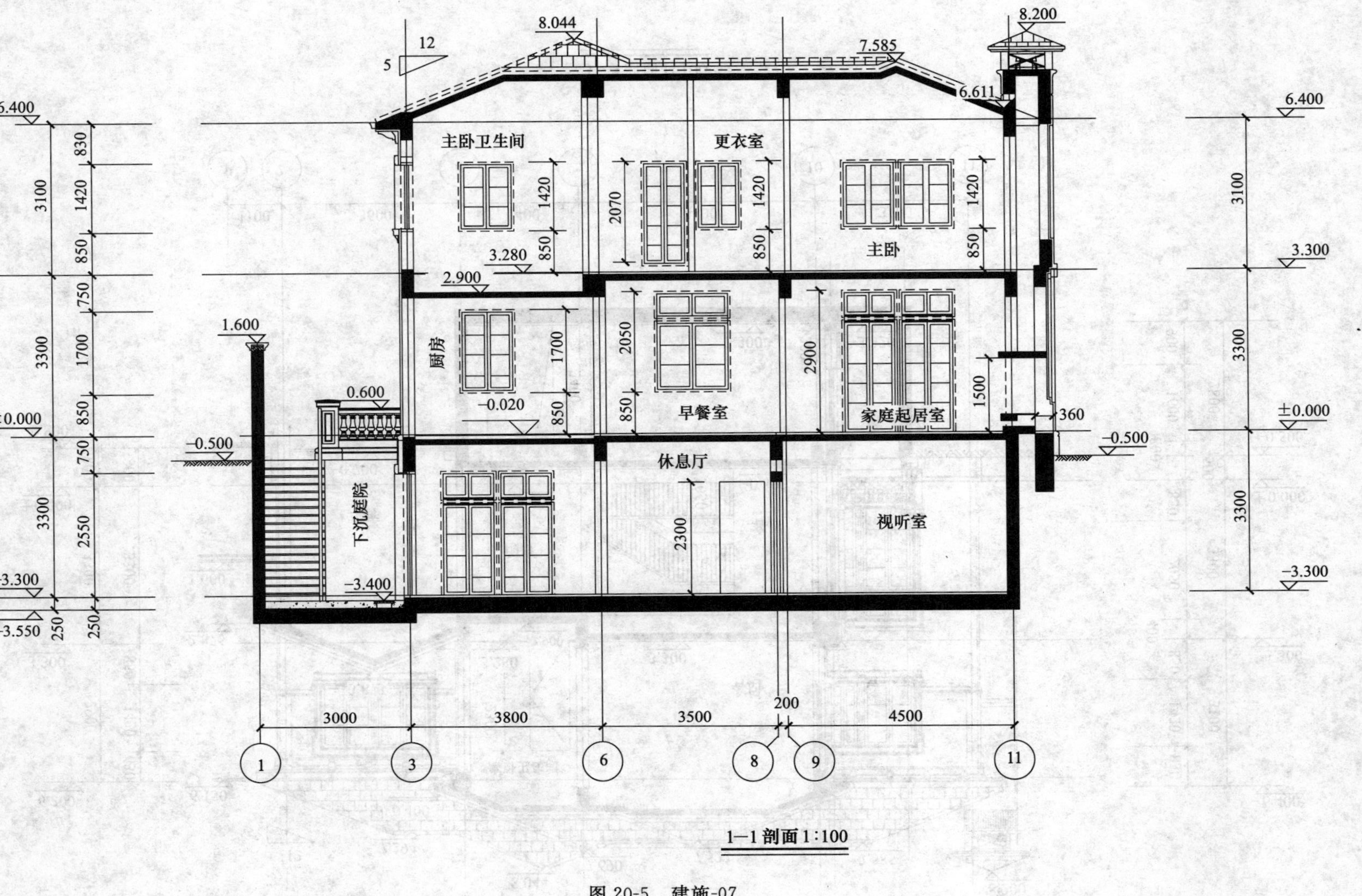

1—1 剖面 1:100

图 20-5 建施-07

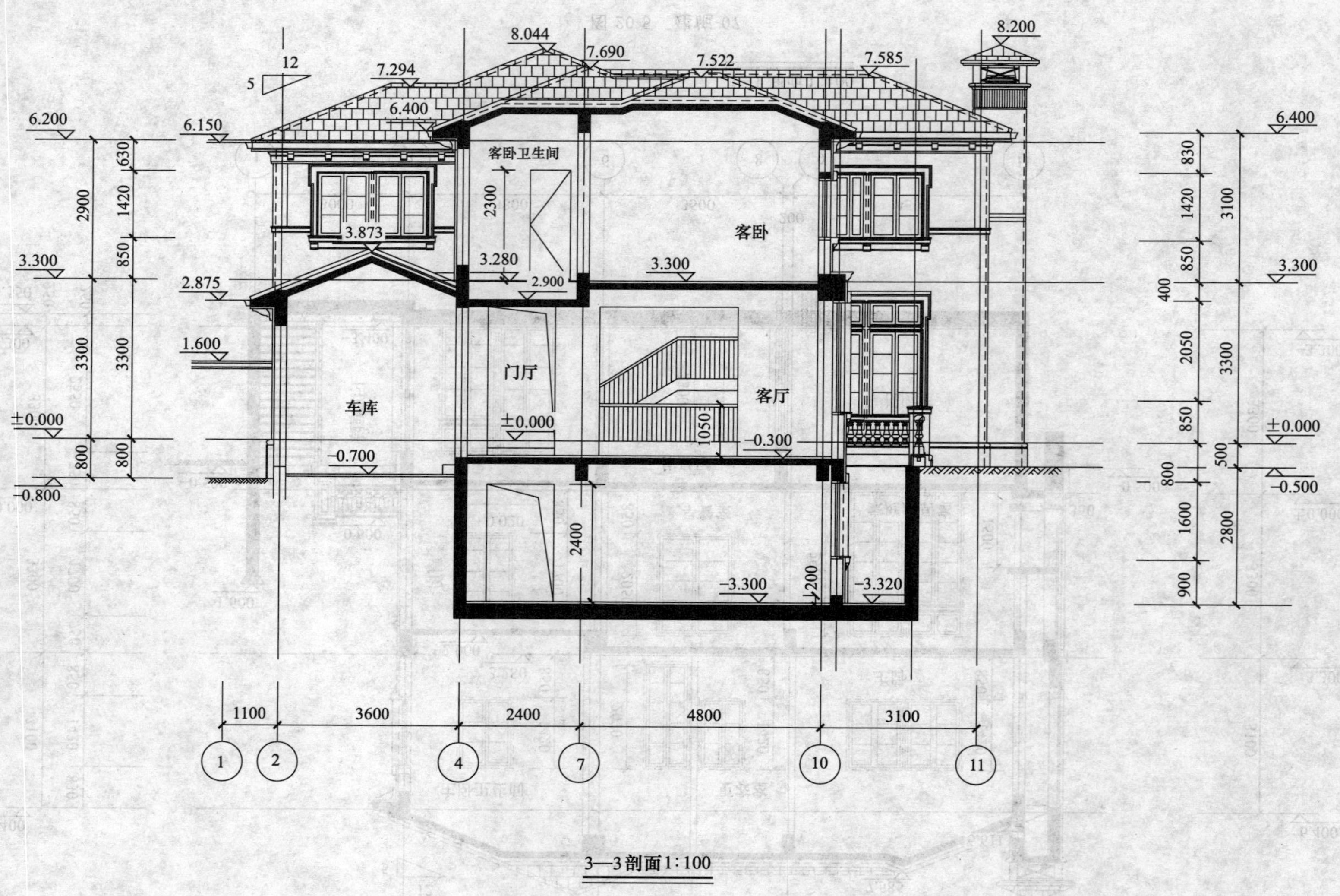
客卧
客厅
客卧卫生间
门厅
车库
8.200
7.585
7.522
7.690
8.044
7.294
6.400
6.150
2.875
1.600
3.300
2.900
3.280
3.873
±0.000
-0.300
-0.700
-3.300
-3.320
2300
2400
1050
200
1100
3600
4800
3100
1
2
4
7
10
11

3—3剖面 1∶100

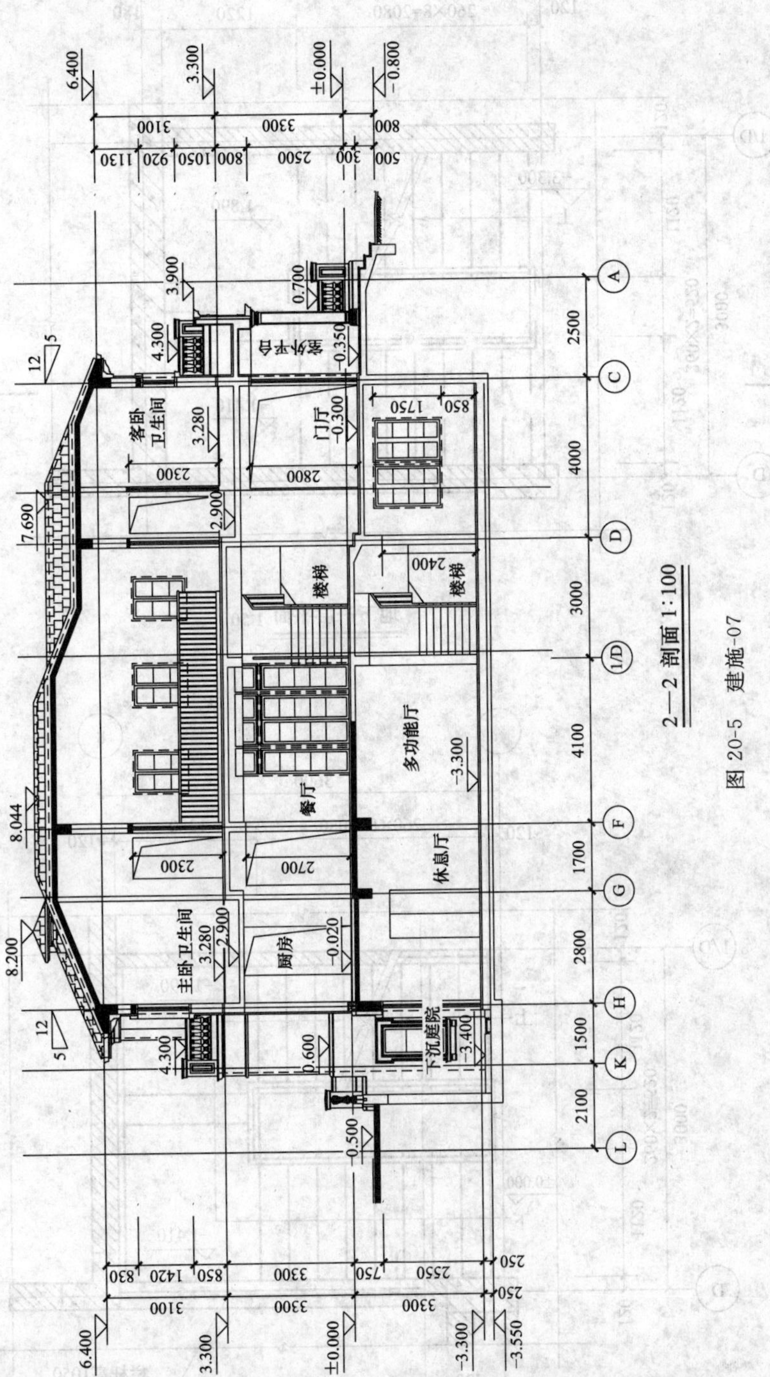

2—2 剖面 1:100

图 20-5 建施-07

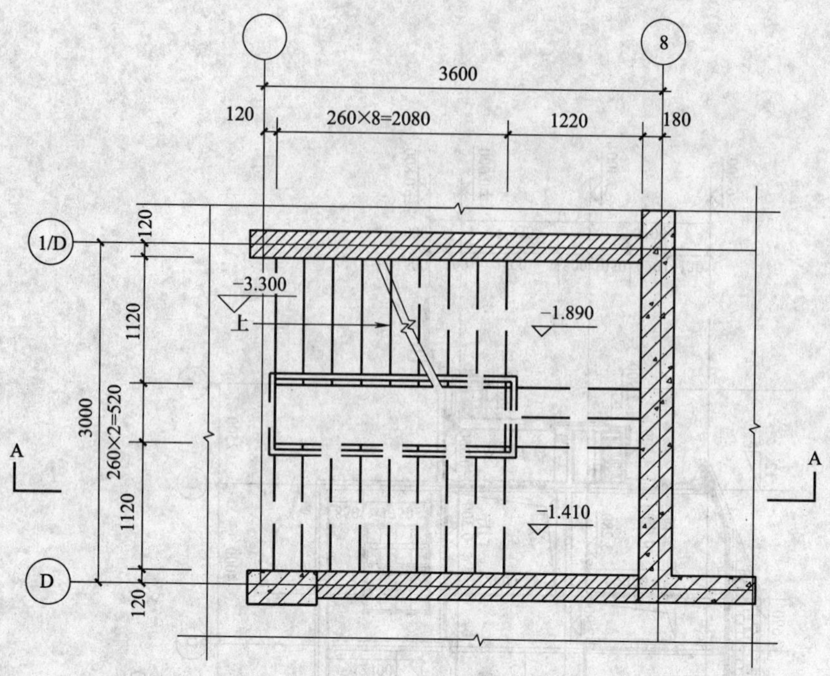

地下一层平面 1:50

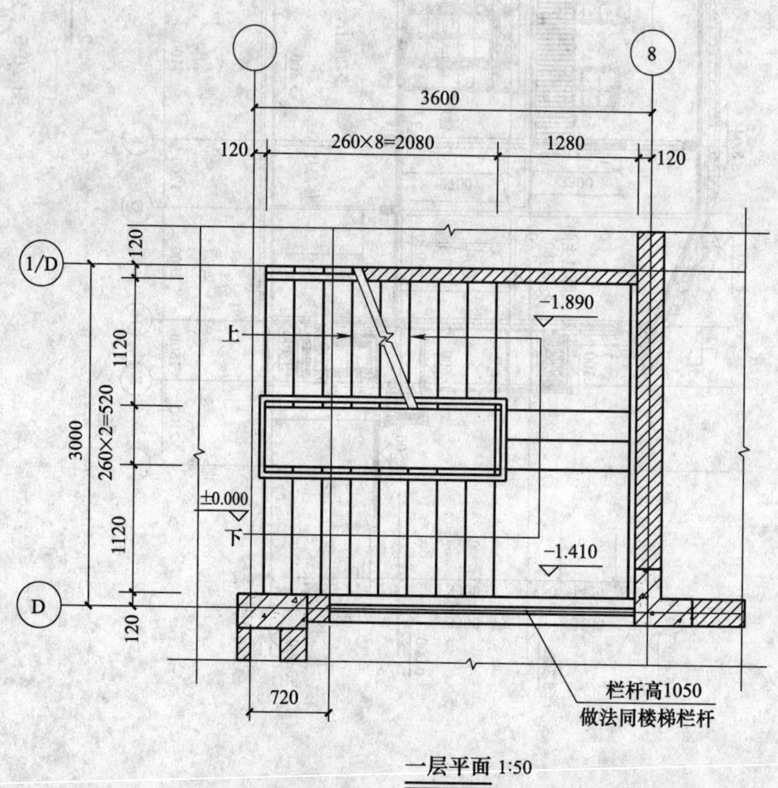

一层平面 1:50

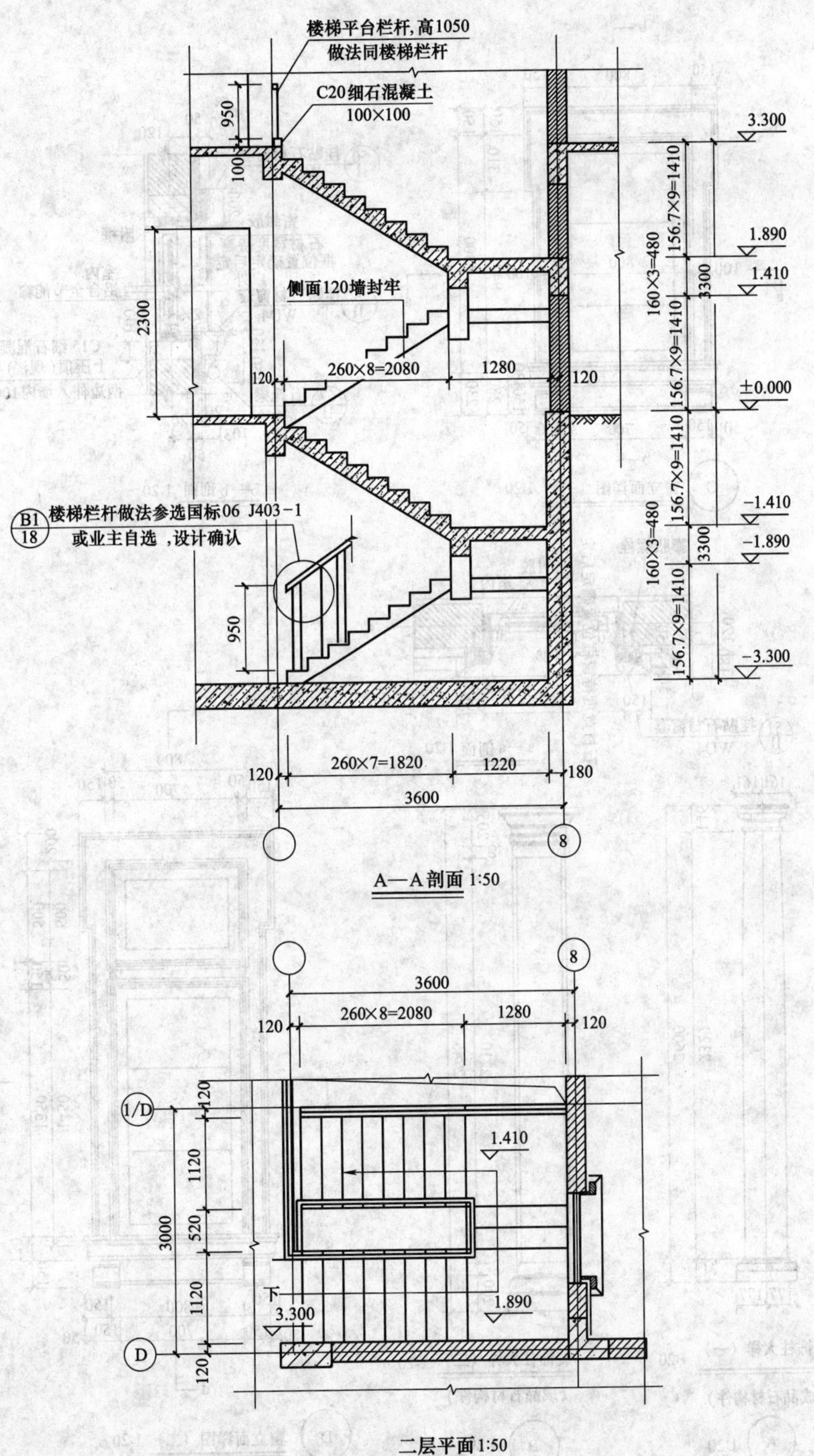
楼梯平台栏杆,高1050
做法同楼梯栏杆
C20细石混凝土
100×100
950
100
3.300
1.890
1.410
侧面120墙封牢
2300
120
260×8=2080
1280
120
±0.000
160×3=480
156.7×9=1410
3300
−1.410
−1.890
−3.300
B1
18
楼梯栏杆做法参选国标06 J403−1
或业主自选，设计确认
950
120
260×7=1820
1220
180
3600
8
A—A剖面 1:50
8
3600
120
260×8=2080
1280
120
1/D
1120
520
3000
1.410
1.890
下
3.300
D
二层平面 1:50

图 20-6　建施-08

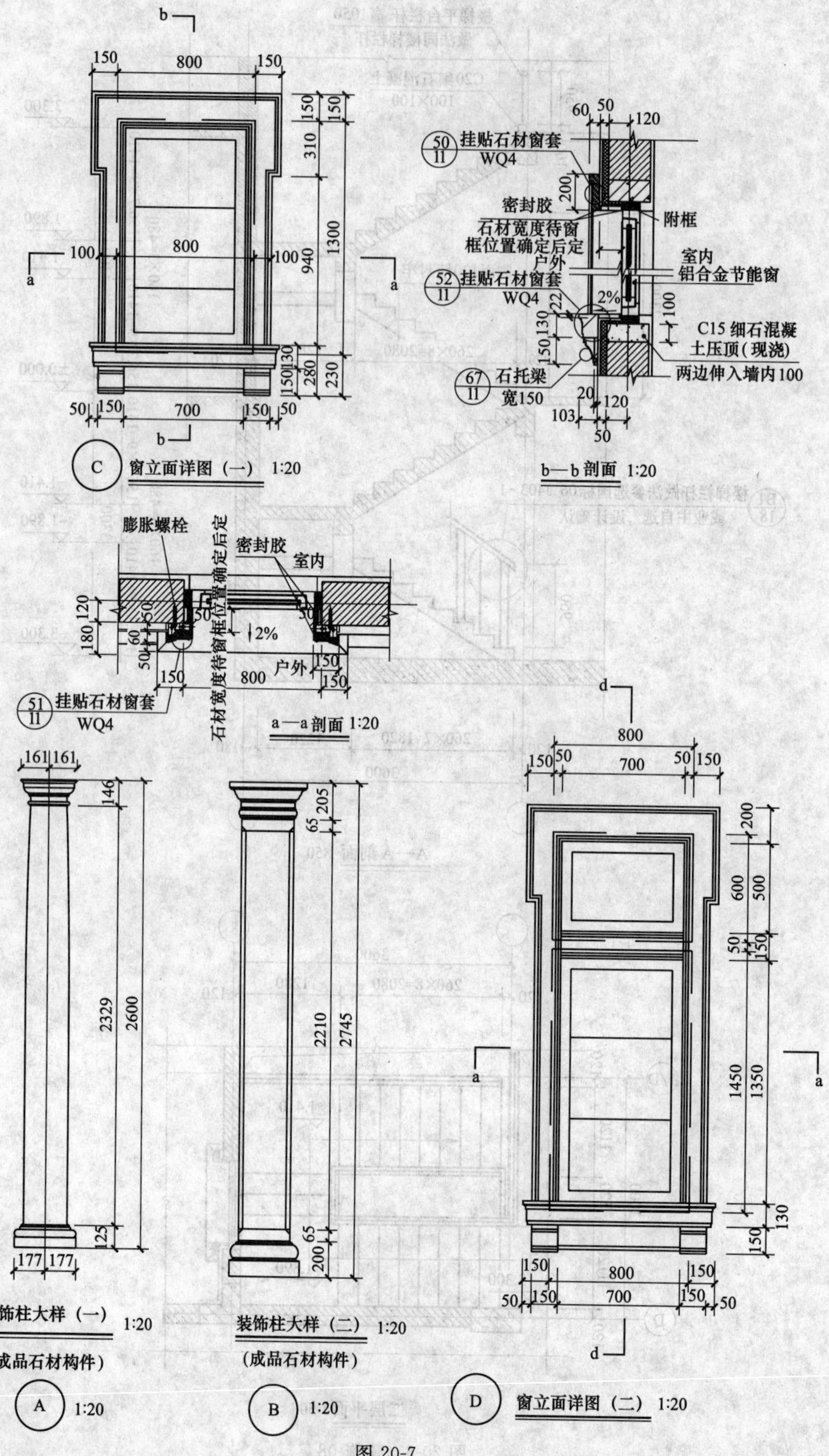

窗立面详图（一） 1:20
b—b 剖面 1:20
挂贴石材窗套
WQ4
密封胶
石材宽度待窗框位置确定后定
户外
室内
附框
铝合金节能窗
C15 细石混凝土压顶（现浇）
两边伸入墙内100
石托梁
宽150
膨胀螺栓
石材宽度待窗框位置确定后定
a—a 剖面 1:20
装饰柱大样（一） 1:20
（成品石材构件）
装饰柱大样（二） 1:20
（成品石材构件）
窗立面详图（二） 1:20

图 20-7

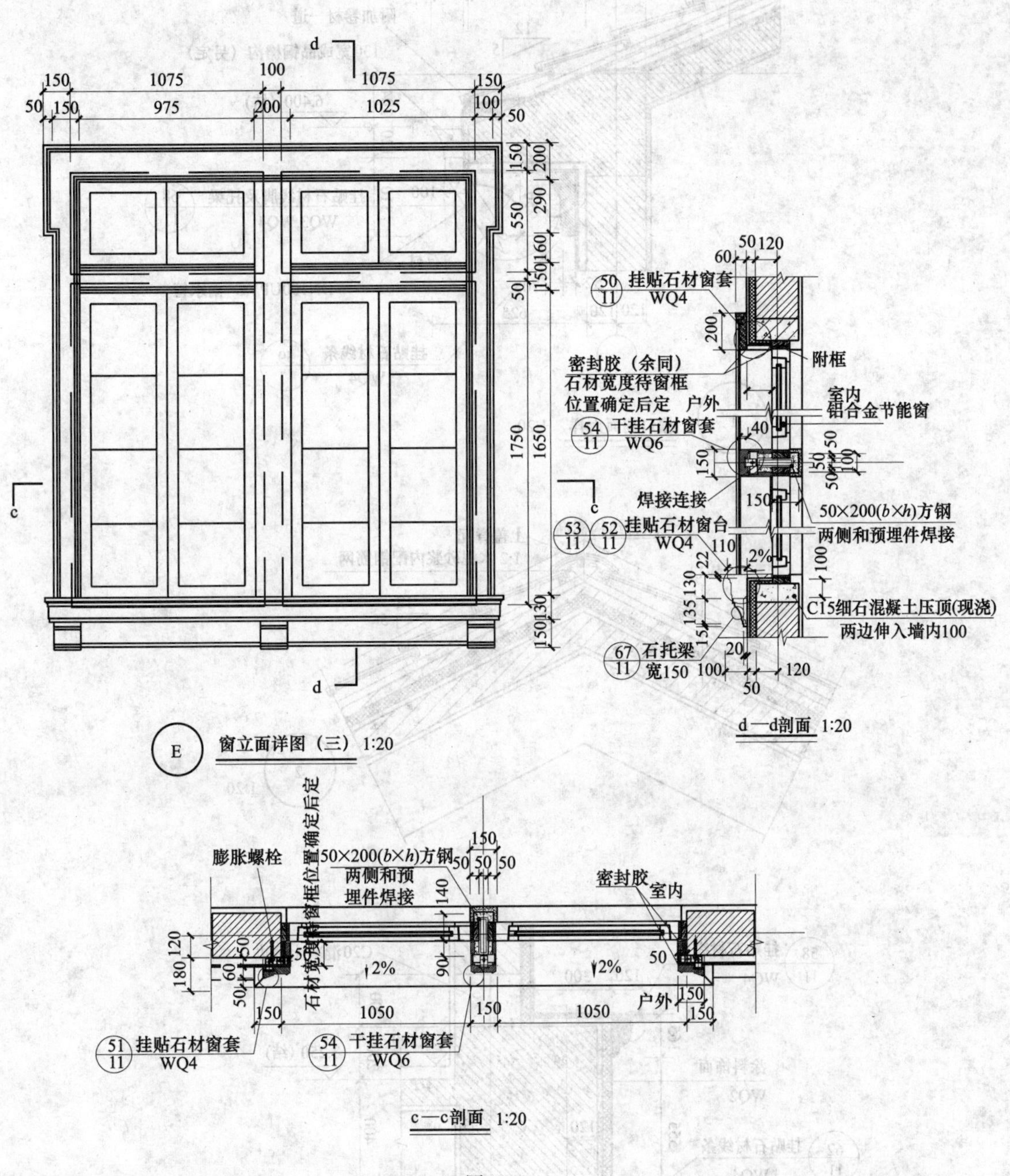
窗立面详图（三） 1:20
d—d剖面 1:20
c—c剖面 1:20
挂贴石材窗套 WQ4
密封胶（余同）
石材宽度待窗框位置确定后定
户外
室内
附框
铝合金节能窗
干挂石材窗套 WQ6
焊接连接
50×200(b×h)方钢
两侧和预埋件焊接
挂贴石材窗台 WQ4
C15细石混凝土压顶(现浇)
两边伸入墙内100
石托梁 宽150
膨胀螺栓
石材宽度待窗框位置确定后定
密封胶

图 20-7

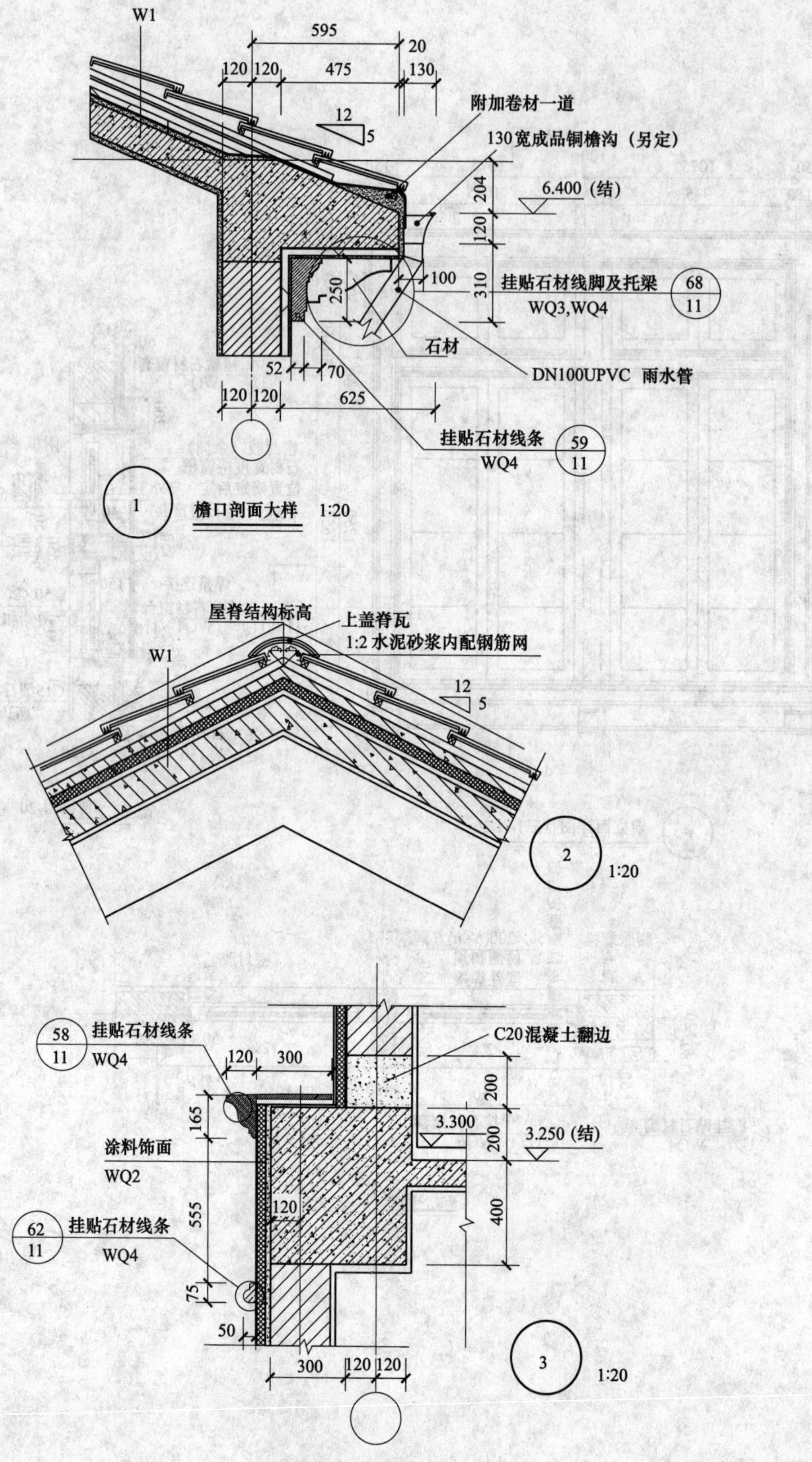
W1
595
20
120 120
475
130
12
5
附加卷材一道
130宽成品铜檐沟（另定）
204
6.400（结）
120
100
250
310
挂贴石材线脚及托梁
68
11
WQ3,WQ4
石材
52
70
DN100UPVC 雨水管
120 120
625
挂贴石材线条
59
11
WQ4
1
檐口剖面大样 1:20
屋脊结构标高
上盖脊瓦
1:2 水泥砂浆内配钢筋网
W1
12
5
2
1:20
58
11
挂贴石材线条
WQ4
120
300
C20混凝土翻边
200
165
3.300
200
3.250（结）
涂料饰面
WQ2
555
120
400
62
11
挂贴石材线条
WQ4
75
50
300
120 120
3
1:20

图 20-7 建施-09

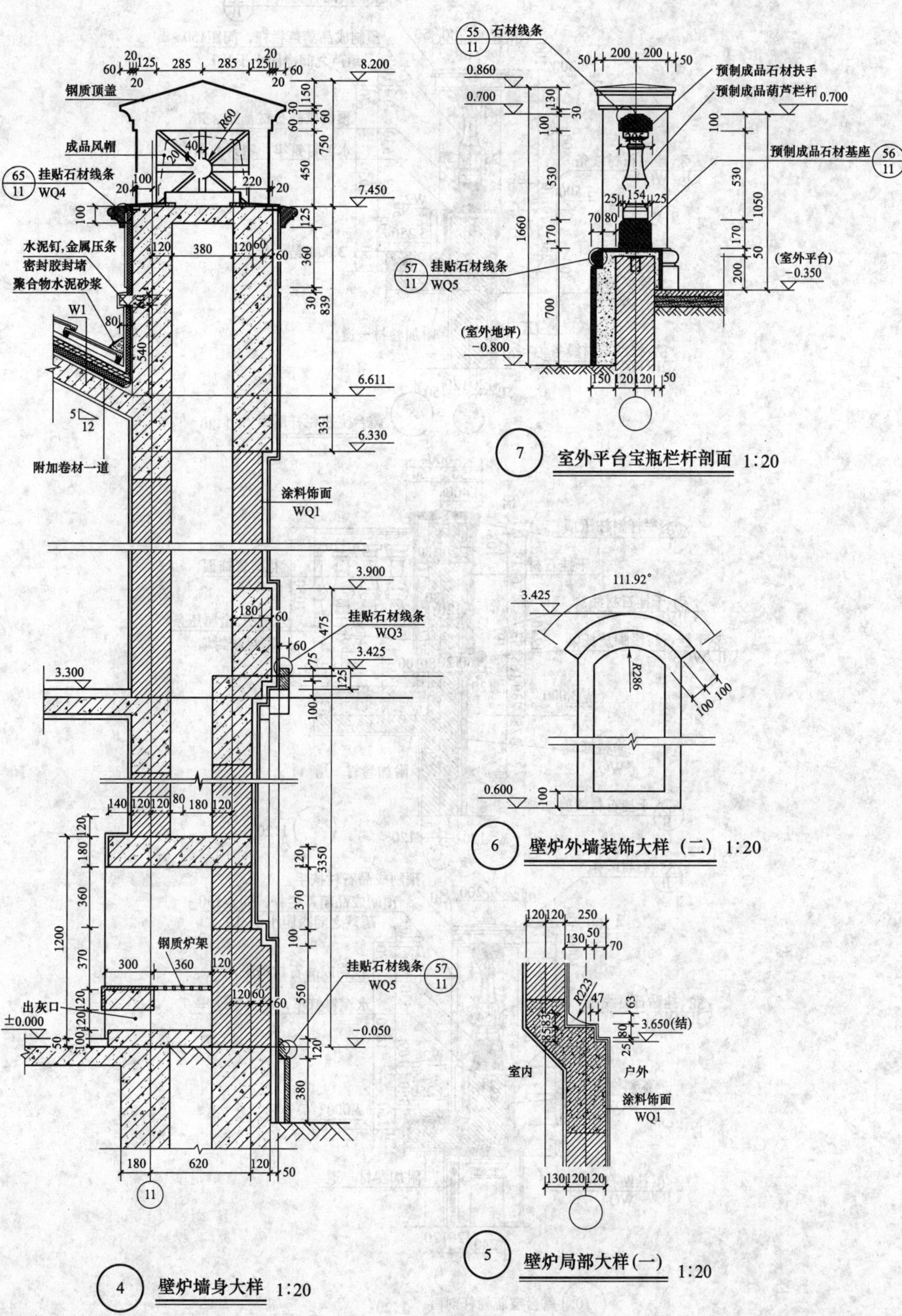
钢质顶盖
成品风帽
挂贴石材线条
WQ4
水泥钉,金属压条
密封胶封堵
聚合物水泥砂浆
附加卷材一道
涂料饰面
WQ1
挂贴石材线条
WQ3
钢质炉架
出灰口
挂贴石材线条
WQ5
壁炉墙身大样 1:20
石材线条
预制成品石材扶手
预制成品葫芦栏杆
预制成品石材基座
挂贴石材线条
WQ5
(室外平台)
(室外地坪)
室外平台宝瓶栏杆剖面 1:20
壁炉外墙装饰大样（二） 1:20
室内
户外
涂料饰面
WQ1
壁炉局部大样(一) 1:20

图 20-8

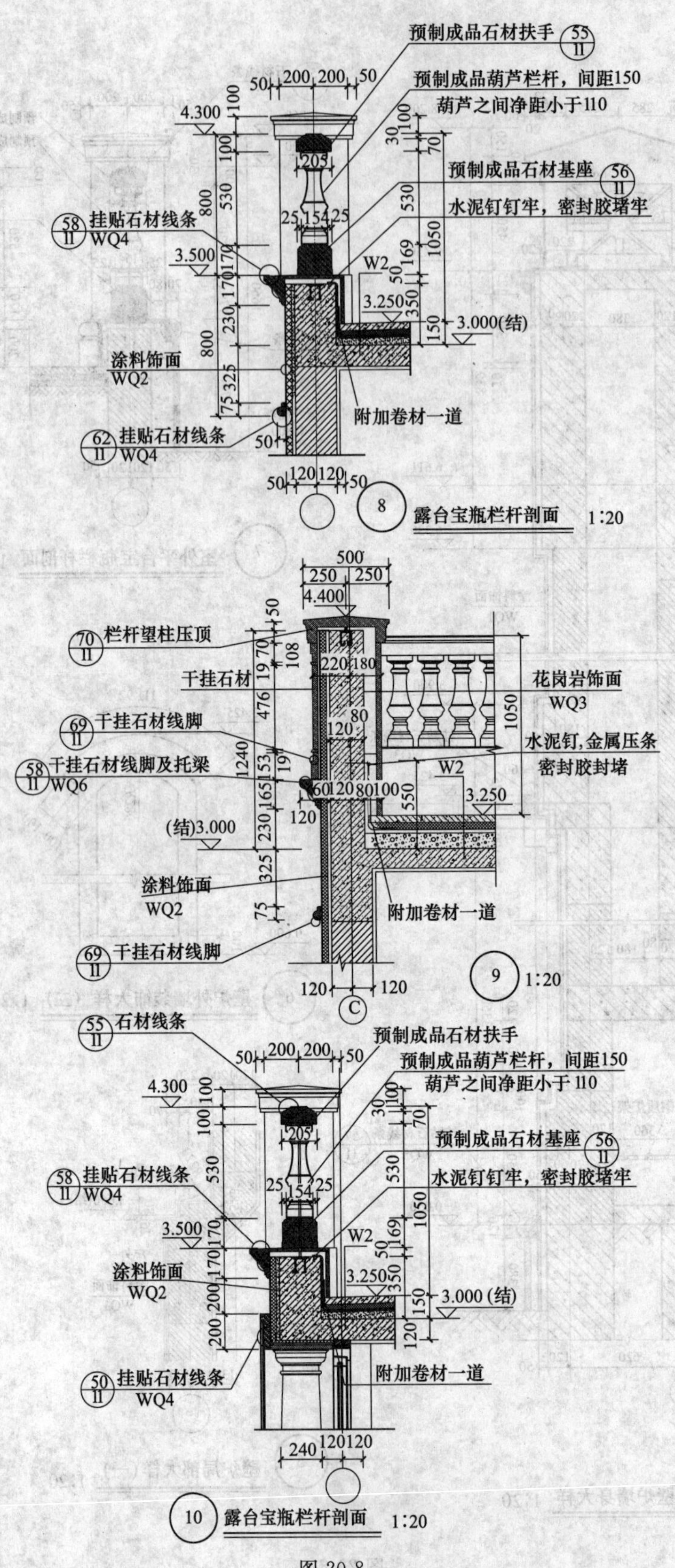

预制成品石材扶手
55 II
预制成品葫芦栏杆，间距150
葫芦之间净距小于110
预制成品石材基座
56 II
水泥钉钉牢，密封胶堵牢
挂贴石材线条
58 II
WQ4
涂料饰面
WQ2
附加卷材一道
挂贴石材线条
62 II
WQ4
4.300
3.500
3.250
3.000(结)
W2
8
露台宝瓶栏杆剖面 1∶20
栏杆望柱压顶
70 II
干挂石材
花岗岩饰面
WQ3
干挂石材线脚
69 II
水泥钉,金属压条
密封胶封堵
干挂石材线脚及托梁
58 II
WQ6
(结)3.000
4.400
涂料饰面
WQ2
附加卷材一道
干挂石材线脚
69 II
9 1∶20
石材线条
55 II
预制成品石材扶手
预制成品葫芦栏杆，间距150
葫芦之间净距小于110
预制成品石材基座
56 II
挂贴石材线条
58 II
WQ4
水泥钉钉牢，密封胶堵牢
涂料饰面
WQ2
3.000 (结)
附加卷材一道
挂贴石材线条
50 II
WQ4
10
露台宝瓶栏杆剖面 1∶20

图 20-8

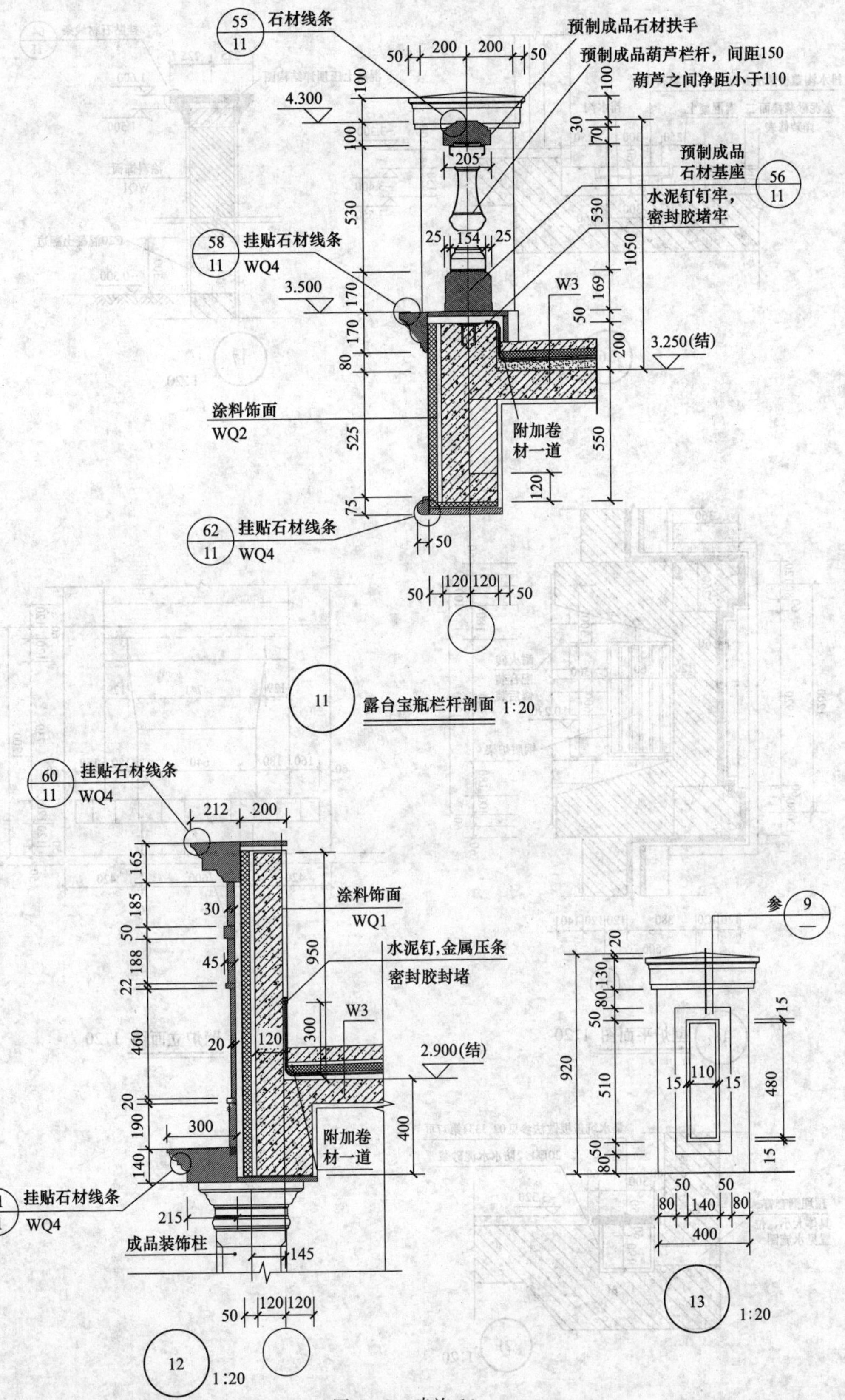
55
11
石材线条
预制成品石材扶手
预制成品葫芦栏杆，间距150
葫芦之间净距小于110
预制成品
石材基座
56
11
水泥钉钉牢，
密封胶堵牢
4.300
3.500
3.250(结)
58
11
挂贴石材线条
WQ4
W3
涂料饰面
WQ2
附加卷
材一道
62
11
挂贴石材线条
WQ4
11
露台宝瓶栏杆剖面 1:20
60
11
挂贴石材线条
WQ4
涂料饰面
WQ1
水泥钉,金属压条
密封胶封堵
W3
2.900(结)
附加卷
材一道
61
11
挂贴石材线条
WQ4
成品装饰柱
12
1:20
参 9
13
1:20

图 20-8 建施-10

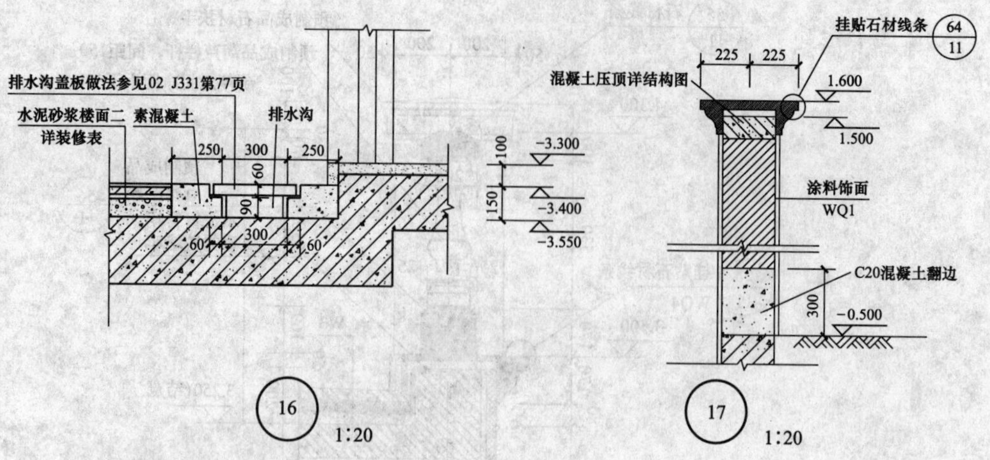

16 1:20

17 1:20

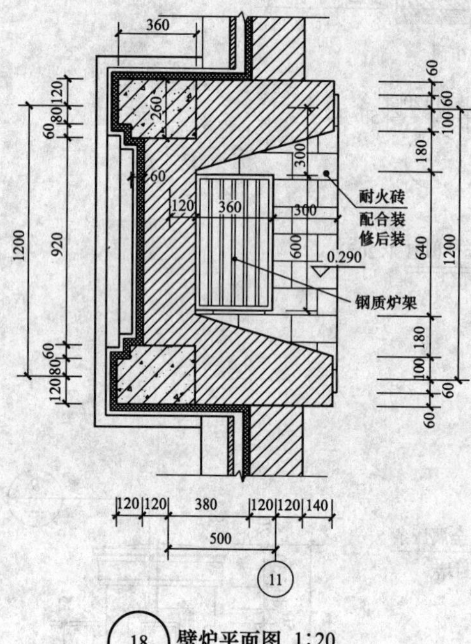

18 壁炉平面图 1:20

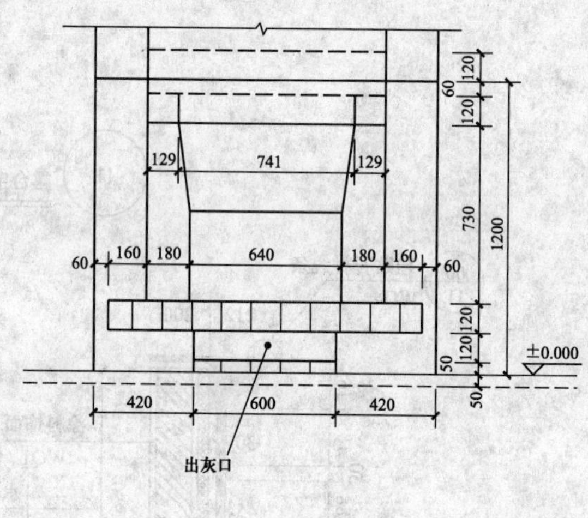

壁炉立面图 1:20

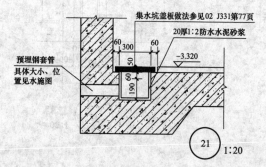

集水坑盖板做法参见02 J331第77页

20厚1:2防水水泥砂浆

预埋钢套管
具体大小、位
置见水施图

60 300 60

-3.320

50 60 190

21 1:20

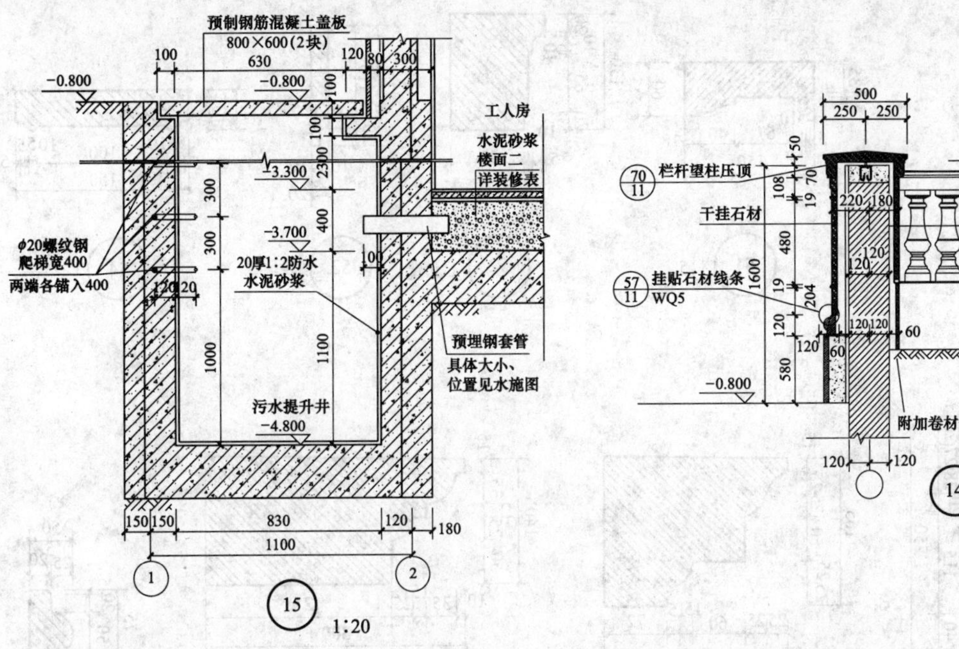

预制钢筋混凝土盖板
800×600(2块)
100
630
120
80
300
-0.800
-0.800
工人房
水泥砂浆
楼面二
详装修表
-3.300
-3.700
ϕ20螺纹钢
爬梯宽400
两端各锚入400
20厚1:2防水
水泥砂浆
预埋钢套管
具体大小、
位置见水施图
污水提升井
-4.800
150
150
830
120
180
1100
1
2
15
1:20

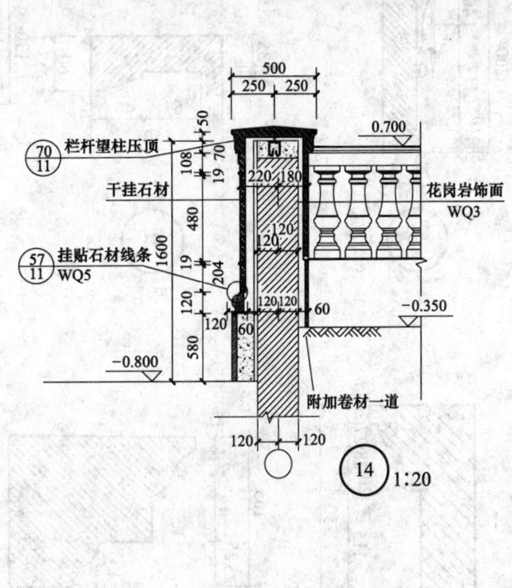

500
250
250
栏杆望柱压顶
干挂石材
挂贴石材线条
WQ5
花岗岩饰面
WQ3
0.700
-0.350
-0.800
附加卷材一道
120
120
14
1:20

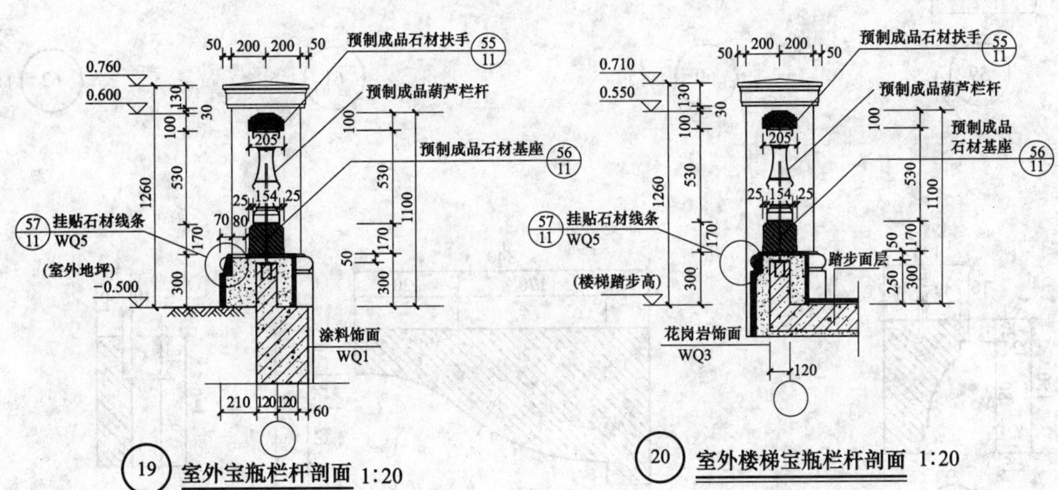

预制成品石材扶手
预制成品葫芦栏杆
预制成品石材基座
挂贴石材线条
WQ5
0.760
0.600
(室外地坪)
-0.500
涂料饰面
WQ1
19
室外宝瓶栏杆剖面 1:20
0.710
0.550
(楼梯踏步高)
踏步面层
花岗岩饰面
WQ3
20
室外楼梯宝瓶栏杆剖面 1:20

图 20-9 建施-11

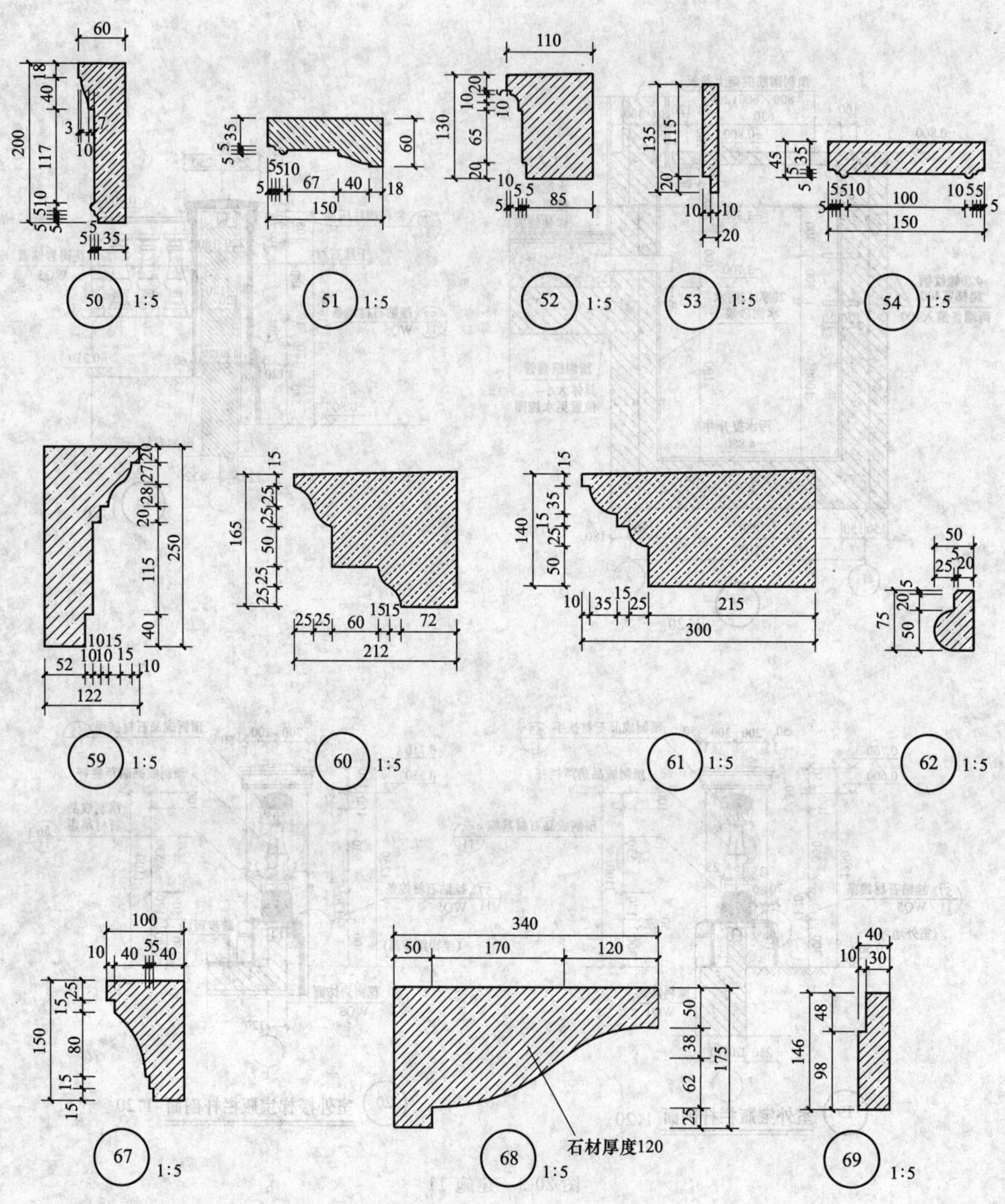
50 1:5
51 1:5
52 1:5
53 1:5
54 1:5
59 1:5
60 1:5
61 1:5
62 1:5
67 1:5
68 1:5
石材厚度120
69 1:5

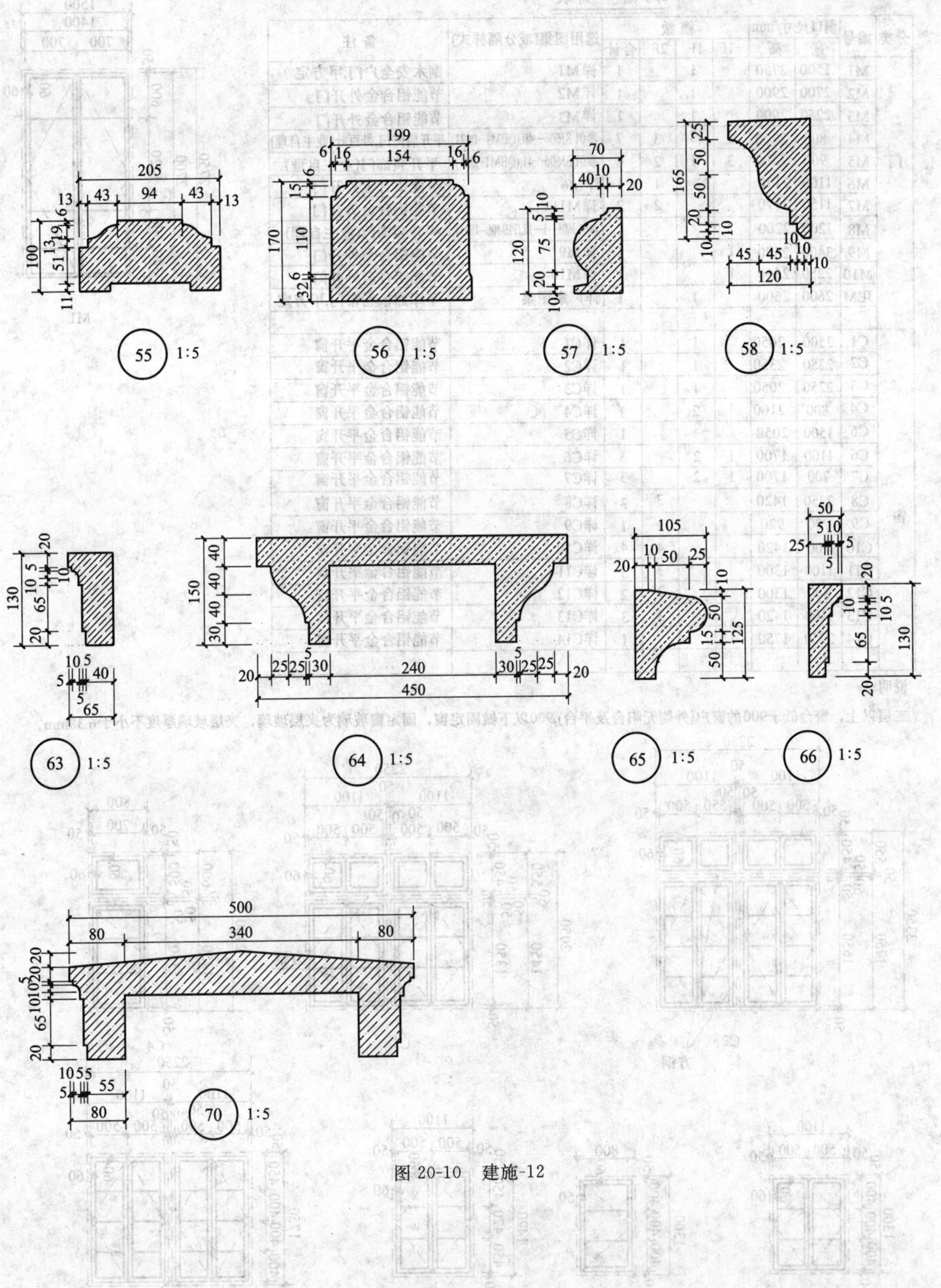
205
13
43
94
43
13
6
19
13
100
51
11
55
1:5
199
6
16
154
16
6
15
6
170
110
6
32
56
1:5
70
40
10
20
10
5
120
75
20
10
57
1:5
25
50
165
50
20
10
10
10
45
45
10
120
10
58
1:5
20
5
10
10
130
65
20
10
5
40
5
5
65
63
1:5
40
40
150
40
30
5
5
20
25
25
30
240
30
25
25
20
450
64
1:5
105
10
50
25
20
10
50
15
125
50
65
1:5
50
5
10
25
5
5
20
10
10
5
130
65
20
66
1:5
500
80
340
80
20
5
20
10
10
65
20
10
5
5
55
5
80
70
1:5

图 20-10 建施-12

门窗一览表

分类	编号	洞口尺寸/mm		档数				选用图集(或分隔样式)	备注
		宽	高	-1F	1F	2F	合计		
门	M1	1500	2750		1		1	详M1	钢木安全户门,甲方定
	M2	2700	2900		1		1	详M2	节能铝合金外开门
	M3	2250	2900		1		1	详M3	节能铝合金外开门
	M4	800	2300	1	3	3	7	参01 SJ606—40,(QBM1-0921)	平开装饰门,带百叶(业主自理)
	M5	900	2300	3	1	2	6	参01 SJ606—41,(QBM1-021)	平开装饰门(业主自理)
	M6	1100	2170			1	1	详M6	节能铝合金外开门
	M7	1150	2170			2	2	详M11	节能铝合金外开门
	M8	1200	2200	1			1	参04 J601—1—18,(PBM06-1221)	平开装饰门(业主自理)
	M9	3400	2550	1			1	详M9	节能铝合金外开门
	M10	2250	2550	1			1	详M10	节能铝合金外开门
	JLM	2600	2600		1		1	详厂家图集	车库翻板卷帘门,甲方定
窗	C1	3500	2050		1		1	详C1	节能铝合金平开窗
	C2	2250	2350		1		1	详C2	节能铝合金平开窗
	C3	2250	2050		1		1	详C3	节能铝合金平开窗
	C4	800	2100	1	2		3	详C4	节能铝合金平开窗
	C5	1500	2050		1		1	详C5	节能铝合金平开窗
	C6	1100	1700	1	2		3	详C6	节能铝合金平开窗
	C7	700	1700	1	2		3	详C7	节能铝合金平开窗
	C8	2250	1420			3	3	详C8	节能铝合金平开窗
	C9	700	920			1	1	详C9	节能铝合金平开窗
	C10	700	1420			4	4	详C10	节能铝合金平开窗
	C11	1100	1300			3	3	详C11	节能铝合金平开窗
	C12	800	1300			2	2	详C12	节能铝合金平开窗
	C13	1100	1420			3	3	详C13	节能铝合金平开窗
	C14	2250	1750	1			1	详C14	节能铝合金平开窗

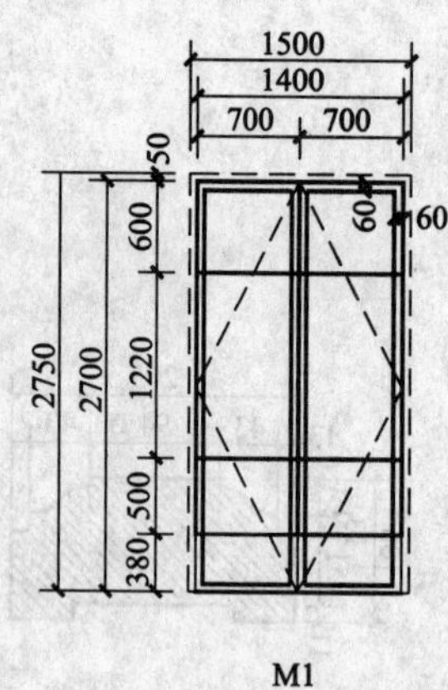

M1

说明：

二层以上，窗台低于900的窗户(外侧无阳台及平台),900以下做固定窗，固定窗玻璃为夹层玻璃，夹层玻璃厚度不小于6.38mm。

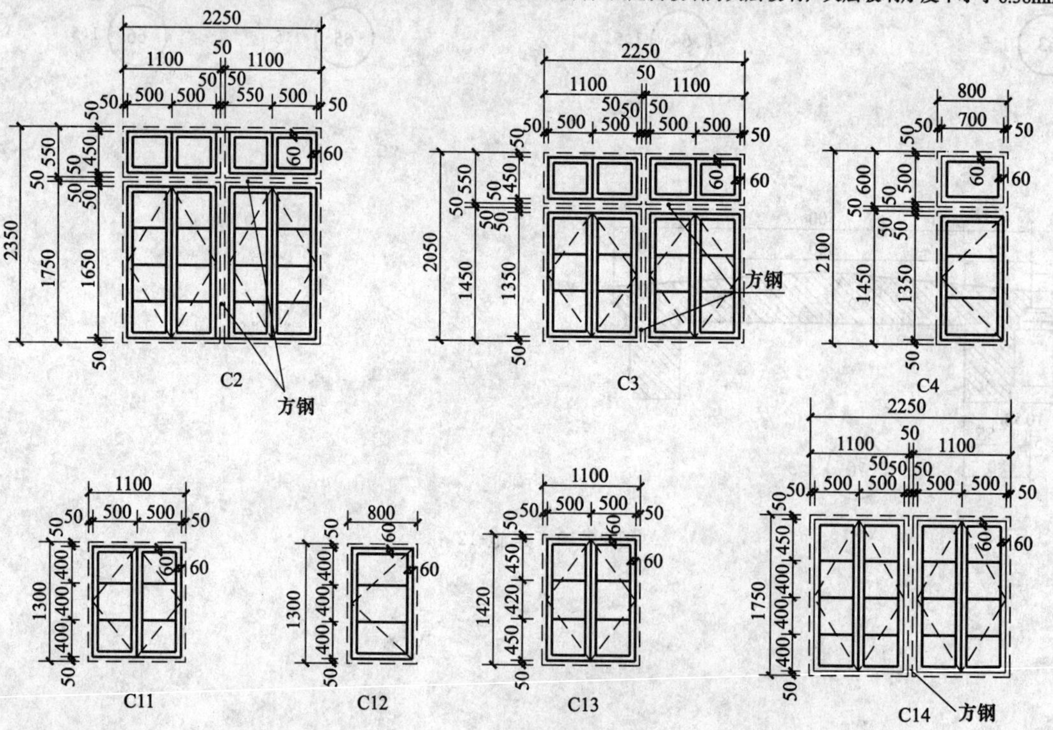

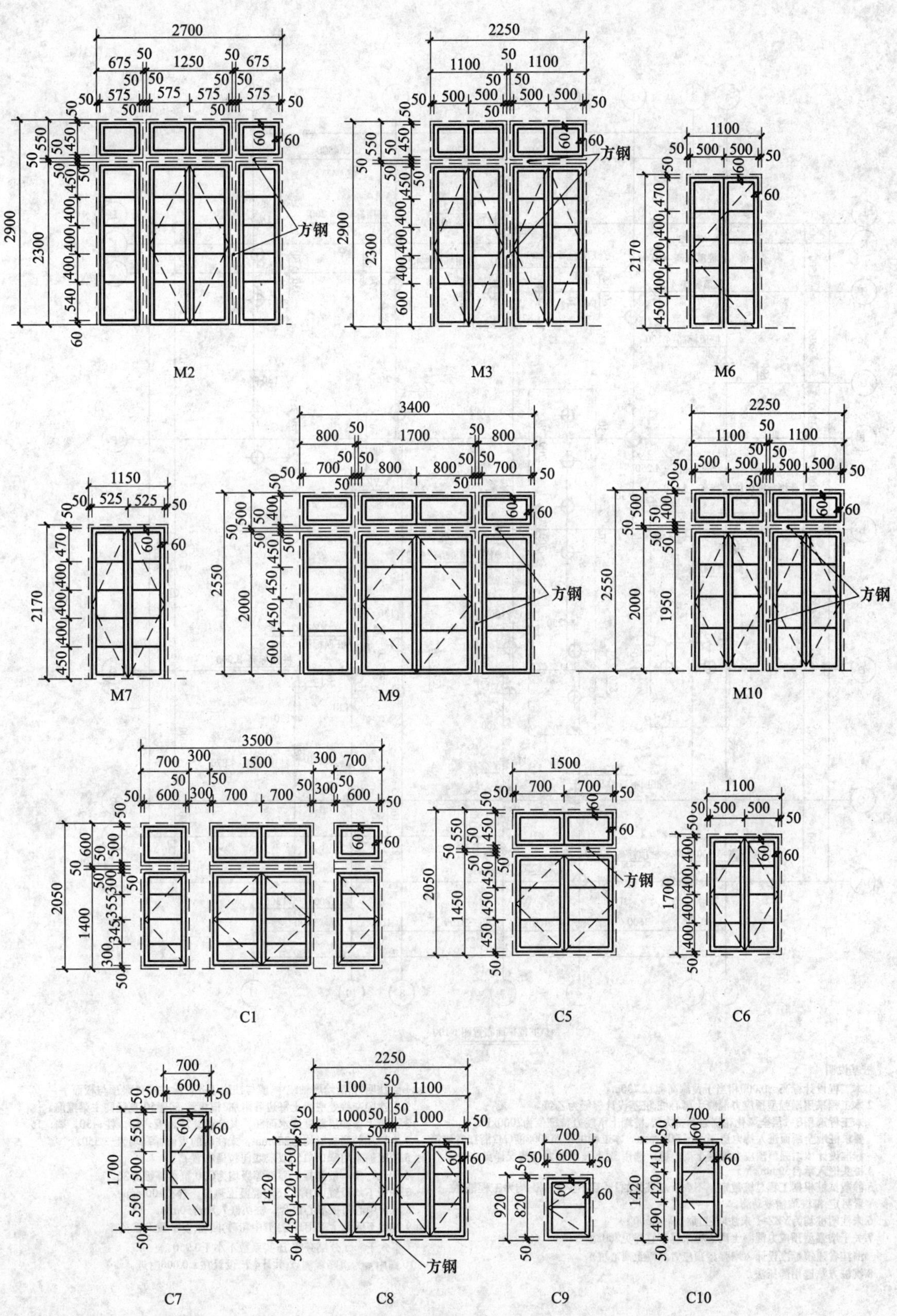

图 20-11 建施-13

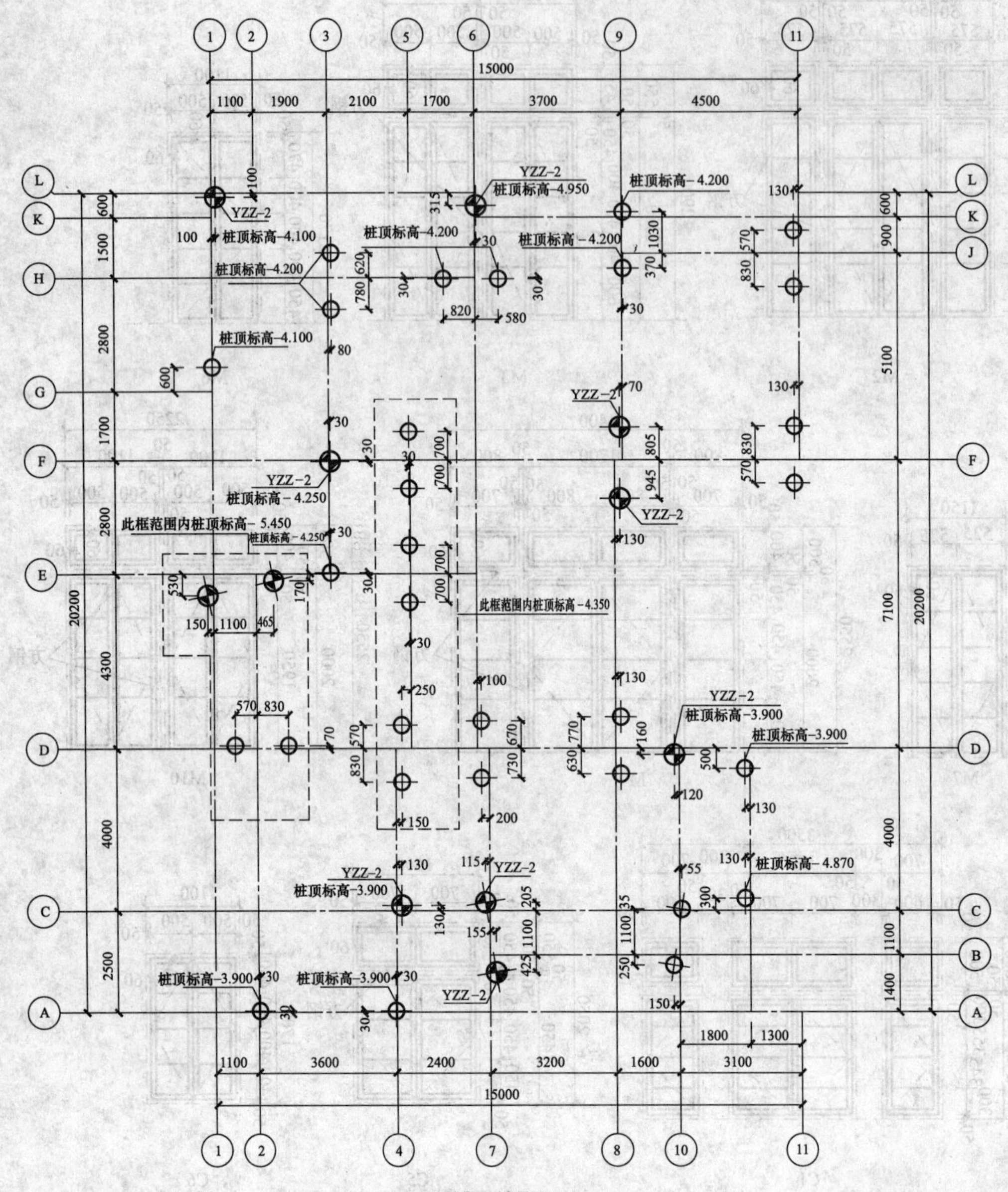

桩位平面布置图 1:100

桩基说明

1.本工程设计标高±0.000相当于黄海高程12.700m。
2.本工程采用增强型预应力混凝土离心桩,桩基设计等级为乙级。
3.本工程选用8-1层全风化花岗岩为持力层,桩端土承载力特征值为2000kPa,要求桩端全断面进入持力层不小于500mm。本工程桩按照2008浙G32浙江省建筑标准设计《增强型预应力混凝土离心桩》选用,选型及承载力等情况详见表一。
4.桩头嵌入承台50mm。
5.静载试桩根据工程总桩数定,不少于总桩数的1%且不少于3根,均为工程桩,位置另定;每桩均需做动测。
6.未注明桩均为YZZ-1,未注明桩顶标高-4.000。
7.关于增强型预应力混凝土离心桩未尽事宜详见2008浙G32:浙江省建筑标准设计《增强型预应力混凝土离心桩》。
8.沉桩方法选用静压法。

基础说明

1.除注明外,梁均居轴线中,或与柱边平齐;除注明外梁顶与板面平。
2.主次梁交接处主梁上每边各附加3根箍筋,间距50,直径同主梁箍筋。
3.混凝土保护层厚度迎水面50,其余梁:25,板:15,柱:30,墙:15。
4.未标注的底板厚均为250mm,未注明的板面标高均为-3.350。
5.板配筋采用Φ10@150双层双向拉通布置。
6.承台、梁、板混凝土强度等级均为C30,抗渗等级为S6。
7.底板下均设置100厚C15素混凝土垫层,外扩100mm。
8.承台中心与桩形心重合,桩头嵌入承台50mm。
9.基础下回填土采用1(石):1(中粗砂)回填,石子最大粒径不大于5cm,分层夯实,压实系数不小于0.950。
10.图中▼为沉降观测点,共计4个,设置在±0.000附近。

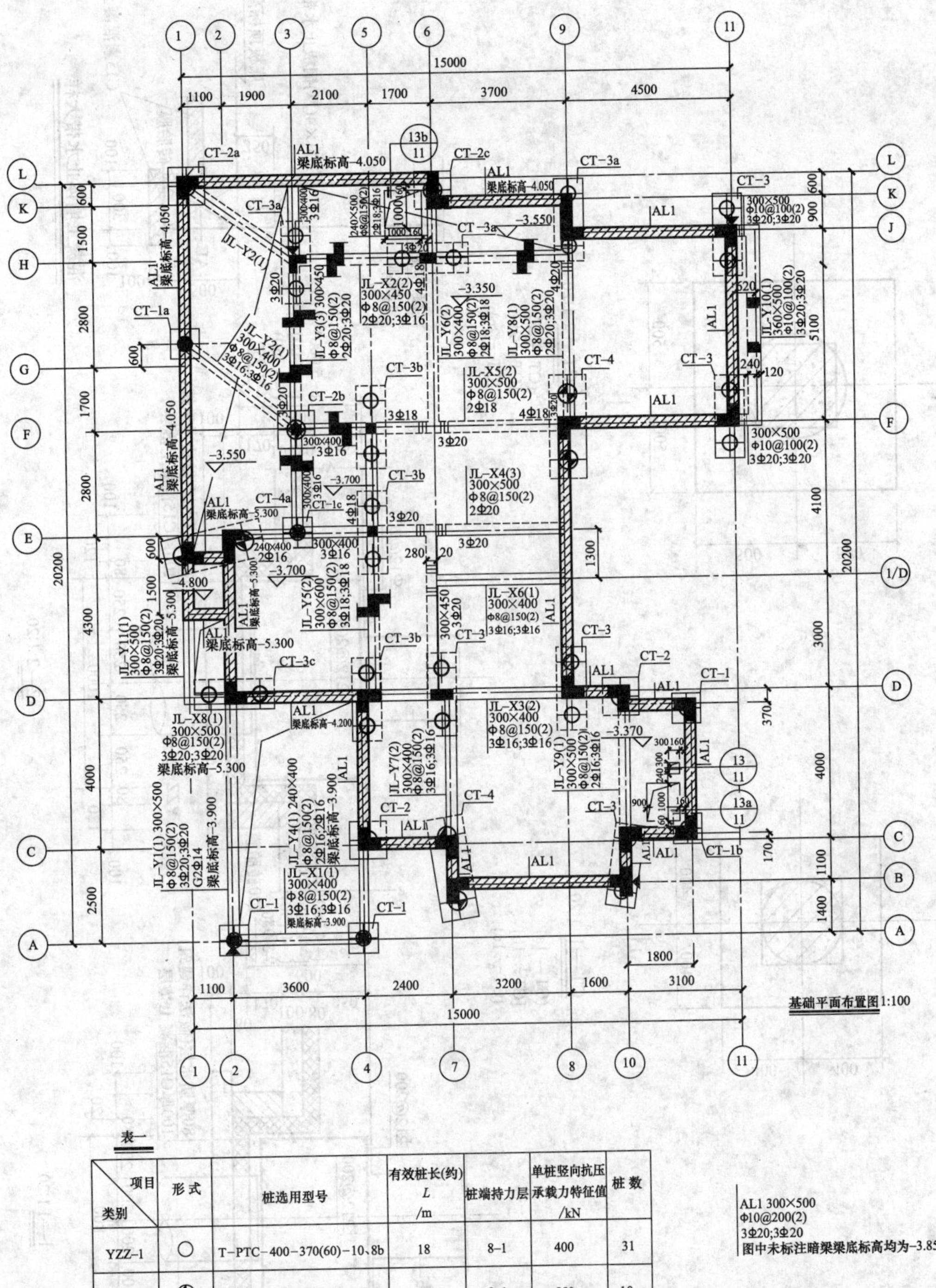

表一

项目 类别	形式	桩选用型号	有效桩长(约) L /m	桩端持力层	单桩竖向抗压 承载力特征值 /kN	桩数
YZZ-1	○	T-PTC-400-370(60)-10、8b	18	8-1	400	31
YZZ-2	⊕	T-PTC-500-460(65)-10、8b	18	8-1	550	10

AL1 300×500
Φ10@200(2)
3Φ20;3Φ20
图中未标注暗梁梁底标高均为-3.850

图 20-12 结施-01

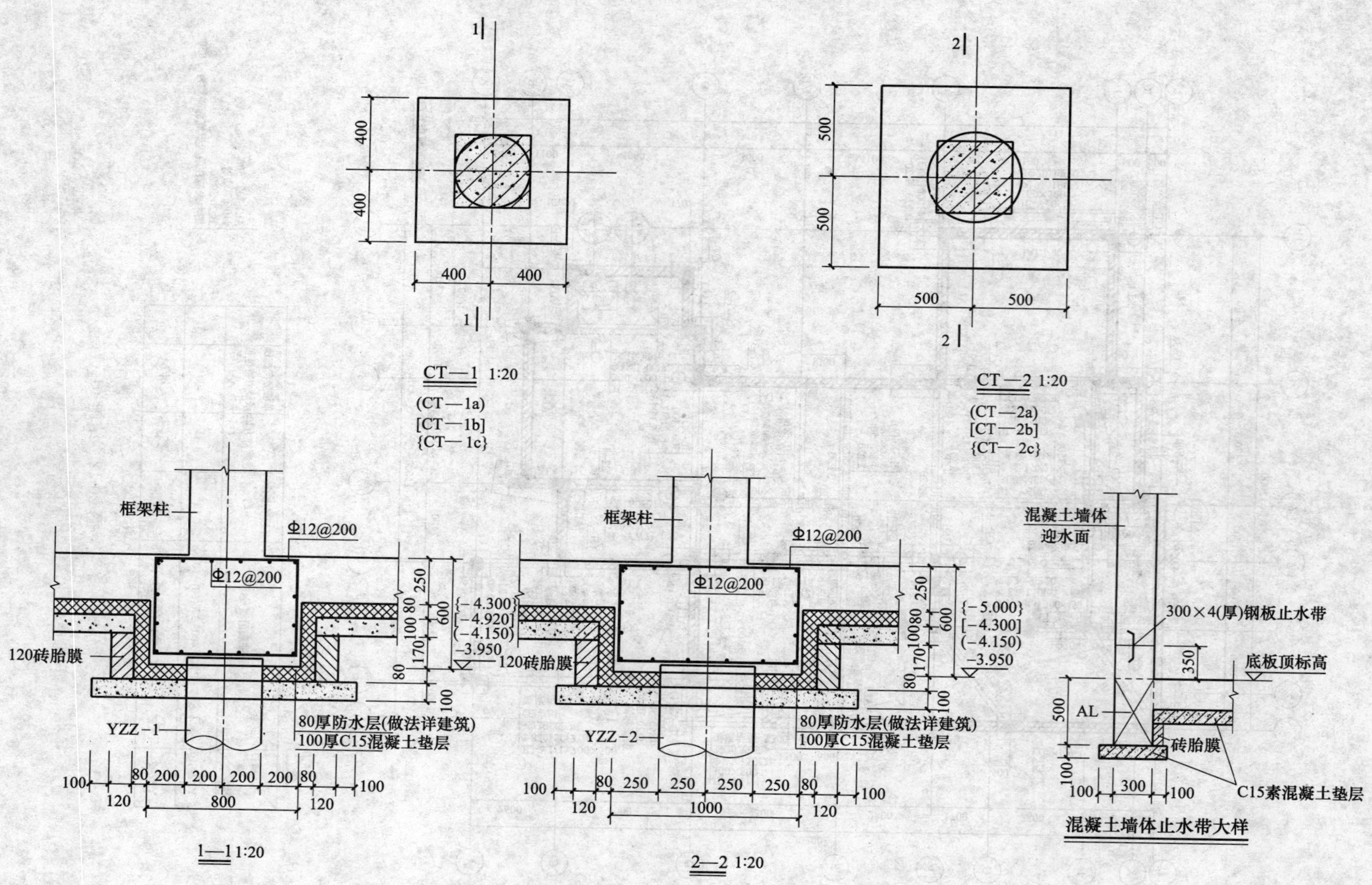
CT—1 1:20
(CT—1a)
[CT—1b]
{CT—1c}
CT—2 1:20
(CT—2a)
[CT—2b]
{CT—2c}
框架柱
Φ12@200
120砖胎膜
{-4.300}
[-4.920]
(-4.150)
-3.950
{-5.000}
[-4.300]
(-4.150)
-3.950
80厚防水层(做法详建筑)
100厚C15混凝土垫层
YZZ-1
YZZ-2
1—1 1:20
2—2 1:20
混凝土墙体
迎水面
300×4(厚)钢板止水带
底板顶标高
AL
砖胎膜
C15素混凝土垫层
混凝土墙体止水带大样

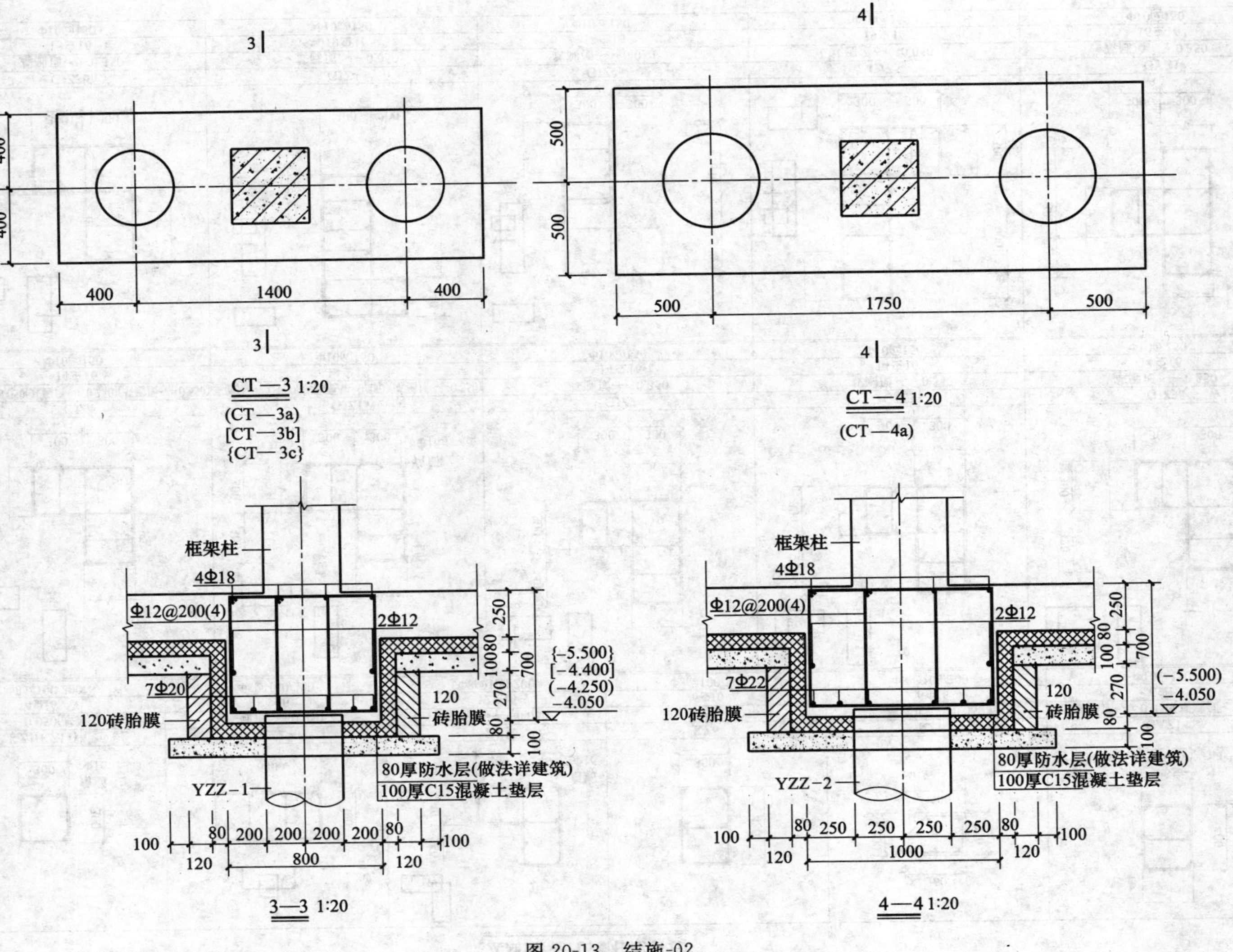
CT—3 1:20
(CT—3a)
[CT—3b]
{CT—3c}
CT—4 1:20
(CT—4a)
框架柱
4Φ18
Φ12@200(4)
2Φ12
7Φ20
7Φ22
120砖胎膜
120
砖胎膜
{-5.500}
[-4.400]
(-4.250)
-4.050
(-5.500)
-4.050
80厚防水层(做法详建筑)
100厚C15混凝土垫层
YZZ-1
YZZ-2
3—3 1:20
4—4 1:20

图 20-13 结施-02

基础顶～一层墙柱配筋表

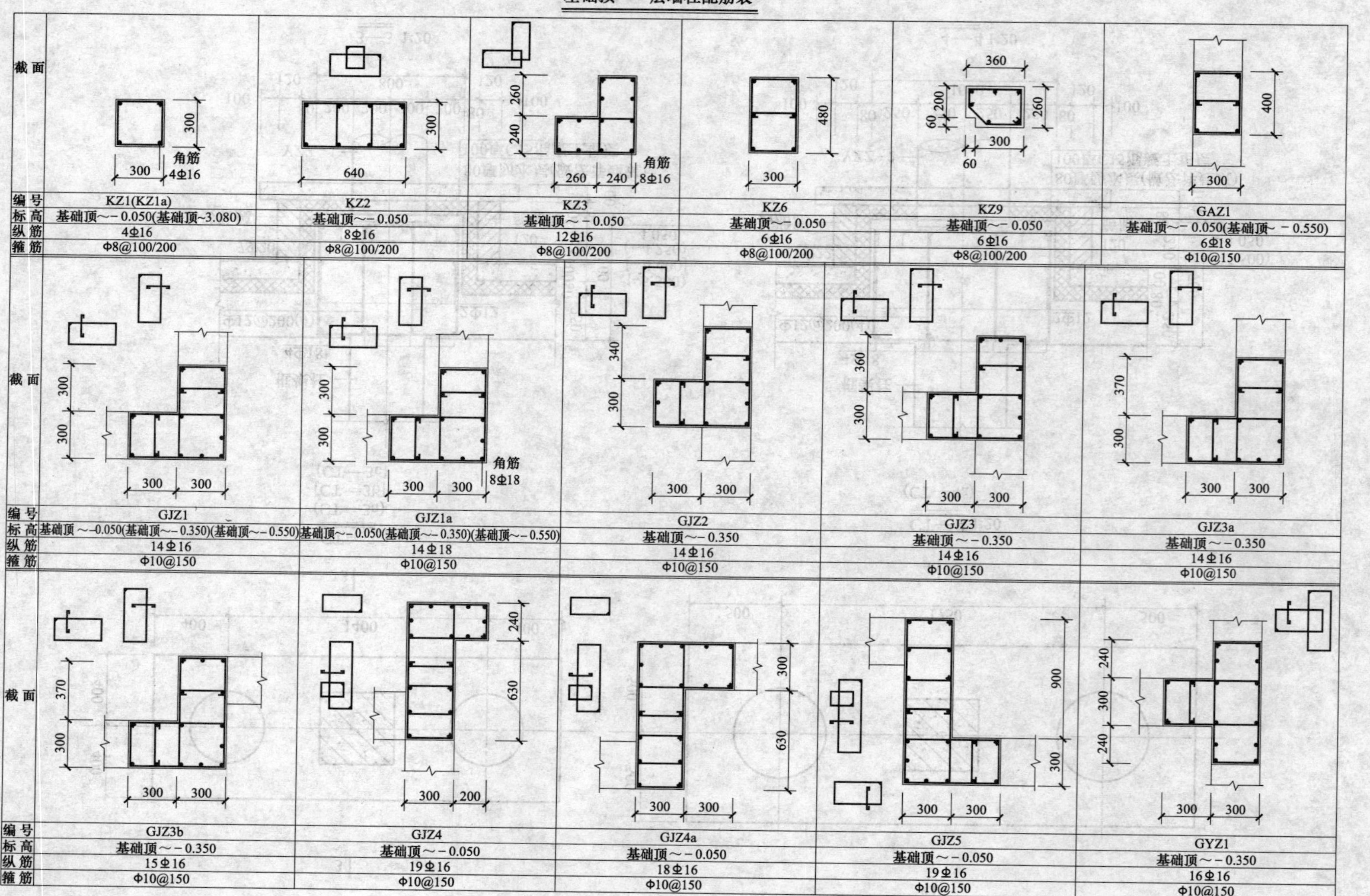

截面						
编号	KZ1(KZ1a)	KZ2	KZ3	KZ6	KZ9	GAZ1
标高	基础顶～-0.050(基础顶~3.080)	基础顶～-0.050	基础顶～-0.050	基础顶～-0.050	基础顶～-0.050	基础顶～-0.050(基础顶～-0.550)
纵筋	4⌀16	8⌀16	12⌀16	6⌀16	6⌀16	6⌀18
箍筋	Φ8@100/200	Φ8@100/200	Φ8@100/200	Φ8@100/200	Φ8@100/200	Φ10@150

截面					
编号	GJZ1	GJZ1a	GJZ2	GJZ3	GJZ3a
标高	基础顶～-0.050(基础顶～-0.350)(基础顶～-0.550)	基础顶～-0.050(基础顶～-0.350)(基础顶～-0.550)	基础顶～-0.350	基础顶～-0.350	基础顶～-0.350
纵筋	14⌀16	14⌀18	14⌀16	14⌀16	14⌀16
箍筋	Φ10@150	Φ10@150	Φ10@150	Φ10@150	Φ10@150

截面					
编号	GJZ3b	GJZ4	GJZ4a	GJZ5	GYZ1
标高	基础顶～-0.350	基础顶～-0.050	基础顶～-0.050	基础顶～-0.050	基础顶～-0.350
纵筋	15⌀16	19⌀16	18⌀16	19⌀16	16⌀16
箍筋	Φ10@150	Φ10@150	Φ10@150	Φ10@150	Φ10@150

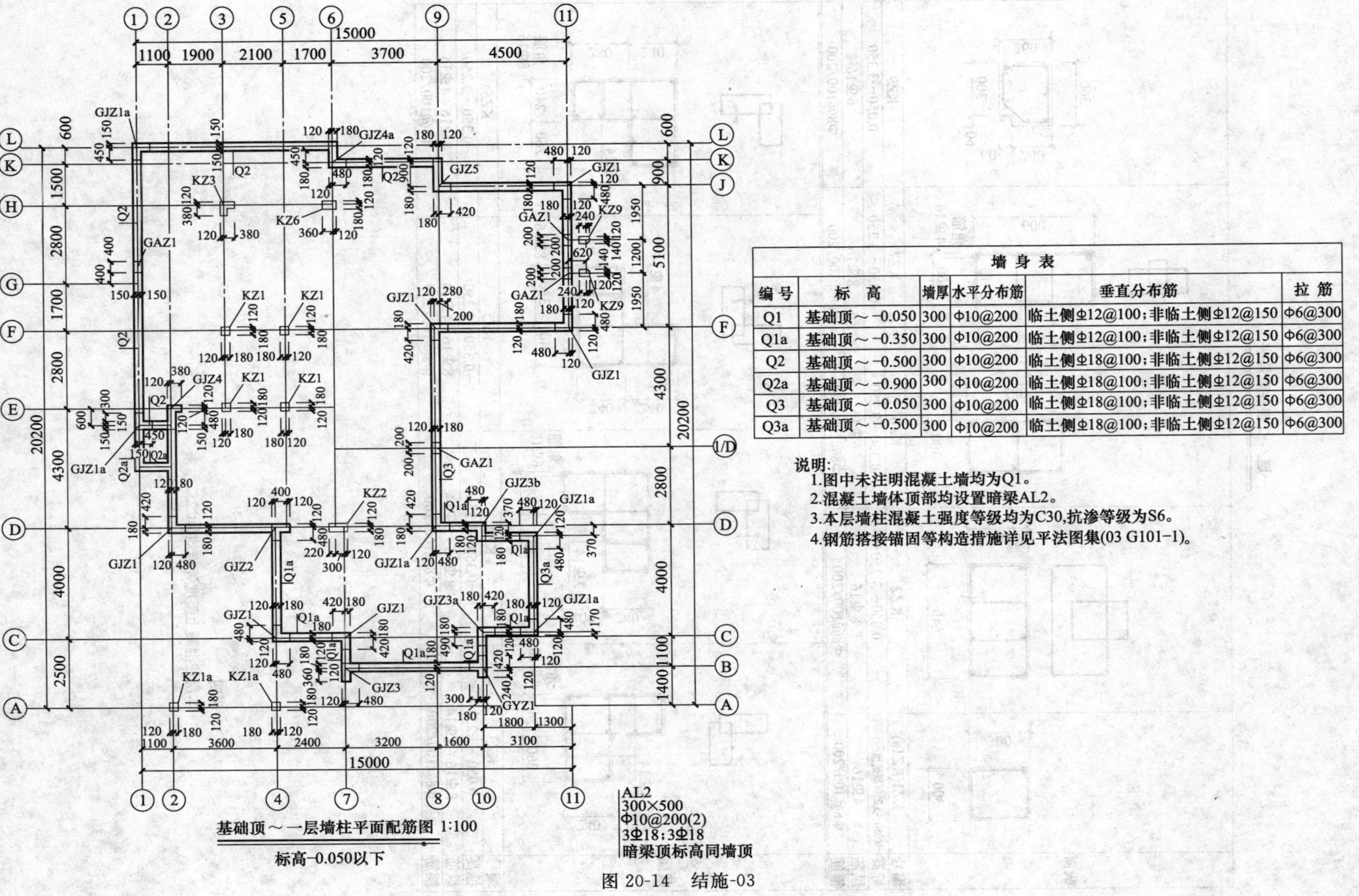

墙身表					
编号	标高	墙厚	水平分布筋	垂直分布筋	拉筋
Q1	基础顶～-0.050	300	Φ10@200	临土侧Φ12@100;非临土侧Φ12@150	Φ6@300
Q1a	基础顶～-0.350	300	Φ10@200	临土侧Φ12@100;非临土侧Φ12@150	Φ6@300
Q2	基础顶～-0.500	300	Φ10@200	临土侧Φ18@100;非临土侧Φ12@150	Φ6@300
Q2a	基础顶～-0.900	300	Φ10@200	临土侧Φ18@100;非临土侧Φ12@150	Φ6@300
Q3	基础顶～-0.050	300	Φ10@200	临土侧Φ18@100;非临土侧Φ12@150	Φ6@300
Q3a	基础顶～-0.500	300	Φ10@200	临土侧Φ18@100;非临土侧Φ12@150	Φ6@300

说明:

1.图中未注明混凝土墙均为Q1。
2.混凝土墙体顶部均设置暗梁AL2。
3.本层墙柱混凝土强度等级均为C30,抗渗等级为S6。
4.钢筋搭接锚固等构造措施详见平法图集(03 G101-1)。

图 20-14 结施-03

一层～二层柱配筋表

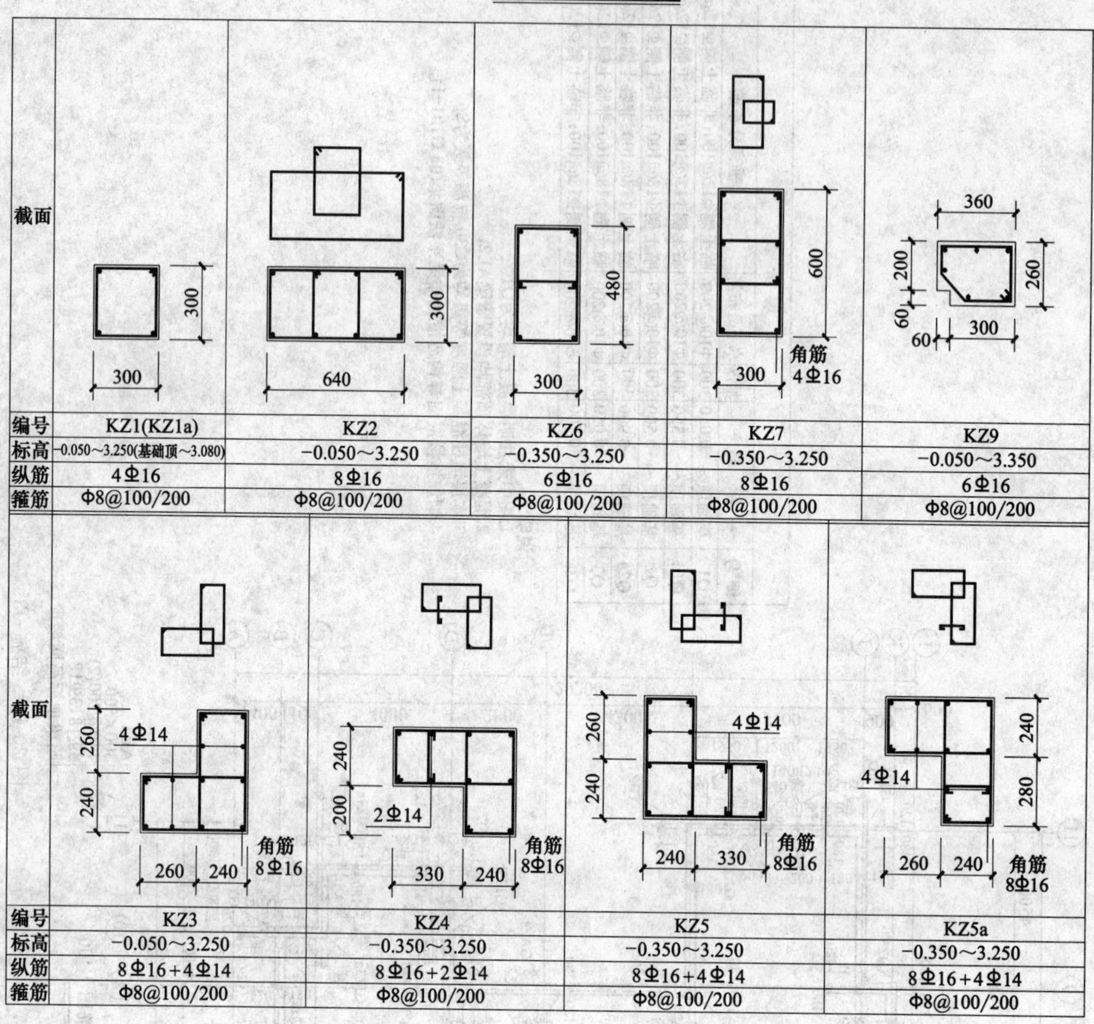

编号	KZ1(KZ1a)	KZ2	KZ6	KZ7	KZ9
标高	-0.050～3.250(基础顶～3.080)	-0.050～3.250	-0.350～3.250	-0.350～3.250	-0.050～3.350
纵筋	4Φ16	8Φ16	6Φ16	8Φ16	6Φ16
箍筋	Φ8@100/200	Φ8@100/200	Φ8@100/200	Φ8@100/200	Φ8@100/200

编号	KZ3	KZ4	KZ5	KZ5a
标高	-0.050～3.250	-0.350～3.250	-0.350～3.250	-0.350～3.250
纵筋	8Φ16+4Φ14	8Φ16+2Φ14	8Φ16+4Φ14	8Φ16+4Φ14
箍筋	Φ8@100/200	Φ8@100/200	Φ8@100/200	Φ8@100/200

说明:

本层柱混凝土强度等级均为C25。

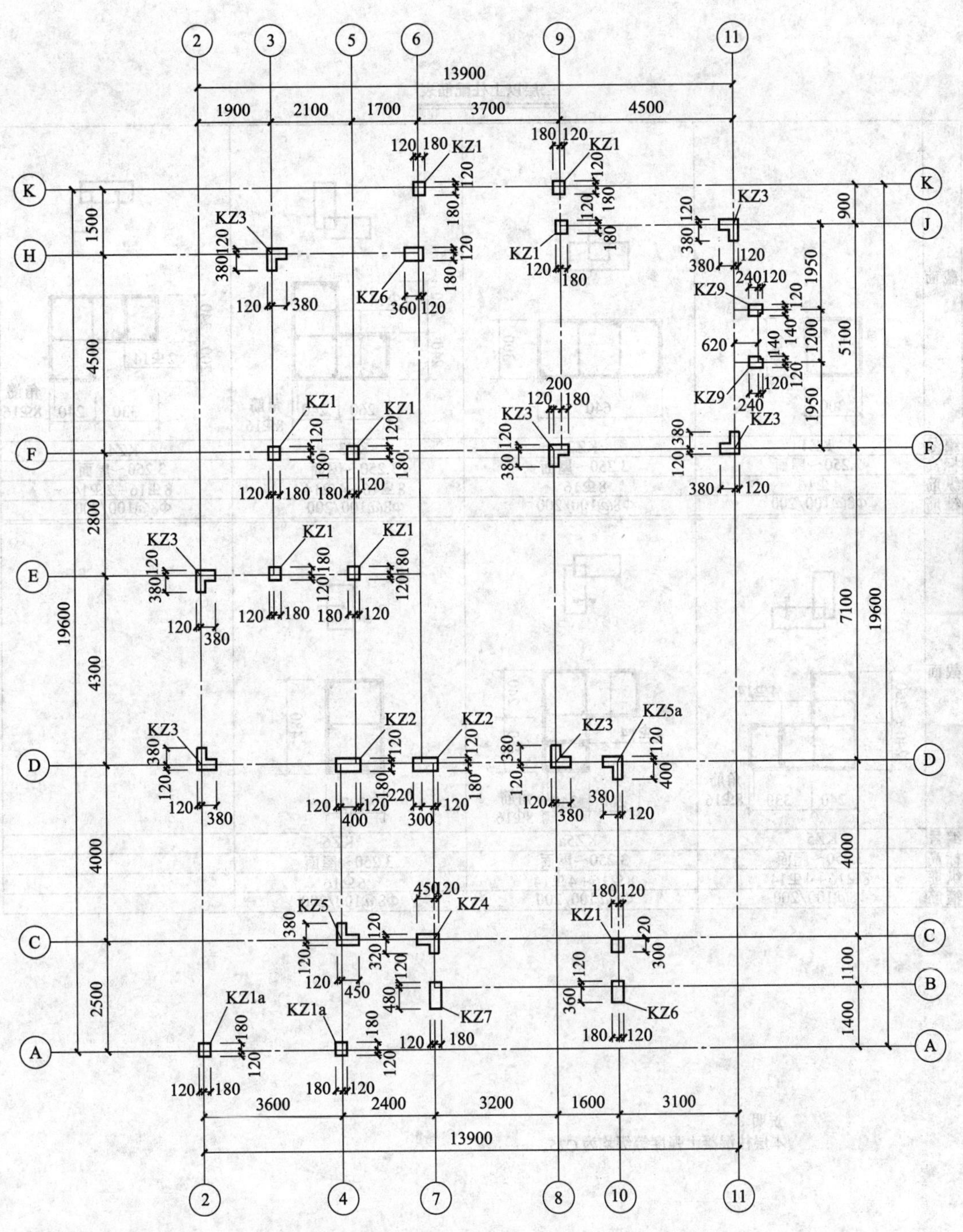

一层～二层框架柱平面布置图 1:100

标高-0.050～3.250

图 20-15 结施-04

二层以上柱配筋表

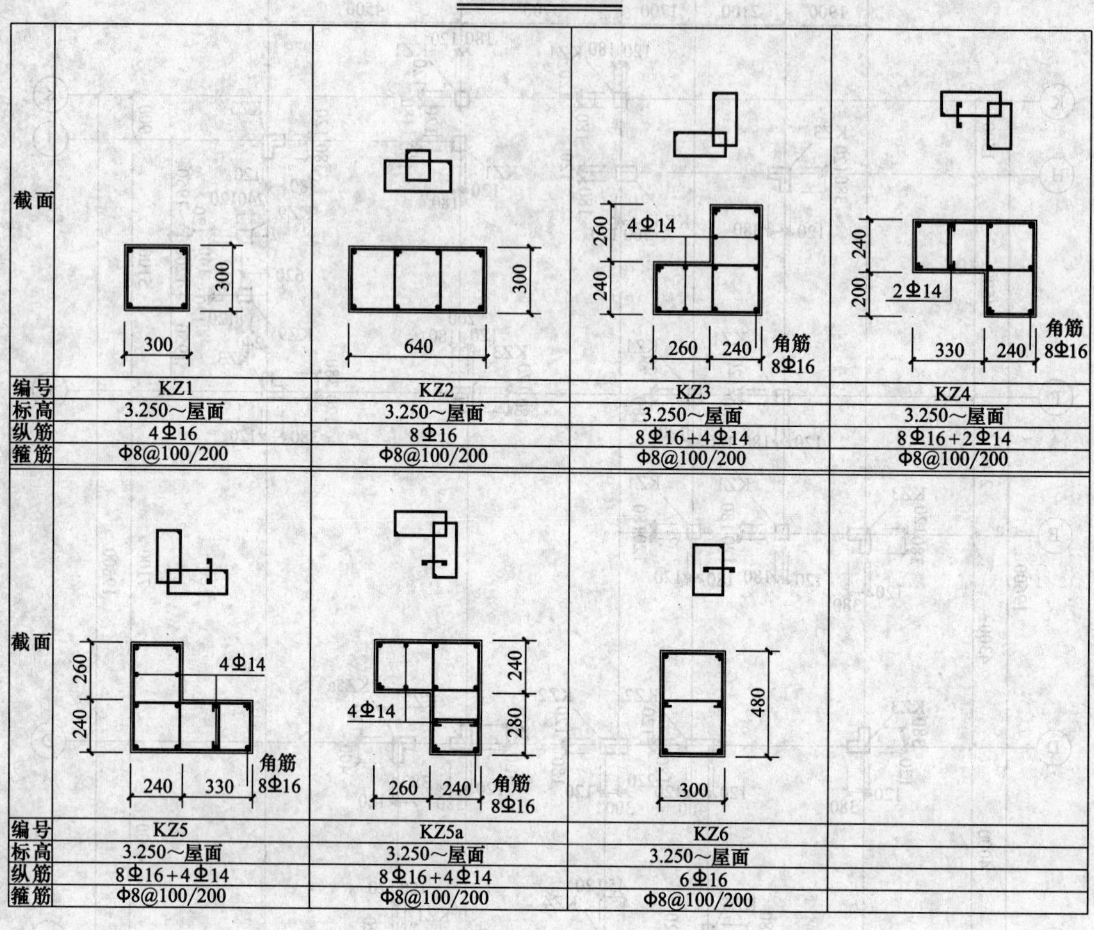

编号	KZ1	KZ2	KZ3	KZ4
标高	3.250～屋面	3.250～屋面	3.250～屋面	3.250～屋面
纵筋	4Φ16	8Φ16	8Φ16+4Φ14	8Φ16+2Φ14
箍筋	Φ8@100/200	Φ8@100/200	Φ8@100/200	Φ8@100/200

编号	KZ5	KZ5a	KZ6	
标高	3.250～屋面	3.250～屋面	3.250～屋面	
纵筋	8Φ16+4Φ14	8Φ16+4Φ14	6Φ16	
箍筋	Φ8@100/200	Φ8@100/200	Φ8@100/200	

说明:
本层柱混凝土强度等级均为C25。

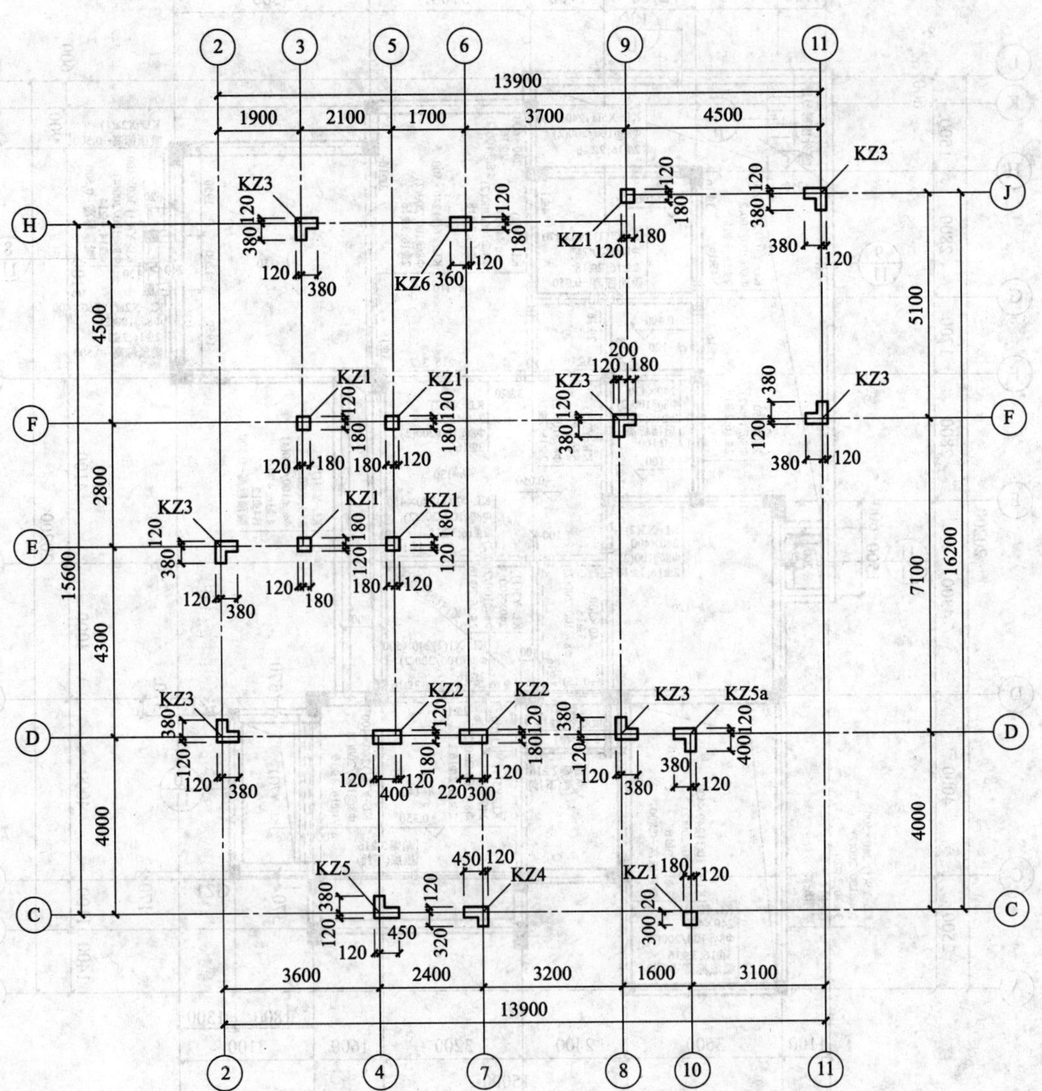

二层～屋面框架柱平面布置图 1∶100

标高3.250～屋面

图 20-16 结施-05

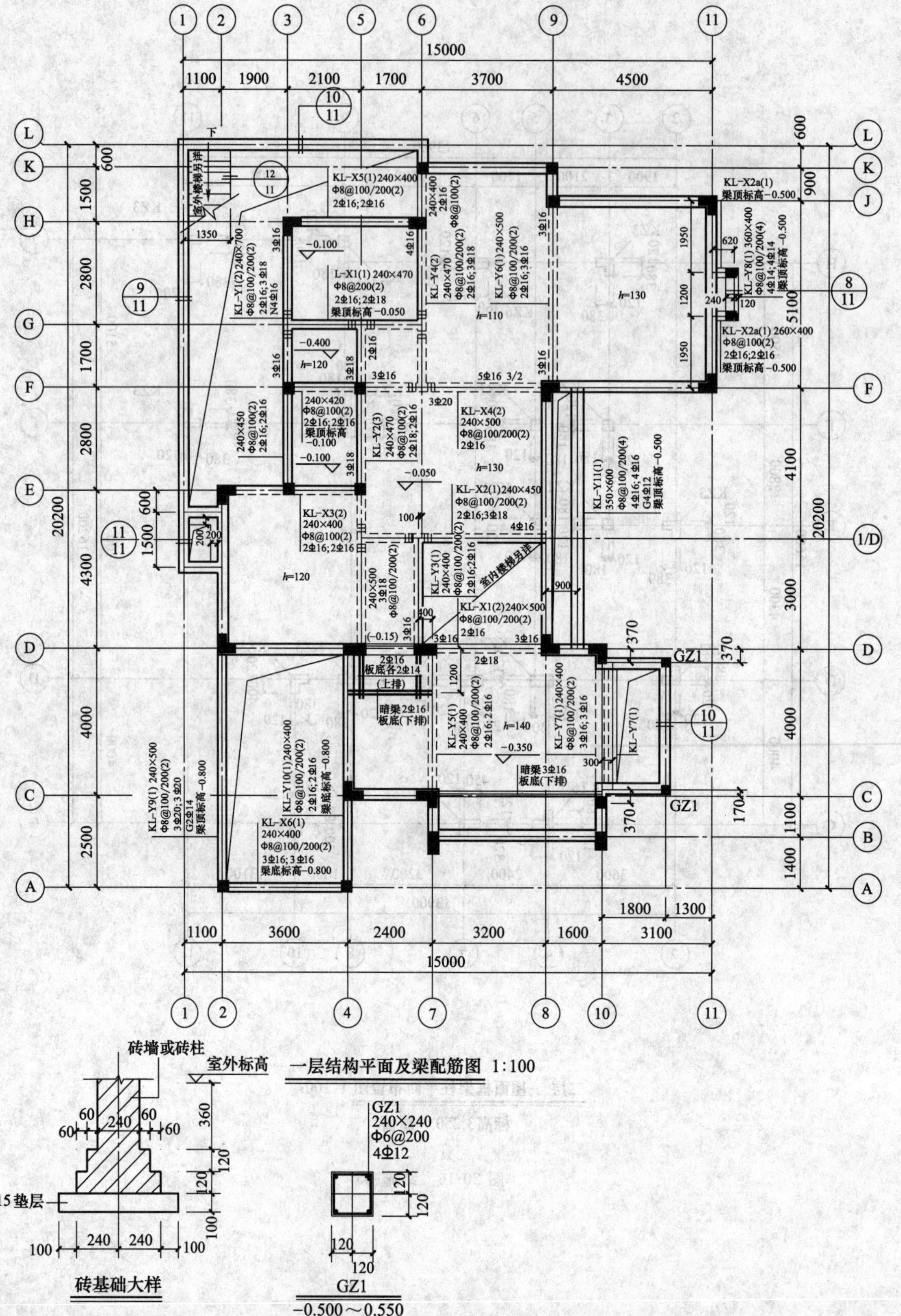

一层结构平面及梁配筋图 1:100

砖基础大样

GZ1
-0.500～0.550

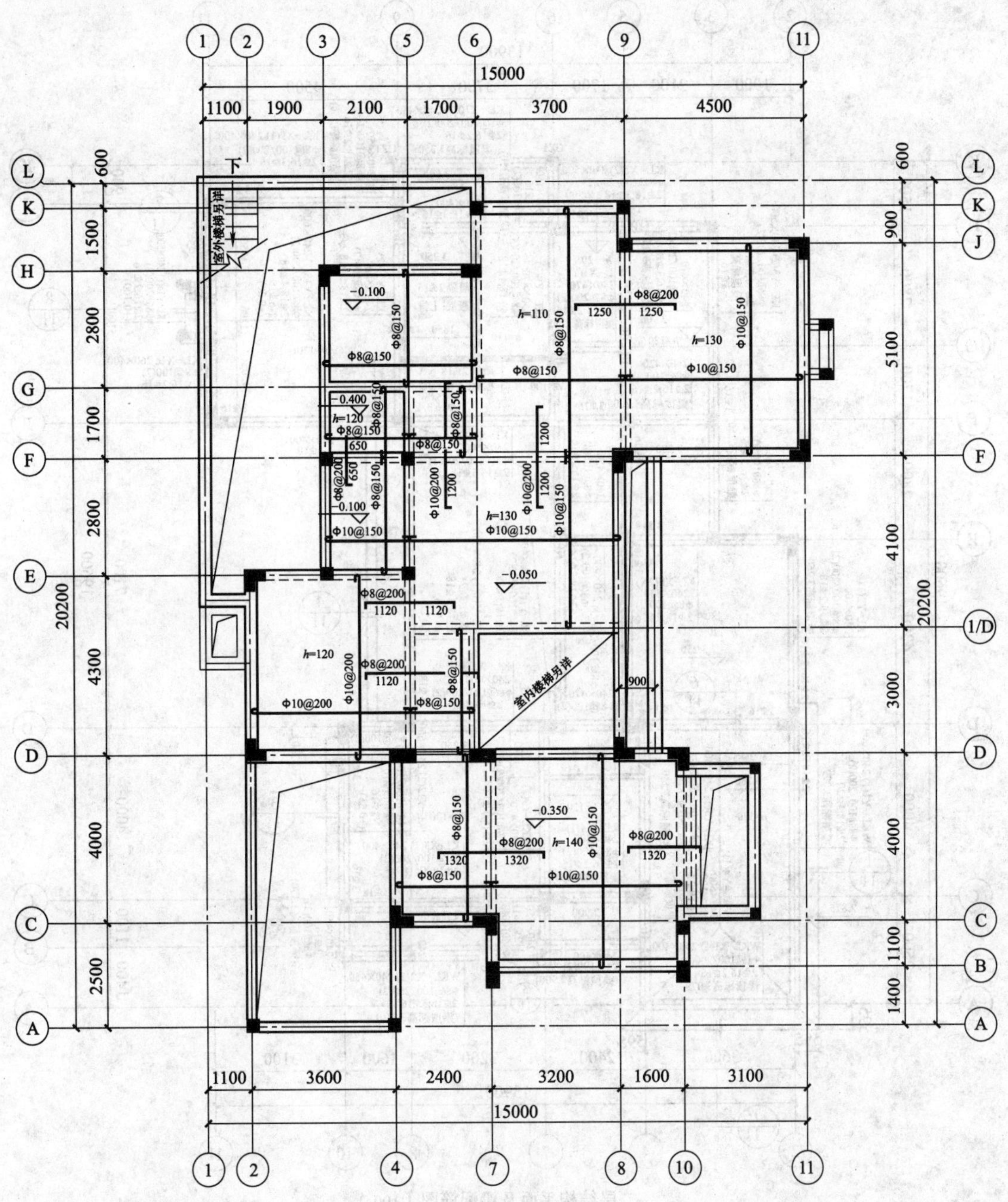

一层板配筋图 1:100

说明：

1. 除注明外，梁均居轴线中，或与柱边平齐。
2. 主次梁交接处主梁上每边各附加3根箍筋，间距50，直径同主梁箍筋。
3. 除注明外板厚均为100mm；板上筋Φ10@200双向拉通，图中所示板上筋均为支座局部附加钢筋。
4. 本层梁板混凝土强度等级均为C25。
5. 一层室外砖墙或砖柱基础做法见砖基础大样，位置详见建施图。

图 20-17 结施-06

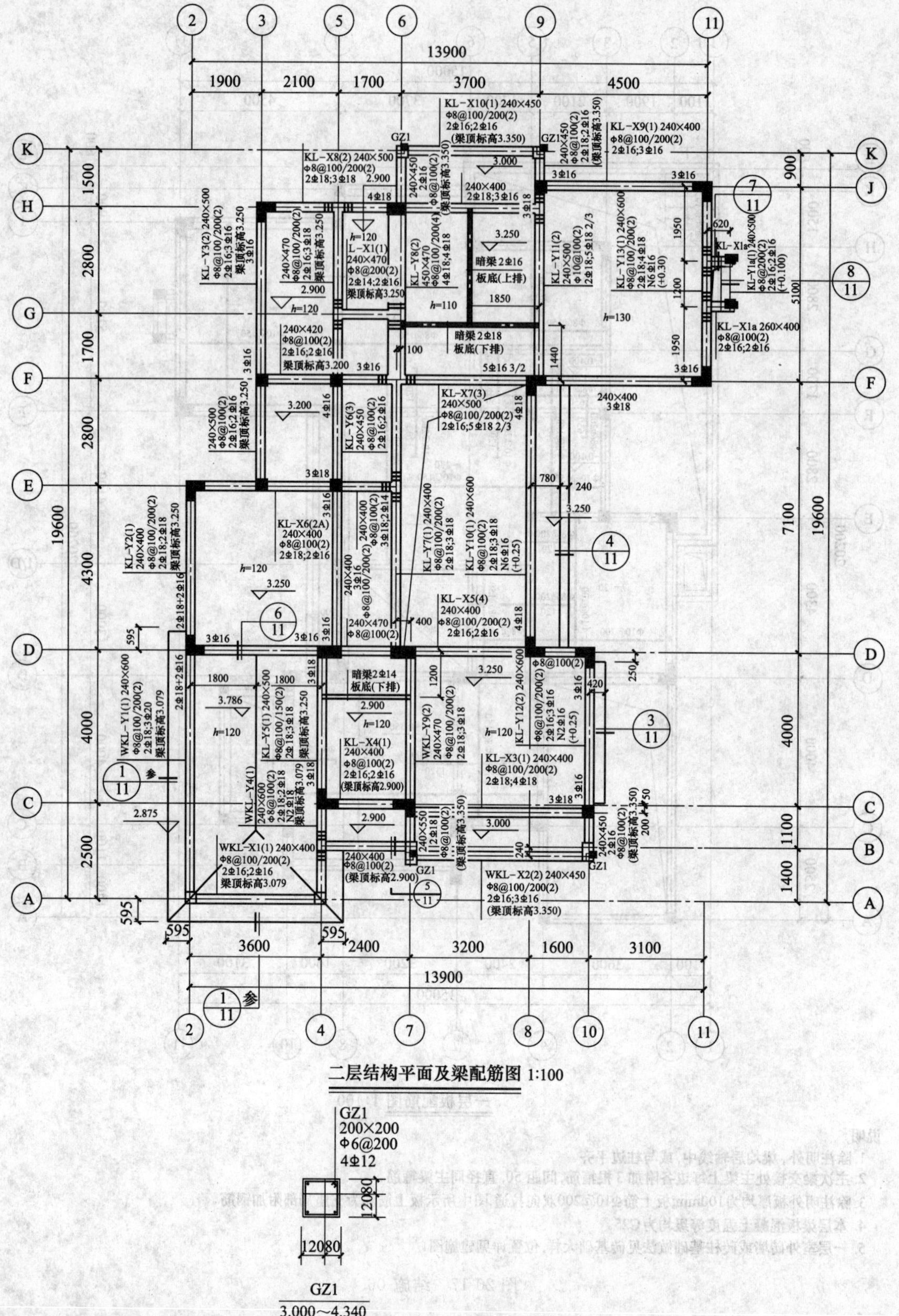

13900
1900 2100 1700 3700 4500
KL-X10(1) 240×450
Φ8@100/200(2)
2Φ16;2Φ16
(梁顶标高3.350)
KL-X9(1) 240×400
Φ8@100/200(2)
2Φ16;3Φ16
KL-X8(2) 240×500
Φ8@100/200(2)
2Φ18;3Φ18
GZ1
L-X1(1)
240×470
Φ8@200(2)
2Φ14;2Φ16
梁顶标高3.250
KL-Y8(2)
450×470
Φ8@100/200(4)
4Φ18;4Φ18
暗梁2Φ16
板底(上排)
KL-Y11(2)
240×500
Φ10@100(2)
2Φ18;5Φ18 2/3
KL-Y13(1) 240×600
Φ8@100/200(2)
2Φ18;4Φ18
N6Φ16
(+0.30)
KL-X1a 260×400
Φ8@100(2)
2Φ16;2Φ16
暗梁2Φ18
板底(下排)
KL-Y3(2) 240×500
Φ8@100/200(2)
2Φ16;3Φ16
梁顶标高3.250
KL-X7(3)
240×500
Φ8@100/200(2)
2Φ16;5Φ18 2/3
KL-Y6(3)
240×450
Φ8@100(2)
2Φ16;2Φ16
KL-X6(2A)
240×400
Φ8@100(2)
2Φ18;2Φ16
KL-Y2(1)
240×400
Φ8@100/200(2)
2Φ18;2Φ18
梁顶标高3.250
KL-Y7(1) 240×400
Φ8@100/200(2)
2Φ18;3Φ18
KL-Y10(1) 240×600
Φ8@100(2)
2Φ18;3Φ18
N6Φ16
(+0.25)
KL-X5(4)
240×400
Φ8@100/200(2)
2Φ16;2Φ16
WKL-Y1(1) 240×600
Φ8@100/200(2)
2Φ18;3Φ20
梁顶标高3.079
KL-Y5(1) 240×500
Φ8@100/150(2)
2Φ18;3Φ18
梁顶标高3.250
WKL-Y4(1)
240×600
Φ8@100(2)
2Φ18;2Φ18
N2Φ18
梁顶标高3.079
暗梁2Φ14
板底(下排)
KL-X4(1)
240×400
Φ8@100(2)
2Φ16;2Φ16
(梁顶标高2.900)
WKL-Y9(2)
240×470
Φ8@100/200(2)
2Φ18;3Φ18
KL-Y12(2) 240×600
Φ8@100/200(2)
2Φ16;3Φ16
N2Φ16
(+0.25)
KL-X3(1) 240×400
Φ8@100/200(2)
2Φ18;4Φ18
WKL-X1(1) 240×400
Φ8@100/200(2)
2Φ16;2Φ16
梁顶标高3.079
WKL-X2(2) 240×450
Φ8@100/200(2)
2Φ16;3Φ16
(梁顶标高3.350)
19600
1500 2800 1700 2800 4300 4000 2500
900 7100 4000 1100 1400
3600 2400 3200 1600 3100
13900
二层结构平面及梁配筋图 1:100
GZ1
200×200
Φ6@200
4Φ12
GZ1
3.000～4.340

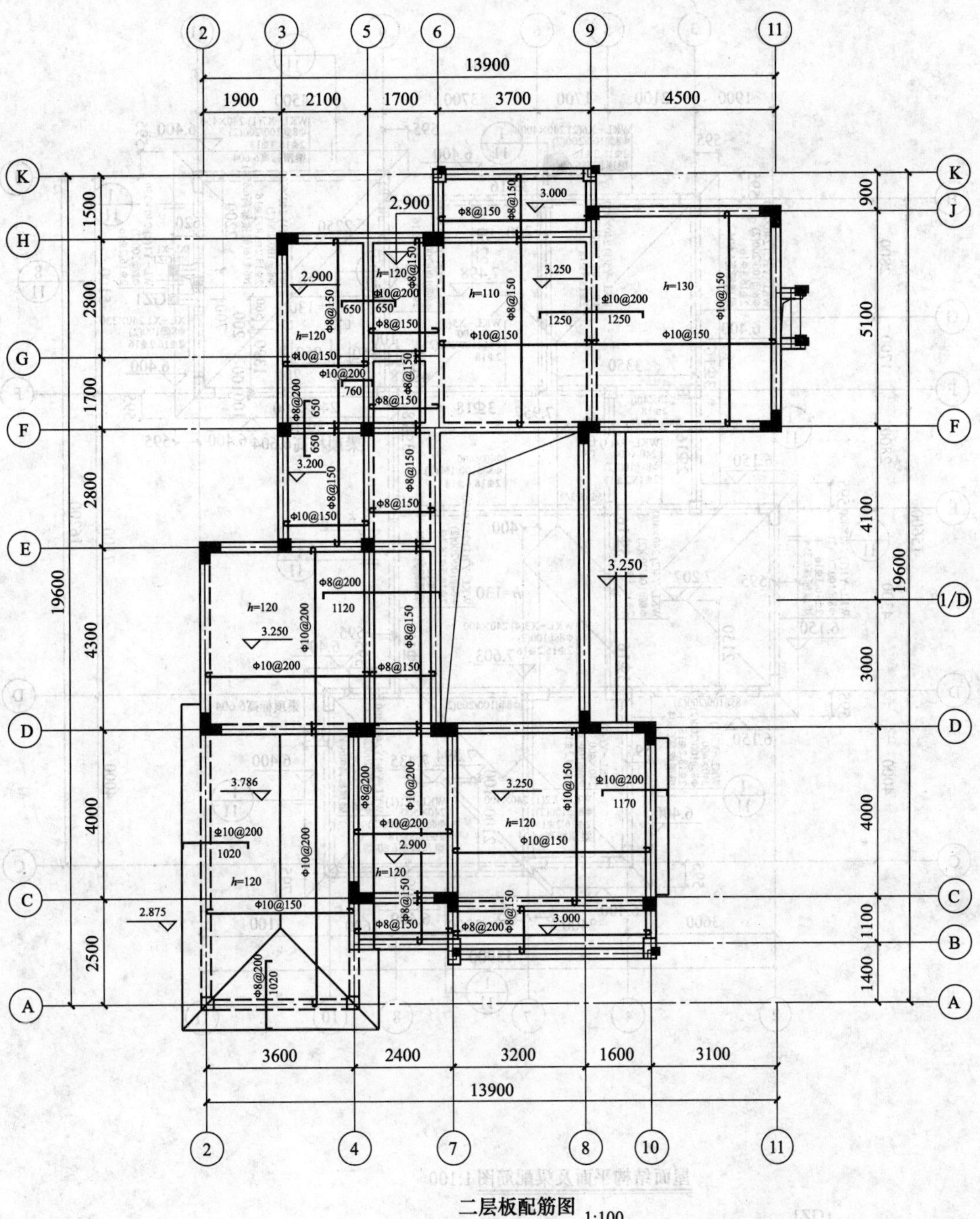

二层板配筋图 1:100

说明:
1.除注明外,梁均居轴线中,或与柱边平齐。
2.主次梁交接处主梁上每边各附加3根箍筋,间距50,直径同主梁箍筋。
3.除注明外板厚均为100mm;板上筋Φ10@200双向拉通,图中所示板上筋均为支座局部附加钢筋。
4.本层梁板混凝土强度等级均为C25。
5.本层未注明板面标高均为3.250。

图 20-18 结施-07

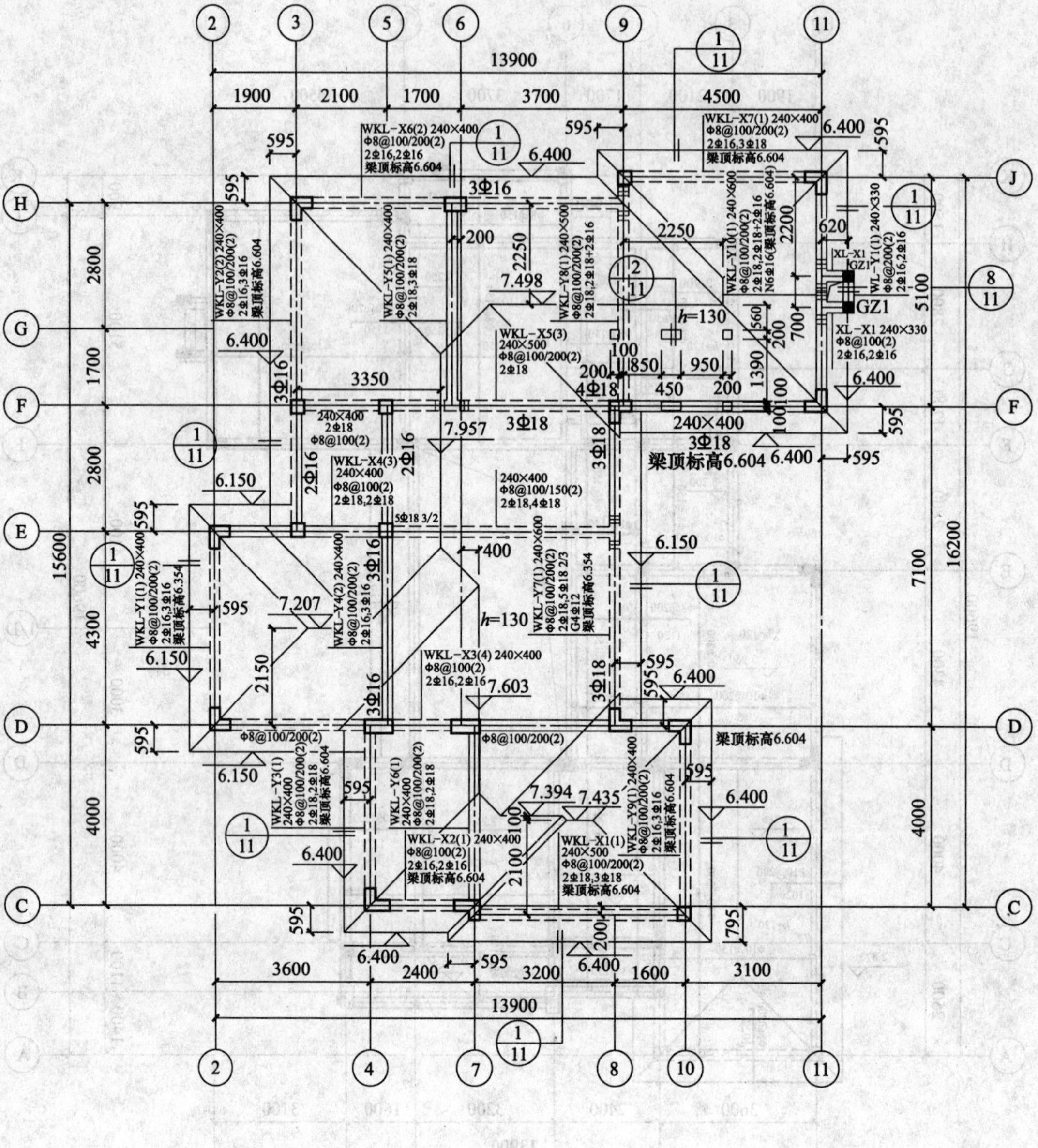

屋面结构平面及梁配筋图 1:100

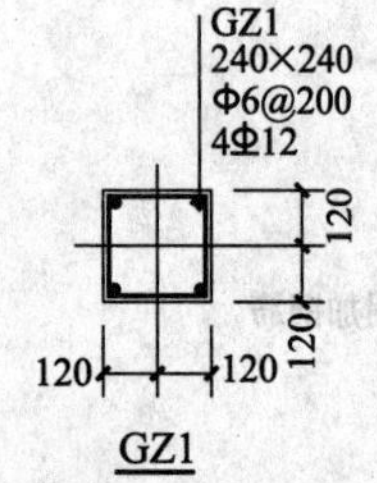

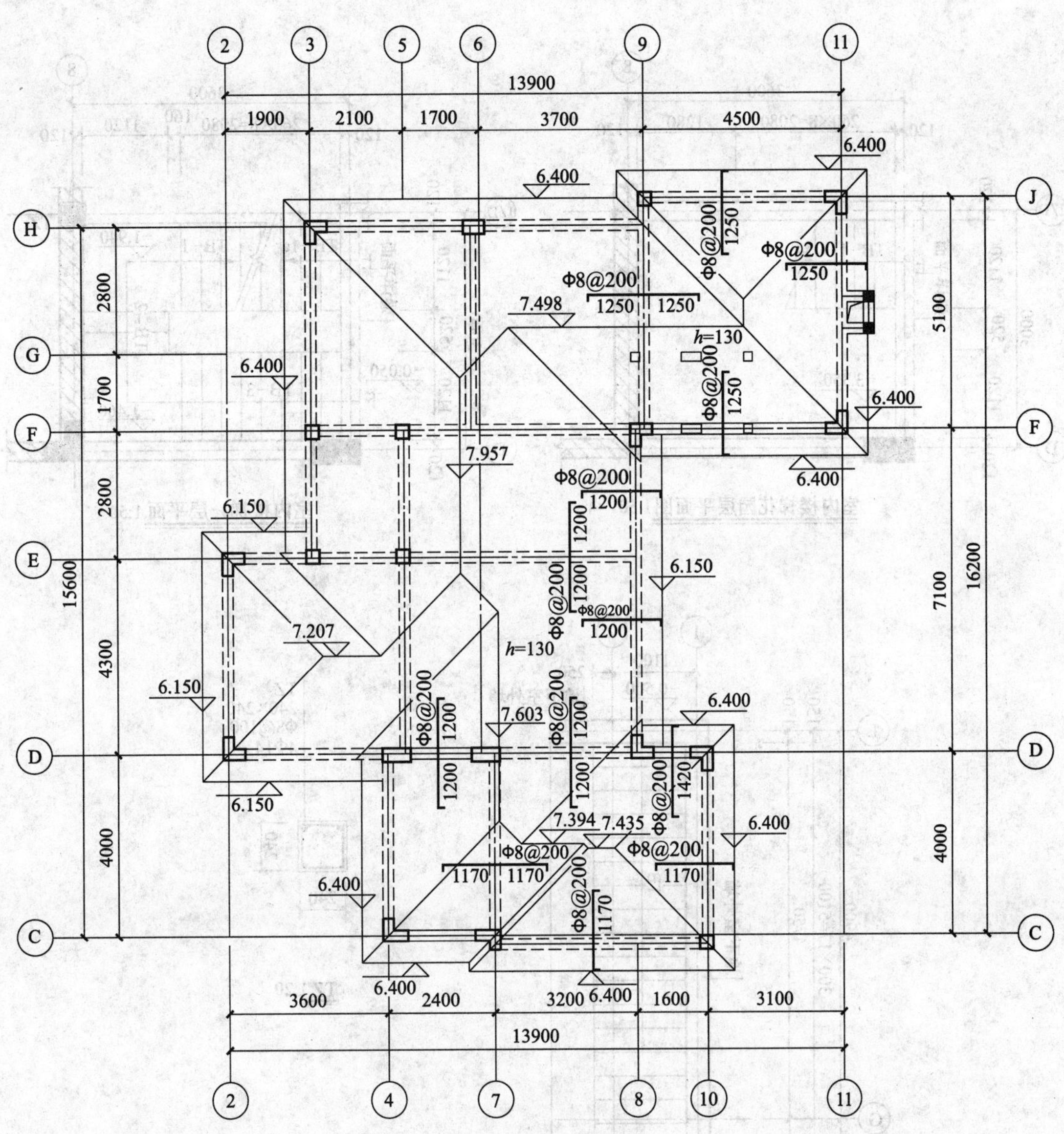

屋面板配筋图 1:100

说明：

1.除注明外，梁均居轴线中，或与柱边平齐。

2.主次梁交接处主梁上每边各附加3根箍筋，间距50，直径同主梁箍筋。

3.梁图中未标注的板厚均为120mm。

4.本层梁板混凝土强度等级均为C25。

5.除注明外，板配筋采用Φ10@200双层向拉通布置，图中所示板上筋均为支座局部附加钢筋。

图 20-19　结施-08

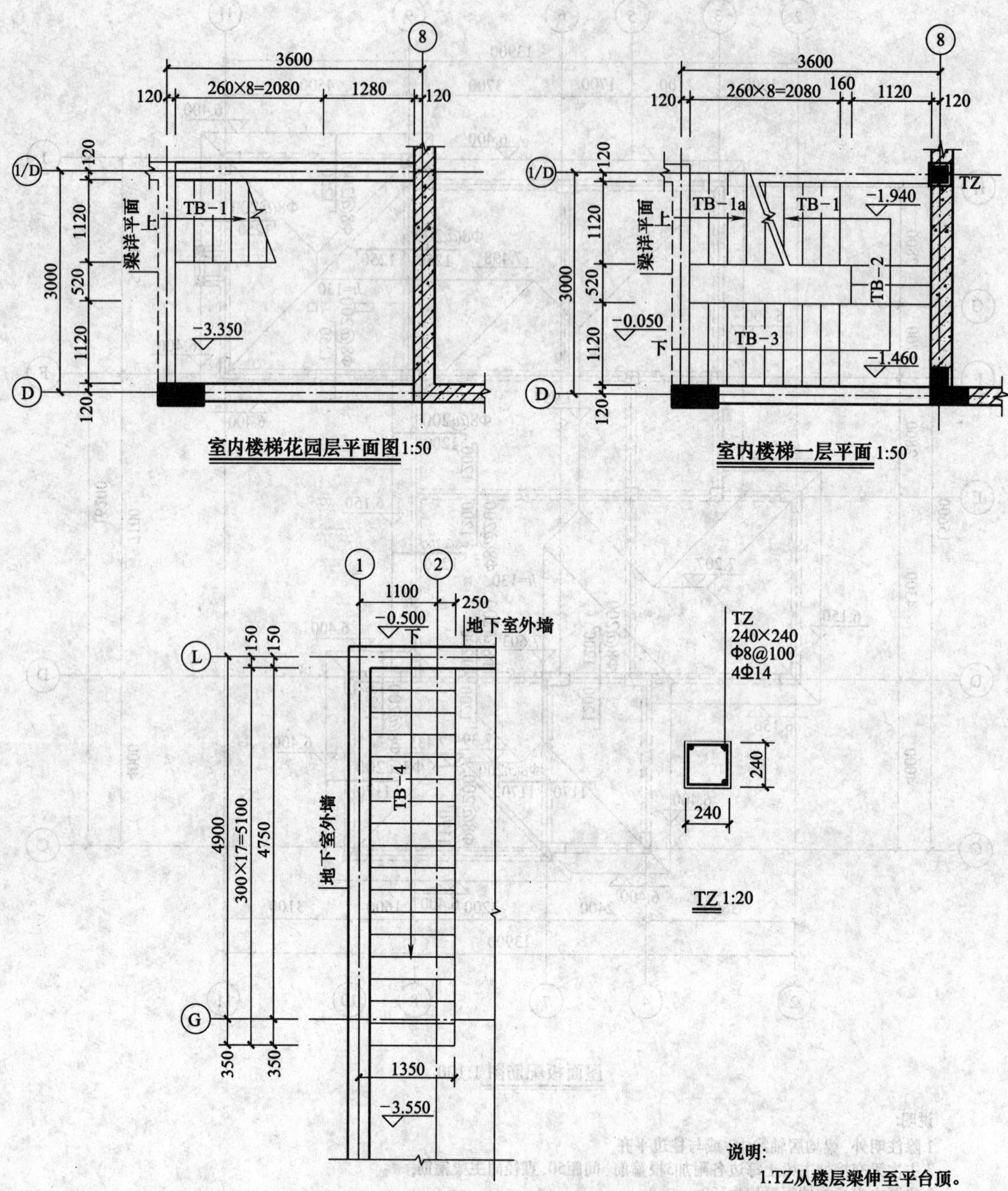

说明：

1.TZ从楼层梁伸至平台顶。

2.混凝土强度等级C25。

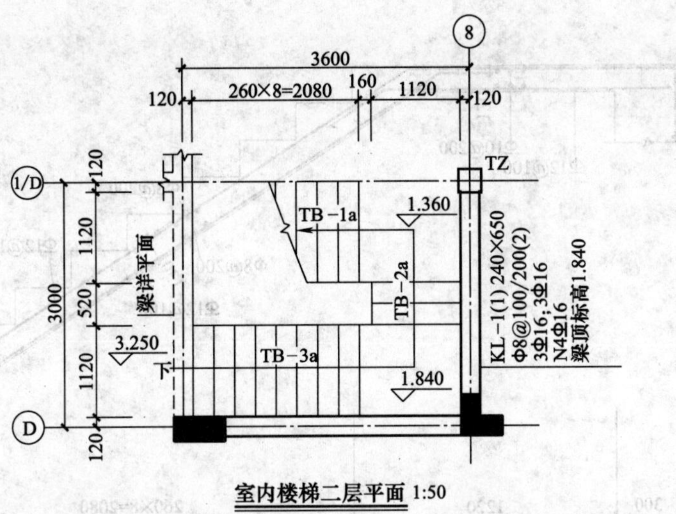

室内楼梯二层平面 1:50

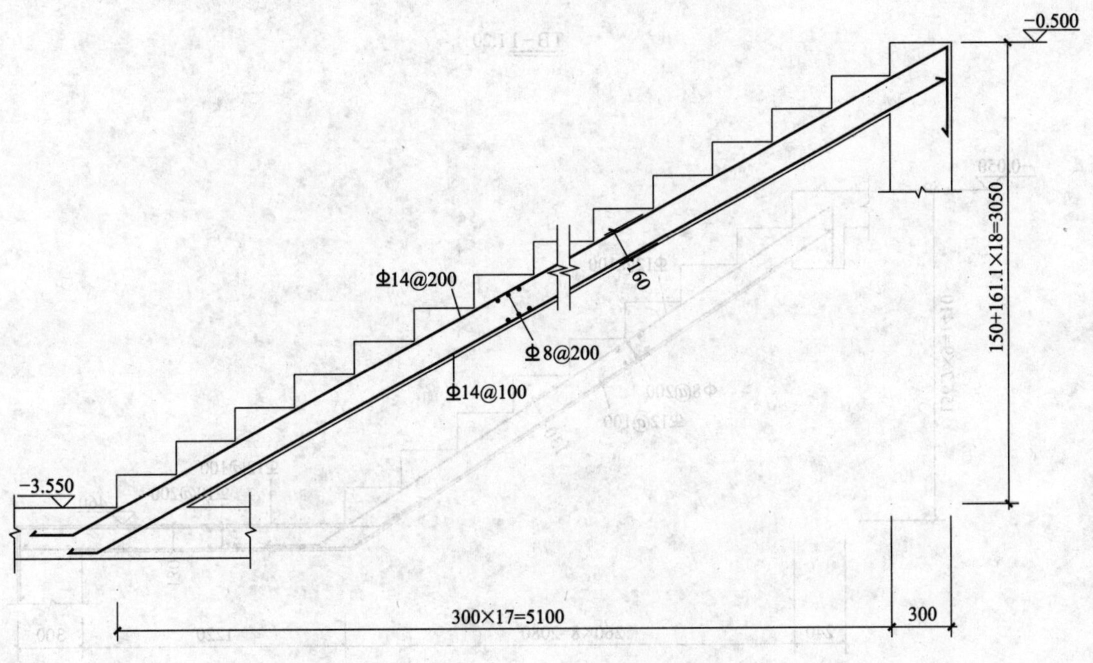

TB－4 1:20

图 20-20 结施-09

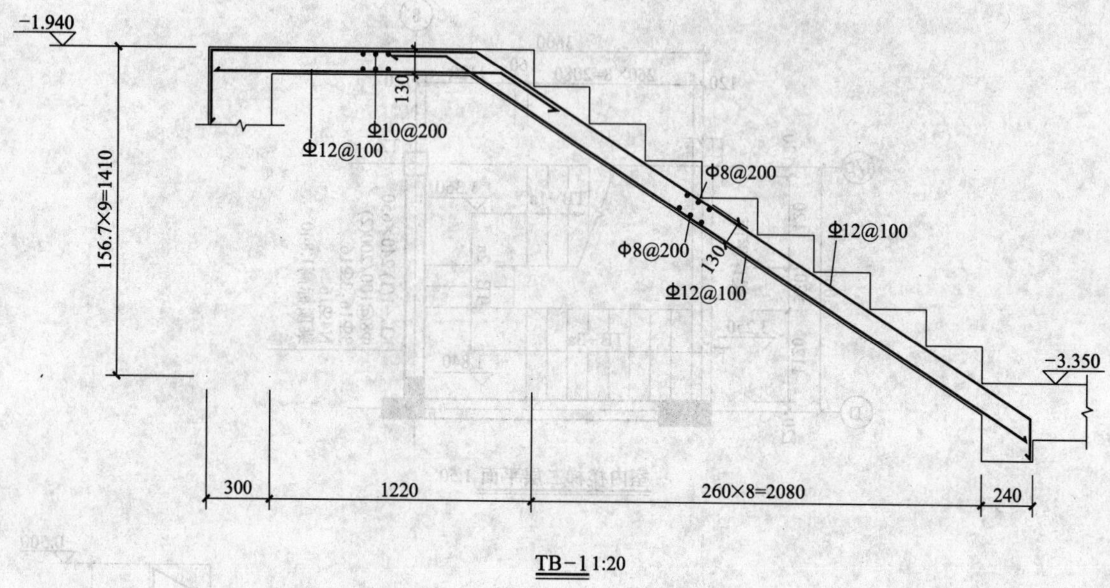

TB－1 1:20

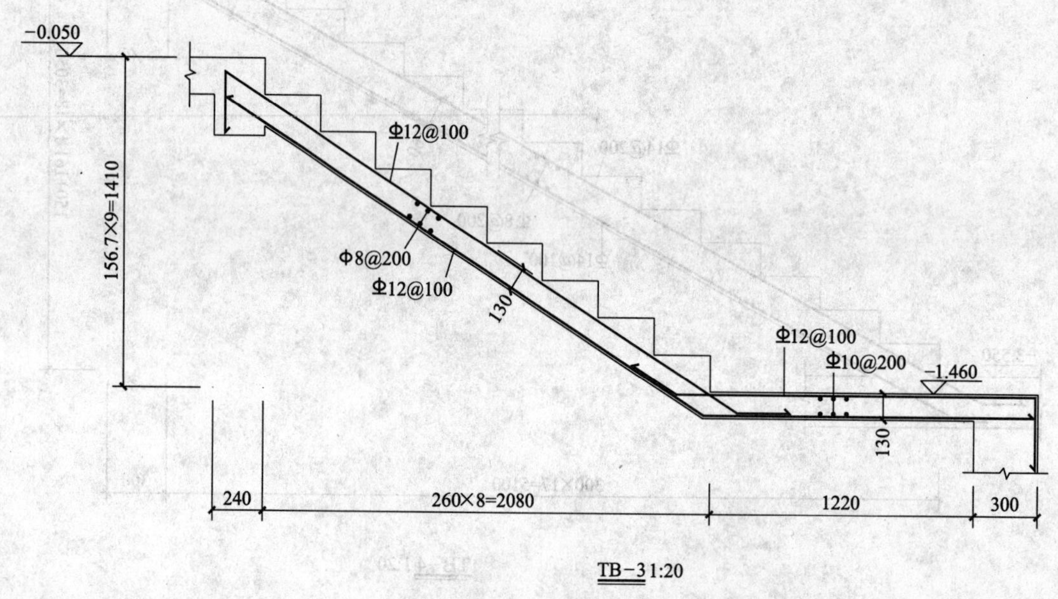

TB－3 1:20

图 20-21

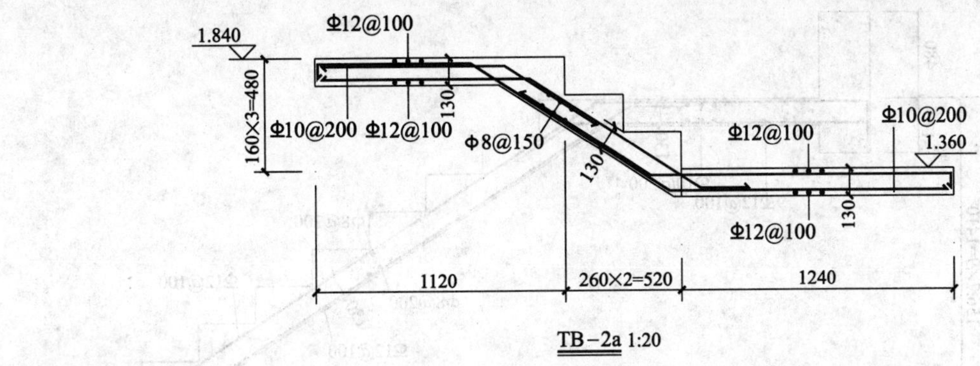

TB-2a 1:20

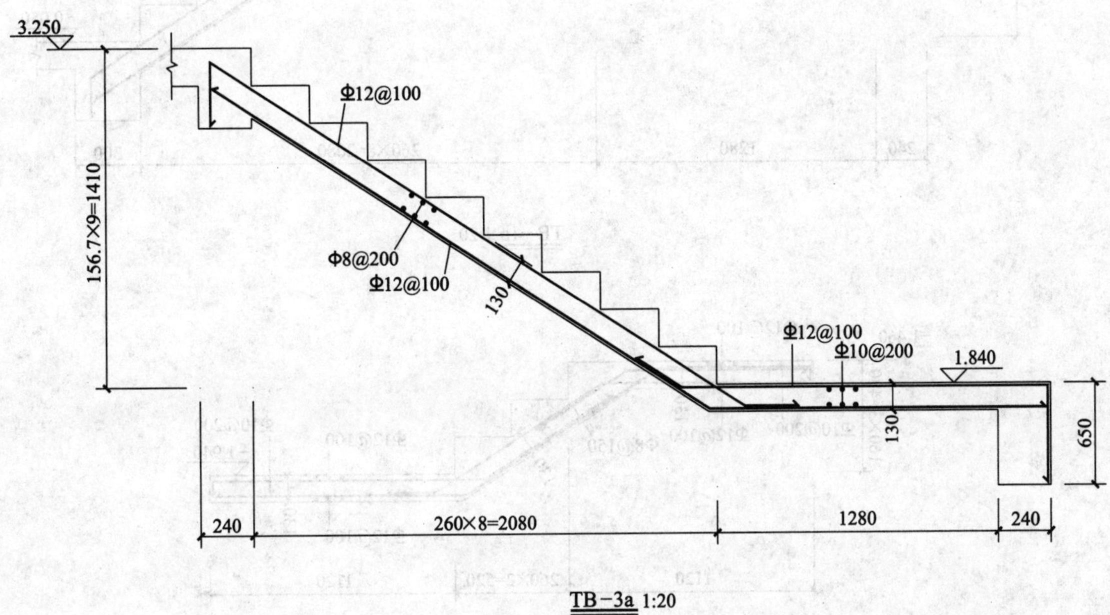

TB-3a 1:20

图 20-21

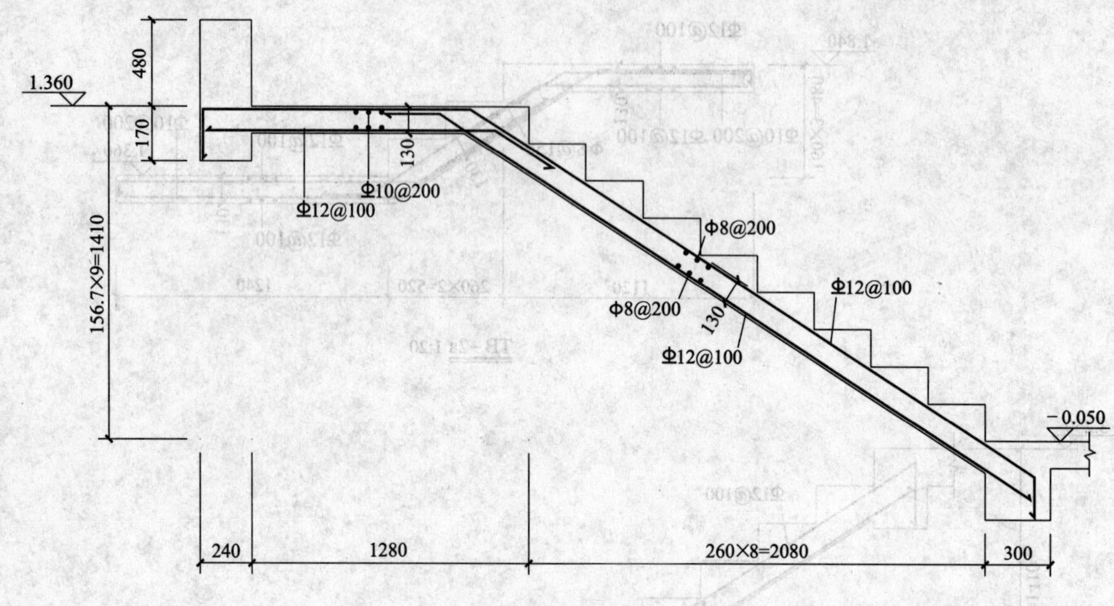

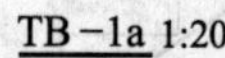
TB−1a 1:20

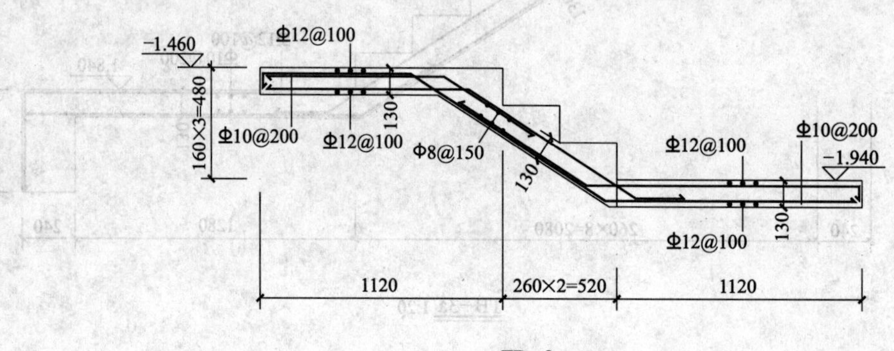

TB−2 1:20

图 20-21 结施-10

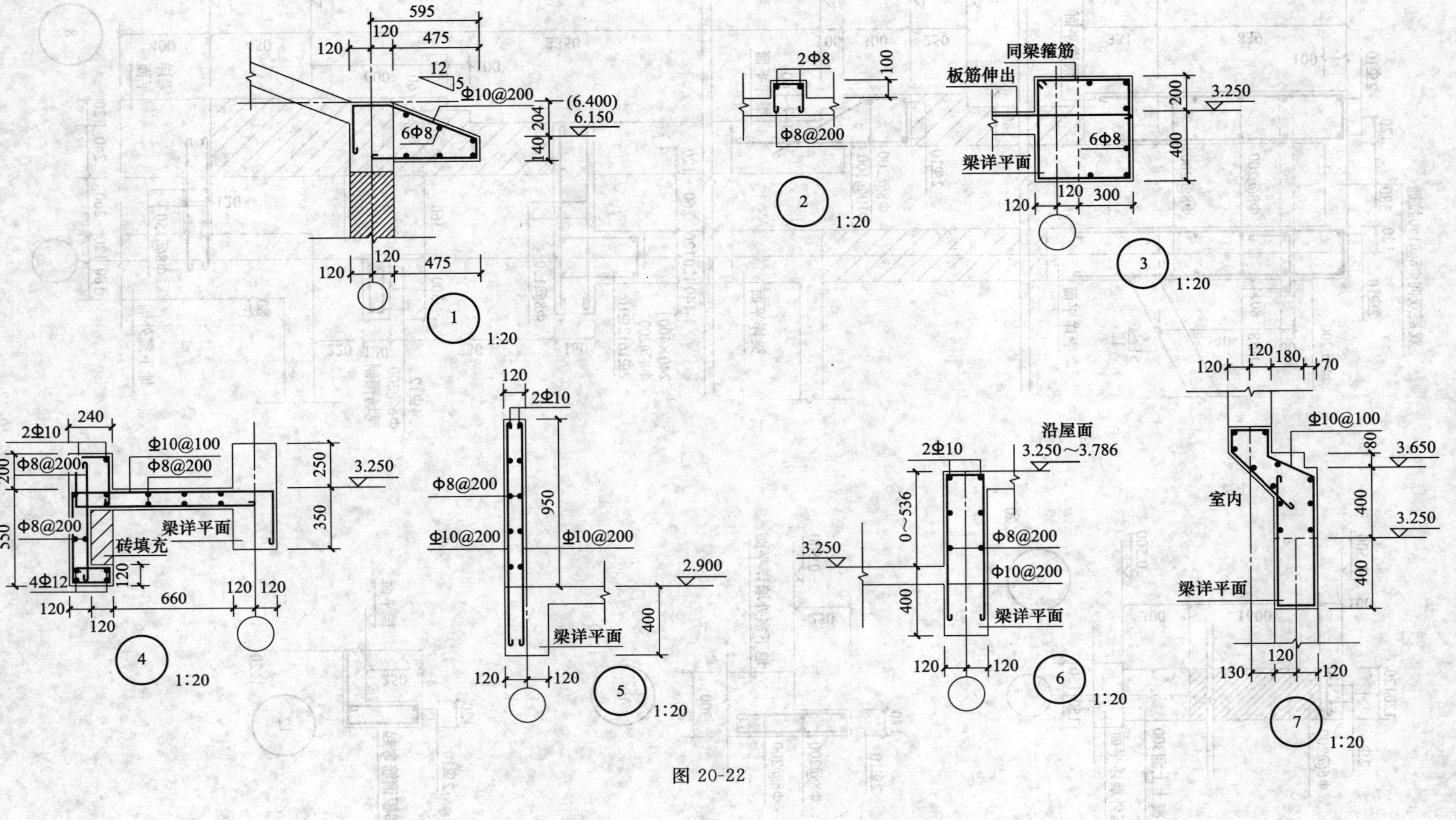
595
120
475
120
12
5
Φ10@200
(6.400)
6.150
204
140
6Φ8
120
475
120
1
1:20
2Φ8
100
Φ8@200
2
1:20
同梁箍筋
板筋伸出
3.250
200
400
6Φ8
梁详平面
120
120
300
3
1:20
240
2Φ10
Φ10@100
Φ8@200
200
Φ8@200
250
3.250
350
550
Φ8@200
梁详平面
砖填充
4Φ12
120
660
120
120
120
120
4
1:20
120
2Φ10
Φ8@200
950
Φ10@200
Φ10@200
2.900
400
梁详平面
120
120
5
1:20
沿屋面
2Φ10
3.250～3.786
0～536
3.250
Φ8@200
Φ10@200
400
梁详平面
120
120
6
1:20
120
120
180
70
Φ10@100
80
3.650
室内
400
3.250
400
梁详平面
120
130
120
7
1:20

图 20-22

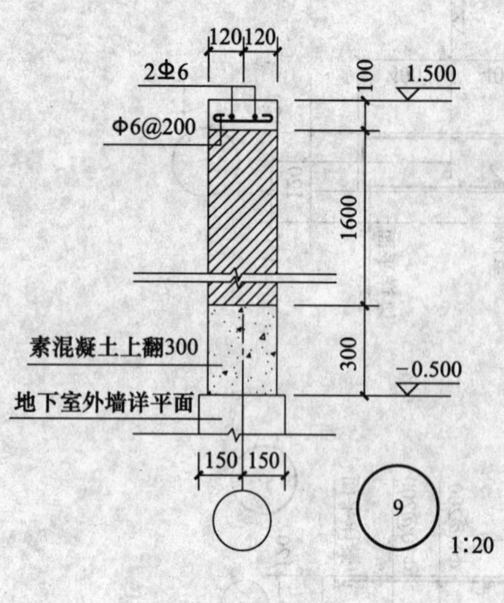
120 120
2Φ6
Φ6@200
素混凝土上翻300
地下室外墙详平面
150 150
100
1600
300
1.500
−0.500
9
1:20

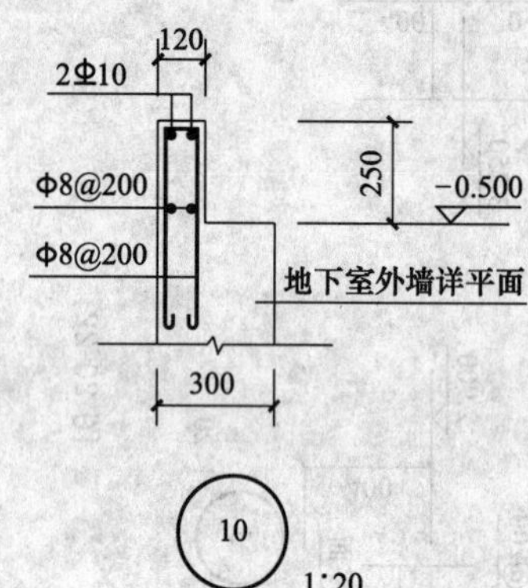
120
2Φ10
Φ8@200
Φ8@200
250
−0.500
地下室外墙详平面
300
10
1:20

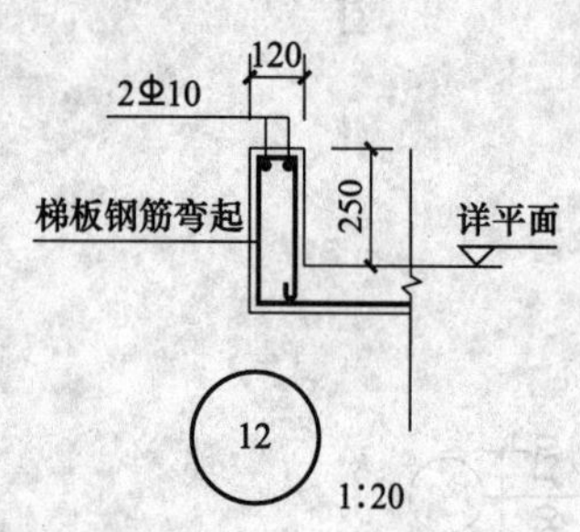
120
2Φ10
梯板钢筋弯起
250
详平面
12
1:20

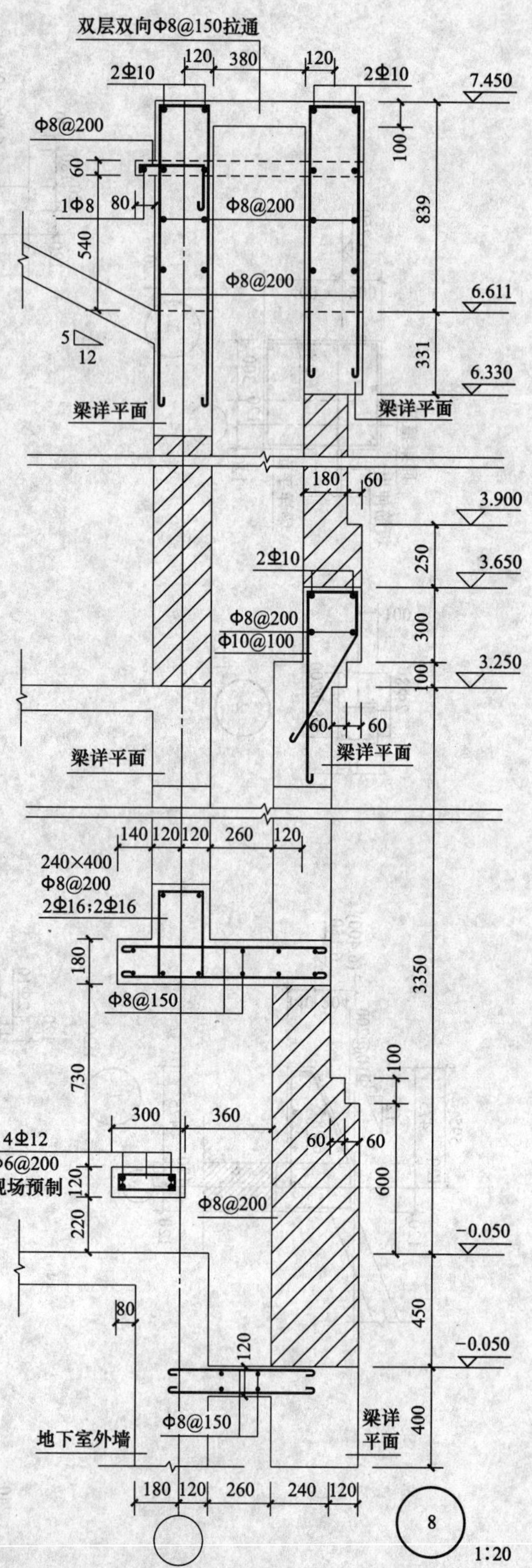
双层双向Φ8@150拉通
2Φ10
120 380
120
2Φ10
7.450
Φ8@200
60
1Φ8
80
540
Φ8@200
Φ8@200
100
839
6.611
331
6.330
5
12
梁详平面
梁详平面
180 60
3.900
2Φ10
250
3.650
Φ8@200
Φ10@100
300
100
3.250
60 60
梁详平面
梁详平面
140 120 120 260 120
240×400
Φ8@200
2Φ16;2Φ16
180
Φ8@150
730
300 360
4Φ12
Φ6@200
现场预制
120
120
220
60 60
Φ8@200
100
600
3350
−0.050
80
120
450
−0.050
Φ8@150
地下室外墙
梁详
平面
400
180 120 260 240 120
8
1:20

图 20-22

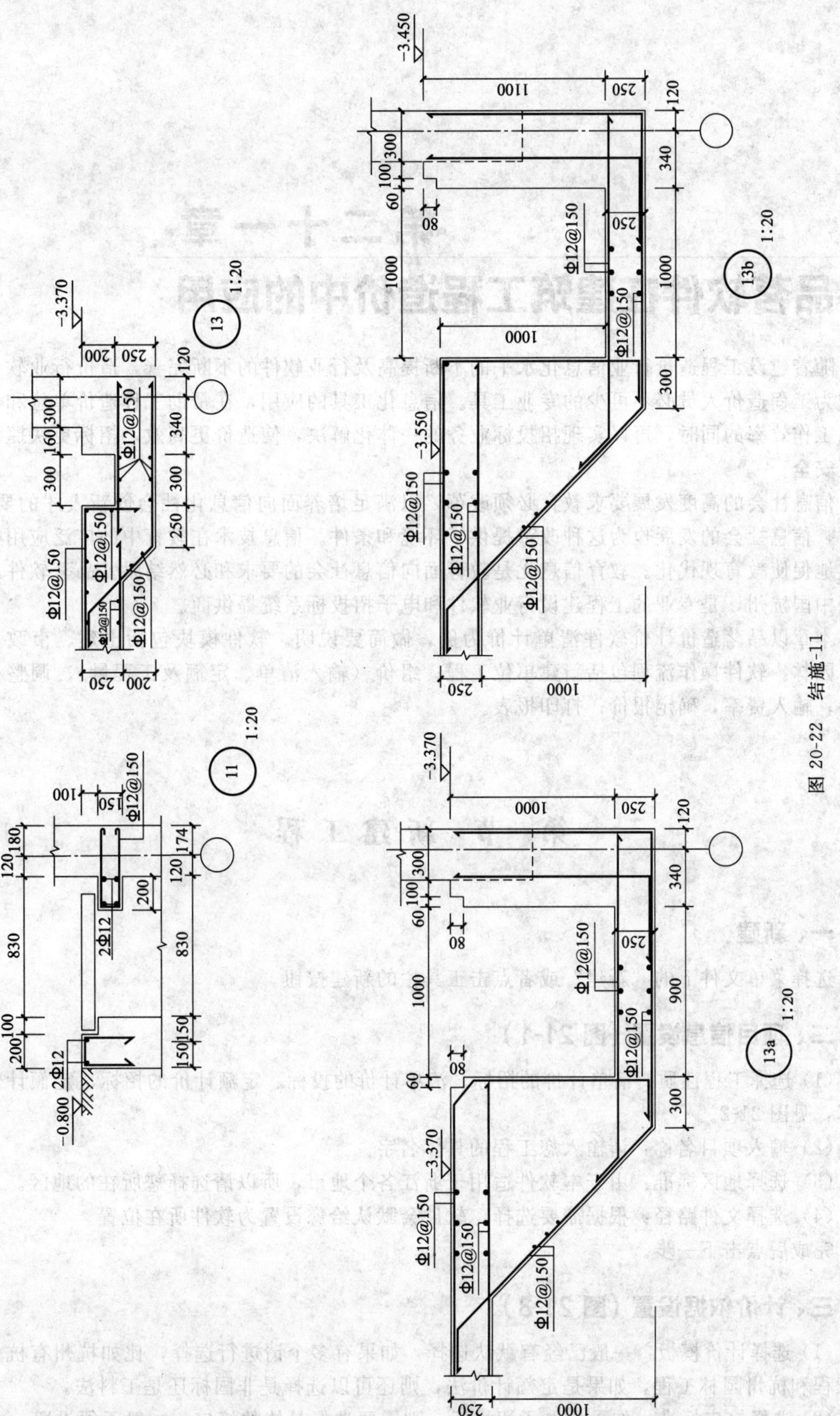

图 20-22 结施-11

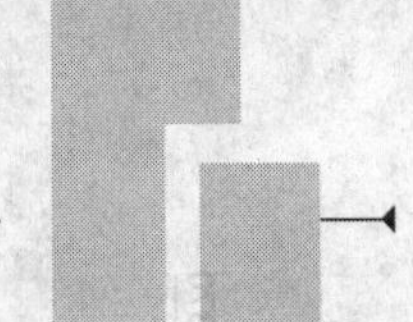

第二十一章 品茗软件在建筑工程造价中的应用

随着建设工程造价行业信息化水平的不断提高及行业软件的不断完善，造价行业软件已经成为工程造价人员必不可少的专业工具。信息化工具的应用，在帮助工程造价单位和个人提高工作效率的同时，可以实现招投标业务的一体化解决，使造价更高效，招标更快捷，投标更安全。

信息社会的高度发展要求教育必须改革，以满足培养面向信息化社会创新人才的要求，同时，信息社会的发展也为这种改革提供了环境和条件。信息技术在教育中的广泛应用必将有效地促使教育现代化。教育信息化是教育面向信息社会的要求和必然结果。品茗软件总部位于中国杭州，是专业的工程建设行业软件和电子招投标系统提供商。

本章以品茗造价计价软件清单计价为例，做简要说明。软件模块包括土建、市政、安装、园林。软件操作流程包括新建单位工程；组价（输入清单、定额及工程量）；调整材料价格；输入费率，确定报价；打印报表。

第一节 新建工程

一、新建

选择菜单文件下的“新建”或者点击工具栏的新建按钮。

二、项目信息设置（图 21-1）

(1) 选择工程性质：清单计价的招标、清单计价的投标、定额计价的招标、定额计价的投标，见图 21-2。

(2) 输入项目名称：请输入您工程的具体名字。

(3) 选择地区标准：由于本软件适用于浙江各个地市，所以请选择您所在的地区。

(4) 选择文件路径：根据需要选择，软件会默认给您设置为软件所在位置。

完成后点击下一步。

三、计价依据设置（图 21-3）

(1) 选择计价模板：一般已经有默认选择，如果有多个请进行选择，比如杭州有杭州房建工程和杭州园林工程，如果是定额计价法，则还可以选择是非国标还是工料法。

(2) 选择接口标准：如果是电子招投标，则需要选择具体的接口，一般无须设置。

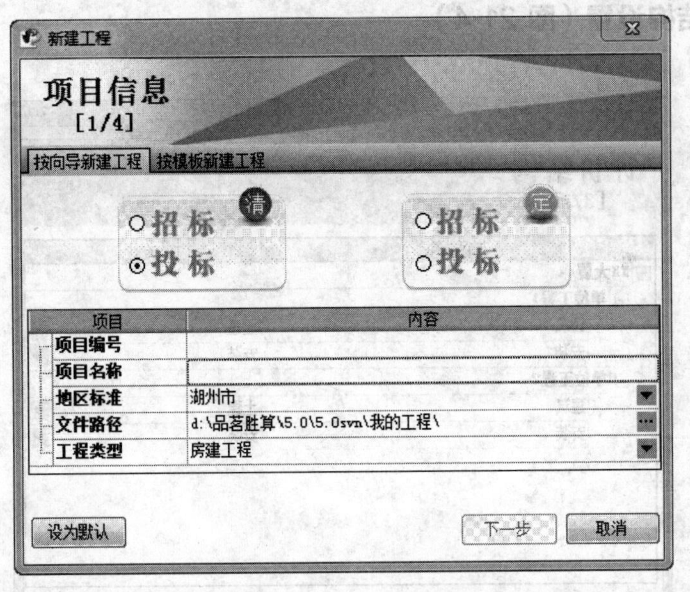

图 21-1　项目信息设置

图 21-2

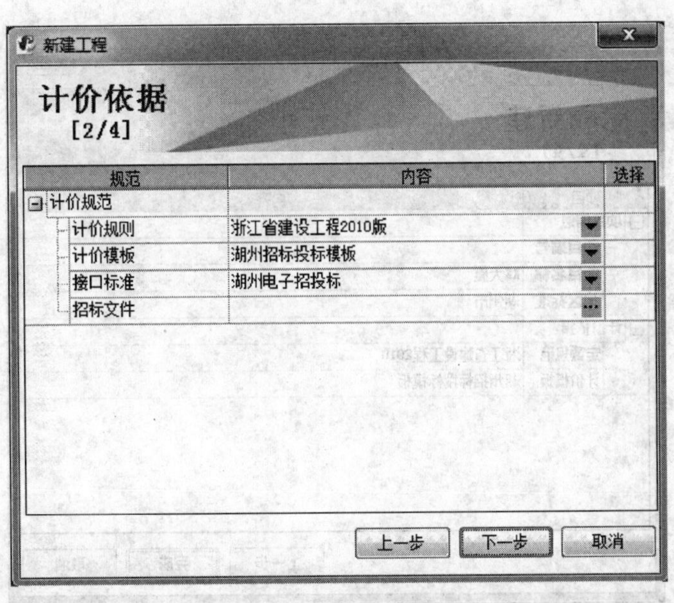

图 21-3　计价依据设置

(3) 选择招标文件：如果是电子投标，则请选择具体的招标文件。

完成后，点击下一步。

四、计价结构设置（图 21-4）

图 21-4　计价结构设置

在此处，您可以对项目结构进行调整，通过右键可以增加、删除。如果是电子评标工程则自动建立，且无法调整。完成后，点击下一步。

五、完成新建（图 21-5）

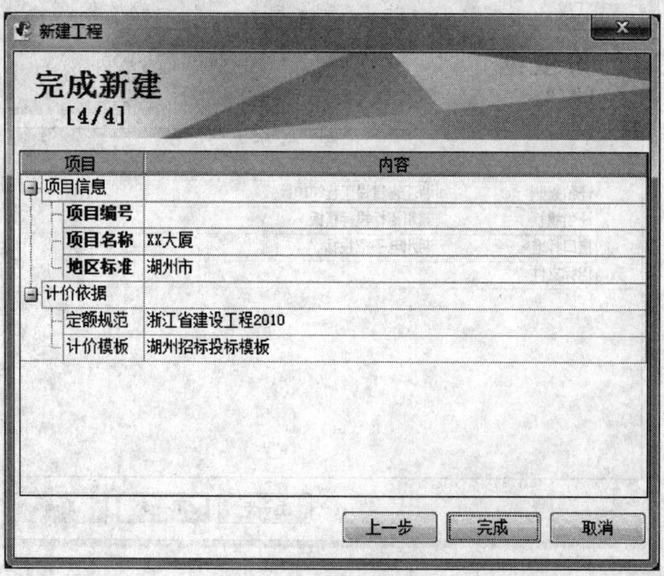

图 21-5　完成新建

此处进行工程整体信息的展示，如果没有问题则点击完成。

第二节 界面简介

本节先对整体界面做一个概要性介绍，详细内容请参考第三节。

一、总体界面

如图 21-6 所示，由于胜算 5.0 采用全新架构，所以整个项目为一体式结构，点击专业工程即可进行组价，无需双击后编辑。

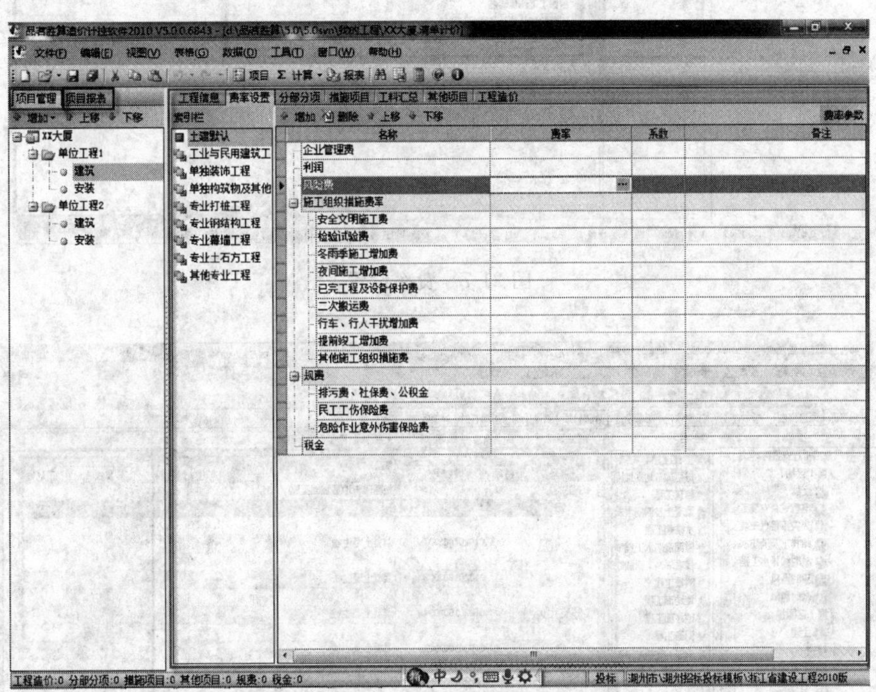

图 21-6 总体界面

（1）项目管理：显示整个项目的结构。

（2）项目报表：显示整个项目的表格（和胜算 4.6 不同，报表在此处直接进行显示以及打印、导出 EXCEL）。

（3）项目信息等插页：根据选中的节点，显示相应的内容。

二、费率设置

如图 21-7 所示，具体操作请参考第五节输入费率部分。

三、分部分项（图21-8）

（1）A 区：显示当前专业工程的分部，点击可以快速定位到相应分部。

（2）B 区：功能插页：

① 特征及指引：显示调整清单的项目特征，显示指引；

② 人材机明显：显示调整定额的人材机；

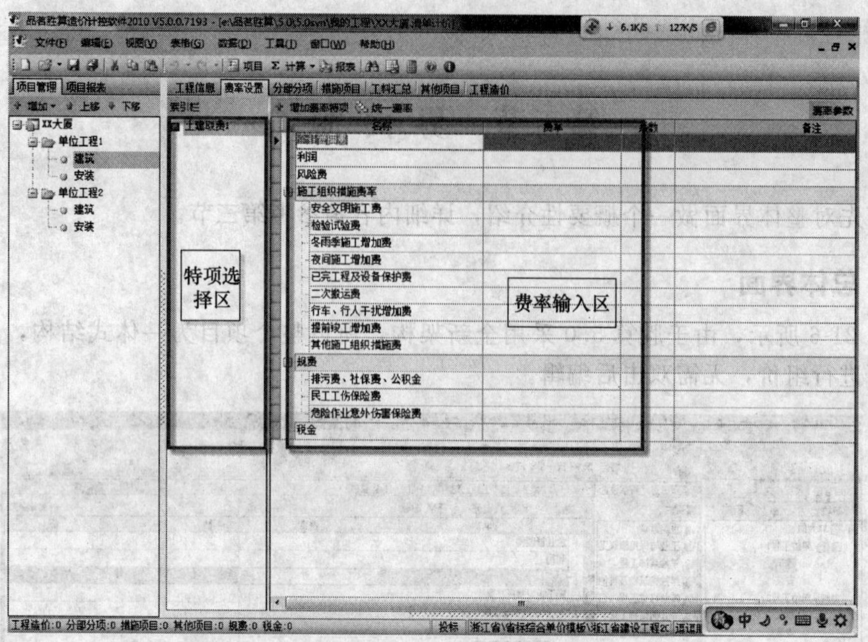

图 21-7　费率设置

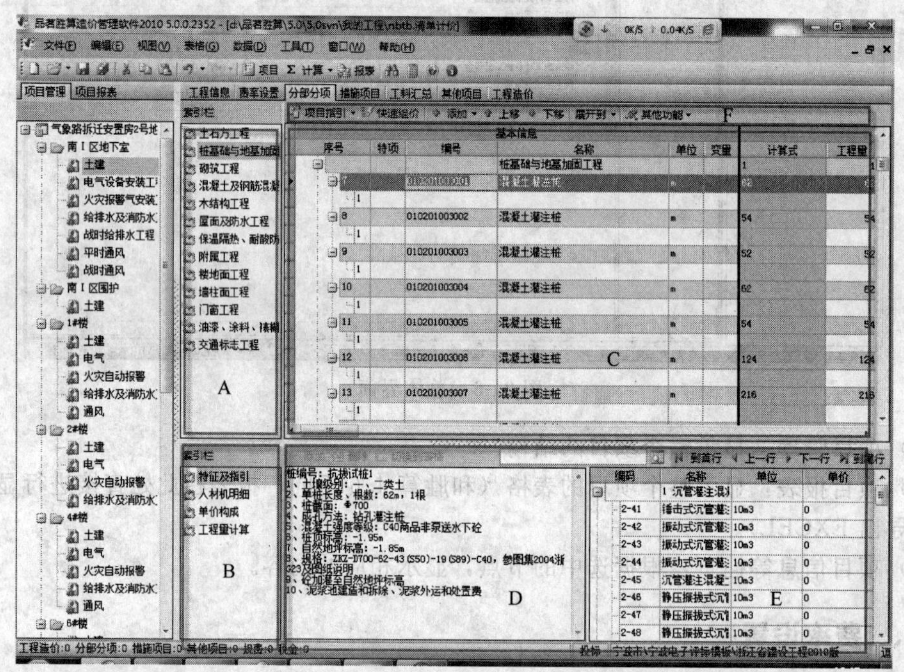

图 21-8　分部分项

③ 单价构成：显示定额的费用组成；

④ 工程量计算：输入清单或定额的统筹法计算式。

(3) C 区：清单定额套用调整区域。

(4) D、E 区：根据 B 区不同而显示不同内容。

(5) F 区：工具栏，此处的功能针对的是当前分部分项和技术措施。

四、措施项目

措施项目基本和分部分项一样，见图 21-9，不同的是，组织措施也显示在此界面，方便您的查看、调整。

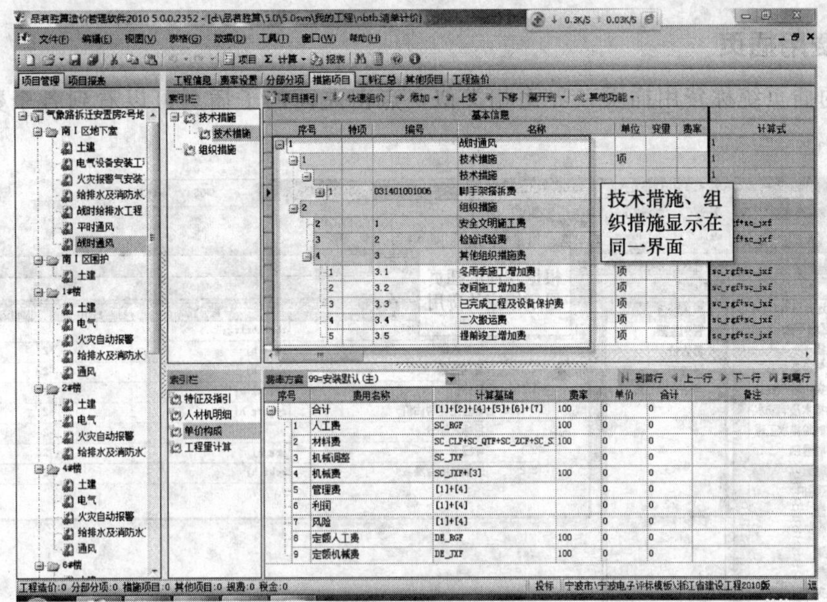

图 21-9　措施项目

五、人材机

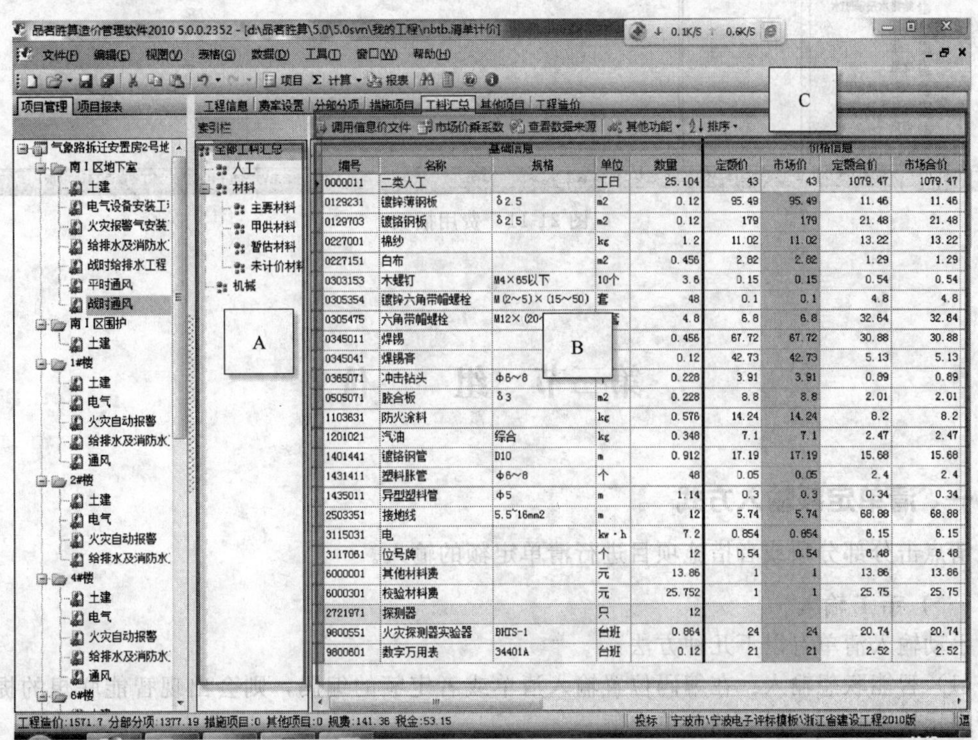

图 21-10　人材机

如图 21-10 所示。

(1) A 区：人材机分类显示；

(2) B 区：人材机市场价等内容的显示和调整；

(3) C 区：工具栏，此处的功能针对的是当前人材机。

六、费用插页

剩余的插页统称费用插页，界面相类似，点击左面的子插页可以看到各个数据。如图 21-11 所示。

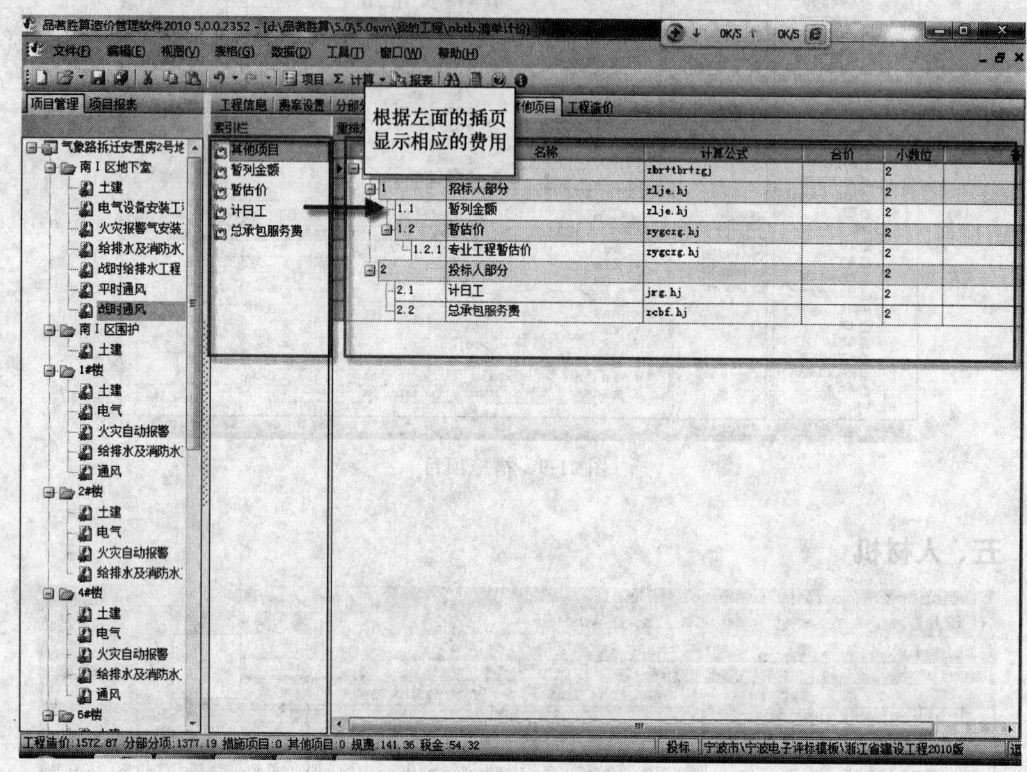

图 21-11 费用插页

第三节 组 价

一、清单定额输入方式

请点击分部分项或者措施项目进行清单定额的输入。

(一) 手工输入

手动输入清单有以下几种方法：

(1) 智能联想输入：在编码位置输入清单或者定额的编码，则会出现智能联想的提示，逐步提示快速找到您需要的清单定额。

举例说明，假设您想套用建筑屋面工程的止水带定额。

步骤一：在建筑专业工程的定额行输入 7（假设您知道屋面工程是第七章，不过即使您不知道没有关系，后续操作还可以修改），此时会出现所有章节，并定位到屋面工程，如图 21-12 所示。（当然您还可以通过键盘上的上下键选择其他章节）

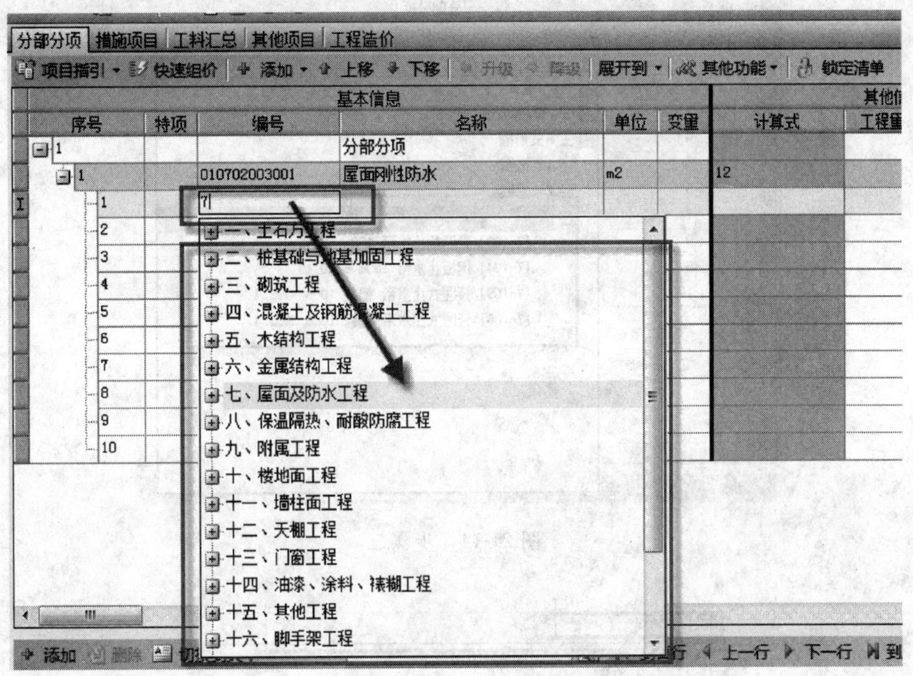

图 21-12　步骤一

步骤二：输入横杠，此时会展开第七章内容（用键盘的回车也能达到同样效果）。见图 21-13。

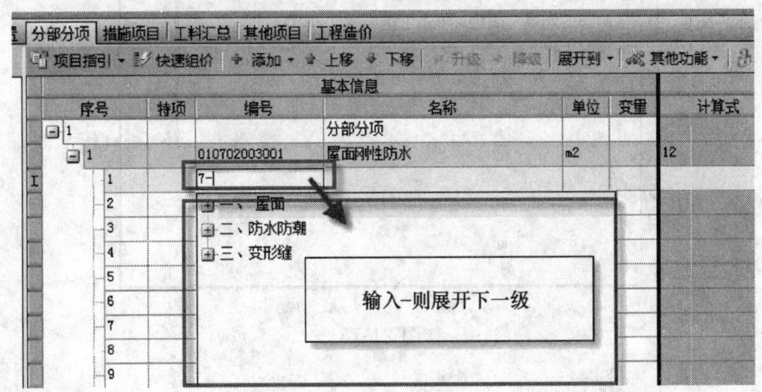

图 21-13　步骤二

步骤三：用键盘上的向下键，选中变形缝，回车，再展开则可以选择具体定额，回车即可。见图 21-14。

同样，清单的编码也能达到一样的效果。在编码位置输入前 2 位，比如输入 01，出现章节，见图 21-15，用键盘上下键选择并回车，当然也可以继续输入第二段，比如 07（图 21-16），继续用键盘上下键选择并回车，当然也可以继续输入 02（图 21-17），继续用键盘上下键选择并回车，当然也可以继续输入 03 回车，清单则套用完毕。

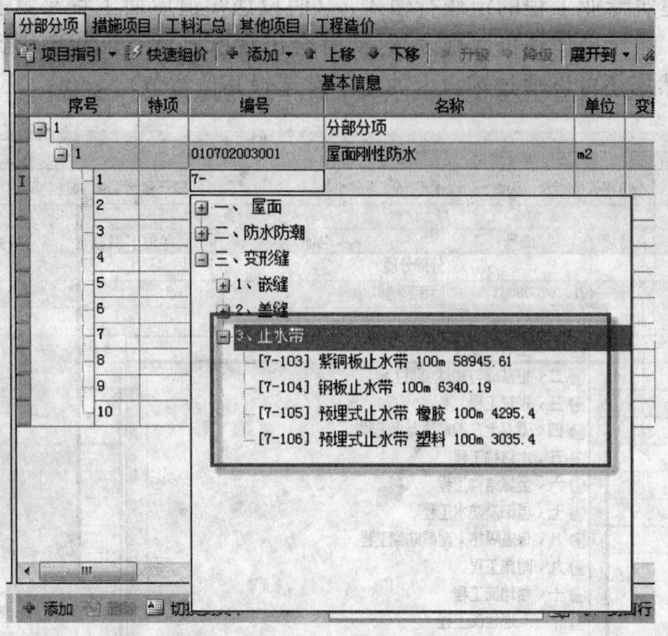

图 21-14　步骤三

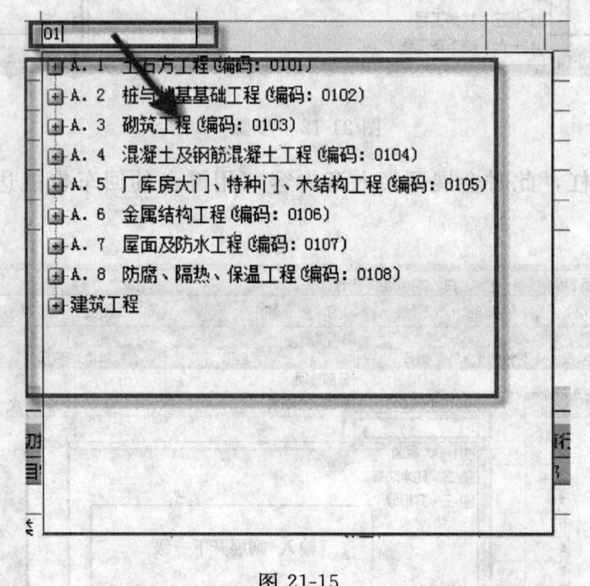

图 21-15

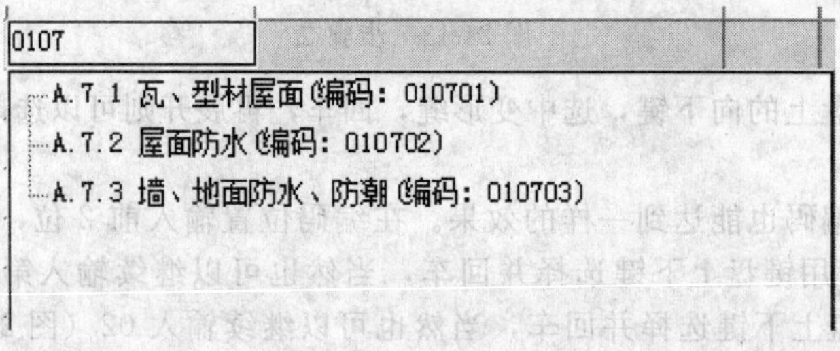

0107

A.7.1 瓦、型材屋面(编码: 010701)

A.7.2 屋面防水(编码: 010702)

A.7.3 墙、地面防水、防潮(编码: 010703)

图 21-16

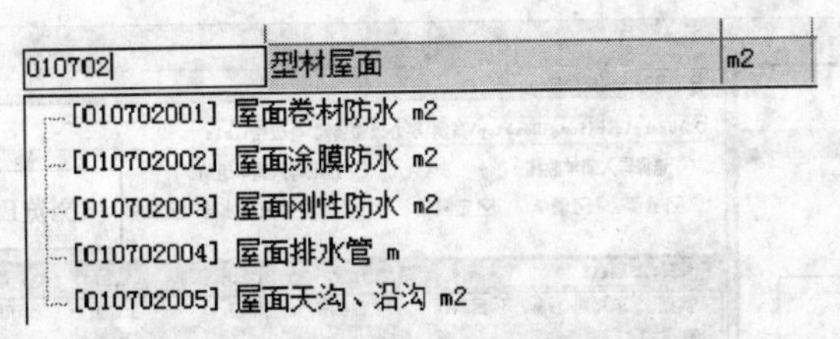

图 21-17

说明：操作中虽然用鼠标也能双击展开，但是建议您用键盘完成所有操作，这样效率最高。

(2) 双击编号或者名称会弹出指引窗口，可以双击清单，也可以拖拉清单到所需要的位置，见图 21-18。

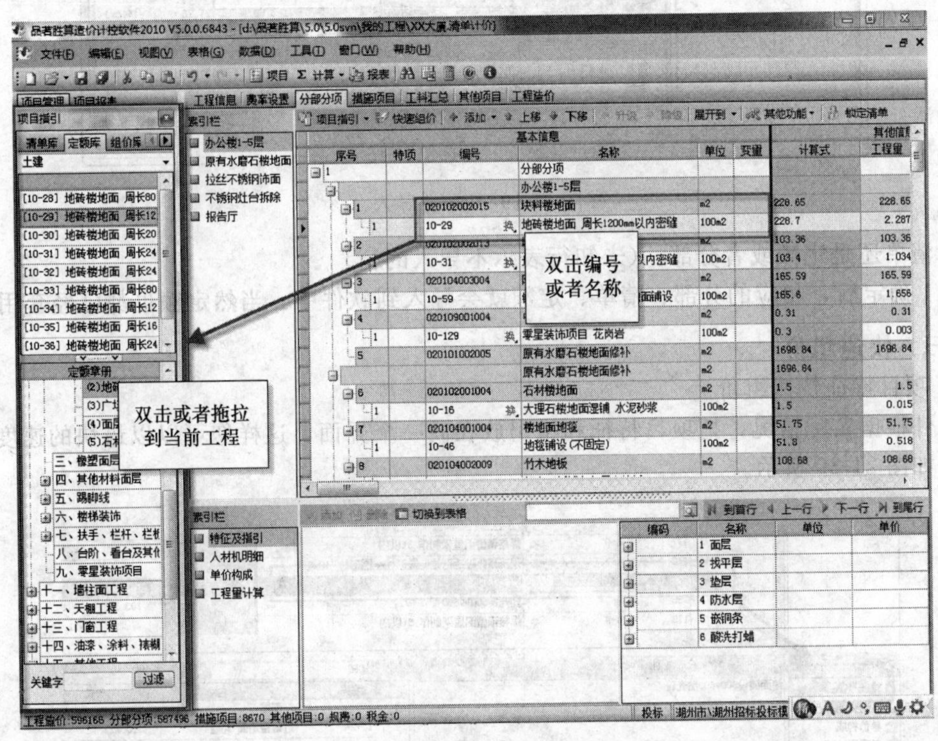

图 21-18　双击编号或者名称

(3) 在编号列手动输入清单/定额编号，回车，清单编号输入前 9 位或 12 位均可。

(4) 如果在定额编码位置输入一个数值，则自动套用上一条定额的章册，比如已经套有 6-9 定额，在下一行需要套用 6-10，则直接输入 10 回车即可。

(二) Excel 导入

胜算 5.0 在导入 Excel 有了很大的改进，具体操作如下，选择菜单“数据/导入 Excel Access 数据库”功能，出现如图 21-19 所示界面。

按照图 21-19 所示：

(1) 勾选所要导入的专业工程。

(2) 浏览，选择您要导入的 Excel。

(3) 在下面，显示出 Excel 中内容，并自动设置识别。您也可以选择“类型”来调整导

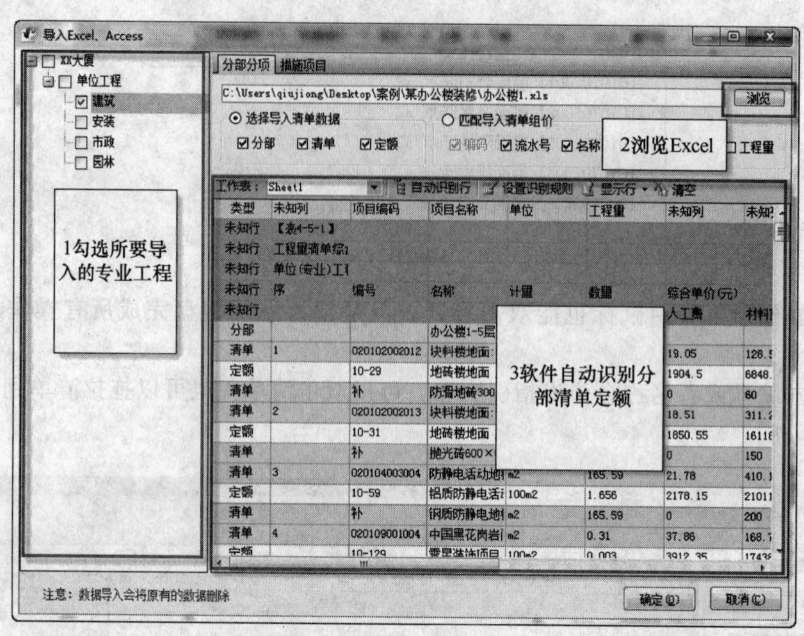

图 21-19　Excel 导入

入的为清单还是定额或者分部。(未知行表示不导入的行)

(4) 确定后，相应的分部、清单、定额就会导入到软件中。当然定额也都已经套用好。

(三) 快速组价

1. 项目特征快速组价

软件根据实际情况，把项目特征和指引放在同一个界面，这样您可以以最快的速度完成组价。如图 21-20 所示。

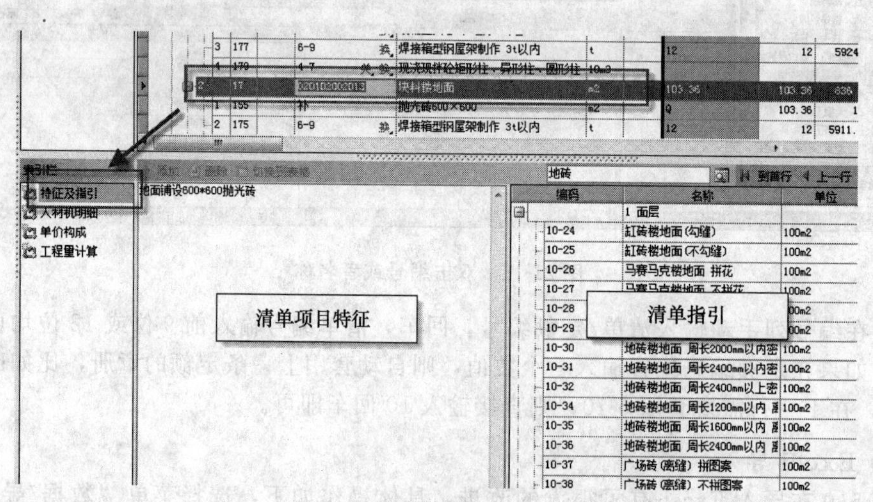

图 21-20

在清单的特征以及指引插页，根据左面显示的“项目特征”，在右面的“清单指引”处，双击或拖拉定额。

另外，如果您在左面显示的“项目特征”处，选中部分文字，则立刻在右面过滤出所含文字的定额，如图 21-21 所示。

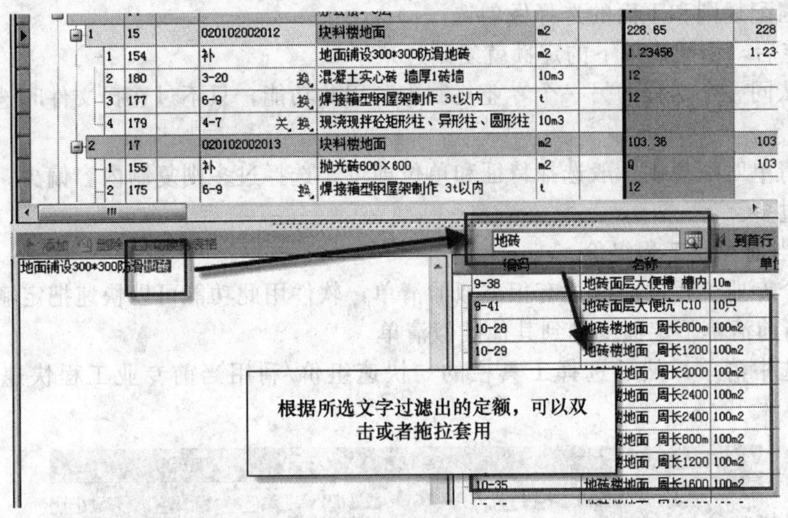

图 21-21

2. 利用历史工程快速组价

历史工程组价可以利用您以前做过的工程（或者当前工程中其他专业工程），把相同清单下的定额复制到当前专业工程下，大大减少您的工作量。

(1) 点击“快速组价”按钮（图 21-22）。

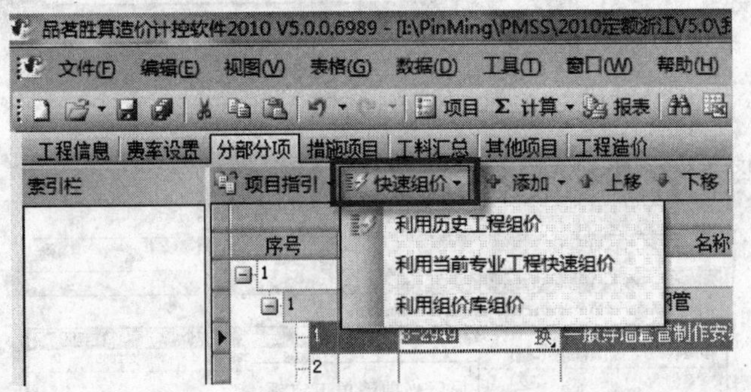

图 21-22

(2) 选择“利用历史工程自动组价”（图 21-23）。

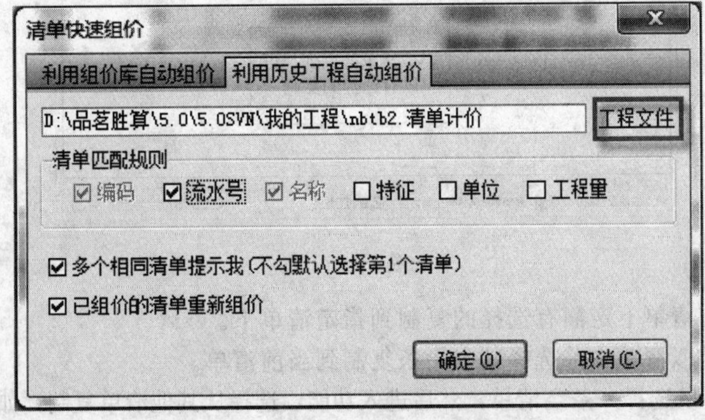

图 21-23

(3) 点击“工程文件”选择以前做过的工程，并选择需要调用的专业工程。然后根据需要，对清单匹配规则和下面的选择做勾选。

(4) 确定后，相同清单下的定额就复制过来了。

如果是从同一个工程的另一个专业复制也利用此功能，只不过选择文件时选择当前工程文件。

说明：清单匹配规则一般选择特征和单位即可，选择过多则复制内容偏少；如果过少则重复的内容过多。

3. 利用当前专业工程组价

在同一个专业工程之间往往有相类似的清单，软件用此功能可以快速把定额进行复制。

(1) 把当前清单下定额复制到其他类似清单。

首先，选中清单，然后选择工具栏的“快速组价/利用当前专业工程快速组价”功能(图 21-24)。

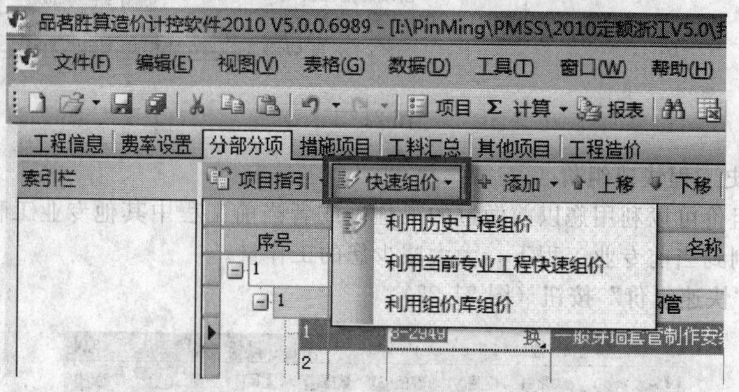

图 21-24

出现的界面如图 21-25 所示。

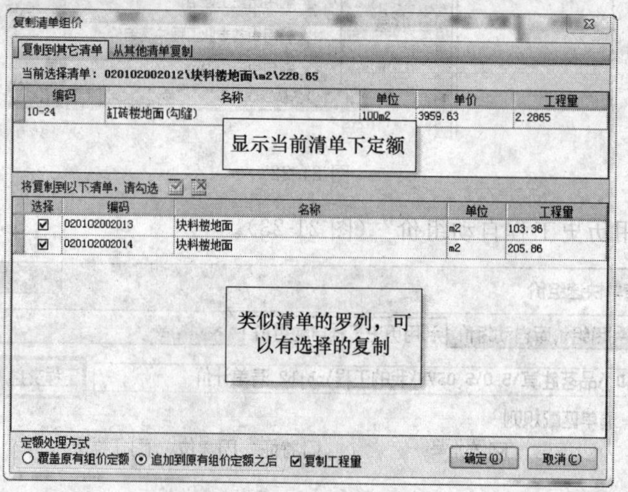

复制清单组价

复制到其它清单 从其他清单复制

当前选择清单：020102002012\块料楼地面\m2\220.65

编码	名称	单位	单价	工程量
10-24	缸砖楼地面(勾缝)	100m2	3959.63	2.2865

显示当前清单下定额

将复制到以下清单，请勾选

选择	编码	名称	单位	工程量
☑	020102002013	块料楼地面	m2	103.36
☑	020102002014	块料楼地面	m2	205.86

类似清单的罗列，可以有选择的复制

定额处理方式

○ 覆盖原有组价定额 ⊙ 追加到原有组价定额之后 ☑ 复制工程量 确定(O) 取消(C)

图 21-25

您可以把当前清单下定额有选择的复制到指定清单下。

(2) 从其他类似清单中，选择其中一条复制到当前清单。

类似的，您可以选择一条空清单，然后进入功能，选择从其他清单复制，如图 21-26 所示。

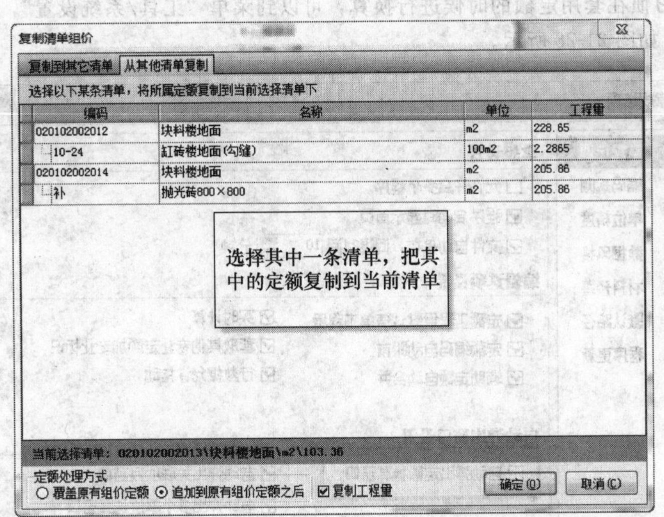

图 21-26

二、换算及费用处理

（一）系数换算

当套用的定额有换算时，定额编号后面有一个“换”字。此时您可以点击以弹出换算窗口，比如套1-1，，然后点击换，出现图21-27界面，根据实际情况勾选您的换算（后面的提示表示具体内容，供您参考）。确定后，定额号的后面会出现不同的图标（换字下面有一个对勾，表示这个定额有换算）。同时任何时候，您点击“换”字按钮，还会出现当时您换算的记录，您可以进行调整。

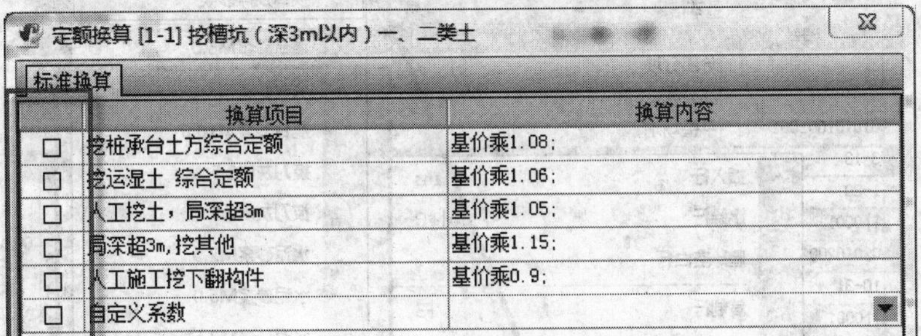

定额换算 [1-1] 挖槽坑（深3m以内）一、二类土

标准换算

	换算项目	换算内容
□	挖桩承台土方综合定额	基价乘1.08;
□	挖运湿土 综合定额	基价乘1.06;
□	人工挖土，局深超3m	基价乘1.05;
□	局深超3m,挖其他	基价乘1.15;
□	人工施工挖下翻构件	基价乘0.9;
□	自定义系数	

确定(O) 取消(C)

图 21-27

注：如果您不习惯在套用定额的时候进行换算，可以到菜单“工具/系统设置”，把“自动弹出定额换算窗口”勾选去掉，如图 21-28 所示。

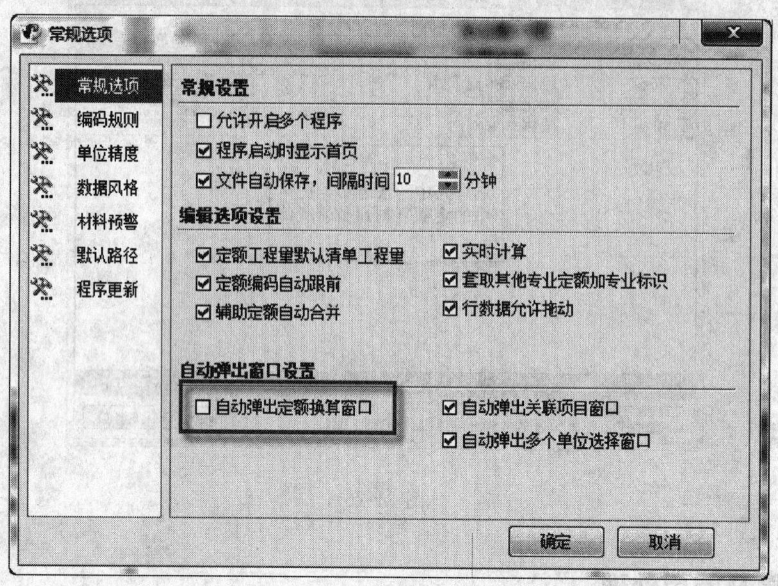

图 21-28

（二）混凝土和砂浆（干混、湿拌砂浆换算）

根据浙江省相关规定，对干混、湿拌砂浆换算进行推广，软件特意专门对此进行了开发。例如，图 21-29 中，套用土建定额 3-13，然后点右键，选择“砂浆混凝土换算”，在最上面选择“换算预拌砂浆”，然后出现换算窗口，如图 21-30 所示。

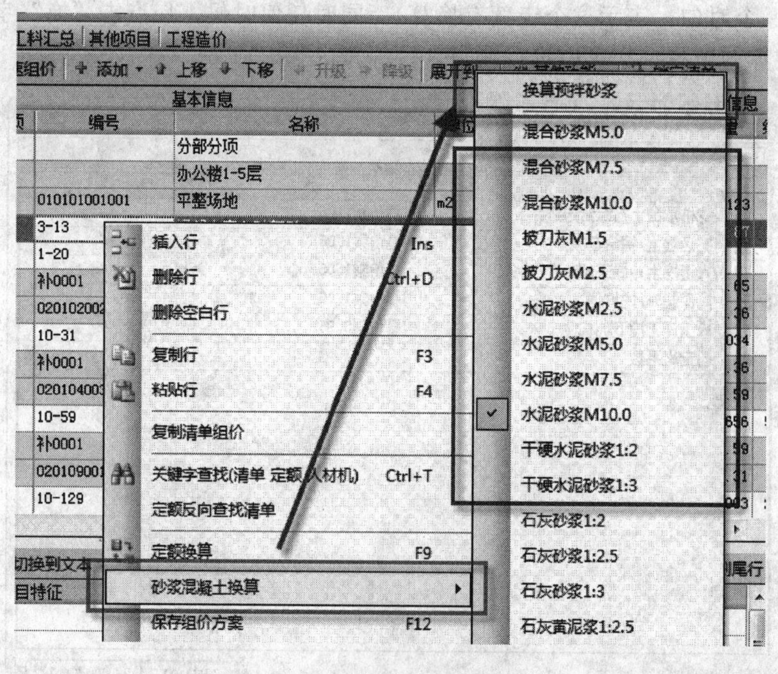

图 21-29

首先选择是换成干混还是湿拌；然后选择砂浆的类型，完成后，在下面会提示换算的含

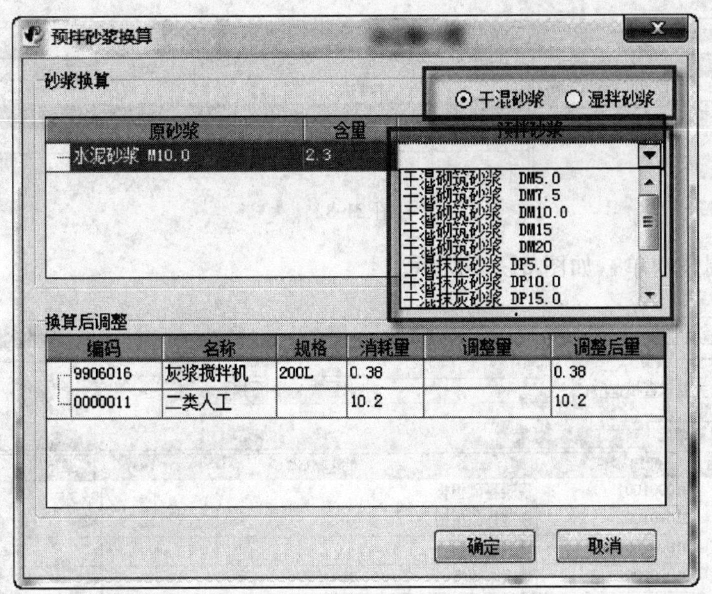

图 21-30

量调整情况。如果没有问题确定即可。

普通砂浆、混凝土的换算也可以在右键中换算。

(三) 增减定额换算

例如：土建定额 10-1。

首先在换算内容中输入厚度，比如 25mm，后面的余数处理默认为：余数进一，当您有特殊计算方法时，可以选择相应的算法。如图 21-31 所示。

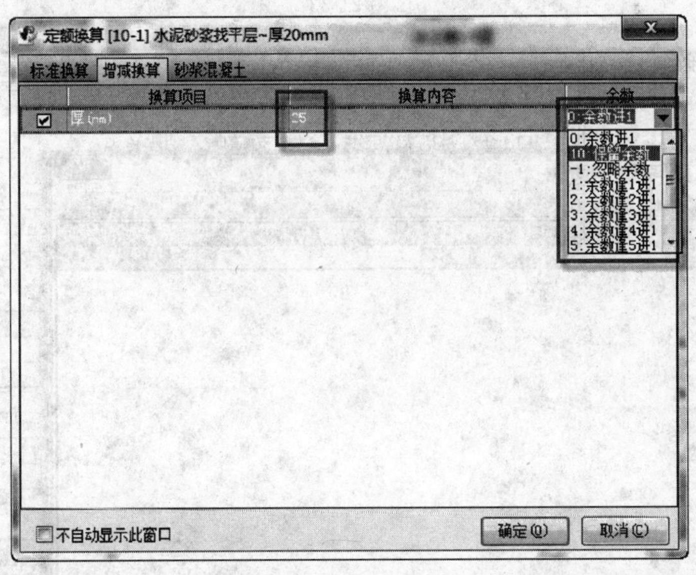

图 21-31

(四) 混凝土模板定额自动计算

例如：土建定额 4-7。

首先勾选具体的混凝土定额，此时会自动出现混凝土清单，如图 21-32 所示，当然点击

图 21-32

…后，还可以调整清单，如图 21-33 所示。

图 21-33

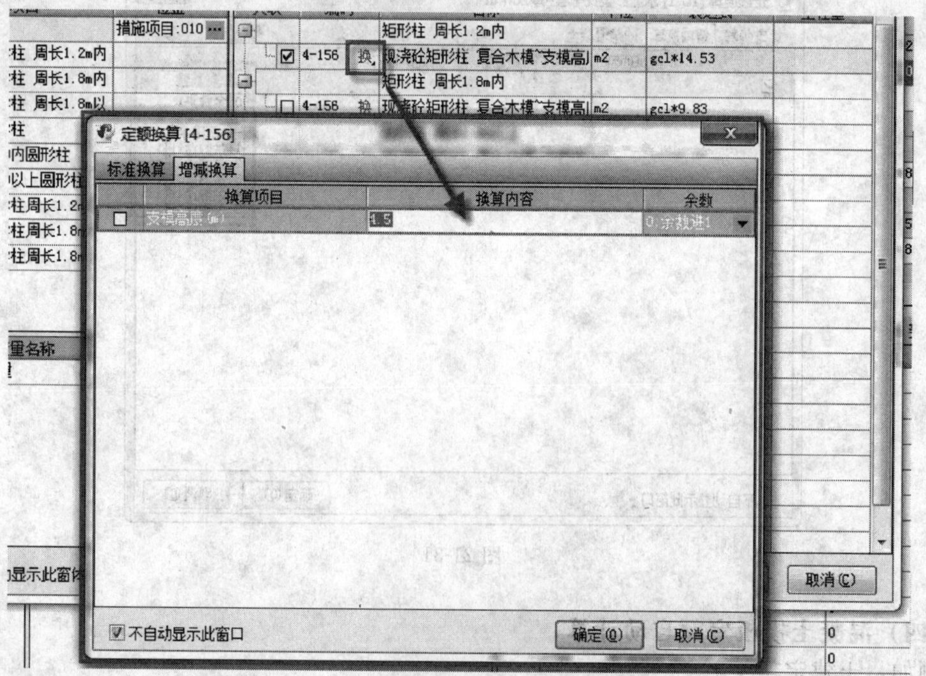

图 21-34

当然如果您选择了当前工程中不存在的清单，软件会为您自动添加清单。

其次，如果有支模高度超过 3.6，则点击定额的换，进行调整，见图 21-34。

完成后模板的工程量就根据含模量进行自动计算，并汇总到指定清单下，见图 21-35。

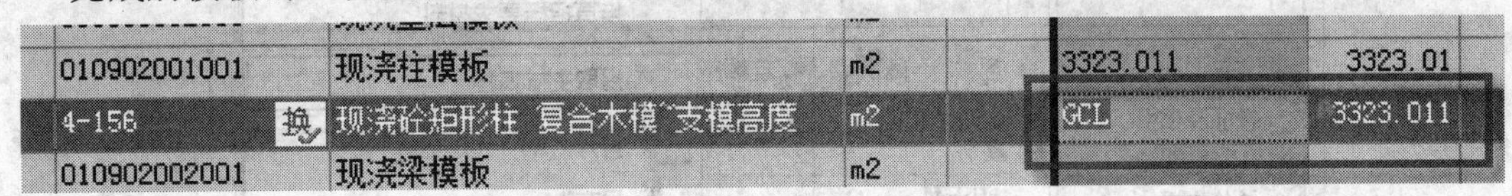

图 21-35

注：GCL 表示自动计算。

（五）安装主材换算

例如：安装定额 8-365。

1. 换算窗换算

在此，您可以对名称、规格型号、单价等进行调整，见图 21-36。

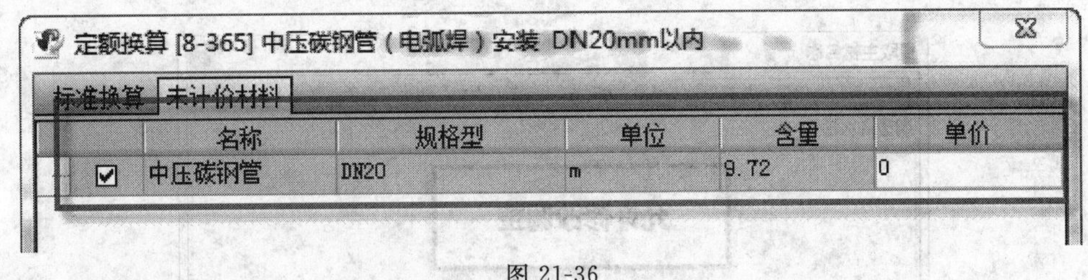

图 21-36

2. 换算当前工程已经出现过的主材

在已经套出的定额下，选择“人材机明细”插页，选中主材（主材默认在最前面），单击鼠标右键选择“换算人材机”。

在弹出的“指引”窗口，点到“工料汇总”插页，选择主材设备节点，在右边界面双击选择所需主材。见图 21-37。

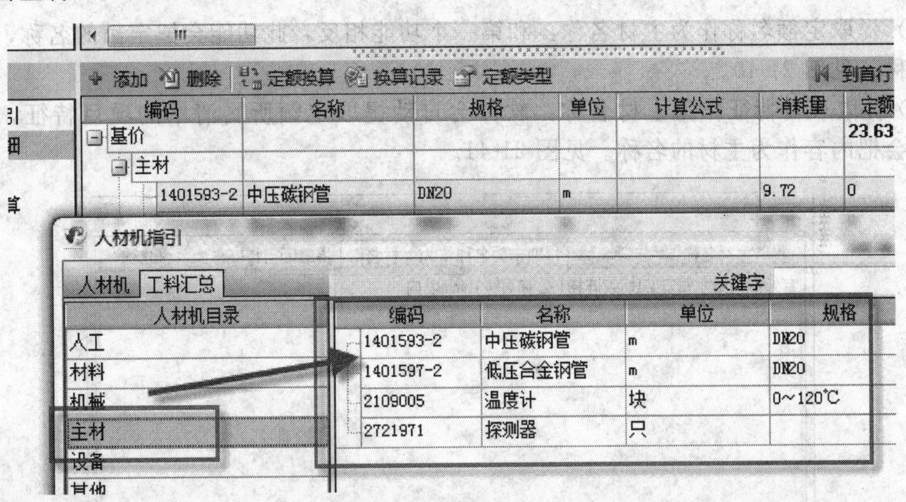

图 21-37

3. 提取主材名称

安装专业往往需要把主材和定额的名称做相应处理，软件提供专门的功能。在定额的人材机明细插页，选中主材，右键，选择“提取主材名称”，见图 21-38。

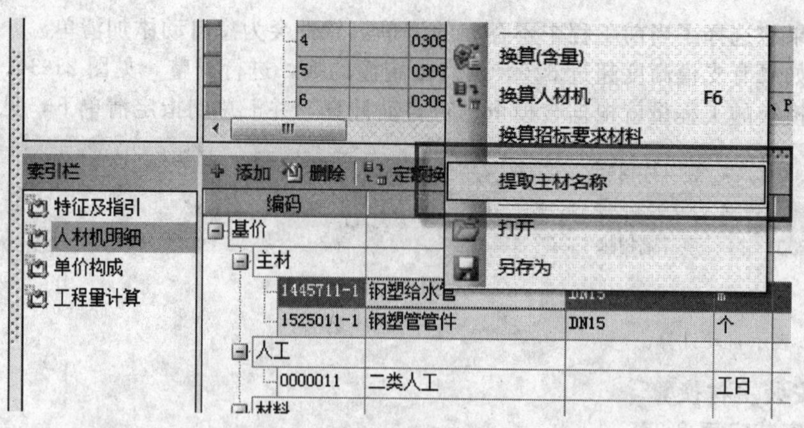

图 21-38

(1) 提取主材作为定额名称：把当前主材的名称+规格，复制到定额的名称位置。见图 21-39。

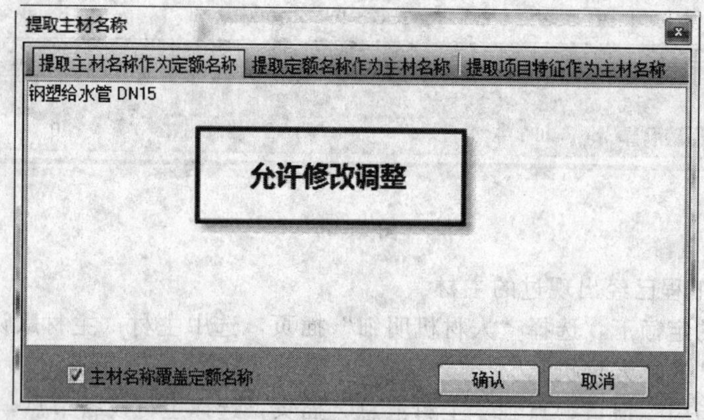

图 21-39

(2) 提取定额名称作为主材名称：和第一个功能相反，此功能会把定额的名称，作为主材的名称。见图 21-40。

(3) 提取项目特征作为主材名称：软件会自动提取定额所属清单的项目特征，您调整后，即会把内容作为主材的名称。见图 21-41。

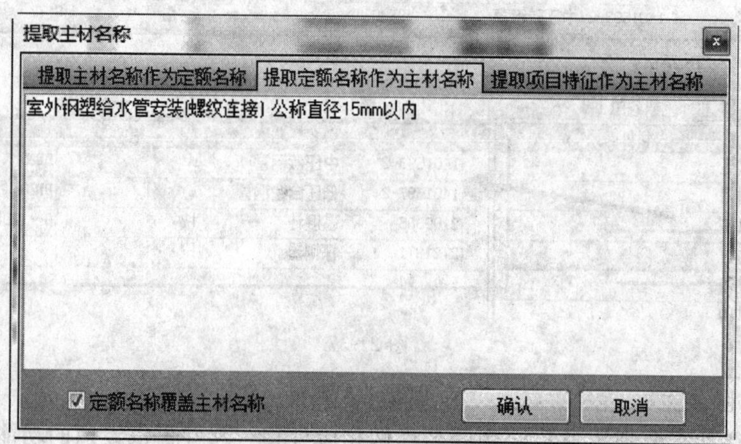

图 21-40

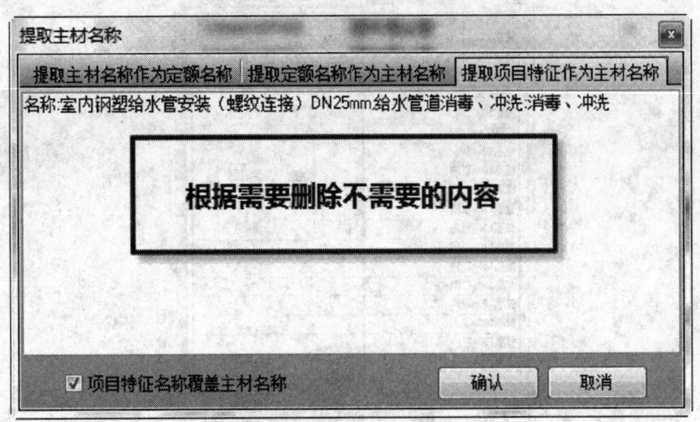

图 21-41

（六）土建超高增加费和安装册说明的处理

1. 土建超高增加费

在土建专业工程中，分部分项或者技术措施的功能按钮中选择“其他功能”，并选择“计取超高降效费”，如图 21-42 所示。

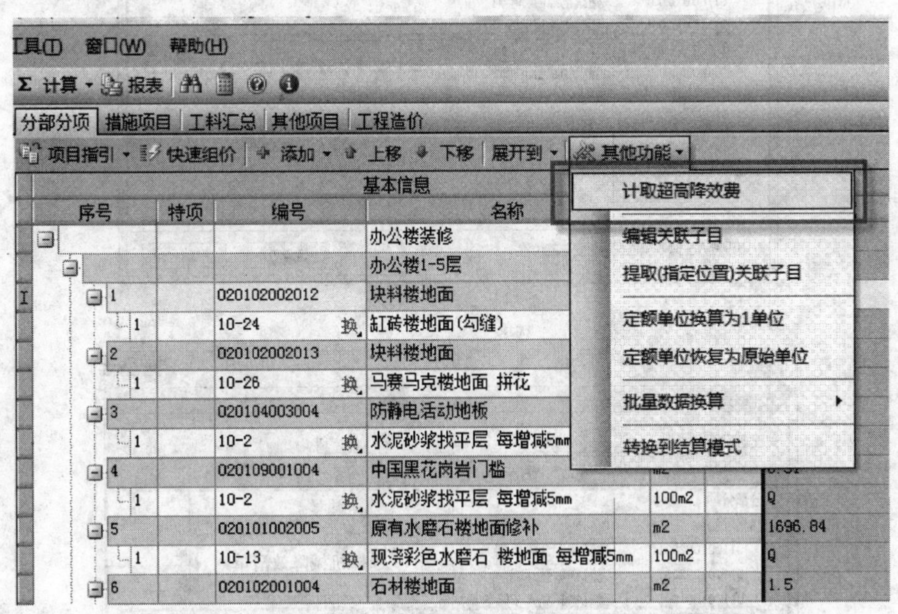

图 21-42

然后出现图 21-43。

依据工程情况输入各檐高对应的建筑面积，点确定即可。如果希望汇总到不同清单，请点汇总到的按钮，出现如图 21-44 所示窗口。

首先选择好人工降效的清单，再选择机械降效的插页后，如图 21-45 所示。

点击确定后，会自动填充好清单的清单号，见图 21-46。

第二十一章 品茗软件在建筑工程造价中的应用

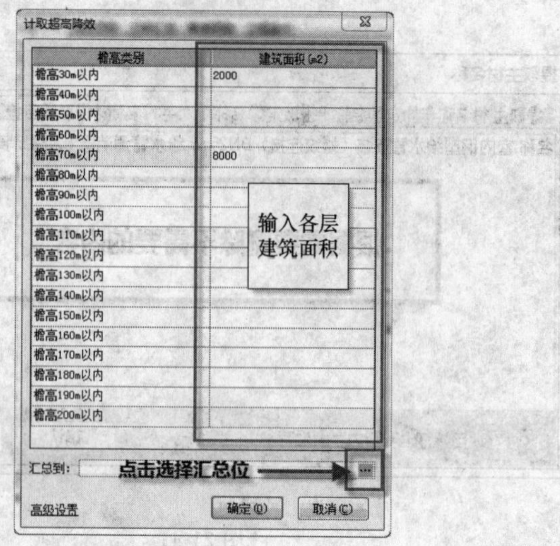

图 21-43

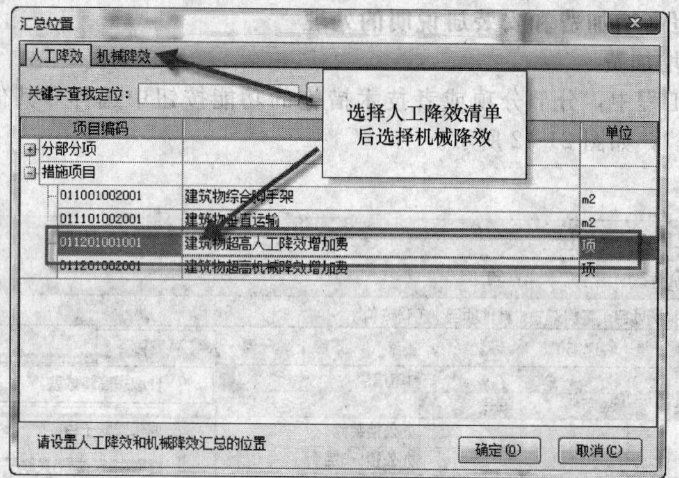

图 21-44

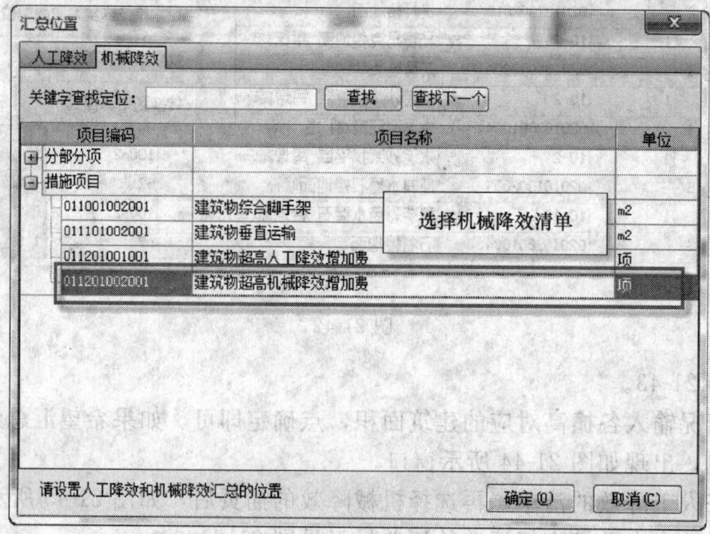

图 21-45

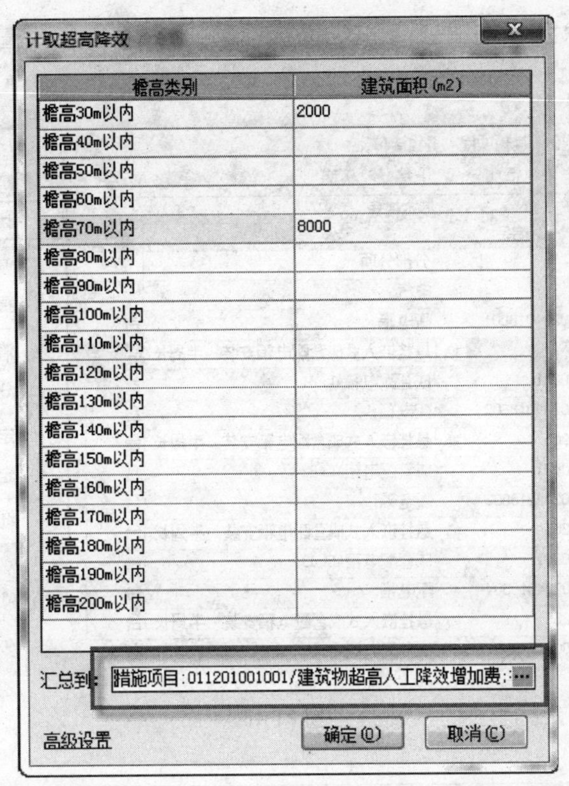

图 21-46

确定后，软件自动套用相应定额，工程量自动计算，且前面定额发生变化，降效费用也发生相应变化，见图 21-47。

011201001001	建筑物超高人工降效增加费	项			1	1	1815.79	1
18-1	超高施工人工增加费　30m内	万元			(dergf/10000)*0.2	0.29505	263	
18-5	超高施工人工增加费　70m内	万元			(dergf/10000)*0.8	1.180199	1472.8	
011201002001	建筑物超高机械降效增加费	项			1	1	1217.15	1
18-19	超高施工机械增加费　30m内	万元			(dejxf/10000)*0.2	0.458763	263	
18-20	超高施工机械增加费　40m内	万元			(dejxf/10000)*0.8	1.835052	597.53	
	组织措施	项				1		3

图 21-47

其中 18-1 为 30m 檐高的人工降效定额，18-5 为 70m 的，工程量则统计已有定额的人工费乘相应系数（30m 占 20%的建筑面积，70m 则占 80%，所以系数分别为 0.2 和 0.8）；机械降效也类同。

按照规定只有地上部分是计降效的，则请在选中这些清单定额，选择工具栏的“其他功能”并选择“批量设置降效”，并设置为“±0.00 以上”。同时在以上界面的高级设置中设定为只计算“±0.00 以上”。

2. 安装工程费

在安装专业工程中，分部分项或者技术措施的功能按钮中选择“其他功能”，并选择“计取超高降效费”，如图 21-48 所示。

出现设置窗口（图 21-49）。

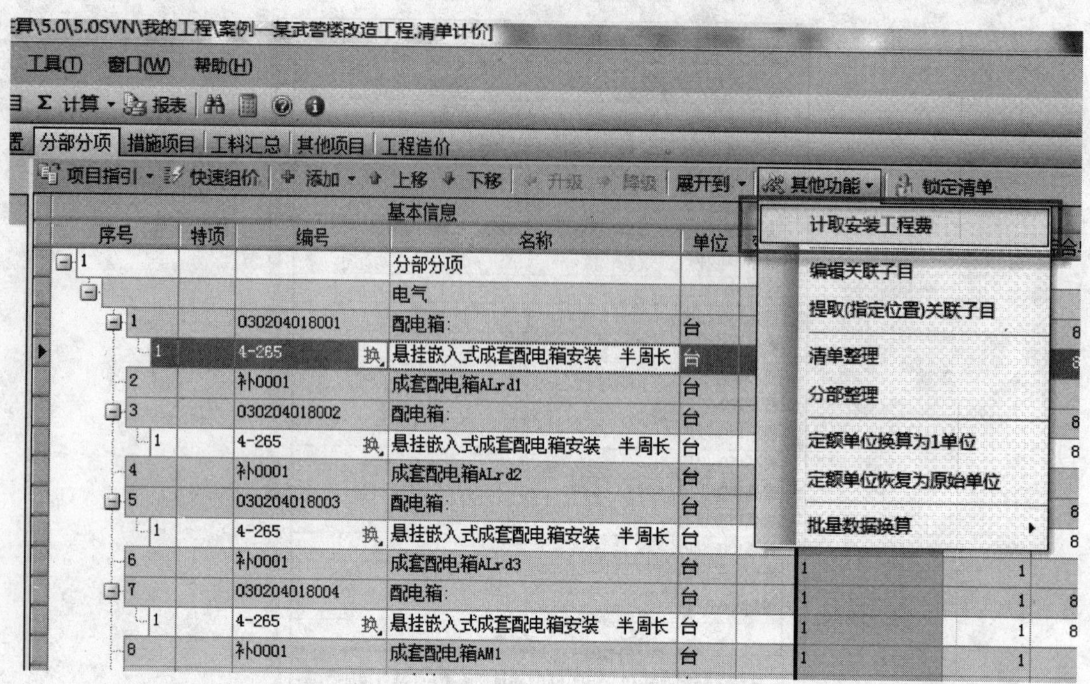

图 21-48

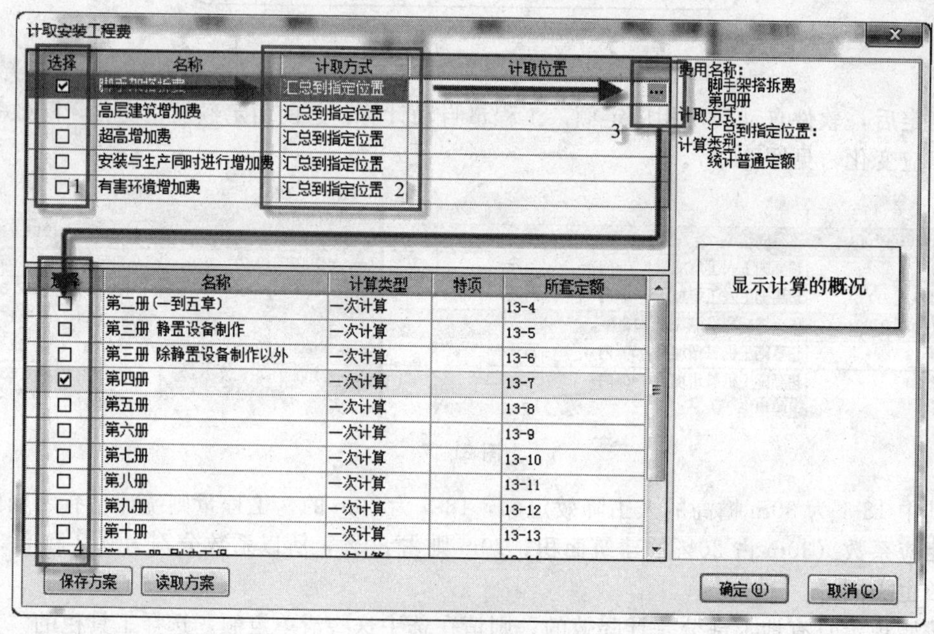

图 21-49

(1) 勾选需要计取的费用；

(2) 选择计取方式，如果选择的是分摊到各个位置，则直接进入第四步；

(3) 选择费用汇总的位置，软件会默认选择相应清单，点击后面的按钮可以自行选择；

(4) 勾选统计的章册。

在右边显示计取费用的概况，点确定后，技术措施则会自动套用定额和计算相关费用，如图 21-50 所示。

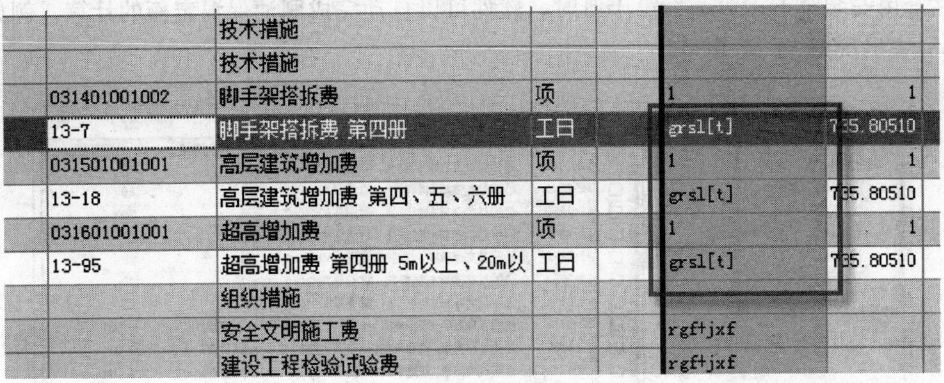

	技术措施			
	技术措施			
031401001002	脚手架搭拆费	项	1	1
13-7	脚手架搭拆费 第四册	工日	grsl[t]	735.80510
031501001001	高层建筑增加费	项	1	1
13-18	高层建筑增加费 第四、五、六册	工日	grsl[t]	735.80510
031601001001	超高增加费	项	1	1
13-95	超高增加费 第四册 5m以上、20m以	工日	grsl[t]	735.80510
	组织措施			
	安全文明施工费		rgf+jxf	
	建设工程检验试验费		rgf+jxf	

图 21-50

其他设置注意：

(1) 层高：如果是高层增加费以及超高增加费，则还需要在第四步选择层高（高度），如图 21-51 所示。

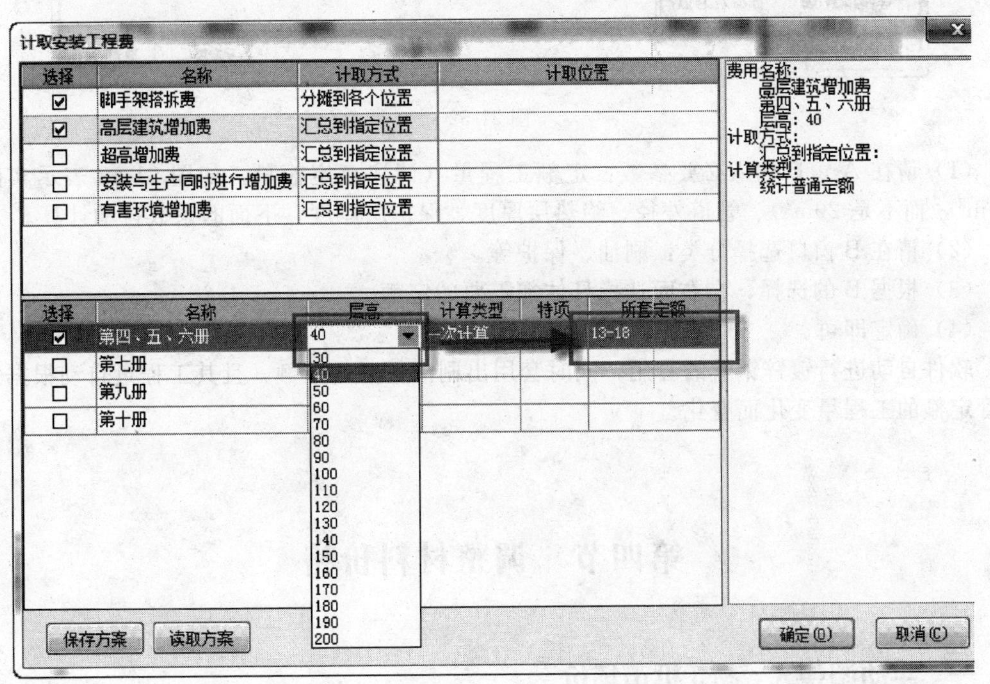

图 21-51

只有选择了层高，才能出现所套定额，才能有效的进行计算相应费用。且前面定额发生变化，费用也发生相应变化。

(2) 计算类型：一次计算只统计普通定额，二次计算统计普通定额和一次计算的定额费用。

(3) 特项：若只想统计指定清单的费用，则需在分部分项预算设置好特项，然后在此处设置特项，这样只统计这些指定特项的清单的费用。

（七）安装刷油保温

在套用安装第七、第八、第十册时，软件可以自动完成刷油保温定额的计算。例如，套用 7-1，会出现图 21-52 窗口。

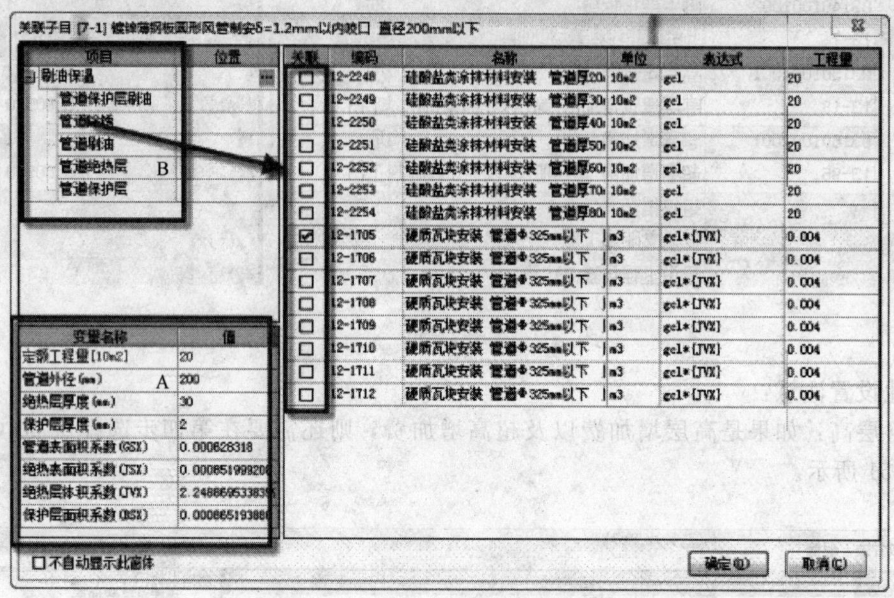

图 21-52

（1）请在 A 窗口输入必要参数：定额工程量（请注意定额量，如图 21-52 表示实际为 $200m^2$，而不是 $20m^2$）、管道外径、绝热层厚度、保护层厚度，下面的系数自动计算。

（2）请在 B 窗口选择分类：刷油、保护等。

（3）根据 B 的选择，在右面选择具体您需要的定额。

（4）确定即可。

软件自动进行镀锌钢管的套用，同时套用出刷油保温的定额，且其工程量自动根据镀锌钢管定额的工程量变化而变化。

第四节　调整材料价格

一、手动调整人、材、机市场价

组价完成后，切换插页到“工料汇总”界面，根据市场情况手动调整人、材、机市场价。如图 21-53 所示。

二、调用信息价

（1）信息价来源：从公司主页（www. pinming. cn）下载或其他工程。

（2）调用信息价。工料汇总界面选择“调用信息价文件”。见图 21-54。

① 选择打开。

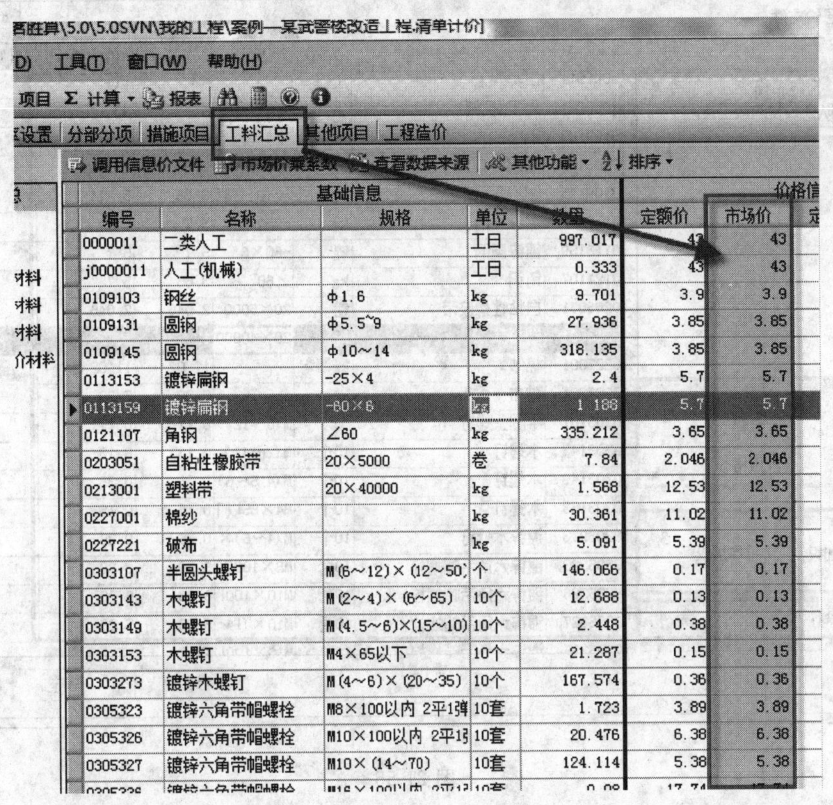

图 21-53

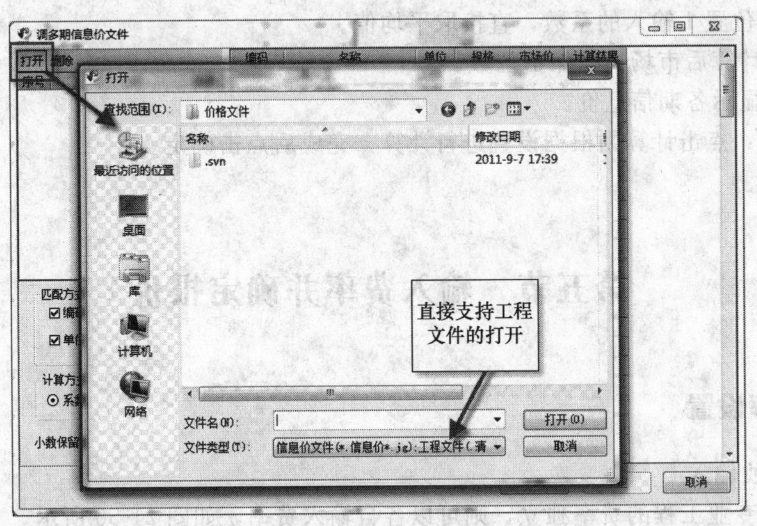

图 21-54

② 打开的类型除了标准的信息价外，还支持直接打开工程，把工程中信息价调用过来。见图 21-55。

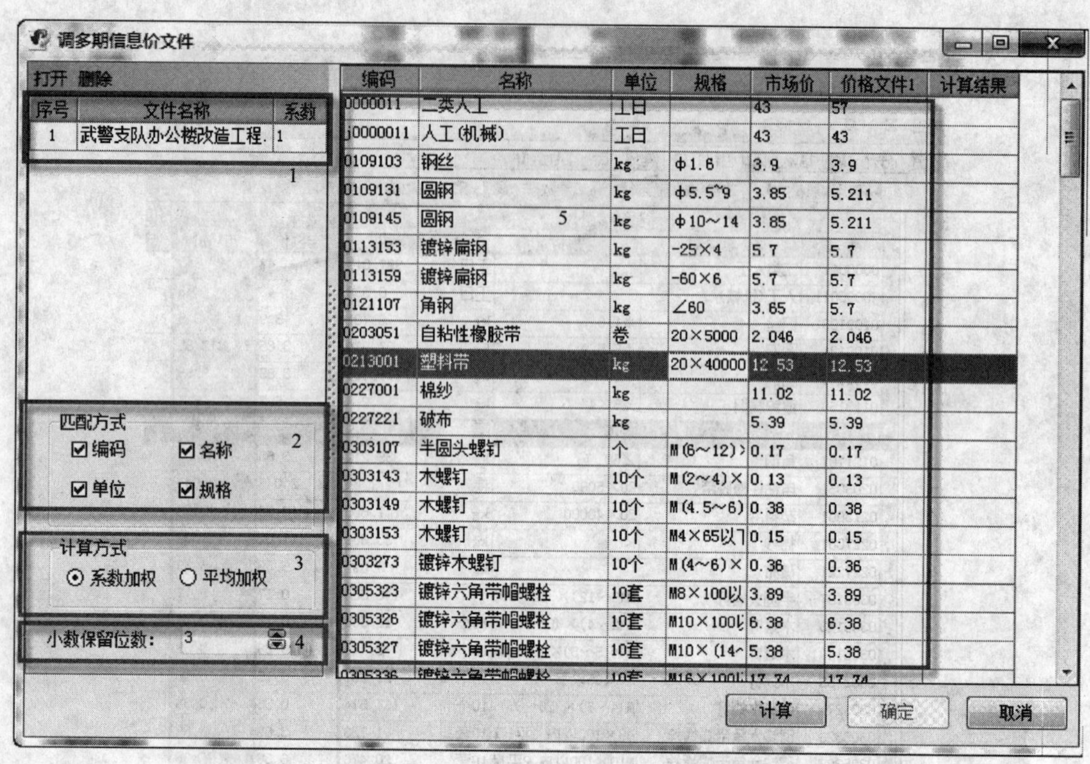

图 21-55

位置 1：显示的为各期信息价，如果有多期，则可以输入系数。

位置 2：选择匹配方式，即当前材料和信息价材料如何匹配。

位置 3：系数加权表示根据输入的系数（请输入小于 1 的数值）加权后统计，平均加权则忽略用户在位置 1 输入的系数，直接取平均值。

位置 4：计算后市场价的保留位数。

位置 5：显示各期信息价。

计算按钮：点击计算则根据设置进行计算，完成后点击确定。

第五节　输入费率并确定报价

一、费率设置

（一）单独输入

如果各个专业工程的费率独立，则可以各自输入费率，如图 21-56 所示。

（二）统一设置

当工程需要把费率统一（比如房建项目的土建、安装一般费率都一致）时，则可以利用“统一费率”功能，此功能可以把当前专业工程的费率复制到同专业的工程，如图 21-57 所示。

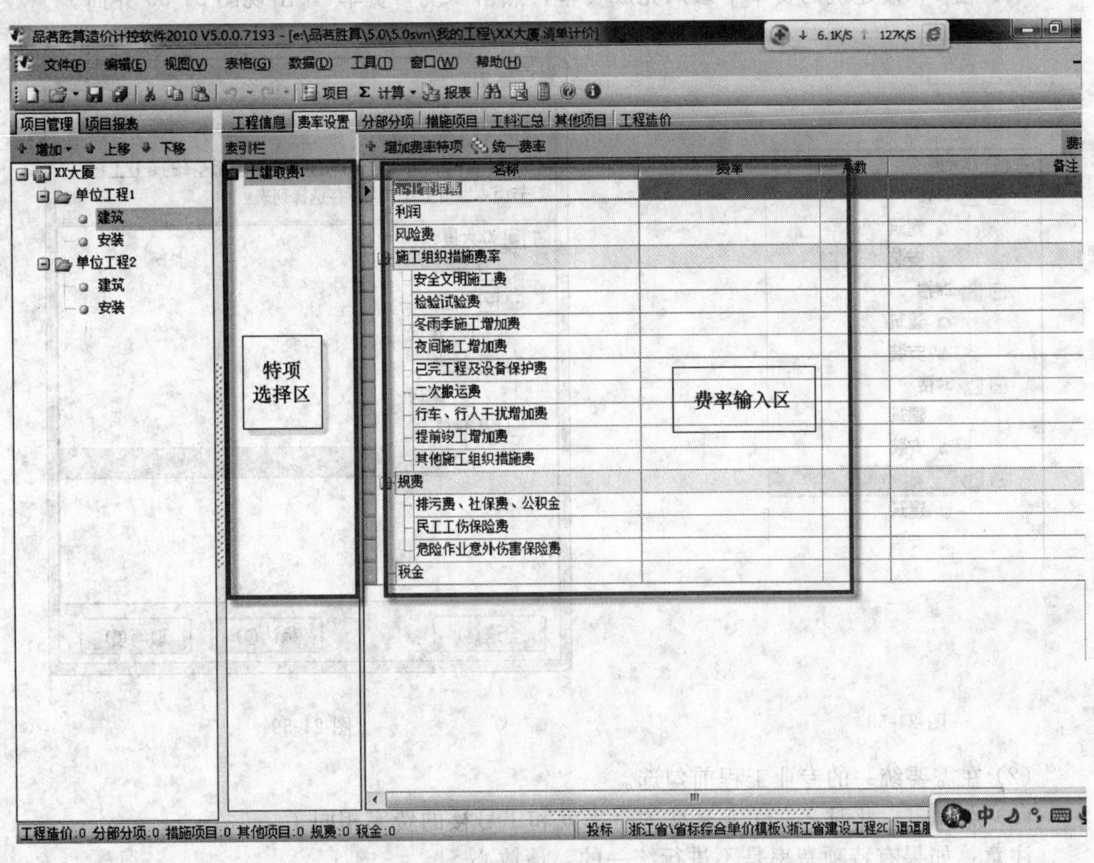

图 21-56

图 21-57

举例：假设有这样项目，如图 21-58 所示，1＃楼建筑费率已经输入完毕，现在希望把 4 栋楼的费率进行统一。则可以按照以下步骤操作：

（1）在1＃楼建筑的费率中录入完成费率，点击“统一费率”，出现图 21-59 界面。

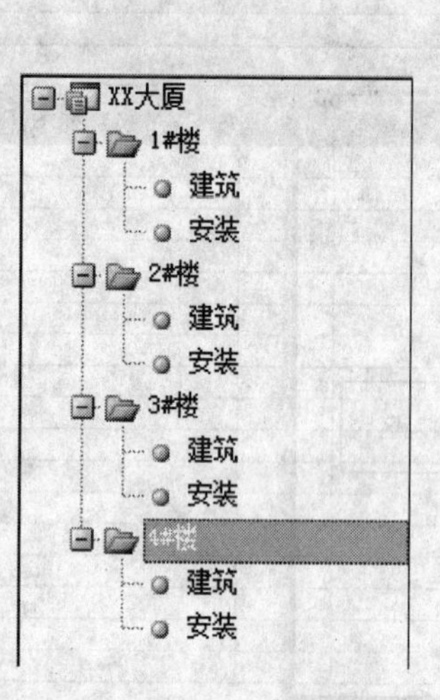

图 21-58

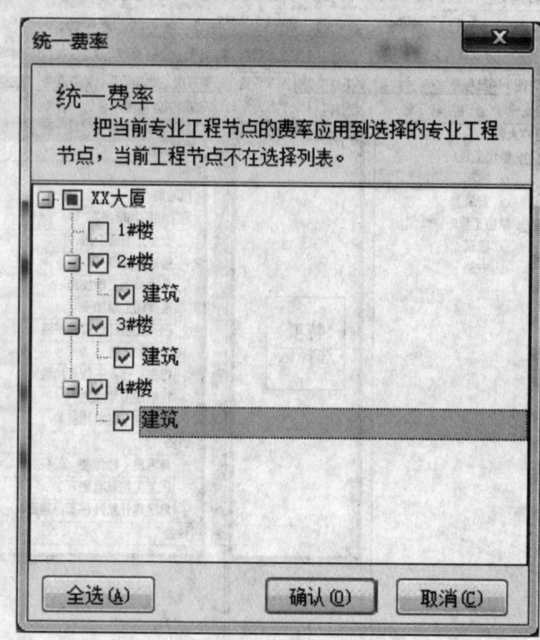

图 21-59

（2）在需要统一的专业工程前勾选。

（3）点确定，此时 2、3、4 号楼的费率就和 1 号楼的费率相同了。

注意：如果有特项费率是不进行统一的，请放心。

（三）特项（不平衡报价）以及单列的设置

1. 特项（不平衡报价）

1）在费率设置中点“增加费率特项”按钮，见图 21-60。

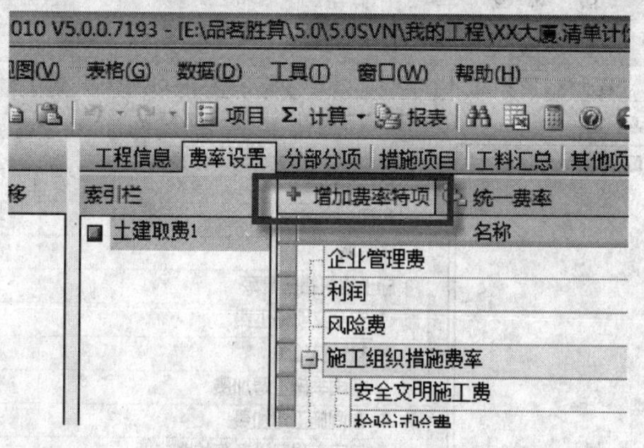

图 21-60

2）此时会在索引栏增加“特项 1”，见图 21-61。

3）选中“特项 1”，然后在右面输入相应费率。

4）在分部分项特项选择相应特项即可，见图 21-62。

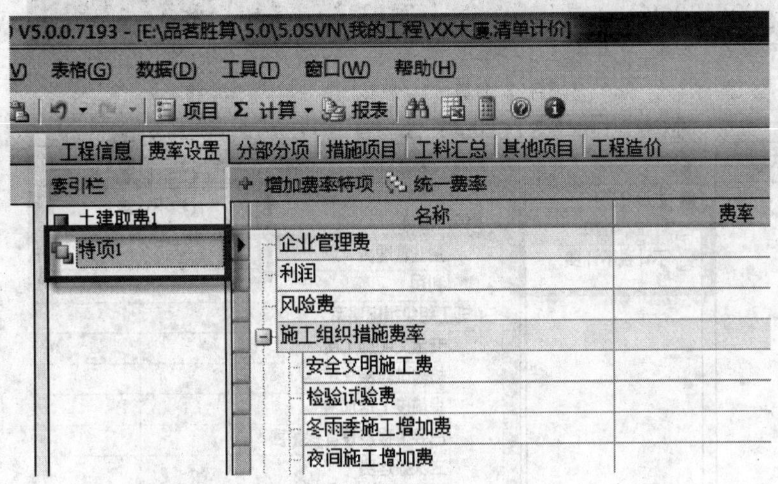

图 21-61

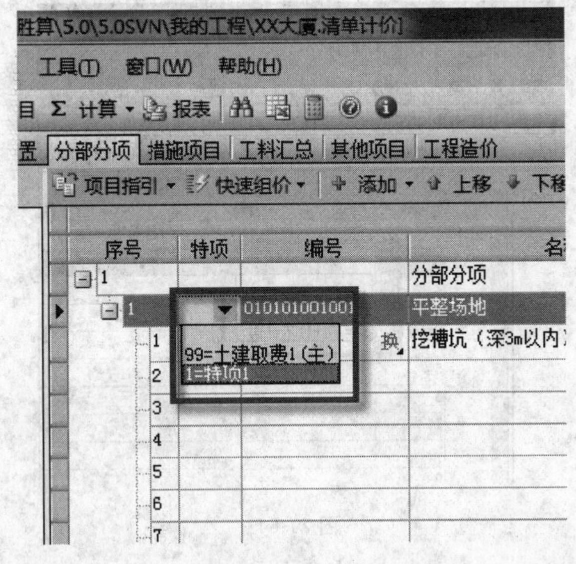

图 21-62

2. 单列

在部分地区，您可以设定单列费用，操作如下：

1）在费率设置中，点击增加单列费用，并选择计税不计费、不计费不计税，商品构件等，此时会增加出特项，见图 21-63。

2）在分部分项或者技术措施特项处选择，此时这些清单定额费用就会进行相应处理，见图 21-64。

（四）费率输入方法

1. 手工直接输入（图 21-65）

2. 下拉选择费率

点击费率后面的按钮，则会出现下拉选择，见图 21-66，根据需要选择即可。

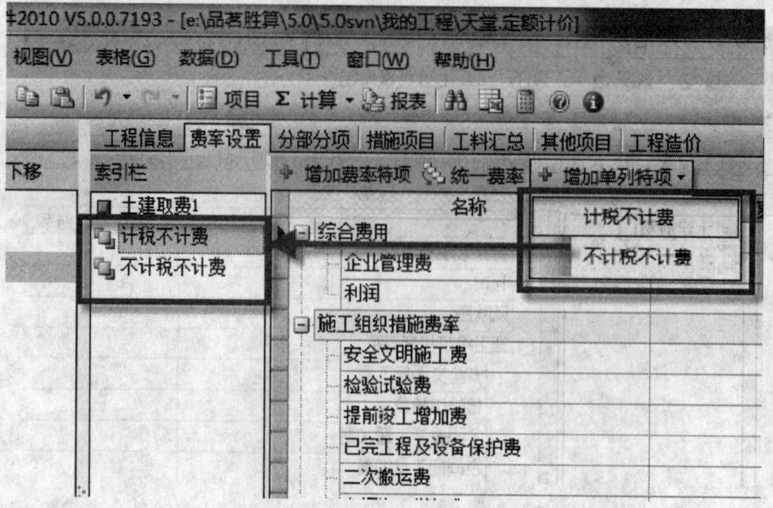

图 21-63

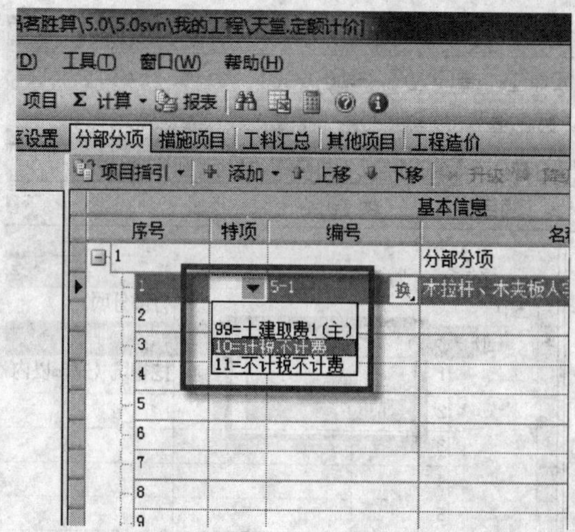

图 21-64

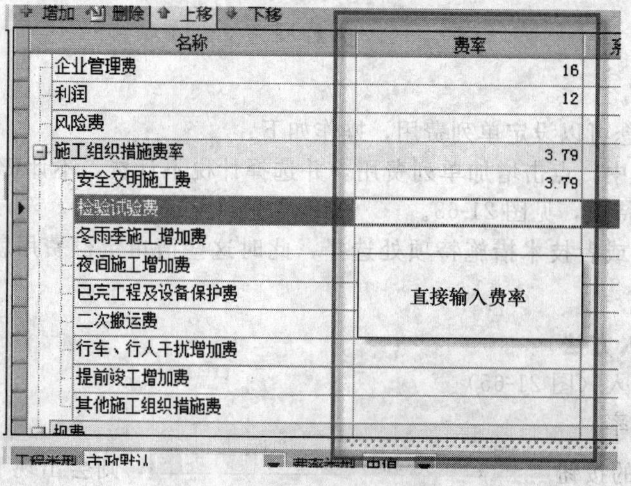

名称	费率
企业管理费	16
利润	12
风险费	
施工组织措施费率	3.79
安全文明施工费	3.79
检验试验费	
冬雨季施工增加费	
夜间施工增加费	
已完工程及设备保护费	
二次搬运费	
行车、行人干扰增加费	
提前竣工增加费	
其他施工组织措施费	

直接输入费率

图 21-65

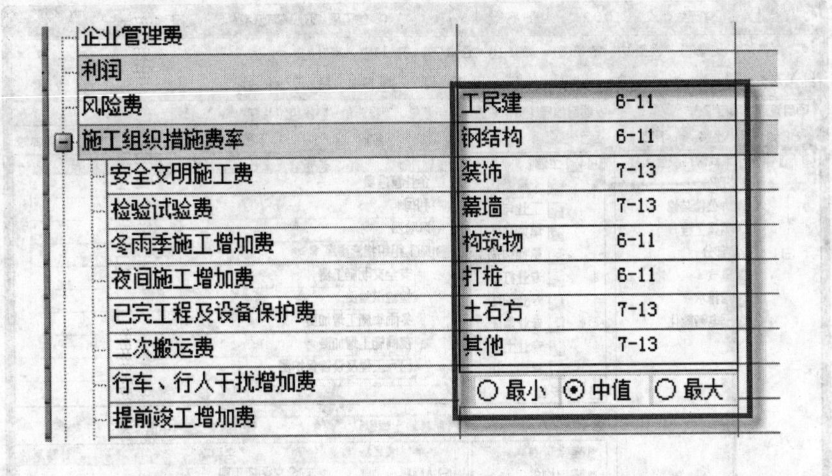

企业管理费
利润
风险费
施工组织措施费率
安全文明施工费
检验试验费
冬雨季施工增加费
夜间施工增加费
已完工程及设备保护费
二次搬运费
行车、行人干扰增加费
提前竣工增加费

工民建	6-11
钢结构	6-11
装饰	7-13
幕墙	7-13
构筑物	6-11
打桩	6-11
土石方	7-13
其他	7-13

○最小 ⊙中值 ○最大

图 21-66

3. 根据费率库双击输入

在费率窗口，选中某费率，此时下半个窗口自动定位到相应费率，之后双击则把费率进行自动填充，见图 21-67。

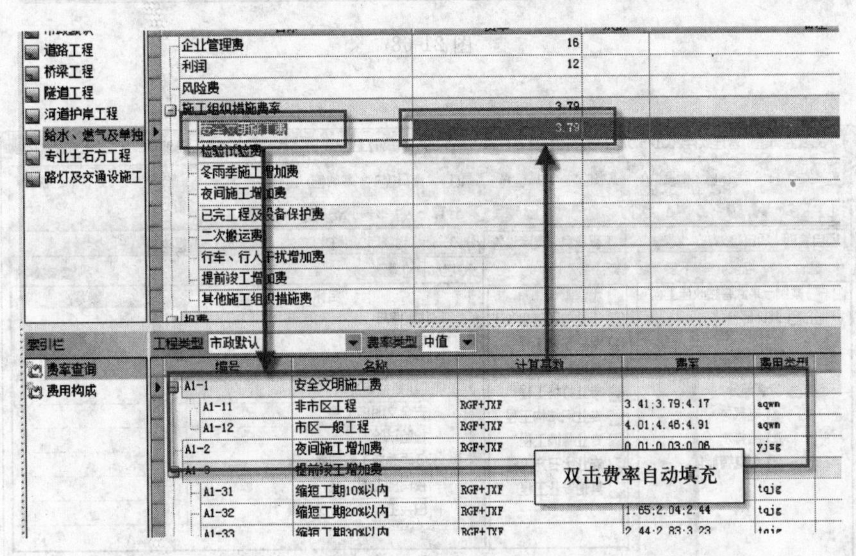

图 21-67

二、查看费用

1. 直接查看

任何时候，您都可以在软件的左下角直观地看到各个节点的费用情况：点在项目节点，显示的为整个项目的相关费用，见图 21-68。

点在单位或者专业工程，则显示相应节点费用，见图 21-69。

2. 切换到相应费率插页查看（图 21-70）

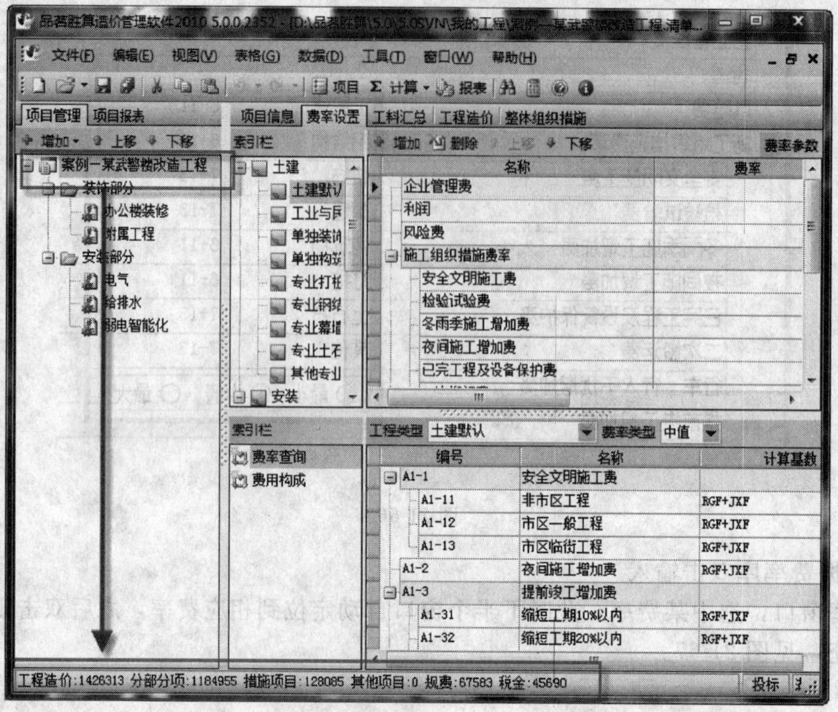
工程造价:1426313 分部分项:1184955 措施项目:128085 其他项目:0 规费:67583 税金:45690

图 21-68

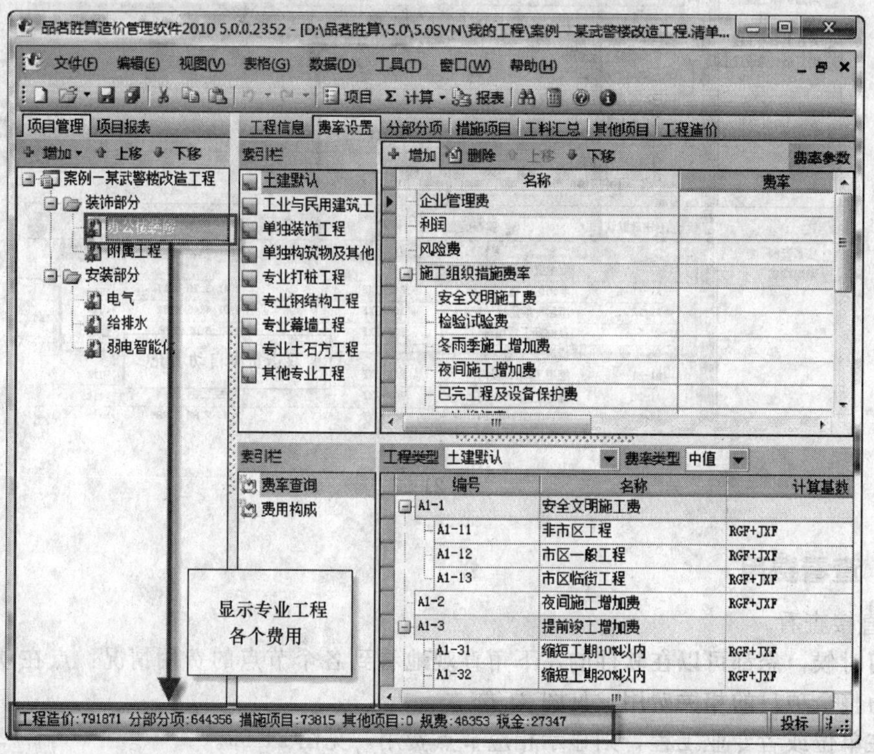
显示专业工程
各个费用
工程造价:791871 分部分项:644356 措施项目:73815 其他项目:0 规费:46353 税金:27347

图 21-69

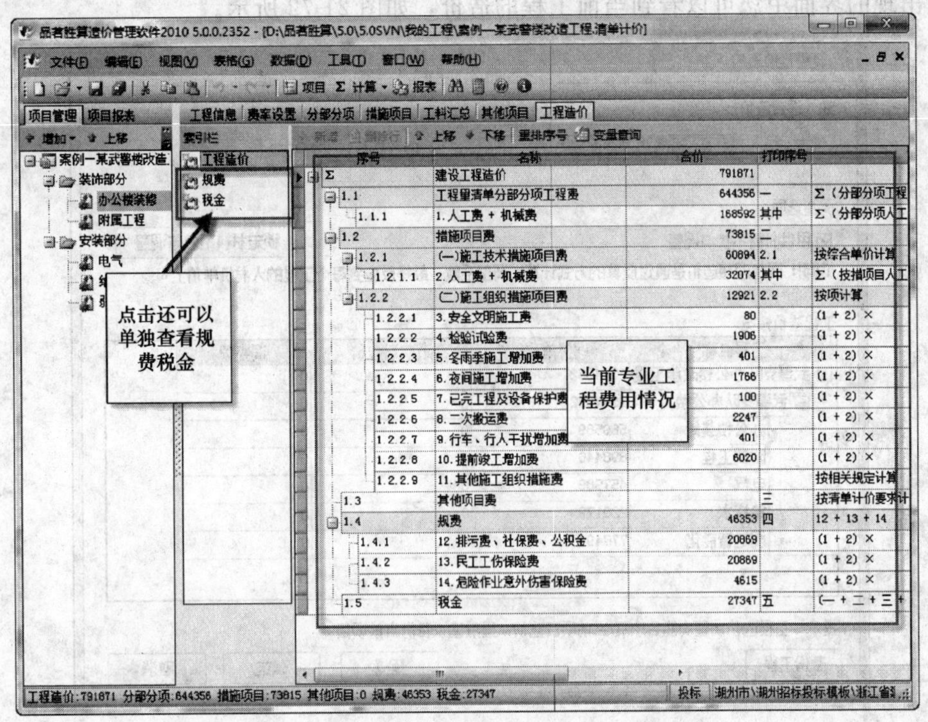

图 21-70

三、造价调整

造价调整处理手工调整外，还针对性开发了自动调整功能。

在项目管理中点击右键，选择造价调整/理想造价，见图 21-71。

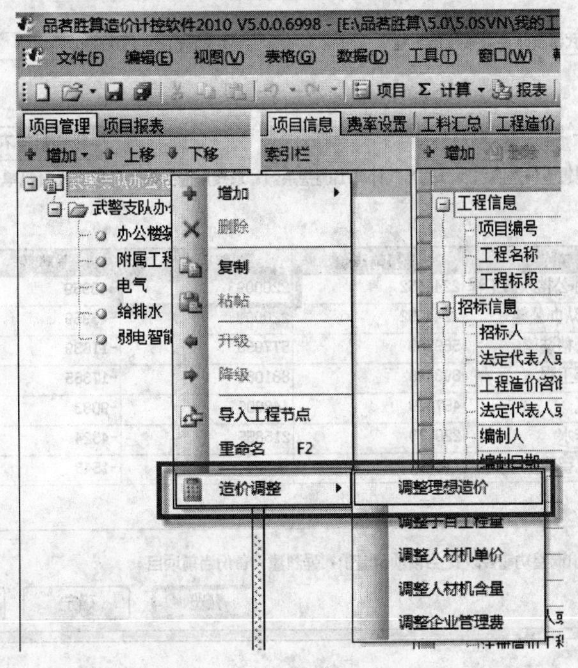

图 21-71

在出现的界面中您可以看到当前工程的造价，如图 21-72 所示。

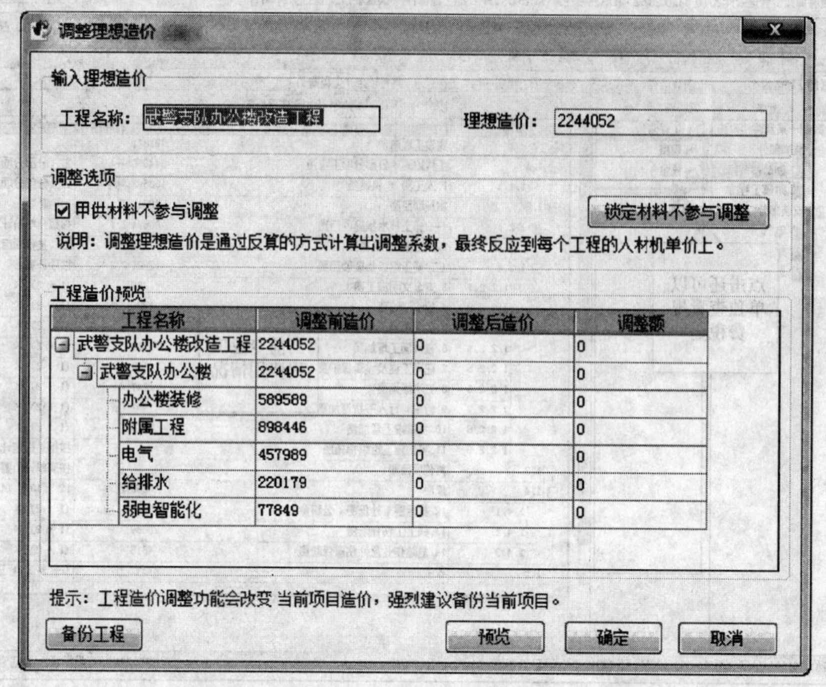

图 21-72

在理想造价位置输入您希望的价格，之后点预览，比如输入 2200000，预览之后会出现调整后的价格，见图 21-73。

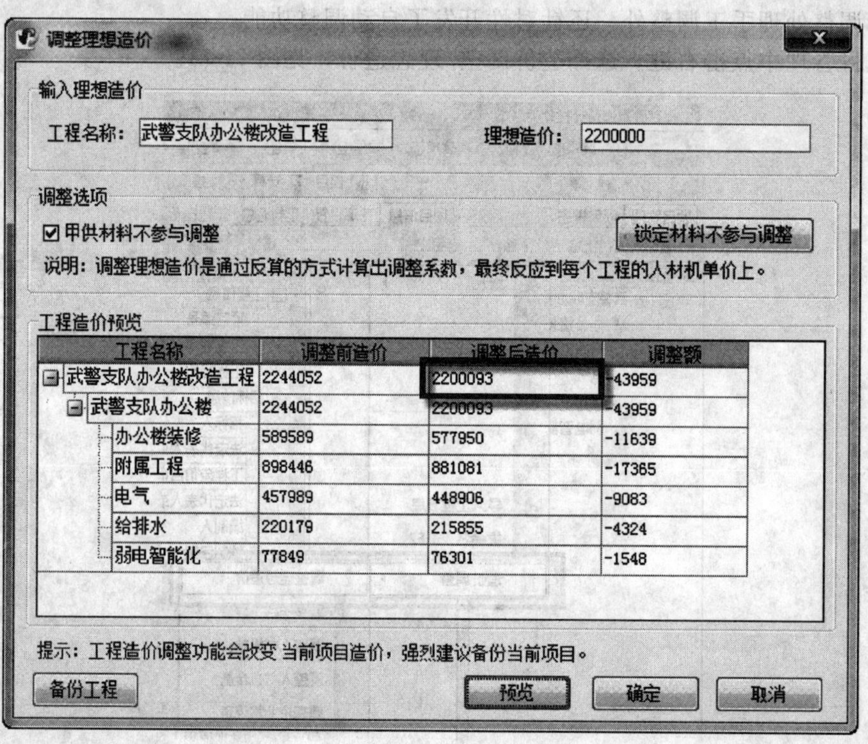

图 21-73

如果符合您的要求，点确定即可。说明：由于精度原因，可能无法完全调整到您所需要的价格，您可以继续以手工的方式调整具体材料价格。

同时如果您想针对某材料（例如暂定材料等）不调整其价格，则请单击“锁定材料不参与调整”，然后选择当前工程中不参与的材料，这样选中的材料的价格就不会变化。

第六节　打印报表

一、预览

在任何时候，您点击项目报表插页，就可以查看整个项目（包括整体、单位、专业）的表格，见图 21-74。

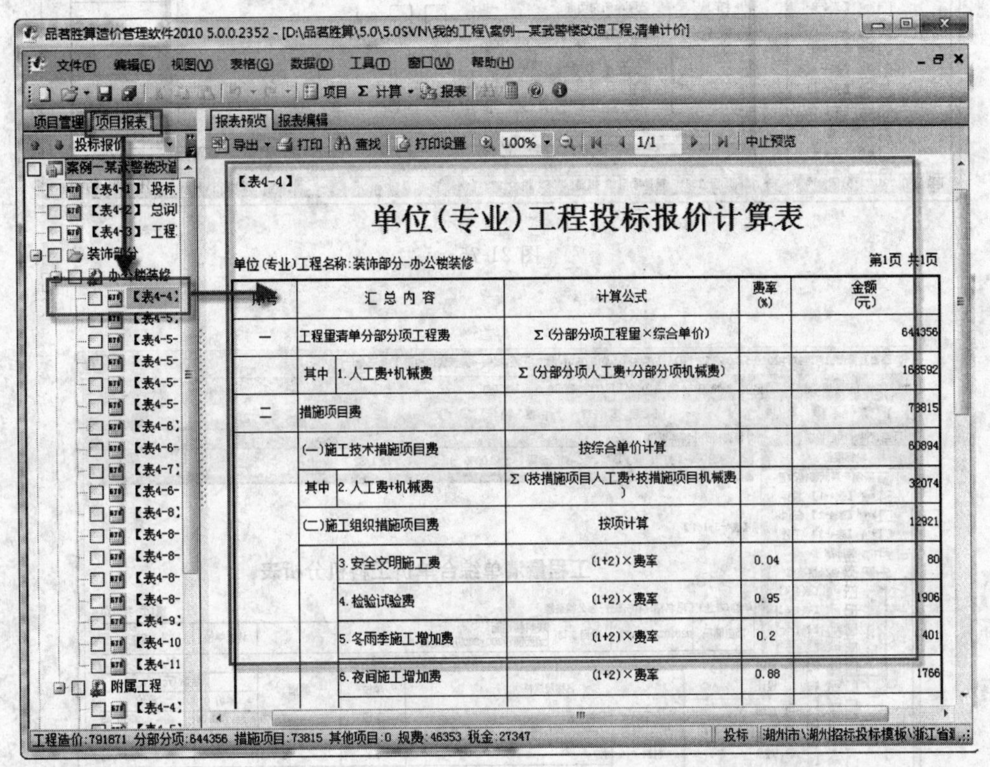

图 21-74

二、打印

（一）单表打印

在预览状态，点击打印，然后出现打印设置界面，见图 21-75。其中的“双面”表示可以进行双面打印，请选择垂直（即纵向表格）还是水平方式（横向表格）。

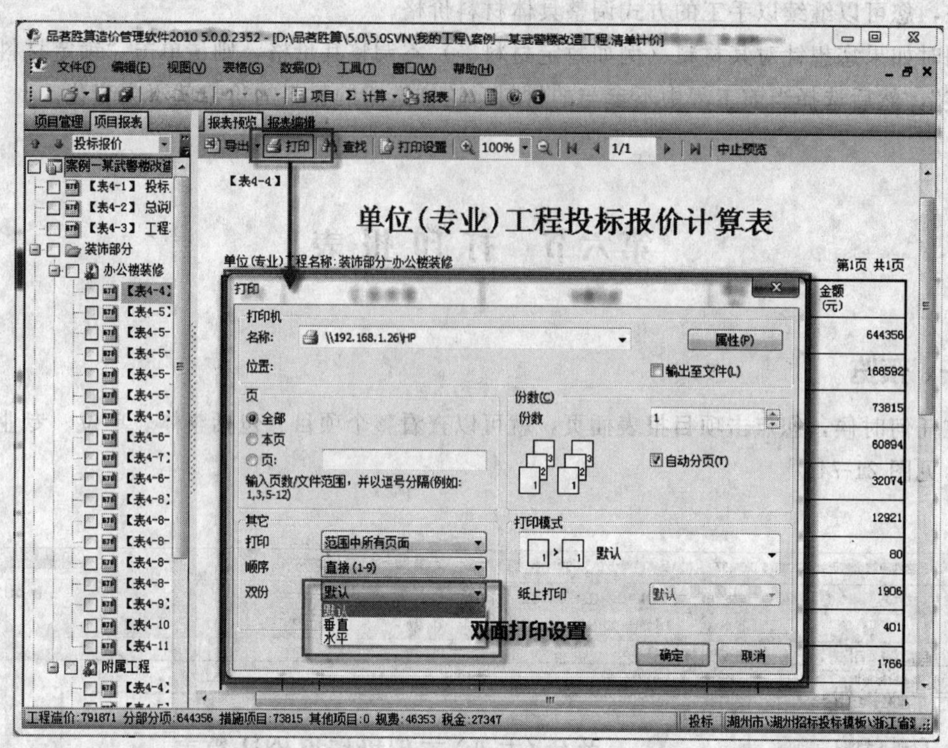

单位(专业)工程投标报价计算表
打印
打印机
名称:
属性(P)
位置:
输出至文件(L)
页
全部
本页
页:
输入页数/文件范围，并以逗号分隔(例如:1,3,5-12)
份数(C)
份数
自动分页(T)
其它
打印
范围中所有页面
顺序
直接(1-9)
双份
默认
垂直
水平
打印模式
默认
纸上打印
双面打印设置
确定
取消

图 21-75

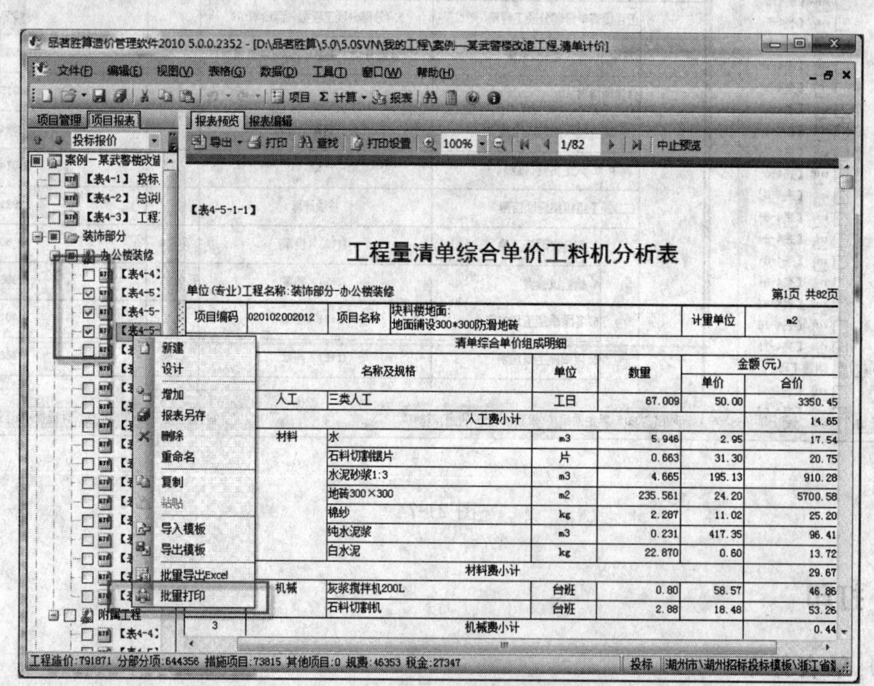

工程量清单综合单价工料机分析表
新建
设计
增加
报表另存
删除
重命名
复制
导入模板
导出模板
批量导出Excel
批量打印

图 21-76

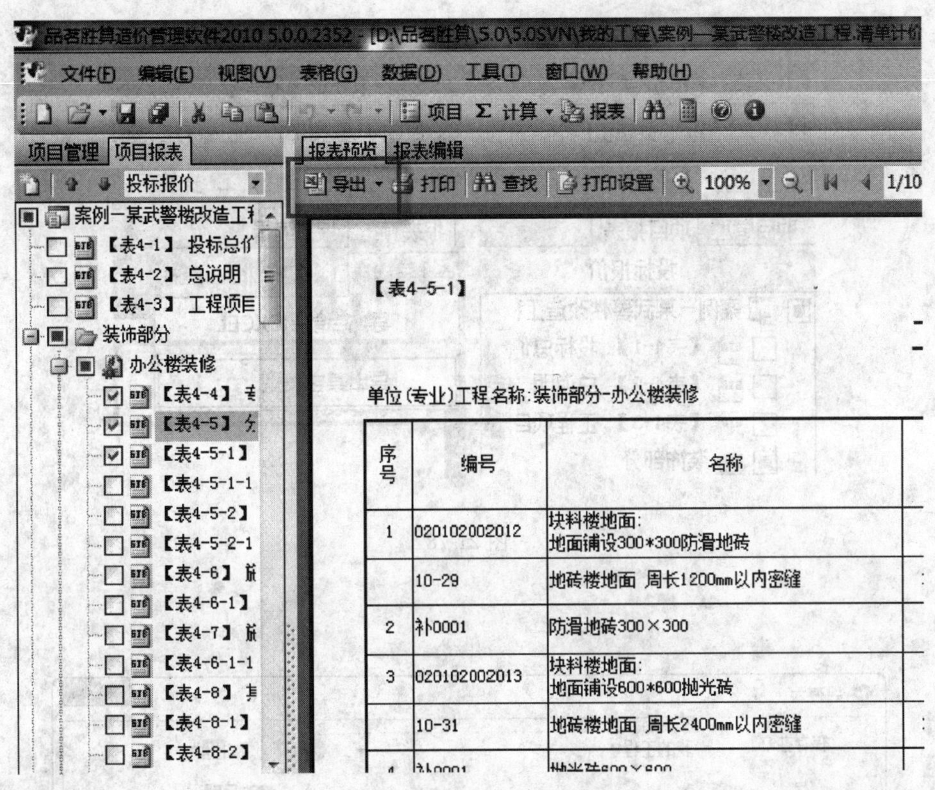

图 21-77

注意：在双面打印时，软件会先打印一半，然后打印机会停止，请把纸张拿出后不要进行调整，直接放到进纸盒内，然后按下打印机继续按钮，软件会把其余内容打印在纸张背面。

（二）批量打印

首先选择您需打印的表格，然后点右键选择“批量打印”，见图 21-76。

批量打印之前，您可以选择是否需要只打印表头。

三、导出

（一）单表导出

(1) 导出 Excel：在预览时，点导出，并选择文件名即可。导出后会提示是否打开。见图 21-77。

(2) 导出其他格式。胜算 5.0 除了 Excel 格式外，还支持 pdf 以及 rtf 格式，您可以根据需要选择：点击导出按钮右面的小三角，出现下列框，选择导出其他类型，见图 21-78。

然后在出现的窗口中选择导出类型，如图 21-79 所示。

（二）批量导出

首先选择您需导出的表格，然后点右键选择“批量导出 Excel”，见图 21-80。

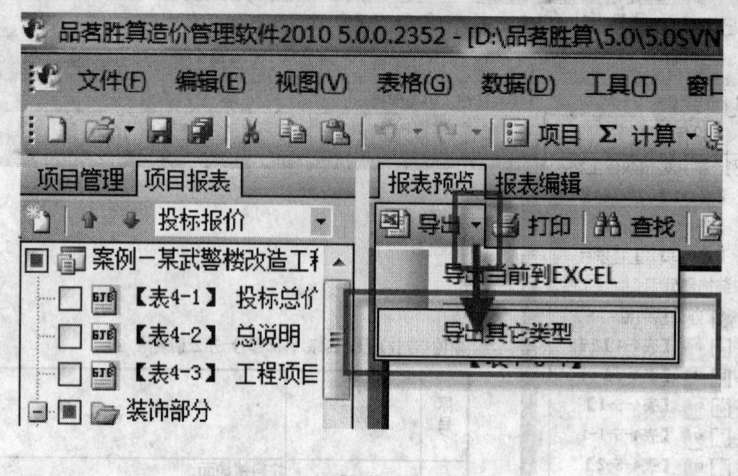
品茗胜算造价管理软件2010 5.0.0.2352 - [D:\品茗胜算\5.0\5.0SVN
文件(F)
编辑(E)
视图(V)
表格(G)
数据(D)
工具(T)
项目
计算
项目管理
项目报表
报表预览
报表编辑
投标报价
导出
打印
查找
案例一某武警楼改造工程
【表4-1】 投标总价
【表4-2】 总说明
【表4-3】 工程项目
装饰部分
导出当前到EXCEL
导出其它类型

图 21-78

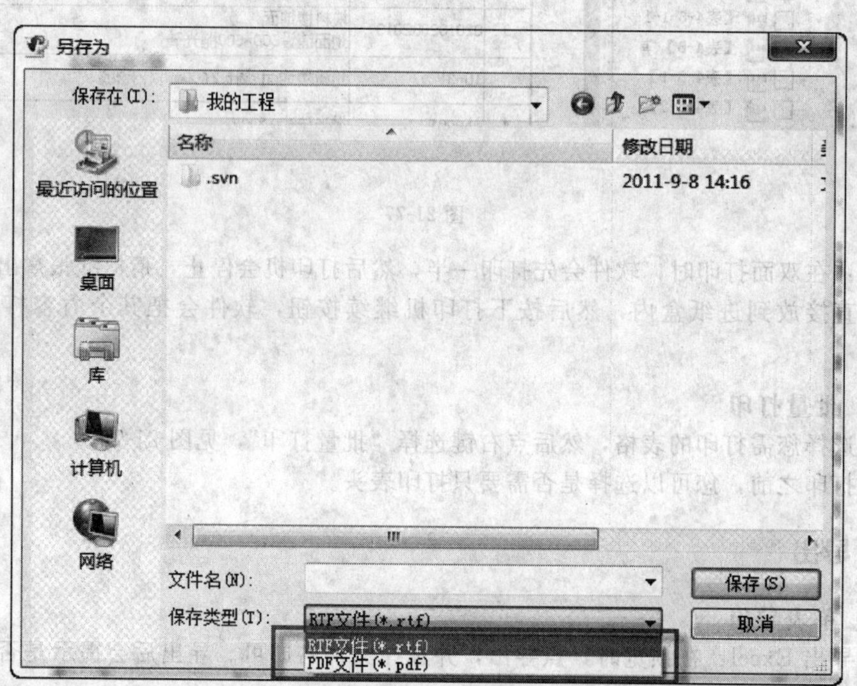
另存为
保存在(I):
我的工程
名称
修改日期
.svn
2011-9-8 14:16
最近访问的位置
桌面
库
计算机
网络
文件名(N):
保存类型(T):
RTF文件(*.rtf)
RTF文件(*.rtf)
PDF文件(*.pdf)
保存(S)
取消

图 21-79

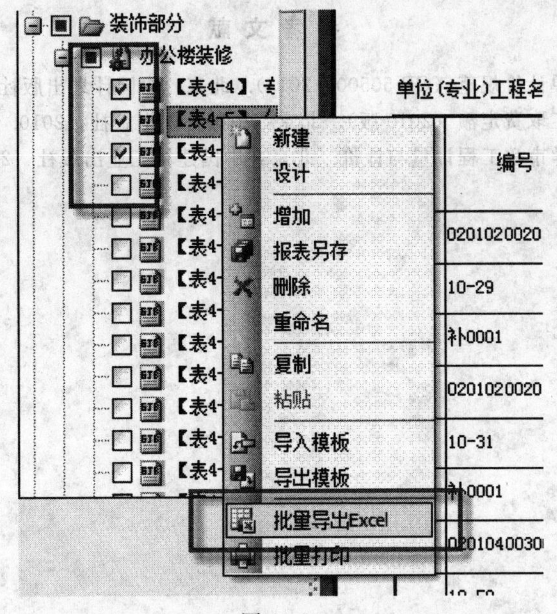
装饰部分
办公楼装修
【表4-4】
单位(专业)工程名
编号
新建
设计
增加
报表另存
删除
重命名
复制
粘贴
导入模板
导出模板
批量导出Excel
批量打印
0201020020
10-29
补0001
0201020020
10-31
补0001

图 21-80

参 考 文 献

[1] 建设工程工程量清单计价规范（GB 50500—2013）. 北京：中国计划出版社，2008.
[2] 浙江省建设工程施工取费定额（2010 版）. 北京：中国计划出版社，2010.
[3] 王云江. 透过案例学市政工程计量与计价. 北京：中国建材工业出版社，2010.